本书研究获中国工程院重点咨询项目
“三江源区生态资产核算与生态文明制度设计”(2014-XZ-31) 支持

中国工程院重点咨询项目系列丛书

三江源区
生态资源资产价值核算

《三江源区生态资源资产核算与生态文明制度设计》课题组　著

科 学 出 版 社
北 京

内 容 简 介

本书以三江源区生态资源资产评估为核心，厘清了生态资源资产的概念框架和内涵，分析了三江源区生态系统格局与质量、气候变化特征及影响，摸清了三江源区生态资源资产家底，包括生态资源资产存量和流量，提出了三江源区生态资源资产标准物质当量；并与资源禀赋相似地区进行类比，估算了三江源区发展机会成本，分析了三江源区对区域和全国生态保护的贡献，测算了三江源区生态保护恢复成本，为建立三江源区生态文明制度提出了具体建议。

本书可供生态学、生态经济学、环境科学等相关研究领域的科研人员、管理人员、高等院校师生阅读，也可作为青藏高原可持续发展政策制定等领域相应部门管理及技术人员的参考书，亦可作为三江源研究的专业书籍。

图书在版编目(CIP)数据

三江源区生态资源资产价值核算/《三江源区生态资源资产核算与生态文明制度设计》课题组著.—北京：科学出版社，2018.11

ISBN 978-7-03-055666-0

Ⅰ.①三… Ⅱ.①三… Ⅲ.①生态环境-补偿-研究-青海 Ⅳ.①X321.244

中国版本图书馆 CIP 数据核字（2017）第 290506 号

责任编辑：林 剑／责任校对：彭 涛

责任印制：张 伟／封面设计：无极书装

科学出版社 出版

北京东黄城根北街 16 号

邮政编码：100717

http://www.sciencep.com

北京建宏印刷有限公司 印刷

科学出版社发行 各地新华书店经销

*

2018 年 11 月第 一 版 开本：787×1092 1/16

2018 年 11 月第一次印刷 印张：18 1/4

字数：440 000

定价：238.00 元

（如有印装质量问题，我社负责调换）

《三江源区生态资源资产核算与生态文明制度设计》课题组

顾　问： 周　济　中国工程院　中国工程院院长、院士
刘　旭　中国农业科学研究院　中国工程院院士

组　长： 舒俭民　中国环境科学研究院　研究员
张林波　中国环境科学研究院　研究员

成　员： 金鉴明　中国环境科学研究院　中国工程院院士
徐祥德　中国气象科学研究院　中国工程院院士
任阵海　中国环境科学研究院　中国工程院院士
于贵瑞　中国科学院地理科学与资源研究所　研究员
李岱青　中国环境科学研究院　研究员
翟永洪　青海省环境科学研究设计院　高级工程师
田俊量　青海省三江源国家公园管理局　高级工程师
苏海红　青海省科技厅　研究员
王建荣　青海省环境科学研究设计院　高级工程师
葛劲松　青海省生态环境遥感监测中心　高级工程师
何洪林　中国科学院地理科学与资源研究所　研究员
张建军　北京林业大学　教授
张　岩　北京林业大学　教授
徐　影　国家气候中心　研究员
李　芬　中国环境科学研究院　助理研究员
高艳妮　中国环境科学研究院　助理研究员

徐延达　中国环境科学研究院　副研究员
乔　飞　中国环境科学研究院　副研究员
李　凯　中国环境科学研究院　博士后
虞慧怡　中国环境科学研究院　博士后
刘伟玮　中国环境科学研究院　助理研究员
王德旺　中国环境科学研究院　助理研究员

《三江源区生态资源资产价值核算》编写组

审稿、校稿： 张林波　舒俭民

主要执笔人： 张林波　李岱青　高艳妮　巢世军　周小平
何洪林　张建军　王　奇　丁国家　乔　飞
毛　飞　张　岩　张海博　张东启　任小丽
李　芬　刘　学　黄盼盼　李　凯　虞慧怡
孙若修　曾　纳　刘　敏　葛　蓉　刘伟玮
贾振宇　杨春艳　孙倩莹　王世曦　李付杰

前言

三江源区地处青藏高原，是长江、黄河、澜沧江的发源地，是重要的水源涵养生态功能区，为全国乃至东亚地区提供了重要的淡水资源，被誉为“中华水塔”；三江源区是我国最重要的生物多样性资源宝库和最重要的遗传基因库之一，具有强大的生物多样性保育功能，为众多的珍稀濒危动植物提供了生存场所，有“高寒生物自然种质资源库”之称；三江源区是全球气候变化的敏感区，对全国乃至全球的大气、水循环具有重大影响；三江源区是国家级生态保护综合试验区，拥有第一个批准的三江源国家公园体制试点，是中华民族的重要生态屏障。

十八大以来党中央将生态文明建设提到前所未有的高度，三江源区生态保护在国家生态文明建设布局中具有重要的战略地位。十八届三中全会明确提出要建立健全自然资源资产产权制度，随后中央出台的《关于加快推进生态文明建设的意见》和《生态文明体制改革总体方案》等文件均进一步对建立自然资源资产产权制度做出了明确的要求和部署。制度创新是推进生态文明建设的重要措施，摸清自然资源资产家底是建立生态文明制度的前提，是实施生态补偿、干部离任审计和生态文明绩效考核的基础。

受中国工程院委托，中国环境科学研究院组成项目课题组，在青海省环保厅、科技厅的大力支持下，项目组于2014年启动实施了本重点咨询项目“三江源区生态资产核算与生态文明制度设计”（2014-XZ-31）。本书系该项目的重要成果之一，编写过程中得到了中国工程院、中国环境科学研究院单位领导的高度重视和大力支持；并得到了青海省环境科学研究设计院、中国科学院地理科学与资源研究所、中国气象科学研究院、北京林业大学等合作单位的配合。在此，对上述专家、学者以及各有关部门的领导的大力支持表示衷心的感谢。

本书在文献调研、现场考察与实地采样、访问交流、长时间序列地面生态监测、卫星遥感影像和社会经济统计等调研和数据积累的基础上，结合三江源区地理、生态、环境等特征，分析了三江源区生态系统格局与质量、气候变化特征及影响，摸清了三江源区生态资源资产家底，包括生态资源资产存量和流量；与资源禀赋相似地区进行类比，估算了三江源区发展机会成本，分析了三江源区对区域和全国生态保护的贡献，测算了三江源区生态保护恢复成本，并为建立三江源区生态文明制度提出了具体建议。

本书系课题组和编写组全体成员共同努力的成果。全书由张林波、舒俭民设计。从选题、提纲确定、文献资料收集和野外实地调研到内容撰写，编写组召开了多次内部研讨会，不断完善书稿内容。全书分为14章：第1章为三江源区基本概况；第2章为生态资源资产概念与理论研究；第3章为整体思路与技术路线；第4章为三江源区生态系统格局与质量分析；第 5 章为三江源区气候变化特征及其影响分析；第 6 章为三江源水源涵养功能评估；第 7 章为三江源区土壤保持功能估算；第 8 章为三江源区生态固碳功能估算；第 9 章为三江源区物种保育功能估算；第 10 章为三江源区生态产品估算；第 11 章为三江源区生态资源资产价值评估；第 12 章为三江源区生态资源资产物质当量评估；第 13 章为三江源区生态保护成本收益分析；第 14 章为三江源区生态文明相关制度建设建议。

限于时间和科研水平，本书定有许多不足和值得磋商之处，敬请读者们给予批评指正，以便我们在以后的工作中不断改进。

《三江源区生态资源资产价值核算》编写组

2017 年 10 月

目录

1 三江源区基本概况

1.1 地理位置

三江源区（89°24′E～102°27′E，31°39′N～37°10′N）位于青海省南部，是我国长江、黄河和澜沧江的发源地。三江源区西部、西南部与新疆维吾尔自治区和西藏自治区接壤，东部、东南部与甘肃省和四川省毗邻，北临青海省海西蒙古族藏族自治州（简称海西州）。三江源区规划总面积达39.5万km^2，约占青海省总面积的54.7%。其中，长江干流全长6300km，青海省内长1217km，流域面积达11.35万km^2，约占流域总面积的35.7%；黄河干流全长5464 km，青海省内长1959.1km，流域面积达16.72万km^2，约占流域总面积的52.6%；澜沧江干流全长4909km，青海省内长448km，流域面积达3.74万km^2，约占流域总面积的11.7%。

三江源区包括21个县和1个乡，分别为黄南州的同仁县、尖扎县、泽库县与河南蒙古族自治县（简称河南县），海南州的同德县、共和县、贵南县、贵德县与兴海县，果洛藏族自治州（简称果洛州）的玛沁县、班玛县、甘德县、达日县、久治县与玛多县，玉树藏族自治州（简称玉树州）的玉树县①、杂多县、称多县、治多县、囊谦县与曲麻莱县，以及属格尔木市代管的唐古拉山镇②。各州（县）的区域面积见表1-1。

表1-1 三江源区各州（县）区域面积表

各州（县）		乡（镇）个数	镇个数	区域面积/万km^2
黄南州	同仁县	11	2	0.31
	尖扎县	9	3	0.21
	泽库县	7	2	0.67
	河南县	5	1	0.67
	小计	32	8	1.86

① 玉树县始设于1929年，2013年7月3日撤销并设立玉树市。

② 2005年，青海省格尔木市撤销唐古拉山乡，设立唐古拉山镇。

续表

各州（县）		乡（镇）个数	镇个数	区域面积/万 km²
海南州	同德县	5	2	0.50
	共和县	11	4	1.72
	贵南县	6	3	0.66
	贵德县	7	4	0.35
	兴海县	7	3	1.21
	小计	36	16	4.44
果洛州	玛沁县	8	2	1.33
	班玛县	9	1	0.61
	甘德县	7	1	0.70
	达日县	10	1	1.44
	久治县	6	1	0.87
	玛多县	4	2	2.44
	小计	44	8	7.39
玉树州	玉树县	9	3	1.54
	杂多县	8	1	3.55
	称多县	7	4	1.47
	治多县	6	1	8.06
	囊谦县	10	1	1.27
	曲麻莱县	6	1	4.75
	小计	46	11	20.64
唐古拉山镇		1	1	5.17
合计		159	44	39.50

资料来源：《青海统计年鉴》（2013 年）。

1.2 自然概况

1.2.1 地形地貌

三江源区地处青藏高原腹地，是青藏高原的主体，以山原和峡谷地貌为主，山系绵延，地势高耸，地形复杂，海拔介于 1954～6821m，平均海拔约为 4000m，主要为东昆仑山及其支脉阿尼玛卿山、巴颜喀拉山和唐古拉山山脉。中西部和北部呈山原状，地形起伏不大，多宽阔而平坦的滩地，因地势平缓、冰冻期较长、排水不畅，形成了大面积沼泽。东南部为高山峡谷地带，河流切割强烈，地形破碎，地势陡峭，坡度多在30°以上。

1.2.2 气候条件

三江源区属于青藏高原气候系统，系典型的高原大陆性气候。该区域冷热交替，干湿分明，水热同期，年温差小，日温差大，日照时间长，辐射强烈，植物生长期短，无绝对无霜期。全年平均气温介于-5.6～3.8℃，极端最高气温可达28℃，极端最低气温可达-48℃。年平均降水量介于262.2～772.8mm，其中6～9月降水量约占全年总降水量的75%。年蒸发量介于730～1700mm。日照百分率为50%～65%，年日照时数为2300～2900h，年辐射量为5500～6800MJ/m^2。全年≥8级的大风日数为37～110天，空气含氧量仅相当于海平面的60%～70%。冷季受青藏冷高压控制，时间长达7个月，期间热量低、降水少、风沙大；暖季受西南季风影响产生热气压，表现为水汽丰富、降水较多、夜雨频繁。干旱、雪灾、暴雨、洪涝、冰雹、雷电、沙尘暴和低温冻害等气象灾害在该区域时有发生，并由此可能引发森林草原火灾、滑坡、崩塌和泥石流等次生灾害。

1.2.3 河流水系

三江源区有大小河流180多条，河流面积达0.16万km^2。长江发源于唐古拉山北麓各拉丹冬雪山，三江源区内长1217km，约占干流全长的19%；流域面积为11.35万km^2，多年平均径流量达179.4亿m^3，约占青海省多年平均径流量的28.5%。长江流域内集水面积在500km^{2}以上的河流有85条，在300km^{2}以上的河流有134条。其源区的现代冰川主要分布在唐古拉山北坡和祖尔肯乌拉山西段，冰川总面积达1247km^2，年消融量约9.89亿m^3。

黄河发源于巴颜喀拉山北麓各姿各雅雪山，三江源区内长1959km，约占干流全长的36%；多年平均径流量达141.5亿m^3，约占青海省多年平均径流量的22.45%。三江源区是黄河重要的产流区，黄河河道平均比降为0.64‰～3.22‰，流域面积达10.09万km^2，约占青海境内黄河流域面积的66.2%。黄河流域在巴颜喀拉山中段多曲支流托洛曲的源头托洛岗（海拔为5041m），有残存冰川约4km^2，冰川储量0.8亿m^3，域内的卡里恩卡着玛、玛尼特、日吉、勒那冬则等14座海拔5000m以上终年积雪的雪山，多年固态水储量约1.4亿m^3。

澜沧江发源于唐古拉山脉北麓的果宗木查雪山，全长448km，占干流全长的10%，占国境内干流全长的21%。澜沧江流域内集水面积在500km^{2}以上的河流有20条，在300km^{2}以上的河流有33条。澜沧江源头北部多雪峰，平均海拔为5700m，最高达5876m，终年积雪。雪峰之间是第四纪山岳冰川，东西长34km、南北宽12km，其中面积在1km^{2}以上的冰川达20多个。

此外，三江源区湿地面积达7.33万km^2，约占源区总面积的20.2%。大小湖泊16 500余个，总面积为0.51万km^2。其中，湖水面积在0.5km^2以上的天然湖泊有188个。三江源区是中国最大的天然沼泽分布区，其沼泽分布率大于2.5%，总面积达6.66万km^2。沼泽基本类型为藏北嵩草沼泽，大多数为泥炭沼泽，仅有小部分属于无泥炭沼泽。

1.2.4 植被状况

三江源区的主要植被类型是高寒草原和高山草甸，此外，还分布有针叶林、阔叶林、针阔混交林、灌丛、沼泽及水生植被、垫状植被和稀疏植被等共9种植被类型，共包括14个群系纲、50个群系。三江源区还有较大面积的高山冰缘植被分布。

森林植被以寒温性的针叶林为主，主要树种有川西云杉、紫果云杉、红杉、祁连圆柏、大果圆柏、塔枝圆柏、密枝圆柏、白桦、红桦和糙皮桦。灌丛植被主要种类有杜鹃、山柳、沙棘、金露梅、锦鸡儿、绣线菊和水荀子等。草原、草甸等植被类型主要植物种类为嵩草、针茅、苔草、凤毛菊、早熟禾、披碱草、芨芨草及藻类、苔藓等。高山冰原植被也有较大面积分布。

三江源区的野生维管束植物有87科、474属、2238种，约占全国植物种数的8%。其中，以草本植物最多，包括422属，约占全国总数的89%；乔木植物11属，约占全国总数的2.3%；灌木植物41属，约占全国总数的8.7%。此外，该区域种子植物种数也占到全国相应种数的8.5%。

1.2.5 土壤状况

三江源区的土壤具有明显的垂直地带性分布规律。随着海拔由高到低，土壤类型依次为高山寒漠土、高山草甸土、高山草原土、山地草甸土、灰褐土、栗钙土和山地森林土。其中，以高山草甸土为主，沼泽化草甸土也较普遍，冻土层发育较为广泛。该区域的沼泽土、潮土、泥炭土、风沙土等为隐域性土壤。

1.2.6 野生动物

三江源区野生动物区系属古北界青藏区“青海藏南亚区”，可分为寒温带动物区系和高原高寒动物区系。动物分布型属“高地型”，以青藏类为主，并有少量中亚型及广布种分布。据调查，区内有兽类8目20科85种，鸟类16目41科237种（含亚种为263种），两栖爬行类7目13科48种。该区域的国家重点保护动物有69种，其中，国家一级保护动物有藏羚羊、野牦牛和雪豹等16种，国家二级保护动物有岩羊、藏原羚等53种。另外，还有省级保护动物艾虎、沙狐、斑头雁和赤麻鸭等32种。

1.3 环境概况

1.3.1 环境质量

三江源区环境质量总体保持稳定，局部地区有所改善。其中，长江、黄河、澜沧江干流，青海湖流域及格尔木内河流域，地表水达到国家规定的Ⅱ类以上的优质水质；黄河流域的水质由中度污染转为轻度污染。同时，玉树地震灾区的监测结果显示，巴曲、扎曲及巴塘河的水质均达到了地表水环境质量标准的Ⅲ类水平，属于良好水质。震区饮用水的各项指标也达到了地下水质量标准的Ⅲ类水平，属于安全饮用水。整个三江源区的环境质量状况总体上表现为优良。

1.3.2 污染物排放

三江源区 22 个环境空气质量监测点的监测结果显示，该区二氧化硫、二氧化氮、总悬浮颗粒物三项指标的日均值均达到了环境空气质量标准的一级水平，属于空气质量良好。长江、黄河和澜沧江流域的上游水质均为优，三大流域干流区水体放射性水平均处于正常水平，环境空气质量达到一级标准。

1.4 资源禀赋

1.4.1 生物资源

生物资源赋存状况主要包括农产品生产量、畜产品生产量及药用植物蕴藏和开采量三个方面。

（1）农产品生产量

截至 2012 年底，三江源区（不含唐古拉山镇）耕地面积为 121 844.7hm^2，水浇地面积为 36 096hm^2，占全部耕地面积的 29.6%。其中，76.7% 的耕地分布在海南州，12.7% 的耕地分布在黄南州，10.6% 的耕地分布在玉树州。在 2005 ~ 2012 年，三江源区耕地面积增加了 10 206.2hm^2。耕地面积的增长主要是由海南州共和县和贵南县耕地面积的增加引起的。黄南州和玉树州耕地面积均有所下降。三江源区各州（县）耕地面积和水浇地面积及其变化见表 1-2。

三江源区主要农产品有粮食作物（小麦、青稞等）、油料作物和蔬菜等。2012 年，三江源区粮食总产量为 16.9 万 t，其中，小麦产量为 6.03 万 t，油料产量为 4.71 万 t，蔬菜产量为 4.58 万 t。分析 2000 ~ 2012 年三江源区农产品产量变化趋势，结果表明，粮食总产量、油料产量和蔬菜产量总体上均呈现增长趋势，小麦产量则呈现减少趋势（表 1-3）。其中，粮食最高产量出现在 2012 年，小麦最高产量出现在 2010 年，油料和蔬菜最高产量出现在 2010 年。

表 1-2　三江源区各州（县）耕地面积和水浇地面积及其变化　　单位：hm^2

各州（县）		2005 年		2010 年		2011 年		2012 年	
		耕地面积	水浇地面积	耕地面积	水浇地面积	耕地面积	水浇地面积	耕地面积	水浇地面积
黄南州	同仁县	10 539.2	3 148.4	7 508	1 763	6 678	1 753.46	7 514	1 739
	尖扎县	6 173	2 728	4 087	2 086	4 087	1 895.66	6 325	1 896
	泽库县	2 827	—	—	—	5 371	—	1 702.5	
	河南县	—	—			—	—	—	—
	小计	19 539.2	5 876.4	11 595	3 849	16 136	3 649.12	15 541.5	3 635
海南州	共和县	20 840.3	16 192.9	30 565	13 864	30 507.5	16 995.7	30 552.7	17 041
	同德县	12 323.1	2 929.9	11 382	2 182	11 544	2 182.3	11 544	2 182
	贵德县	13 941.7	8 918	12 874	7 279.2	12 812.9	7 217.7	12 787	7 192
	兴海县	8 799.4	6 909.4	9 428.1	1 678.4	9 428.1	1 678.4	9 428	1 678
	贵南县	21 448	1 722.2	29 193	2 247	29 193.1	2 247	29 152	3 088
	小计	77 352.5	36 672.4	93 442.1	27 250.6	93 485.6	30 321.1	93 463.7	31 181
果洛州	玛沁县	10.8	—	10.8		—	—	—	—
	班玛县	981	—	981		—	—	—	—
	甘德县	—	—	—	—	—	—	—	—
	达日县	—	—	—	—	—	—	—	—
	久治县	—	—	—	—	—	—	—	—
	玛多县	—	—	—	—	—	—	—	—
	小计	991.8	0	991.8	0	0	0	0	0
玉树州	玉树县	3 689.3	573.9	3 662.7	573.9	3 662	—	3 447	—
	杂多县	2.9	—	2.9		—	—		—
	称多县	2 084.4	—	2 084.5		2 084.5	—	2 054.5	—
	治多县	—	—	—	—	0	—		—
	囊谦县	7 978.4	2 355.9	7 973	2 356	7 337.8	1 280	7 338	1 280
	曲麻莱县	—	—	—	—	—	—	—	—
	小计	13 755	2 929.8	13 723.1	2 929.9	13 084.3	1 280	12 839.5	1 280
合计		111 638.5	45 478.6	119 752	34 029.5	122 705.9	35 250.22	121 844.7	36 096

资料来源：《青海统计年鉴》（2006～2013 年），部分县数据缺失。

表 1-3　2000 ~ 2012 年三江源区农产品产量　　单位：t

年份	粮食总产量	小麦产量	油料产量	蔬菜产量
2000	118 670	71 630	24 819	24 175
2005	121 751	60 555	50 881	45 980
2010	160 891	72 164	52 703	47 332
2011	161 177	68 292	48 711	44 994
2012	169 038	60 353	47 117	45 787

资料来源：《青海统计年鉴》(2001 ~ 2013 年)。

分行政区的研究表明，小麦主要产地为黄南州（同仁县、尖扎县）和海南州，约占三江源区总产量的 99%；油料主要产地为海南州，约占三江源区总产量的 80%；蔬菜主要产地为贵德县，约占三江源区总产量的 65%（表 1-4）。

（2）畜产品生产量

三江源区牧业养殖主要以大牲畜和羊为主。截至 2012 年底，大牲畜存栏数为 350.4 万头，羊存栏数为 727.14 万头。2012 年，三江源区肉类产量为 15.89 万 t，奶类产品为 19.77 万 t。分析 2000 ~ 2012 年三江源区畜产品变化趋势，结果表明，肉类产量和奶类产量大体上均表现为增长趋势（表 1-5）。2012 年牧业总产值相较 2005 年增长了 1.74 倍，相较 2000 年增长了 3.76 倍。

（3）药用植物蕴藏和开采量

三江源区中药材资源丰富，其中，名贵植物药材有冬虫夏草、贝母、大黄、黄芪、秦艽、雪莲花、藏茵陈、党参、羌活、柴胡和车前等。冬虫夏草属于尤为名贵的知名产品，主要分布在玉树县和杂多县，年蕴藏量和年收购量分别为 80t 和 15t。主要中药材在三江源区的分布、年蕴藏量和年收购量见表 1-6。

1.4.2　水资源

三江源区地势高耸、地形复杂，加之幅员辽阔、水系发达、河流密集，水力资源丰富，因此，开发条件比较好。特别是黄河干支流水量稳定、落差集中、距离负荷中心近，开发条件优越，目前开发较为充分，且前景看好。长江流域和澜沧江流域各河流也蕴藏着丰富的水力资源，但由于其地处高原腹地，人口稀少、距离负荷中心较远，加之山大沟深、交通不便、经济落后，虽然有很多自然条件优越的站址位置，但也不便于开发利用。故该区只修建了一些小型水电站，以满足当地部分工农业生产及人民生活的用电需求。下面将对三江源区黄河流域、长江流域和澜沧江流域的水电资源状况进行详细介绍。

表 1-4　2000～2012 年三江源区各州（县）农产品产量

单位：t

州	县	2005年 粮食总产量	2005年 小麦	2005年 油料	2005年 蔬菜	2010年 粮食总产量	2010年 小麦	2010年 油料	2010年 蔬菜	2011年 粮食总产量	2011年 小麦	2011年 油料	2011年 蔬菜	2012年 粮食总产量	2012年 小麦	2012年 油料	2012年 蔬菜
黄南州	同仁县	12 303	5 423	2 333	3 711	14 332	6 922	4 443	—	15 221	6 820	4 050	3 972	15 151	7 480	3 748	4 780
黄南州	尖扎县	14 918	10 486	776	9 568	14 798	11 459	794	3 384	13 908	10 625	841	4 475	14 207	11 066	896	4 060
黄南州	泽库县	—	—	2 757	—	—	—	1 920	6 591	—	—	1 920	67	13	—	1 925	24
黄南州	河南县	—	—	—	—	—	—	—	—	—	—	—	—	—	—	—	—
黄南州	小计	27 221	15 909	5 866	13 279	29 130	18 381	7 157	9 975	29 129	17 445	6 811	8 514	29 371	18 546	6 569	8 864
海南州	共和县	14 000	5 622	13 825	2 569	35 104	9 855	12 650	3 045	26 534	7 038	12 920	2 941	29 691	7 018	12 080	2 940
海南州	同德县	9 512	5 085	2 748	222	9 336	5 905	3 611	783	12 783	6 795	3 297	439	10 790	4 562	2 107	414
海南州	贵德县	26 263	21 512	8 106	28 300	29 998	24 768	7 765	31 329	30 223	25 881	8 127	30 566	26 064	21 951	9 720	30 562
海南州	兴海县	8 993	5 597	3 054	—	11 961	5 658	5 459	238	11 782	5 385	4 650	175	10 154	3 772	4 829	185
海南州	贵南县	14 134	6 509	16 467	—	26 644	7 268	15 436	170	31 730	5 489	12 293	280	45 783	4 298	11 207	296
海南州	小计	72 902	44 325	44 200	31 091	113 043	53 454	44 921	35 565	113 052	50 588	41 287	34 401	122 482	41 601	39 943	34 397
果洛州	玛沁县	40	13	16	24	145	15	79	65	123	15	67	36	57	—	64	98
果洛州	班玛县	1 700	55	65	—	1 320	140	65	—	1 295	142	66	—	1 262	143	66	—
果洛州	甘德县	—	—	—	—	—	—	—	—	—	—	—	—	—	—	—	—
果洛州	达日县	—	—	—	—	—	—	—	—	—	—	—	—	—	—	—	—
果洛州	久治县	—	—	—	—	—	—	—	—	—	—	—	—	—	—	—	—
果洛州	玛多县	—	—	—	—	—	—	—	—	—	—	—	—	—	—	—	
果洛州	小计	1 740	68	81	24	1 465	155	144	65	1 418	157	133	36	1 319	143	130	98
玉树州	玉树县	5 317	154	204	641	4 291	—	55	282	4 234	—	52	390	4 290	—	52	548
玉树州	杂多县	—	—	—	—	—	—	—	—	—	—	—	—	—	—	—	—
玉树州	称多县	4 452	—	137	210	3 180	80	100	385	3 519	7	100	400	2 993	63	96	572
玉树州	治多县	—	—	—	—	—	—	—	—	—	—	—	—	—	—	—	—
玉树州	囊谦县	10 119	99	393	735	9 782. 4	94	326. 4	1 059. 8	9 825	95	328	1 253	8 583	—	327	1 308
玉树州	曲麻莱县	—	—	—	—	—	—	—	—	—	—	—	—	—	—	—	—
玉树州	小计	19 888	253	734	1 586	17 253. 4	174	481. 4	1 726. 8	17 578	102	480	2 043	15 866	63	475	2 428
合计		121 751	60 555	50 881	45 980	160 891. 4	72 164	52 703. 4	47 331. 8	161 177	68 292	48 711	44 994	169 038	60 353	47 117	45 787

资料来源：《青海统计年鉴》（2006～2013 年），部分县数据缺失。

表 1-5　2000～2012 年三江源区畜产品变化

年份	牧业总产值（亿元）	年末存栏数（万头）		肉类产量（t）	奶类产量（t）
		大牲畜	羊		
2000	10.96	—	—	102 467.00	121 006.00
2005	19.02	320.06	855.71	138 984.00	146 432.00
2010	38.86	359.76	768.95	146 775.20	186 330.00
2011	46.11	370.56	788.31	156 538.00	198 670.00
2012	52.19	350.40	727.14	158 880.00	197 749.00

资料来源：《青海统计年鉴》（2001～2013 年）。

表 1-6　三江源区药用植物年蕴藏量和年收购量　　单位：t

名称	分布	年蕴藏量	年收购量
冬虫夏草	主要分布在玉树县和杂多县	80	15
黄芪	多生长在海拔 4300m 以下的灌丛、林间、山坡地带	1 000	60
羌活	生长在海拔 3800m 左右的高山阴坡、灌丛、草甸和林缘	300	30
大黄	生长在海拔 3800～4200m 的阴坡草地、灌丛、草甸和山地林缘	2 000	100
川贝母	生长在海拔 4000～4700m 的山坡、灌丛、草甸和高山流石坡地带	100	10
柴胡	—	800	—
秦艽	—	200	30
水母雪莲花	—	10	—
藏茵陈	一般生长在海拔 3800m 左右的山坡草地、林缘和河谷阶地	50	1
沙棘	生长在海拔 3800～4200m 的河滩、山沟	500	—
杜鹃	—	10 000	—

资料来源：《三江源生物多样性：三江源自然保护区科学考察报告》。

（1）黄河流域水电资源

黄河源远流长，支流众多，其中一级支流 24 条，二级支流 1 条。按从上游到下游的顺序，左岸一级支流有优尔曲、西科河、东科河、得柯河、尕柯河、西哈垄、切木曲、中铁沟、曲什安河和大河坝河等，右岸一级支流有多曲、热曲、柯曲、达日河、吉迈河、章额河、沙柯河、泽曲、巴沟、茫拉河、西沟河（莫曲沟河）、东沟河（高红崖河）和隆务河等。二级支流是格曲河。

理论蕴藏量：区内黄河流域理论蕴藏量为 12 469.30MW，其中，干流理论蕴藏量为 11 310.30MW（青海省境以外的沙柯河至外斯段未计入，界河计入一半），占流域蕴藏量的 90.70%。

技术可开发量：区内黄河流域0.50MW以上技术可开发的水电站（包括查勘、规划、已建和在建）共计40座，装机容量为18 841.35MW，年发电量为693.97亿kW·h。

经济可开发量：区内黄河流域0.5MW以上经济可开发水电站57座，装机容量为14 387.35MW，年发电量为498.56亿kW·h。

已、正开发量：区内黄河流域已建和在建水电站31座，装机容量为4776.95MW，年发电量为189.29亿kW·h。

（2）长江流域水电资源

长江是中国第一大河，其上段分布在青海省南部玉树州和果洛州境内。除长江干流（青海省境内称通天河，源头称沱沱河、江源区，巴塘河入口以下称金沙江）外，还有一级支流雅砻江（省境内称扎曲）及其支流曲科河（下游称泥曲河、鲜水河），二级支流大渡河（青海省境内称玛柯河）及支流多柯河（又称杜柯河，下游称绰斯甲河）与克克河（下游称阿柯河），均分别单独流出省境，其后在四川省境内汇入金沙江。

理论蕴藏量：区内长江流域理论蕴藏量为4444.10MW，其中，干流理论蕴藏量为3118.60MW，占流域蕴藏量的70.17%。

技术可开发量：区内长江流域0.50MW以上技术可开发的水电站（包括查勘、规划、已建和在建）共计41座，装机容量为2191.23MW，年发电量为113.17亿kW·h。

经济可开发量：区内长江流域0.5MW以上经济可开发水电站9座，装机容量为17.92MW，年发电量为1.07亿kW·h。

已、正开发量：区内长江流域0.5MW以上已建和在建水电站9座（其中2座为共界段电站），装机容量为17.92MW，年发电量为1.07亿kW·h。

（3）澜沧江流域

澜沧江为国际河流，干流在青海省境内称为扎曲河。源头段位于青海省西南部和西藏自治区东北部，属青藏高原唐古拉高山区的一部分。区内流域位于杂多县、囊谦县和玉树县等境内，是青南牧业区之一。流域内河流水系发达，支流密布，流域面积大于300km²的支流共33条，理论蕴藏量大于10MW的支流17条。干流上游沿河谷地有大片沼泽，北部有冰川分布，面积达124.75km²。

理论蕴藏量：区内澜沧江流域理论蕴藏量为1948.91MW，其中，干流理论蕴藏量为785.5MW，占流域蕴藏量的40.3%。

技术可开发量：区内澜沧江流域0.5MW以上技术可开发的水电站（包括查勘、规划、已建和在建）共计21座，装机容量为988.42MW，年发电量为49.25亿kW·h。

经济可开发量：区内澜沧江流域0.5MW以上经济可开发水电站3座，装机容量为4.32MW，年发电量为0.30亿kW·h。

已、正开发量：区内澜沧江流域0.5MW以上已建和在建水电站2座，装机容量为1.80MW，年发电量为0.10亿kW·h。

综上所述，三江源区水电资源理论蕴藏量达18 862.31MW。其中，黄河流域理论蕴藏量占流域蕴藏量的66.11%，长江流域理论蕴藏量占23.56%，澜沧江流域理论蕴藏量占 10.33%。区内 0.5MW 以上技术可开发水电站 102 座，总装机量为 22 021.00MW，年总发电量为 856.39 亿 kW · h。区内 0.5MW 以上经济可开发水电站 69 座，总装机量为14 409.59MW，年总发电量为 499.93 亿 kW · h。已建和在建水电站 42 座，总装机量为 4796.67MW，总发电量为 190.46 亿 kW · h（表 1-7）。

表 1-7　三江源区水电资源状况

流域	理论蕴藏量/MW	技术可开发量			经济可开发量			已、正开发量		
		电站数/座	装机容量/MW	年发电量/(亿 kW · h)	电站数/座	装机容量/MW	年发电量/(亿 kW · h)	电站数/座	装机容量/MW	年发电量/(亿 kW · h)
黄河	12 469.30	40	18 841.35	693.97	57	14 387.35	498.56	31	4 776.95	189.29
长江	4 444.10	41	2 191.23	113.17	9	17.92	1.07	9	17.92	1.07
澜沧江	1 948.91	21	988.42	49.25	3	4.32	0.30	2	1.80	0.10
合计	18 862.31	102	22 021.00	856.39	69	14 409.59	499.93	42	4 796.67	190.46

1.4.3　矿产资源

截至 2012 年底，三江源区共发现矿种 36 种，编入《青海省矿产资源储量表》的矿产地共 73 个，其中海南州 22 个、玉树州 29 个、黄南州 10 个、果洛州 12 个。青海省钨矿、汞矿、锑矿、铂矿、钯矿、铷矿、锗矿和泥炭矿等全部分布在三江源区。同时，三江源区还是青海省最重要、最有潜力的铜、铅、锌、银成矿带（表 1-8）。

表 1-8　三江源区矿产地分布情况　　单位：个

年份	海南州	玉树州	黄南州	果洛州	合计
2001	17	26	12	13	68
2005	15	23	9	11	58
2010	24	31	13	14	82
2011	21	29	10	12	72
2012	22	29	10	12	73

截至 2012 年底，三江源区矿山开采数量为 131 个，较 2005 年增加了 16.96%，较 2001 年增加了 1.29 倍；矿业从业人数为 4454 人，较 2005 年增加了 56.34%，较 2001 年增加了 79.16%；年产矿量为 576.62 万 t，较 2005 年增加了 4.01 倍，较 2001 年减小了 41.34%；矿业生产总值为 178 540.92 万元，较 2005 年增加了 13.80 倍，较 2001 年增加了 46.85 倍（表 1-9）。

表 1-9　三江源区矿山开采数量、矿业从业人数、年产矿量及矿业生产总值变化

项目	地区	2001 年	2005 年	2010 年	2011 年	2012 年
矿山开采数量/个	黄南州	13	35	26	46	45
	海南州	25	55	68	67	70
	果洛州	4	8	5	5	6
	玉树州	15	14	10	10	10
	合计	57	112	109	128	131
矿业从业人数/人	黄南州	767	750	757	752	885
	海南州	1 092	1 596	2 419	2 411	2 589
	果洛州	64	184	884	785	795
	玉树州	563	319	240	161	185
	合计	2 486	2 849	4 300	4 109	4 454
年产矿量/万 t	黄南州	17. 78	10	11. 22	37	71. 93
	海南州	25. 69	100	143. 3	400. 27	158. 15
	果洛州	0. 96	3	284. 18	283. 67	344. 04
	玉树州	938. 61	2	4. 13	2. 6	2. 5
	合计	983. 04	115	442. 83	723. 54	576. 62
矿业生产总值/万元	黄南州	598. 1	600. 64	1 047. 72	2 061. 5	2 424
	海南州	1 565. 42	10 691. 87	30 293	42 096. 23	36 088. 43
	果洛州	66	83. 92	139 112. 49	153 026. 89	139 112. 49
	玉树州	1 501. 48	686. 09	916	815. 5	916
	合计	3 731	12 062. 52	171 369. 21	198 000. 12	178 540. 92

1.5　社会经济

1.5.1　人口状况

截至 2012 年底，三江源区总人口共计有 130. 03 万人，其中，乡村人口 102. 43 万人，占总人口数的 78. 77%。分析 2000 ~ 2012 年三江源区人口变化情况，结果表明，2012 年总人口相较 2000 年增加了 32. 01%，相较 2005 年增加了 22. 09%；2012 年乡村总人口数和总户数相较 2000 年分别增长了 32. 00% 和 82. 72%，相较 2005 年分别增加了 17. 33% 和 48. 19%。三江源区各州（县）人口变化状况见表 1-10。2000 年、2005 年、2010 年、2012 年三江源区人口密度分级如图 1-1 ~ 图 1-4 所示。

表 1-10　2000 ~ 2012 年三江源区各州（县）人口变化状况

各州（县）		2000 年			2005 年			2010 年			2011 年			2012 年		
		年末总人数/万人	乡村总人数/万人	总户数/户	年末总人数/万人	乡村总人数/万人	总户数/户	年末总人数/万人	乡村总人数/万人	总户数/户	年末总人数/万人	乡村总人数/万人	总户数/户	年末总人数/万人	乡村总人数/万人	总户数/户
黄南州	同仁县	7.5	5.7	18 470	7.7	6	20 877	9.26	6.38	28 477	9.381 5	6.07	29 137	9.39	6.12	30 491
	尖扎县	4.9	4	10 565	5.2	4.3	12 189	5.53	3.92	18 781	5.567 8	4.38	19 615	5.88	4.39	20 350
	泽库县	5.2	5.1	9 961	5.8	5.6	13 814	6.94	5.93	19 929	7.024 7	6.5	20 244	7.2	6.63	20 866
	河南县	3	2.7	5 674	3.3	2.9	7 365	3.94	2.85	10 571	3.976 2	3.13	10 925	3.81	3.19	11 336
	小计	20.6	17.5	44 670	22	18.8	54 245	25.67	19.08	77 758	25.950 2	20.08	79 921	26.28	20.33	83 043
海南州	共和县	12.6	7.2	29 391	12.1	7.5	33 568	13.06	8.8	42 216	12.59	8.9	43 461	13.46	9.03	43 282
	同德县	4.8	3.9	9 009	5	4.4	9 963	5.86	4.8	14 723	6.45	4.92	16 109	5.92	4.98	16 653
	贵德县	9.3	7.9	22 870	9.7	8.2	25 651	10.88	8.5	31 907	10.12	8.63	33 357	10.78	8.71	34 762
	兴海县	5.7	4.9	12 354	6.2	5.4	13 507	7.31	6.1	18 606	7.68	6.23	20 689	7.68	5.91	20 542
	贵南县	6.5	5	13 850	6.8	5.4	16 544	7.58	5.6	20 990	7.75	5.79	21 876	7.87	5.86	22 627
	小计	38.9	28.9	87 474	39.8	30.9	99 233	44.69	33.8	128 442	44.59	34.47	135 492	45.71	34.49	137 866
果洛州	玛沁县	3.5	1.9	7 567	4	2.4	10 393	4.65	2.9	14 756	5	3	15 384	4.82	3.05	15 820
	班玛县	2.2	1.8	4 652	2.5	1.9	6 378	2.61	2.1	7 022	3	2	7 487	2.83	2.24	7 819
	甘德县	2.3	2	4 762	2.5	2.3	6 843	3.29	2.6	7 815	3.13	2.7	9 394	3.5	2.93	10 429
	达日县	2.4	2	5 603	2.5	2.1	6 144	3.1	2.3	10 560	3	2	8 760	3.75	2.46	11 625
	久治县	1.8	1.5	3 815	2.2	1.8	4 857	2.34	1.9	5 265	3	2	6 534	2.54	2.23	6 300
	玛多县	1.1	0.8	3 160	1.3	1	3 609	1.36	1.1	4 931	1.4	1.1	3 568	1.42	1.12	5 477
	小计	13.3	10	29 559	15	11.5	38 224	17.35	12.9	50 349	18.53	12.8	51 127	18.86	14.03	57 470
玉树州	玉树县	7.5	5.3	16 249	8.9	6.6	25 019	9.97	7.94	27 580	10.44	8.23	32 278	10.63	8.52	32 583
	杂多县	3.7	3.4	69 09	4.7	4.1	9 536	5.73	4.91	13 466	5.8	5.03	12 584	5.8	5.22	13 224
	称多县	4.1	3.5	8 485	4.5	4.3	10 192	5.62	5.14	17 768	5.92	5.3	23 263	6.08	4.84	17 347
	治多县	2.3	2.1	5 380	2.5	2.4	6 293	3.14	2.6	10 453	3.31	2.7	11 917	3.58	2.83	11 583
	囊谦县	6	4.9	9 574	6.5	6.3	12 643	9.83	7.93	21 685	9.94	9.15	25 979	9.97	9.58	25 766
	曲麻莱县	2.1	2	4 601	2.6	2.4	7 118	3.05	2.53	8 860	3.1	2.6	10 703	3.12	2.59	10 122
	小计	25.7	21.2	51 198	29.7	26.1	70 801	37.34	31.05	99 812	38.51	33.01	116 724	39.18	33.58	110 625
合计		98.5	77.6	212 901	106.5	87.3	262 503	125.05	96.83	356 361	127.58	100.36	383 264	130.03	102.43	389 004

资料来源：《青海统计年鉴》（2001 ~ 2013 年），唐古拉山镇数据缺失。

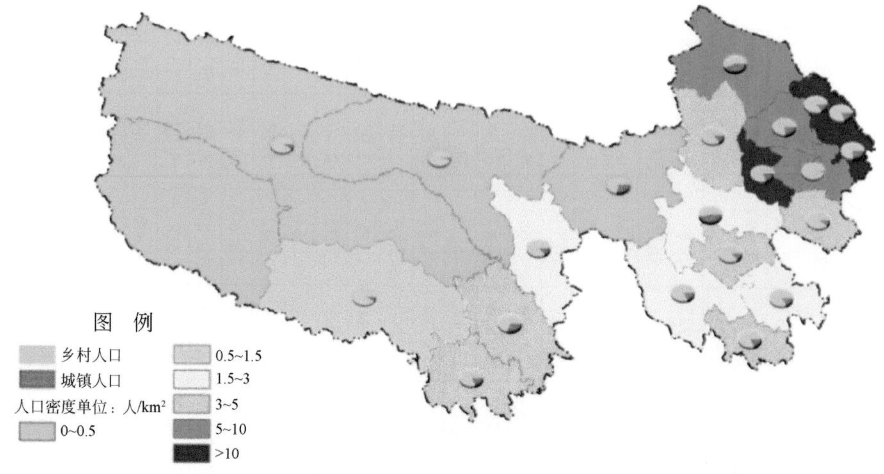

图 1-1 2000 年三江源区人口密度分级图

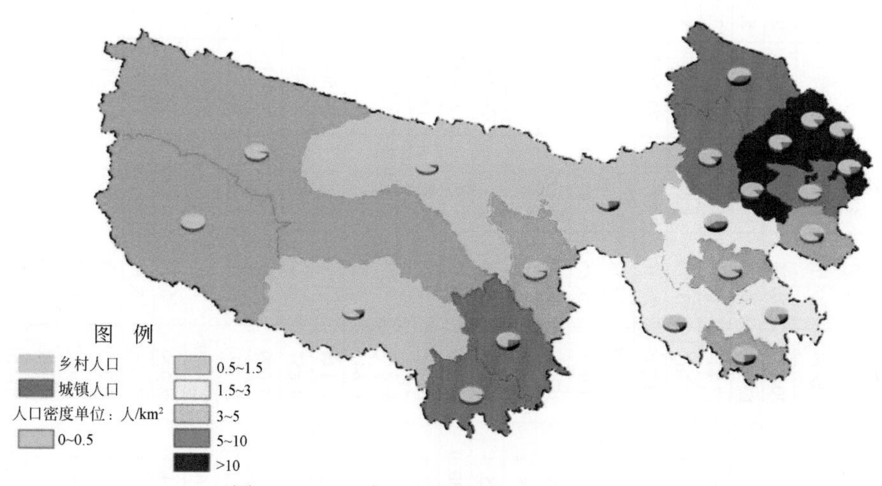

图 1-2 2005 年三江源区人口密度分级图

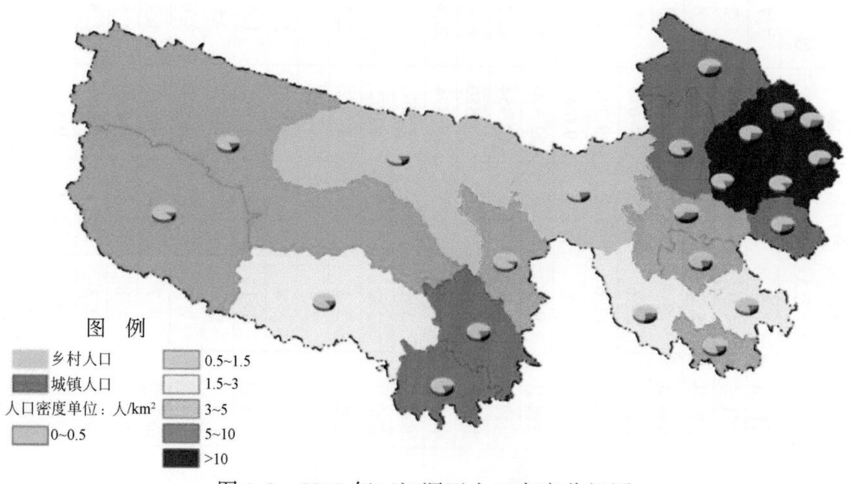

图 1-3 2010 年三江源区人口密度分级图

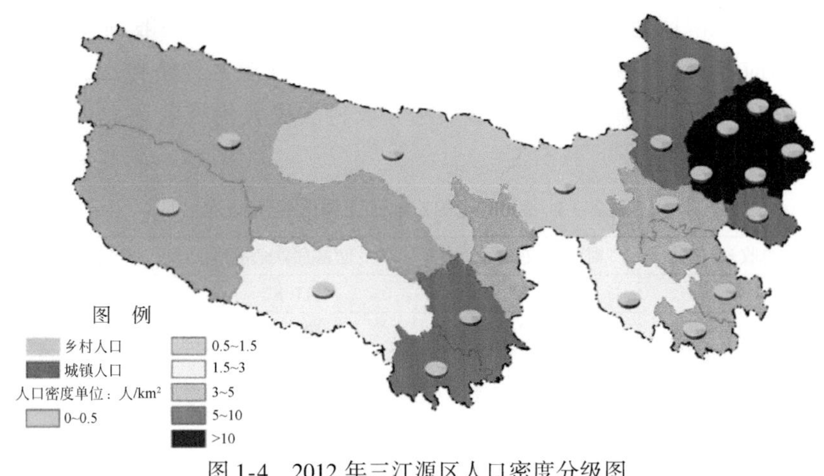

图 1-4　2012 年三江源区人口密度分级图

1.5.2　经济状况

2012 年，三江源区国民生产总值为 240.17 亿元（表 1-11）。其中，第一产业产值为 69.87 亿元，占国民生产总值（下同）的 29.09%；第二产业产值为 105.27 亿元，占 43.83%；第三产业产值为 65.03 亿元，占 27.08%。三大产业中，第二产业占比最高。

表 1-11　2012 年三江源区各州国民生产总值统计表

地区	国民生产总值/亿元	第一产业		第二产业		第三产业	
		产值/亿元	比例/%	产值/亿元	比例/%	产值/亿元	比例/%
黄南州	58.11	16.83	28.97	21.81	37.53	19.47	33.50
海南州	104.35	24.73	23.70	52.68	50.48	26.94	25.82
果洛州	30.55	5.23	17.13	15.03	49.20	10.28	33.67
玉树州	47.17	23.07	48.91	15.76	33.41	8.34	17.68
总计	240.17	69.87	29.09	105.27	43.83	65.03	27.08

资料来源：《青海统计年鉴》（2013 年），唐古拉山镇国民生产总值数据缺失。

分析 2000～2012 年三江源区国民生产总值变化情况，结果表明，虽然该区域在这一时期国民生产总值增长迅速，但仅占青海省的 12.68%，远低于其辖区面积在青海省所占的比例（54.6%）。从产业结构上来看，三江源区第一产业产值比例下降比较明显，第二产业产值比例有所上升，第三产业产值比例则上升幅度不大（表 1-12）。

表 1-12　2000～2012 年三江源区国民生产总值统计表

年份	国民生产总值/亿元	第一产业		第二产业		第三产业	
		产值/亿元	比例/%	产值/亿元	比例/%	产值/亿元	比例/%
2000	38.92	14.82	38.07	14.68	37.73	9.42	24.20
2005	79.25	28.51	35.97	26.16	33.01	24.59	31.02
2010	157.00	53.92	34.35	61.08	38.91	43.35	27.61
2011	192.13	61.59	32.06	78.36	40.78	52.18	27.16
2012	240.17	69.87	29.09	105.27	43.83	65.03	27.08

资料来源：《青海统计年鉴》（2001～2013 年），唐古拉山镇国民生产总值数据缺失。

2012 年，三江源区地方财政一般预算收入为 6.80 亿元，一般预算支出为 188.67 亿元，后者为前者的 27.75 倍。分析 2000～2012 年三江源区经济概况，结果表明，财政总收入、财政总支出、城乡储蓄存款余额和农村居民人均纯收入总体上均呈现逐步增加的趋势（表 1-13）。

表 1-13　2000～2012 年三江源区经济概况

年份	财政总收入/亿元	财政总支出/亿元	城乡储蓄存款余额/亿元	农村居民人均纯收入/元
2000	4.70	8.87	11.82	1 389.05
2005	17.18	27.24	25.98	2 009.33
2010	64.37	101.72	55.80	3 421.75
2011	102.73	162.31	66.75	3 393.42
2012	—	—	117.20	4 393.06

资料来源：《青海统计年鉴》（2001～2013 年）。

总体来说，三江源区经济发展滞后，地方财政收不抵支，产业发展约束因素多，自我发展能力差，贫困面广、量大且程度深（表 1-13）。目前，该地区有 8 个国家扶贫工作重点县，8 个省扶贫工作重点县，贫苦人口达 82.81 万。农村居民人均纯收入仅为青海省平均水平的 81.89%，其中，达日县农村居民人均纯收入最低（2527 元），共和县农村居民人均纯收入最高（6668 元），最低县农村居民人均纯收入不足最高县的 38%。

1.5.3　基础设施

三江源区基础设施薄弱，交通、用水、用电、通信和用能等问题依然很突出。截至 2012 年底，全区公路总里程约 23 285.3 km。其中，宁果公路、214 国道和 109 国道等主干公路与各县及部分乡间公路形成公路网，但仍然没有高等级公路，部分乡和行政村（牧民委员会）未达到公路通达标准等级。青藏铁路是该区唯一的铁路线，且仅途经长江源区。该区仅在玉树州建有一处民用机场。广播电视、通信设施等建设正在逐步完善，但尚未形成覆盖全区的邮电通信网络。此外，该区域无骨干性水利工程，供电、给排水、垃圾处理和污水处理等基础设施建设十分滞后。截至 2012 年底，全区污水处理厂仅 2 座，垃圾处理站仅 19 个。

三江源区文化、教育和卫生等社会公共服务能力同样较为落后。校舍不足、师资缺乏、寄宿学校少、生源分散和教育成本高等问题，导致教育水平严重滞后。全区文盲率较高，人均受教育年限少。截至 2012 年底，三江源区（不含唐古拉山镇）共有普通中学 55 所，小学 374 所，中小学在校学生达 202 890 人，中小学专任教师达 10 049 人（表 1-14），中小学师生比为 1∶20.19，高于青海省 2010 年师生比平均比例，但各州（县）之间差异显著，且高中及以上的教育师资力量和水平严重落后。

三江源区卫生条件较差，缺医少药现象普遍，群众看病难的问题仍很突出，时有传染病和地方病流行。截至 2012 年底，三江源区（不含唐古拉山镇）共有医院、卫生所 264 所，病床 4136 张，各种社会福利收养单位 75 个，医生数 1710 人，千人拥有医生数为 1.3 人。

表 1-14 2012 年三江源区教育概况

州名	县名	乡村户数/户	普通中学/所	小学/所	普通中学专任教师/人	小学专任教师/人	普通中学在校学生/人	小学在校学生/人
黄南州	尖扎县	100 25	5	54	51	47	3 562	5 010
	同仁县	13 078	11	56	359	660	6 872	10 126
	泽库县	15 363	2	23	171	400	3 234	8 919
	河南县	6 947	2	9	89	187	1 701	3 827
海南州	共和县	21 250	4	19	628	761	9 835	12 012
	同德县	11 736	4	10	289	288	3 120	8 093
	贵德县	21 281	6	8	785	244	7 424	9 041
	兴海县	13 698	2	9	142	331	2 342	8 183
	贵南县	13 014	3	7	290	457	3 753	7 812
果洛州	玛沁县	8 341	3	11	303	134	1 975	6 327
	班玛县	5 703	1	13	38	176	1 266	3 013
	甘德县	7 899	1	7	45	155	1 084	3 647
	达日县	6 404	1	11	80	277	1 343	3 123
	久治县	5 057	1	8	95	235	1 150	2 925
	玛多县	3 788	1	3	22	98	923	1 463
玉树州	玉树县	21 996	2	40	142	448	3 104	14 544
	杂多县	12 096	1	3	94	180	1 795	7 081
	称多县	13 263	1	24	99	297	2 231	6 869
	治多县	8 763	1	8	61	169	1 029	5 002
	囊谦县	20 947	2	37	98	436	1 988	10 485
	曲麻莱县	7 308	1	14	30	158	1 177	4 480
总计		247 957	55	374	3911	6138	60 908	141 982

资料来源：《青海统计年鉴》（2013 年），唐古拉山镇数据缺失。

此外，三江源区文化事业发展滞后，提高民族文明素质，弘扬和传承以藏文化和草原文化为主的文化发展任务十分繁重。文化体育设施均布局在州府县城，乡、镇与村社尚属空白。

1.6 生态保护

1.6.1 自然保护区建设

2003 年 1 月，经国务院批准，三江源自然保护区晋升为国家级自然保护区。根据国务院已批准的《三江源国家级自然保护区》区划范围，三江源自然保护区总面积达 20.24 万 km^2，占青海省总面积的 28.02%，占三江源区规划总面积的 52.24%。其核心区面积达 5.67 万 km^2，占三江源自然保护区总面积的 28.0%；缓冲区面积达 5.63 万 km^2，占三江源自然保护区总面积的 27.8%；实验区面积达 8.93 万 km^2，占三江源自然保护区总面积的 44.1%。

1.6.2 生态恢复

2005 年，国务院批准《青海三江源自然保护区生态保护和建设总体规划》（简称《总体规划》），其主要建设内容为生态保护与生态恢复建设项目、农牧民生产生活基础设施建设项目和生态保护支撑项目，总投资 75 亿元。其中，生态保护与生态恢复建设类有 12 项工程，包括退牧还草、退耕还林、封山育林、沙漠化土地防治、重点湿地保护、黑土滩综合治理、森林防火、草原防火、鼠害防治、水土保持、保护区管理设施与能力建设、野生动物保护和湖泊湿地荒漠工程，规划投资达 49.25 亿元；农牧民生产生活基础设施建设类有 6 项工程，包括生态移民、小城镇建设、建设养畜、能源建设、灌溉饲草料基地建设和人畜饮水工程，规划投资 22.24 亿元；生态保护支撑类有 4 项工程，包括人工增雨、生态监测、科研课题及应用推广和科技培训工程，规划投资 3.60 亿元。以上项目于 2005 年 8 月启动实施。截至 2013 年，除退牧还草、水土保持、保护区管理设施与能力建设和科研课题及应用推广项目外，其余项目均已完成（表 1-15）。

表 1-15 《总体规划》投资及完成情况表

项目名称	规划投资/亿元	截至 2013 年完成情况
退牧还草	31.27	未完成
退耕还林	1.52	已完成
封山育林	3.16	已完成
沙漠化土地防治	0.46	已完成
重点湿地保护	1.12	已完成
黑土滩综合治理	5.23	已完成

续表

项目名称	规划投资/亿元	截至 2013 年完成情况
森林防火	0.31	已完成
草原防火	0.21	已完成
鼠害防治	1.57	已完成
水土保持	1.50	未完成
保护区管理设施与能力建设	2.03	未完成
野生动物保护和湖泊湿地荒漠	0.87	已完成
生态移民	6.31	已完成
小城镇建设	3.19	已完成
建设养畜	8.91	已完成
能源建设	1.86	已完成
灌溉饲草料基地建设	0.42	已完成
人畜饮水	1.55	已完成
人工增雨	1.88	已完成
生态监测	0.55	已完成
科研课题及应用推广	0.63	未完成
科技培训	0.54	已完成
总计	75.07	—

目前，中国科学院地理科学与资源研究所和青海三江源生态监测工作组已共同完成了《青海三江源自然保护区生态保护和建设工程生态成效综合评估》。结果显示，自一期工程启动实施以来，三江源区特别是三江源自然保护区的生态环境发生了显著变化，《总体规划》确定的目标基本实现。

1）林草植被覆盖度增加。2004 ~ 2012 年，三江源自然保护区植被覆盖度呈现增加趋势，森林覆盖率由 2004 年的 3.2% 提高至 2012 年的 4.8%；草原植被覆盖度平均提高 11.6 个百分点。

2）生态系统结构发生变化。主要表现为湿地生态系统面积扩张，荒漠生态系统逐步得到保护和恢复，草地退化态势得到明显遏制，草地恢复速度明显高于三江源自然保护区之外的区域。2004 ~ 2012 年，三江源自然保护区内森林面积增加 13.58km^2，草地面积增加 135.17km^2，湿地面积增加 104.94km^2。

3）水源涵养功能显著提升。2004 年三江源区林草生态系统水源涵养量为 169.23 亿 m^3，2012 年水源涵养量为 197.6 亿 m^3，增加了 28.37 亿 m^3。

4）区域气候发生变化。1975 ~ 2004 年三江源区各气象站点年平均气温为 -0.58℃，年平均气温变化率约为 0.38℃/10a；2004 ~ 2012 年三江源区各气象站点年平均气温为 0.4℃，年平均气温变化率约为 0.1℃/10a，增温速率明显降低。1975 ~ 2004 年三江源区各气象站点年降水量均值为 470.62mm，2004 ~ 2012 年三江源区各气象站点年降水量均值为 518.66mm，年降水量均值增加 48.04mm，湿润指数平均增加 5.03 左右。

5）江河径流量稳中有增。1975～2004 年，长江直门达站年平均净流量为 124.3 亿 m^3；2004～2012 年，长江直门达站年平均净流量为 164.2 亿 m^3，年平均净流量增加 39.9 亿 m^3。1975～2004 年，黄河唐乃亥站年平均净流量为 201.9 亿 m^3；2004～2012 年，黄河唐乃亥站年平均净流量为 207.6 亿 m^3，年平均净流量增加 5.7 亿 m^3。2004～2012 年，澜沧江出省境平均径流量为 107 亿 m^3。

6）水土保持功能提高。2012 年与 2004 年比较，三江源区土壤侵蚀量减少 3472 万 t。其中，自然保护区之外土壤侵蚀量增加 38.23 万 t，自然保护区内土壤侵蚀量减少 3510.23 万 t。

7）天然草地放牧压力减轻。截至 2012 年，自然保护区内共实现天然草地减畜 342 万羊单位，天然草地放牧压力明显减轻。另外，从自然保护区核心区转移人口 10 733 户、53 921 人，降低了牧民对天然草地的利用强度。

1.6.3 禁牧减畜

2002～2010 年，三江源区部分县实际载畜量减少。其中，玛多县、达日县和曲麻莱县减幅最大，分别为 43.8%、36.1% 和 29.6%，2010 年曲麻莱县未过载（图 1-5～图 1-7）。据青海省农牧厅数据，青海省 2011 年 9 月开始对 2.45 亿亩[①]中度以上退化天然草原实施禁牧，对 2.29 亿亩可利用草原实施草畜平衡。截至 2013 年，已完成禁牧减畜任务 456 万羊单位。其中，三江源自然保护区核心区共转移牧民 7.07 万人，核减牲畜 334.6 万羊单位。2014 年，青海省为进一步促进草畜平衡、保护草原生态环境，继续加大禁牧减畜力度，预计完成减畜任务 114 万羊单位。

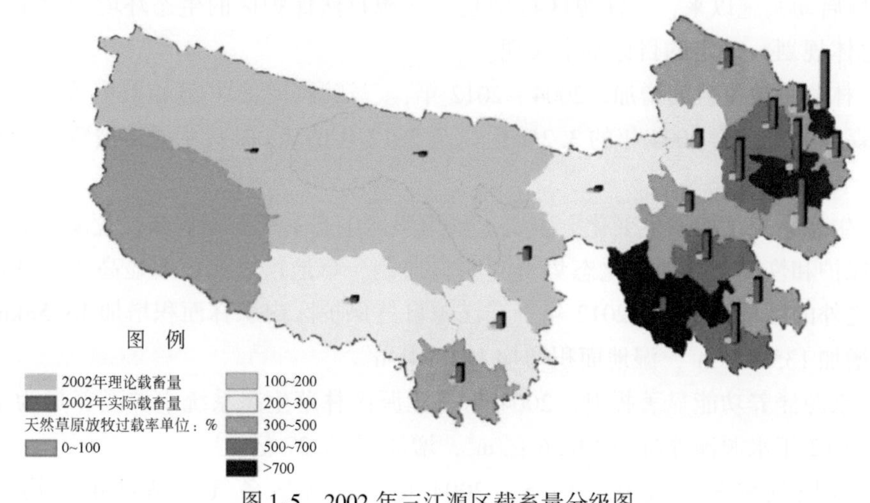

图 1-5 2002 年三江源区载畜量分级图

① 1 亩≈666.67m^2。

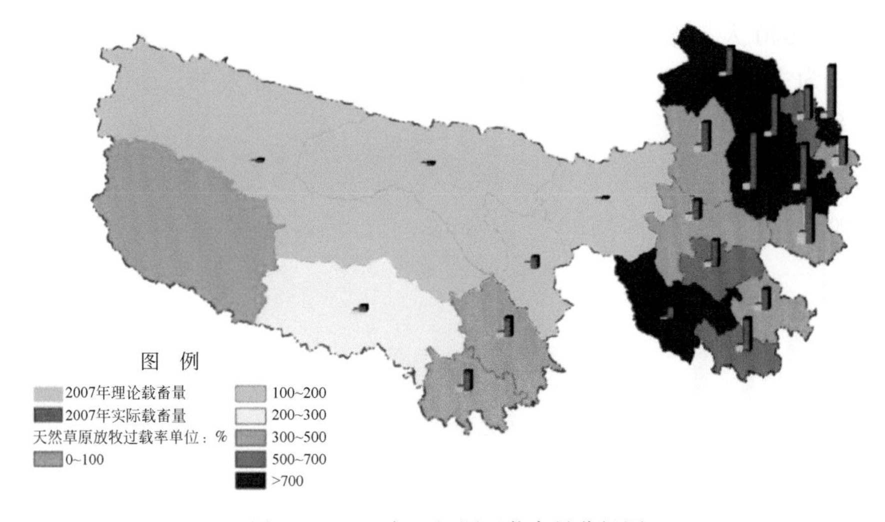

图 1-6　2007 年三江源区载畜量分级图

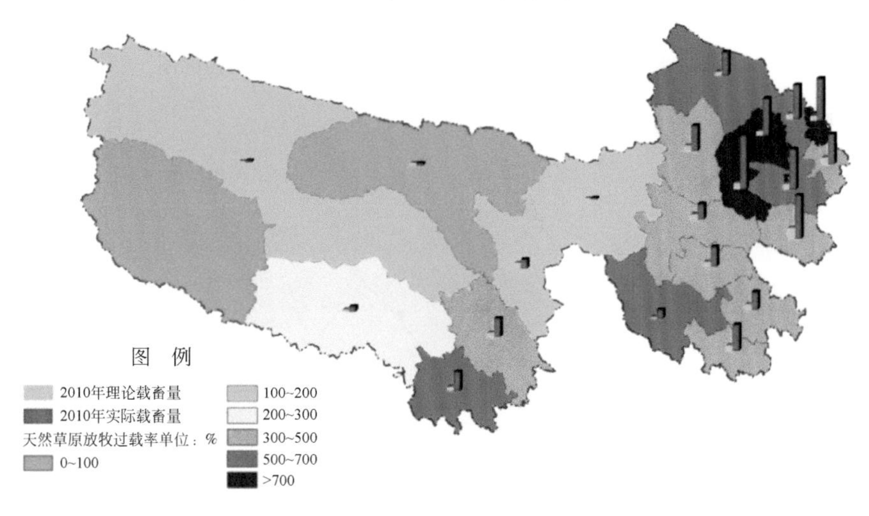

图 1-7　2010 年三江源区载畜量分级图

1.6.4　生态移民

三江源自然保护区生态保护和建设工程 2004 年开始实施，截至 2010 年已全部实施完成。项目实施地点包括三江源区 16 县 1 镇。实施过程中，采用集中安置和自主安置两种方式进行，共迁出生态移民 10 733 户、53 921 人。其中，玉树州玉树县迁出 803 户、4525 人，囊谦县迁出 1545 户、8237 人，称多县迁出 1165 户、6128 人，治多县迁出 482 户、2333 人，杂多县迁出 832 户、4468 人，曲麻莱县迁出 558 户、3130 人；果洛州玛沁县迁出 586 户、2549 人，班玛县迁出 356 户、2004 人，达日县迁出 65 户、357 人，久治县迁出 364 户、1838 人，玛多县迁出 563 户、2428 人，甘德县迁出 151 户、686 人；海南州同德县迁出 773 户、3918 人，兴海县迁出 965 户、4259 人；黄南州泽库县迁出 965 户、4309 人，河南县迁出 432 户、2112 人；海西州唐古拉山镇迁出 128 户、640 人。除唐古拉山镇移民迁入格尔木市外，其他各县移民迁入地点均以各县县城为主。三江源区生态移民迁出形式以集中安置为主，迁出地以玉树州为主（图 1-8 ~ 图 1-10）。

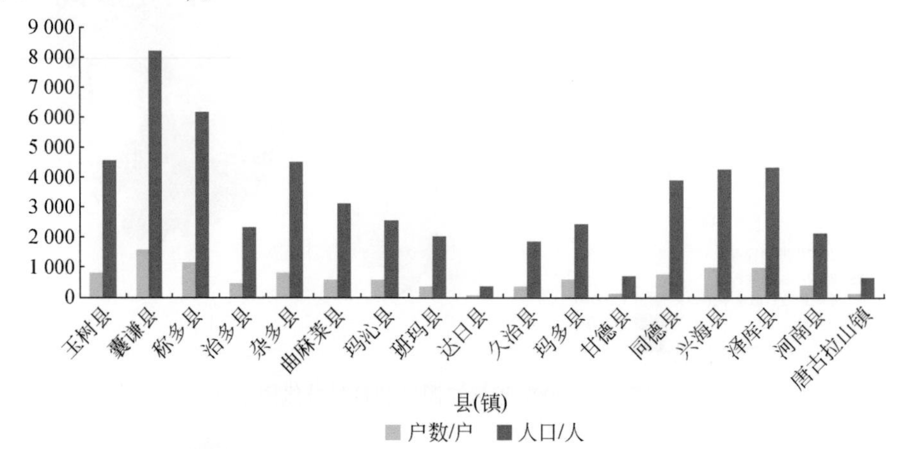

图 1-8　三江源区各县（镇）生态移民人口迁出情况图

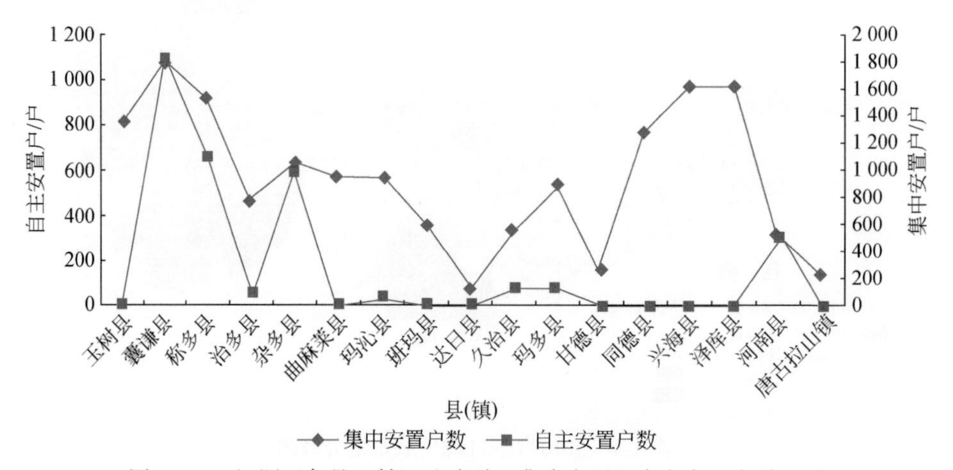

图 1-9　三江源区各县（镇）生态移民集中安置和自主安置户对比图

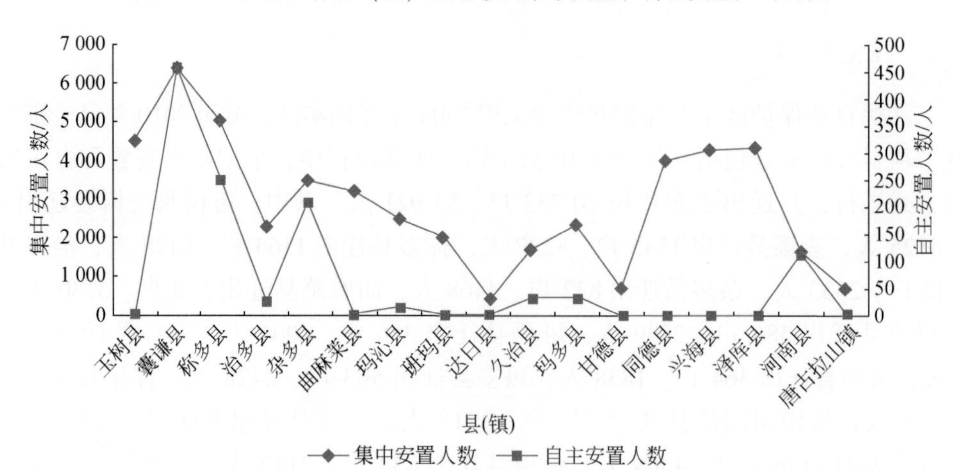

图 1-10　三江源区各县（镇）生态移民集中安置和自主安置人口对比图

1.6.5 生态补偿

从20世纪70年代开始，由于气候变化及人口增长等因素影响，三江源区生态环境持续恶化。80年代起，黄河源头数次断流。为保护和治理三江源区生态环境，1998年青海省政府发布了停止采伐天然林、禁止开采沙金等政策法规；2000年启动天然林保护工程，成立了省级自然保护区，2003年升级为国家级自然保护区；2005年启动实施了《青海三江源自然保护区生态保护和建设总体规划》；2006年取消了对三江源区州、县两级政府地区生产总值（GDP）、财政收入和工业化等经济指标的考核。2008年，出台的《国务院关于支持青海等省藏区经济社会发展的若干意见》（国发〔2008〕34号）中明确提出加快建立生态补偿机制。青海省政府于2010年出台《关于探索建立三江源生态补偿机制的若干意见》（青政〔2010〕90号），并于2011年颁布《青海省草原生态保护补助奖励机制实施意见（试行）》《关于印发完善退牧还草政策的意见的通知》《三江源生态补偿机制试行办法》。

三江源生态保护工作从2000年前后开始实施，先后出台过近十项相关政策建议（表1-16）并实施了5项主要生态保护工程（表1-17）。以2005年实施《青海三江源自然保护区生态保护和建设总体规划》的生态工程为主，生态补偿工作以2008年实施的生态补偿财政转移支付为重点。

表1-16 三江源生态补偿与生态建设政策概况

政策公告	发布年度	发布部门
《关于请尽快考虑建立青海三江源自然保护区的函》	2000年	国家林业局
正式批准三江源自然保护区晋升为国家级自然保护区	2003年	国务院
《青海三江源自然保护区生态保护和建设总体规划》	2005年	国务院
《国务院关于支持青海等省藏区经济社会发展的若干意见》	2008年	国务院
《关于探索建立三江源生态补偿机制的若干意见》	2010年	青海省政府
《关于印发完善退牧还草政策的意见的通知》	2011年	农业部财政部
审议通过《青海三江源国家生态保护综合试验区总体方案》	2011年	国务院

表1-17 三江源生态工程概况

工程名称	相关部门	总金额投入	实施年份	补偿方向
青海省三江源天然林资源保护工程	林业部	—	2000年至今	森林保护
退牧还草工程	国务院西部地区开发领导小组办公室、国家计划委员会、农业部、财政部、国家粮食局	—	2003~2007年	草原保护
青海省三江源自然保护区生态保护和建设总体规划	国家发展和改革委员会	42亿元	2005~2011年	生态保护 生产生活 公共服务

续表

工程名称	相关部门	总金额投入	实施年份	补偿方向
草原生态保护补助奖励机制	农业部、财政部	—	2011 年至今	草原保护
青海三江源国家生态保护综合试验区	—	规划中	2011 年	生态保护 生产生活 公共服务

已实施的三江源区生态补偿完全属于政府主导型的生态补偿，而且是以中央政府作为主体的纵向生态补偿。现有的三江源区生态补偿主要基于财政部印发《国家重点生态功能区转移支付办法》实施的生态保护资金补偿及基于财政转移支付的间接生态补偿。按三江源区生态补偿概念及目标，现有的三江源区生态补偿主要分为生态工程补偿、农牧民生产生活补偿及公共服务能力补偿。

1.6.5.1 主要生态保护政策与工程

生态工程保护与建设主要是为保护和恢复三江源区受损的生态系统，包括对草地、林地和湿地等三江源区主要生态系统的恢复补偿（表 1-18）。从 2000 年开始启动的天然林保护工程到 2012 年仍在实施的《青海三江源自然保护区生态保护和建设总体规划》中的生态工程，基本采取了项目管理的模式，即先由地方有关部门编制项目规划并报请中央对口部门或国务院审核批准，中央财政综合平衡后下达资金计划到地方政府，项目实施中中央对口部门进行监督管理。

表 1-18 三江源区实施生态工程统计表

<table>
<tr><th>序号</th><th colspan="2">工程名称</th><th>年限</th><th>工程量</th><th>投资/万元</th></tr>
<tr><td>1</td><td colspan="2">兴海、同德“三北”防护林</td><td>1979～2009 年</td><td>8.96 万 hm^2</td><td>—</td></tr>
<tr><td>2</td><td colspan="2">青海省三江源天然林资源保护工程</td><td>2000～2011 年</td><td>—</td><td>—</td></tr>
<tr><td>3</td><td colspan="2">《青海省天然草原退牧还草示范工程实施方案》</td><td>2003～2007 年</td><td>—</td><td>—</td></tr>
<tr><td rowspan="10">4</td><td rowspan="10">《青海三江源自然保护区生态保护和建设总体规划》</td><td>退牧还草</td><td>2005～2011 年</td><td>370.27 万 hm^2</td><td>173 188.60</td></tr>
<tr><td>退耕还林</td><td>2005～2011 年</td><td>0.65 万 hm^2</td><td>11 068.00</td></tr>
<tr><td>封山育林</td><td>2005～2011 年</td><td>19.33 万 hm^2</td><td>13 138.00</td></tr>
<tr><td>沙漠化土地防治</td><td>2005～2011 年</td><td>4.41 万 hm^2</td><td>4 617.00</td></tr>
<tr><td>重点湿地保护</td><td>2005～2011 年</td><td>3.87 万 hm^2</td><td>4 060.00</td></tr>
<tr><td>黑土滩综合治理</td><td>2005～2011 年</td><td>9.23 万 hm^2</td><td>13 840.00</td></tr>
<tr><td>森林防火、草原防火</td><td>2005～2011 年</td><td>—</td><td>5 205.00</td></tr>
<tr><td>鼠害防治</td><td>2005～2011 年</td><td>785.41 万 hm^2</td><td>15 690.00</td></tr>
<tr><td>水土保持</td><td>2005～2011 年</td><td>150.00km^2</td><td>3 500.00</td></tr>
<tr><td>保护区管理设施与能力建设</td><td>2005～2011 年</td><td>15.00 个</td><td>6 615.00</td></tr>
</table>

资料来源：青海三江源生态保护和建设办公室，“—”代表尚无法统计具体数值。

据不完全统计，近10多年来中央财政总体下达开展三江源区生态系统恢复工程的资金总额达30亿元以上，基本遏制了三江源区生态系统退化趋势。

1.6.5.2 重点生态功能区财政转移支付

2008年起，中央财政对国家重点生态功能区范围内的数百个县（市、区）开始实施资金转移支付，由财政部直接拨付各地，从2008年60亿元、2009年120亿元、2010年249亿元、2011年300亿元（平均每县约6637元）到2012年371亿元。2013年中央财政转移支付资金达440亿元左右。2009年，全国有300多个县获得生态转移支付；2010年，扩大至451个县；2012，扩大至452个县；2013年生态补偿考核范围扩大至466个县。据统计，2011年生态补偿财政转移支付资金主要用于民生保障与政府基本公共服务、生态建设和环境保护方面，三者比例分别为43%、32%、25%。

（1）农牧民生产生活补偿

三江源区藏族人口超过人口总量的90%，牧业人口超过人口总量的2/3，人口密度小于2人/km^2。根据最新的青海国家级贫困县名单（2012年3月20日公布），全区16个县中有8个贫困县，贫困人口超过人口总量的70%。农牧民为三江源区生态保护牺牲了各种发展机会，国家对此给予了一定的生态补偿。对农牧民的生产生活补偿资金主要来源于2005年实施的《青海三江源自然保护区生态保护和建设总体规划》中的中央财政资金支持。主要补偿项目和投资金额如表1-19所示。

表1-19 三江源区农牧民生产生活补偿项目和投资金额统计表

序号	工程名称		年限	工程量	投资/万元
1	《青海省牧民聚居半舍饲建设示范项目实施方案》	退牧还草集中安置	2003～2007年	21 021人	—
2	《青海三江源自然保护区生态保护和建设总体规划》	生态移民	2005～2011年	55 774人	44 617.00
		建设养畜配套	2005～2011年	30 421.00户	83 766.00

（2）公共服务补偿项目

自2005年开始，青海省确定三江源区的发展思路以保护生态为主，并决定地处三江源自然保护区核心区的果洛州和玉树州不再考核GDP，取而代之是对其生态保护建设及社会事业发展方面的具体指标的考核。由于其产业发展受到各种限制，三江源区地方政府财政收入很少，政府机构的正常运行及公共服务能力建设主要靠中央财政转移支付支撑。

近几年，三江源区以专项形式的公共服务补偿有以下几项（表1-20），这些项目也主要依靠2005年实施的《青海三江源自然保护区生态保护和建设总体规划》。

表 1-20　三江源区公共服务补偿项目统计表

序号	工程名称	年限	工程量	投资/万元
1	小城镇建设	2005～2011 年	41 个	29 275.00
2	人畜饮水	2005～2011 年	256 处	9 231.00
3	生态监测	2005～2011 年	—	3 859.00
4	科研课题及应用推广	2005～2011 年	17	2 374.00
5	科技培训	2005～2011 年	3.70 万人（次）	4 370.00
6	生态移民后续产业	2009～2011 年	—	2 500.00
7	能源建设	2005～2011 年	28 504.00 户	18 557.00

（3）各县财政转移支付

从 2005 年起，中央财政决定每年对青海省三江源区地方财政给予 1 亿元的增支减收补助，保障了三江源区机关、学校和医院等单位职工工资正常发放和机构稳定运转。从 2008 年开始，财政部以一般性转移支付形式，对三江源区和南水北调等地区，采用提高部分县区补助系数等方式给予生态补偿。这部分转移支付直接下给青海省财政厅，由青海省财政厅根据三江源区生态保护区转移支付所辖县名单和支付清单下达给有关州（地）市。财政部要求省、市两级财政也要逐步提高对上述生态功能县的补助水平，享受此项转移支付的基层政府要及时将转移支付补偿资金用于涉及民生的基本公共服务领域，并加强监督和管理，切实提高公共服务水平。

从三江源区财政总收入和地方财政收入来看，地方财政收入所占比例很低，剩余部分基本来源于中央财政转移支付。从表 1-21 中可以看出，2010 年三江源区大部分县中央财政转移支付超过总财政收入 90%。

表 1-21　2001 年、2004 年和 2010 年三江源区各县中央财政补助比例

县名	财政总收入/万元			地方财政收入/万元			中央财政转移支付比例/%		
	2001 年	2004 年	2010 年	2001 年	2004 年	2010 年	2001 年	2004 年	2010 年
同仁县	3 055	1 346	64 201	2 431	1 053	2 339	20.43	21.77	96.36
尖扎县	7 931	2 898	13 976	791	2 898	4 338	90.03	0	68.96
泽库县	4 613	124	651	273	124	651	94.08	0	0
河南县	604	461	1 345	257	461	858	57.45	0	36.21
同德县	4 207	608	1 770	887	504	1 437	78.92	17.11	18.81
共和县	3 699	6 078	80 838	3 146	5 165	6 414	14.95	15.02	92.07
贵南县	816	1 026	1 663	693	943	1 663	15.07	8.09	0
贵德县	1 622	3 845	13 933	1 405	2 407	7 520	13.38	37.40	46.03
兴海县	1 028	1 247	51 205	676	882	5 018	34.24	29.27	90.2
玛沁县	1 855.2	17 260	39 417	931	582	1 906	49.81	96.63	95.16
班玛县	2 340	4 696	32 351	664	262	526	71.62	94.42	98.37

续表

县名	财政总收入/万元			地方财政收入/万元			中央财政转移支付比例/%		
	2001 年	2004 年	2010 年	2001 年	2004 年	2010 年	2001 年	2004 年	2010 年
甘德县	325	4 174	28 082	260	131	447	20	96. 86	98. 41
达日县	411	5 240	31 203	199	194	614	51. 58	96. 30	98. 03
久治县	679	4 409	29 037	257	142	469	62. 15	96. 78	98. 38
玛多县	678	3 911	25 242	159	92	325	76. 55	97. 65	98. 71
玉树县	5 691	8 740	37 303	1 243	1 000	3 137	78. 16	88. 56	91. 59
杂多县	2 893	4 425	511	316	134	511	89. 07	96. 974	0
称多县	3 736	6 175	53 969	536	393	502	85. 65	93. 64	99. 07
治多县	3 210	4 425	38 171	311	123	619	90. 31	97. 224	98. 38
囊谦县	4 359	7 087	59 242	341	117	687	92. 18	98. 35	98. 84
曲麻莱县	3 834	4 005	39 590	1 375	165	507	64. 14	95. 884	98. 72

资料来源：《青海统计年鉴》（2002 年、2005 年、2011 年），唐古拉山镇数据缺失。

2 生态资源资产概念与理论研究

2.1 生态资产评估研究进展

生态资产是在自然资产和生态系统服务功能两个概念的基础上发展起来的，是两者的结合与统一，表征人类对生态环境、自然资源的认识达到了一个新高度。黄兴文和陈百明（1999）认为，生态资产是所有者对其实施生态所有权并且所有者可以从中获得经济利益的生态景观实体，主要包括生态系统效能和生态资产价值。广义上，生态资产是不可再生资源、可再生资源与环境损失价值的总和，包括自然生态资产与人工生态资产两种形式。其中，自然生态资产是生态资产的基础，人工生态资产是社会发展到一定程度生态资产的必要补充。狭义而言，生态资产包括环境损失与可再生资源价值。

随着全球范围内自然资源和良好生态环境稀缺性的提升，人们逐渐认识到，自然资源和生态环境不仅是人类生存和发展的基本条件，也是人类创造商品和服务的基础。自然资源和生态系统服务的价值已成为目前生态学、经济学和社会学等领域热点。自然资本（natural capital）是1948年由美国学者沃格特（Vogt）在讨论美国国家债务的时候第一次提出的，他指出自然资本的耗竭会降低美国偿还债务的能力。沃格特在这里所讲的自然资本是指自然资源的价值。而此前美国总统西奥多·罗斯福就曾预见性地提出：如果人们把自然资源也视为资产的话，我们国家的经济社会将发展得更好；必须告知我们的下一代，应该增加而不是削弱我们国家所拥有的自然资源的价值。

20世纪70年代以来，人们对自然资本或自然资产概念的理解不再局限于自然资源的价值，而是涵盖了自然环境中可以为人类所利用的、表现形式丰富多样的所有物质或非物质价值形态，包括气候、海洋、森林、河流、土壤及生物和生态系统产品等生态服务价值。London和Park（1970）在*Study of Critical Environmental Problems*上发表题为*Man's Impact on the Global Environment*：*Assessment Recommendations for Action Report of the Study of Critical Environmental Problems*一文中，首次使用了生态系统服务一词，列出了自然生态系统对人类的环境服务功能，包括害虫控制、昆虫传粉、渔业、土壤形成、水土保持、气候调节、洪水控制和物质循环与大气组成等方面。生态系统服务的相关概念提出后，其内涵经过了众多学者的丰富与演变。例如，Costanza等（1997）发表在*Nature*上的论文和Daily（1997）的*Nature's Services*：*Societal Dependence on Natural Ecosystem*一书的出版都推动了生态系统服务及其价值的研究。以2001年启动的千年生态系统评估（the millennium ecosystem assessment，MA）计划为标志，怎样把生态系统服务研究与决策和管理结合起来逐渐成为国际生态学研究的热点。目前被广泛接受和使用的生态系统服务的概念，是指人类从生态系统获得收益，这些收益包括可以直接影响人类生活的供给服务、调节服务和文化服务及维持其他服务所必需的支持服务。

人们对生态资产概念的认识过程是动态的、发展的，是逐步深化和延展的，从自然资源价值发展到生态服务价值，从有形的、实物形态的、可以划归权属的经济收益价值发展到无形的、公益性的环境服务价值。王健民（2001）认为，生态资产是指如水源、土壤、气候、景观、植被和生物多样性及适宜性的生态位等生态支持基础。潘耀忠等（2004）认为，生态资产是以生态系统服务功能效益和自然资源为核心的价值体现，包括隐形的生态系统服务功能价值和有形的自然资源直接价值两部分。张军连和李宪文（2003）认为，在一定时间和空间范围内的一切自然资源、生态环境及其对人类的服务功能即为生态资产。胡聃（2004）将生态资产理解为：人类或生物与其环境相互作用形成的能服务于一定生态系统经济目标的适应性、进化性生态实体，它在未来能够产生系统产品或服务。

高吉喜和范小杉（2007）在综合国内外有关生态资产概念基础上进一步提出，生态资产应包括一切能为人类提供服务和福利的自然资源和生态环境，其服务和福利的形式包括有形的、实物形态的资源供给（如矿产、果实、木材和水资源等）；也包括隐形的、不可见的或非实物形态的生态服务（如空气的净化和氧气的供给、气候调节和景观享受等）。实物形态的生态资产大多可划归所有权，可直接进入人类经济交易的商品市场，从而使其价值得以具体体现；隐形或不可见的生态资产大多是公共的，任何组织或个人难以划归其所有权。

2.1.1 国际研究进展

1992 年的“联合国环境与发展大会”可以作为自然资源/环境核算研究的分水岭。1992 年之前，国际社会进行了近半个世纪长而艰辛的探索，期间主要学术活动有：英国经济学家约翰·希克斯 1946 年首次提出了绿色 GDP 思想；西方国家 1953 年提出了国民账户体系（system of national accounts，SNA）；苏联 1973 年提出了物质产品平衡表体系（system of material product balances，MPS）；西方国家及部分发展中国家于 20 世纪 80 年代相继开展的自然资源/环境核算研究。这一时期部分国家及国际组织纷纷开展了自然资源/环境核算理论、方法的研究，并进行了实施方案、法律的探索与实践。

联合国和世界银行的自然资产账户系统（the UN system of national accounts，SNA）及联合国环境与经济综合记账系统（UN Integrated system of environmental and economic accounts，SEEA）都将自然资本纳入其中。联合国、世界银行等国际组织和一些国家及地区致力于环境与经济综合核算体系的理论和实践研究。

1992 年“世界环境与发展大会”的召开为自然资源/环境核算及国民经济账户体系的研究提供了新的契机。特别是 1993 年联合国统计司建立了与 SNA 相一致的、可系统地核算环境资源存量和资本流量的框架，即综合环境与经济核算体系（system of integrated environmental and economic accounting，SEEA-1993）。SEEA-1993 是 SNA 的卫星账户体系，是可持续发展经济思路下的产物，主要用于在考虑环境因素影响条件下的国民经济核算，是对 SNA 的补充而提出的对经济可持续发展水平进行评估和测量的概念和方法。在获得了一定的实践经验和方法论的进步后，此后，越来越多的国家和地区将生态资产或自然资本纳入国民经济账户，以衡量其自然环境与经济社会协调发展的程度。

在 SEEA 的影响下，欧盟统计局制定了《欧洲森林环境与经济核算框架》（*The European Framework for Integrated Environmental and Economic Accounting For Forests*，IEEAF)(IEEAF-2002)，联合国粮农组织编写了《林业环境与经济核算指南》（*Manual for Environmental and Economic Accounts for Forestry*：*A Tool for Cross- sectoral Policy Analysis*）等。

由世界银行发起制定的一项合作机制——财富核算和生态系统服务价值评估（WAVES）机制——正帮助一些国家逐步改变一贯重视 GDP 的做法，开始把财富（包括自然资本）纳入其国民账户。自 WAVES 机制在 2010 年日本名古屋《生物多样性公约》第十次缔约方会议上正式推出以来，其在以下两方面取得了进展：一是加强了合作关系，二是在五个国家测试了自然资本核算的可行性。目前，各国均在制定详细的实施路线图。该机制的成员国既包括发达国家，也包括发展中国家。该机制的成员国在建立自然资本核算体系方面取得了巨大进展。博茨瓦纳、哥伦比亚、哥斯达黎加、马达加斯加和菲律宾五国已着手实施政府最高领导层批准的工作计划。在制定工作计划过程中，关键的第一步是要明确关乎经济发展的具体重点政策性事项并建立相关部门账户。例如，土地账户正帮助生物多样性丰富的马达加斯加弄清通过何种渠道为建立 6 万 km^2的保护区筹措资金；土地和水资源账户正帮助哥斯达黎加评估竞争性用地的价值和对其可再生能源基础设施进行长期投资的最经济方法；就博茨瓦纳而言，建立水资源账户将有助于其在实现经济多样化过程中更有效地管理稀缺的水资源。

欧盟在 2011 年启动的“生物多样性战略”提出欧盟成员国须完成国家尺度的生态系统和多样性价值评估，并提出将其纳入国家统计体系中。截至 2013 年，英国（综合型评估）、爱尔兰（生物多样性价值评估）和捷克（草地生态系统价值评估）完成了国家尺度的评估工作，但大部分欧盟国家还处于起步阶段（如德国、波兰、奥地利、比利时和荷兰等)，而挪威、瑞典、罗马尼亚和意大利等国的生态系统和多样性价值评估工作尚未启动。

2012 年 3 月，联合国统计委员会第 43 届会议通过了“环境经济核算体系（2012)–中心框架”（简称 SEEA- 中心框架）。作为一项国际标准，这是首个环境经济核算的国际统计标准。SEEA- 中心框架建立在 SEEA-1993 和 SEEA-2003 基础之上。其中，SEEA- 中心框架较之于前两个版本的最重要意义在于，它基于一致的概念、定义、分类和核算规则，被提升为衡量环境与经济相互关系的国际标准框架（联合国安全理事会 83 次会议)。SEEA- 中心框架有两个扩充部分：一个是 SEEA 试验性生态系统账户（SEEA：

experimental ecosystem accounts），另一个是 SEEA 延伸及应用（SEEA：extensions and applications），这两部分内容重在提供方法和框架，并不作为国际标准发布，2013 年试验性生态系统账户正式发布。以上进展充分表明，生态资产核算已从理论体系摸索阶段过渡到实际核算和实践阶段，将为国民经济正常运行提供重要的决策依据。

2.1.2 国内研究进展

我国生态资产思想的起源很早，春秋时期管仲认为“山泽林薮”即“天财之所出”。生态资产引起关注源于 Costanza 与 Daily 等的研究成果。1997 年，Costanza 等在 Nature 上发表了 *The value of the world's ecosystem services and natural capital* 一文，对每种服务功能与产品价值进行了估价，引起了普遍关注与激烈讨论。受 Costanza 等思维影响，我国对生态系统的重新认识与生态资产评估也进入了一个活跃期。从模仿研究、参数修正到估价方法与对象研究等各种研究相继涌现，主要可分为 3 种方向：①生态资产价值估算，主要是利用 Costanza 等生态参数、市场价值法、影子工程法和碳税法等方法针对某一区域或生态系统的服务价值进行资产估算；②生态资产的机理与驱动力分析，分析影响生态资产存量的驱动机制，如土地利用/覆盖变化引起的生态资产响应；③生态资产估价方法研究，目前比较成熟的估价方法有条件价值法、影子工程法、直接市场法和旅游成本法等，用于静态描述生态系统资产存量情况，随着遥感技术的应用，为动态实时测量生态资产动态变化，由点及面系统评估生态资产提供了技术基础。

我国于 1994 年发布的《中国 21 世纪议程——中国 21 世纪人口、环境与发展白皮书》中以官方态度引入了自然资本的概念。此后，自然资本理论的研究也进入了我国学者的视野，并在各个领域掀起了研究热潮。纵观我国学者对自然资本的研究进展，首先，自然资本的理论研究方面，总结、发展了国内外学者对自然资本的认识，加深了对自然资本的理论和实务研究。其次，自然资本与自然生态系统方面，提出了自然资本与生态服务功能的关系及跨区域补偿；探讨了自然资本与农业、林业持续发展的关系，构建了农业生态系统和森林生态系统自然资本评价的定量化方法。再次，区域自然资本研究方面，提出区域发展的关键是自然资本存量和持续利用性制约的理论，并将生态足迹理论应用于区域自然资本的现状和动态评价之中，完善了有限空间自然资本核算与评价体系。最后，在自然资本与社会经济持续发展，自然资本、人力资本、经济资本时空关系，自然资本稀缺对社会经济发展的制约和自然资本科学管理、有序利用及自然资本投资等方面也都有颇多的研究成果。

我国科研人员以单一生态系统、流域和行政区域为研究对象，开展了大量生态资产评估实证研究工作。例如，欧阳志云等（1999）初步研究了我国生态系统有机质生产、固碳释氧、营养循环、土壤侵蚀和涵养水源等生态系统服务价值，并估算了海南岛生态系统所提供的生态调节功能价值。在流域尺度方面，韩维栋等（2000）估算了中国现存自然分布的红树林的年总生态系统服务价值；余新晓等（2005）对我国森林的生态系统服务价值进行了测算。

中国在国家国民经济核算中一度采用 MPS，直到 20 世纪 80 年代末才完成了由 MPS 向 SNA 的转变。同期，我国自然资源/环境核算研究处于借鉴、仿效和摸索阶段，相关研究零星、破碎，但已引起有关部门和部分学者的注意。我国较早开始将资源环境经济核算纳入国民经济核算体系的实践，原国家环境保护总局和国家统计局于 2004 年 3 月启动“中国综合环境与经济核算体系”项目，在 SEEA-中心框架指引下，以中国资源统计、国民经济核算为主要数据基础，提出了建立中国资源核算的总体框架，并结合矿物、森林和水等若干资源类别，具体阐明资源核算的思路与方法，确定资源核算内容，定义资源核算方式，为具体的资源核算提供总体框架指南，先后发布了 2004 年、2008 年和 2009 年的《中国环境经济核算报告》。

党的十八届三中全会决定将探索编制自然资源资产负债表作为生态文明制度建设的重要领域之一，是进一步建立健全中国资源-环境-经济综合核算体系的重要举措，既符合当前我国生态文明建设的需要，也是国际研究进展大势所趋。

2.1.3 生态资产价值估算

2.1.3.1 以行政区域为研究对象的生态资产价值核算

以行政区域为研究对象有利于统计数据的获取及保证数据的完整性与连续性，同时也有利于为绿色 GDP 核算与可持续发展提供科学依据。陈仲新和张新时（2000）参考了 Costanza 等提供的参数，以 1994 年为基准估算了中国生态系统的服务价值为 56 098.46 亿元/a。其中，陆地生态系统服务价值为 56 098.46 亿元/a；海洋生态系统服务价值为 21 736.02 亿元/a，是 1994 年中国 GDP 的 1.73 倍。这一成果在《科学通报》发表后引起了国内学者对生态资产价值估算的极大关注，随后，学者们在国家、省（自治区、直辖市）和县等尺度上展开了各项研究。徐俏等（2003）以广州市为例，在地理信息系统（geographic information system，GIS）平台上制定出其服务功能空间分级分布图。高旺盛和董孝斌（2003）以典型黄土高原丘陵沟壑区安塞县为例，对其境内 7 种不同类型农业生态系统服务价值进行了核算。

2.1.3.2 以流域为研究对象的生态资产价值核算

将流域作为研究对象进行生态资产价值核算，一方面保存了流域生态系统的完整性；另一方面，有利于与其他区域或者流域进行比较，研究流域生态资产价值的一般规律，为流域上/下流开发与保护、生态补偿等提供科学依据。高清竹等（2002）利用 NOAA/AVHRR 数据，采用 Costanza 等的测算方法，评估发现过去 10 年海河流域上游农牧交错带区域土地利用的变化损害该流域生态系统服务价值达到 $4.18\times10^7 \sim 4.90\times10^7$ 美元。许中旗等（2005）对锡林河流域生态系统服务价值变化的研究表明，在 1987 ~ 2000 年，锡林河流域每年提供的生态系统服务价值下降了 31.6%。但总体来看，这方面研究相对薄弱，值得进一步深入研究。

2.1.3.3 以单一生态系统为研究对象的生态资产价值核算

国内学者对不同类型的生态系统进行了许多有益的探讨。侯元兆和王琦（1995）、余新晓等（2005）分别对我国森林生态系统服务价值进行了测算。韩维栋等（2000）估算中国现存自然分布的13 646 hm^2红树林的年总生态系统服务价值为23.65亿元。辛琨和肖笃宁（2002）以辽河三角洲盘锦地区湿地为例，得到该地区湿地生态系统的服务价值为62.13亿元，是该地区国内生产总值的1.2倍。肖寒等（2000）在GIS的支持下，估算了海南岛现实土壤侵蚀量和潜在土壤侵蚀量，得到了海南岛生态系统年土壤保持总价值为7492.41万元。欧阳志云等（2004）核算了水生态系统调蓄洪水、疏通河道、水资源蓄积、土壤持留、净化环境、固定碳、提供生境和休闲娱乐8项功能总的价值为6038.78×10^8元，相当于供水、发电、航运和水产品生产等水生态系统提供的直接使用价值的1.6倍。其他类型生态系统生态资产的研究也有相关报告。例如，李阳兵等（2005）针对茂兰岩溶森林生态系统服务价值进行了定量研究。

2.1.3.4 生态资产机理与驱动力研究

在城市化、人口聚集与迁移、区域开发政策等人类干扰力的作用下，生态资产的结构与资产存量发生了剧烈的变化。生态资产的急剧消耗，已影响到部分地区区域生态安全与可持续发展。杨志新等（2005）以北京市为例，发现由于耕地面积显著减少，京郊农田生态系统总服务价值由1996年的4 513 384.07万元下降至2002年的3 426 990.22万元。喻建华等（2005）在Costanza等的生态系统服务价值理论基础上，探讨了1994～2002年江苏省昆山市生态系统服务价值变化，研究发现建设用地对耕地和水域的占用，引起了昆山市生态系统服务价值下降，9年间生态系统服务价值总量下降8.9%，人均占有量下降13.0%。

目前针对社会经济-自然复合生态系统驱动因子对土地利用/覆盖变化、环境污染与防治、生态破坏与修复和景观结构与功能等过程因子的机理与驱动机制研究较多（王静爱等，2002；何春阳等，2005），然而，对于生态资产结构与动态演变机制及响应因子研究仍处于初始阶段。

2.1.4 生态资产估价技术研究

2.1.4.1 直接市场法

直接市场法包括费用支出法、市场价值法、机会成本法、恢复和防护费用法、影子工程法和人力资本法等，用于直接或间接市场量化的生态系统服务功能或产品价值估算，主要包括以下三方面的研究内容：①生态系统产品与服务以直接市场价格的形式体现出来（如农产品、工业原材料、矿产资源和药材等）。②生态系统产品与服务以间接市场价格的形式体现出来。例如，涵养水源、水土保持、固碳释氧的功能可以采用影子工程与替代工程方式，通过市场替代估算各项生态资产的价值。③环境污染损失估算，环境污染与生态破坏造成的人们的福利变化与健康影响，通过计算人们福利的变化从而间接反映环境损失价值。薛达元（2000）使用直接市场法等对长白山自然保护区森林生态系统服务价值进行了经济评估；姜文来（2003）、李晶等（2002）利用影子工程法评估森林涵养水源的价值；赵平等（2005）评估了崇明岛东旺沙湿地恢复与重建的价值，并且对样地在恢复和重建之后所产生的功能价值进行了估算。

2.1.4.2 替代市场法

替代市场法包括旅行费用法和享乐价格法。旅行费用法利用游憩的费用资料求出消费者剩余，并以此估算生态资产价值。其基于以下假设：根据游客的来源和消费情况，推出旅游需求曲线，从而可以计算出消费者剩余作为生态资产的价值。享乐价值法主要应用于房地产开发周围生态资产价值的估算。高云峰和江文涛（2005）利用替代市场法对北京市山区森林资源的整体价值进行了评价，并运用贴现法对相关价值进行处理，得到北京市山区森林资源整体价值为3143.51亿元。

2.1.4.3 条件价值法

条件价值法是在详细介绍研究对象概况（包括现状、存在的问题和提供的服务与商品等）的基础上，假想形成一个市场（成立一项计划或基金）用以恢复或提高该公共商品或服务的功能，征询研究对象附近居民的支付意愿或者在允许目前环境恶化与生态破坏的趋势继续存在的前提下，征询研究对象附近居民接受意愿，累积后获得该公共商品或服务总体价值的评估方法（张志强等，2004）。张志强等（2004）针对黑河流域张掖市生态系统退化的现状，分别采用单边界两分式和双边界两分式问卷调查了黑河流域居民家庭对恢复张掖市生态系统服务的平均最大支付意愿每户每年分别为162.8元和182.38元；以支付卡的方法调查结果表明，平均最大支付意愿每户每年为45.9～68.3元。徐中民等（2002）以黑河流域额济纳旗生态系统恢复为研究对象，以开放式、封闭式（单边界和双边界两分式）问卷格式调查得到其总经济价值为3.674×10^8元。以支付卡的方法调查结果表明，平均最大支付意愿为每年每户37.96元，但因居住区域不同存在一定差异。条件价值法对生态资产估价结果受调查方式、问卷设计与调查对象的年龄、学历、收入、户籍和居住的地理区域等因素影响，其结果存在不确定性。但对评估难以市场化的生态资产类型，条件价值法是一种较好的定量估算方法。

2.1.4.4 技术与估价方法的综合应用

随着遥感与地理信息系统技术的引入，生态资产评估进入了一个全新的阶段，遥感技术克服了获取数据难的问题，避免出现“以点代面”的情况，有利于进行大尺度宏观生态资产的评估与动态监测。李京等（2003）论述了基于遥感手段的生态资产定量遥感评估的模型和方法，包括遥感测量参数的选取、遥感评估模型的建立及模型各生态参数的遥感测量方法等。史培军等（2000）综合运用3S技术和野外抽样调查技术，以多尺度遥感对地观测技术为手段，建立一整套生态资产遥感监测技术、野外抽样调查技术及监测结果质量控制技术的标准与规范。潘耀忠等（2004）利用 NOAA/AVHRR 数据对中国陆地生态系统生态资产价值进行遥感测量，并绘制了中国陆地生态系统生态资产价值空间分布图，估算中国陆地生态系统生态资产总价值为 6.44×10^{12} 元。何浩等（2005）利用遥感技术计算了 2000 年中国陆地生态系统服务价值为 9.17×10^{12} 元，总体空间分布由东向西递减，由中部向东北和南部递增。

2.1.5 存在的问题与难点

从以上分析可知，中国生态资产的研究方法、生态参数及研究内容还处于模仿阶段，对一些生态参数进行修正，很难总体上反映中国生态系统的价值状况与价值存量，对生态系统的估价存在一些误区，具体可总结为以下几点。

1）国内生态资产的研究方法与生态参数沿用 Costanza 等的研究方法与生态参数，分别研究了中国各类生态系统生态资产及价值结构，比较了不同生态系统价值的差异，为研究生态系统价值做了一些有益的尝试。但由于受地域分异规律及人类活动差异影响，同类型不同区域生态系统单位面积上提供的生态价值与服务功能存在差异，因而必须进行实地研究或者对生态参数进行修正。范海兰等（2004）参照 Costanza 等提出的测算方法，根据单位面积蓄积量进行修正，评估了 1978～1998 年福建省森林生态系统服务价值变化。

2）对生态系统而言，研究其总的价值对区域决策的意义不是很大。然而，随着生态资产日益稀缺化，生态资产任何微小的变化，都会对区域生态系统造成很大的影响，从而影响社会经济-自然生态系统的稳定性。因此，生态资产变化产生的边际效益将成为生态资产研究的重要内容。

3）估价方法的局限性与市场信息的不对称导致生态资产估算存在较大的不确定性。尽管直接市场法与替代市场法比较接近生态系统的实际价值，但由于生态资产的特殊性及市场的不完备性，生态系统许多功能与服务无法通过市场得以体现。而条件价值法受调查方式、调查表格设计和调查对象等因素影响，存在很大的主观性与偶然性。例如，一个人在不同时期可能对同一生态系统服务支付意愿存在很大的差异。另外，获取信息的不对称性，导致支付意愿结果存在差异。

4）对生态系统提供的服务功能有待深入研究。Costanza 等也承认随着研究的深入，还有一些生态系统服务功能需要纳入评价体系中。生态系统服务价值是一个变化的过程，目前国内的研究主要集中于 Costanza 等总结的 17 种生态服务功能，或者从中选取几种主要功能进行研究，导致研究结果与事实不符，也无法体现生态系统服务价值。

2.1.6 研究回顾与展望

生态资产作为生态经济学与可持续发展研究的一个新兴领域，已受到广大学者、决策者及普通民众的重视，呈蓬勃发展之势。综合以上分析，本书认为生态资产研究有以下几个方面值得进一步深入研究：

1）生态资产规范研究。从现有文献来看，多以 Costanza 等的研究作为规范，或根据已有的研究基础，选择几种易于定量的指标进行估算，各类研究之间缺乏可比性与延续性，不像 GDP 有一套完整的规范进行核算，在时间与区域间的可比性较强。另外，生态资产以人为中心可划分为经济价值、文化价值、社会价值、心理价值和生命支持价值等。一项生态服务或产品可提供一种或多种价值，同时一种价值可能由多项服务与产品提供，因此应理清生态系统所提供的服务与功能，避免出现重复与遗漏计算，同时完善生态资产的内容框架。

2）生态资产理论研究。经典经济学理论基于市场配置效率，对生态资产的价值不是歪曲就是低估，生态资产价值很难在市场中得到完整体现；新经济学虽然考虑了人类活动导致的生态资产损失，但仍有待进一步完善；另外，将级差地租理论、边际效益理论等引入生态资产评估是今后值得关注的研究方向。

3）生态资产技术方法研究。目前生态资产的估算方法都存在不同的缺陷及应用的局限性。例如，对条件价值法而言，辨识条件价值法的适应条件、调查人群素质与受生态系统影响程度等均有待进一步研究。那么，直接从生态系统中选取能反映生态资产价值趋向的指标体系，建立科学客观的评估方法，对生态资产经济化与货币化有重要的意义。另外，生态资产估价新方法研究方面，将能值分析方法与生态足迹引入估价体系，以克服市场方法的缺陷，可能是值得进一步研究的领域。

4）生态资产驱动力与机理研究。目前许多学者意识到单纯研究某种生态系统的服务价值总和没有意义，因为有些生态系统服务价值（如生命支持价值）对人类来说是无价的。但研究人类活动导致的生态资产流失与损益是生态资产研究的重要方向。

2.2 生态资源资产的概念内涵

通过查阅大量国内外文献资料，在总结归纳资源、自然资源、资产、资本、价值和生态系统服务分类，生态系统服务价值，生态资产，价值分类及定价机制等相关概念和内涵的基础上，项目组提出了生态资源资产的概念。

生态资源资产是指生物生产性土地及其所提供的生态系统服务和生态产品，它是自然资源资产中必不可少的组成部分（图 2-1）。从资产构成来看，生态资源资产包括三个部分：第一种生态资源资产是生态用地，是指一切具有生物生产能力的土地，是生态系统存在的载体，具体包括森林、草地、湿地、农田和荒漠等土地类型及其上附着的土壤、水分和生物要素；第二种生态资源资产是生态系统服务，是生态系统在生产过程中给人类带来的间接使用价值，主要包括水源涵养、土壤保持、物种保育、生态固碳、气候调节、防风固沙、科研文化和休闲旅游等；第三种生态资源资产是生态产品，是指生态系统生产出的可供人类直接利用的物质，包括干净水源、清新空气和农畜产品等。

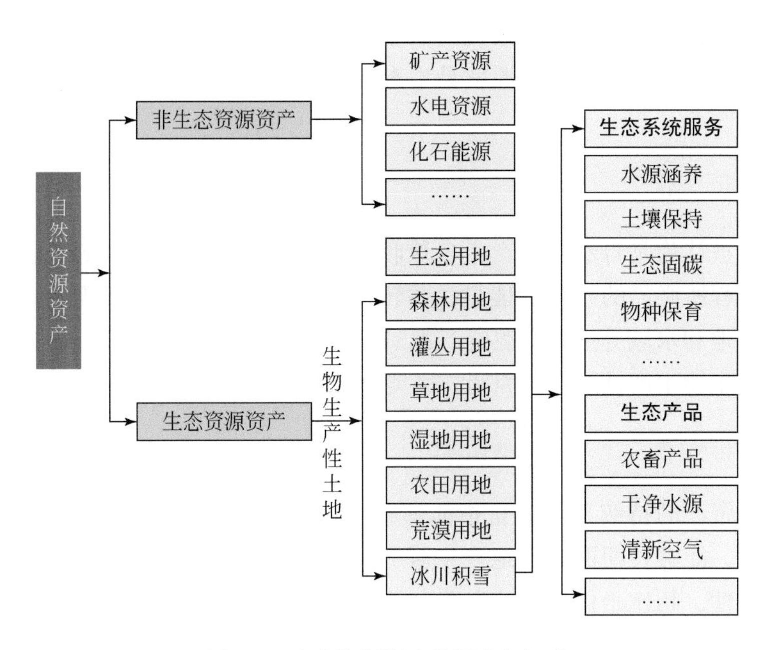

图 2-1　生态资源资产的概念与组成

从生态资源资产的形成过程来看，生态资源资产又可以划分为存量资产和流量资产。其中，生态用地是生态资源存量资产，而生态系统服务和生态产品则是生态资源流量资产。生态用地是生态系统在相当长的历史过程中发展演化而来，积累蓄积形成土壤、水分和生物等要素，是生态系统服务和生态产品生产的基础。生态系统服务和生态产品是生态系统依托于存量资产通过生态生产过程为人类所产生的价值，只要生态资源存量资产存在，生态系统就会每年产生生态流量资产。因此，生态资源存量资产类似于经济资产概念中的“家底”或“银行本金”，本书中将其概括成“生态家底”，而生态流量资产则类似于银行资产所产生的利息，与经济生产中的“GDP”相对应，被生态学家称为“生态系统生产总值”（gross ecosystem product，GEP）。一般情况下，生态资源存量资产在一段时间内是稳定不变的，而生态资源流量资产是随时间变化的。生态资源存量资产越大，其每年所产生的生态资源流量资产也越大。

2.3　生态资源资产的基本特征

生态资源资产既为人类提供有形和无形的生态产品，也提供更多无形的生态系统服务，其作为一种福利流为人类带来了巨大效益，具有收益性。生态资源资产区别于其他自然资源资产的本质特征是稀缺性、生物生产性和持续再生性三个特点。

2.3.1　稀缺性

稀缺性是区分生态资源资产与非生态资源资产的重要特征。太空、光能等自然资源的供给是相对无限的，因此，这类自然资源属于非资产性自然资源。而生态资源资产在一定时期内，其数量相对于人类的需求则是有限的、稀缺的。例如，在当前社会经济条件下，清新空气、干净水源就是生态系统产生的对人类具有直接利用价值的稀缺性生态产品。

2.3.2 生物生产性

生物生产被认为是自然资本产生自然收入的原因，生态系统中的生物从外界环境中吸收生命过程所必需的物质和能量，并转化为新的物质，从而实现物质和能量的积累。森林、草地和水域等生态资源资产都具有明显的生物生产特征，而矿产资源、水电等并不具有生物生产性特征。因此，这类自然资源资产属于非生态资源资产。

2.3.3 持续再生性

生态资源资产的持续再生性是指能够在一定周期内重复形成，且具有自我更新、自我修复特性，能够长期而持续地产生服务和产品。生态资源由生物系统组成，具有生物学的增殖性，相比于化石、矿产等自然资源的不可再生性，在一定限度内，生态资源可以持续利用，也可以持续提供生态系统服务和产品。

2.4 生态资源资产与其他有关概念的区别

2.4.1 自然资源资产和生态资源资产

自然资源是人类生存和发展的基础，是在一定时间条件下，能够产生经济价值以提高人类当前和未来福利的自然环境因素的总称（图2-2）。

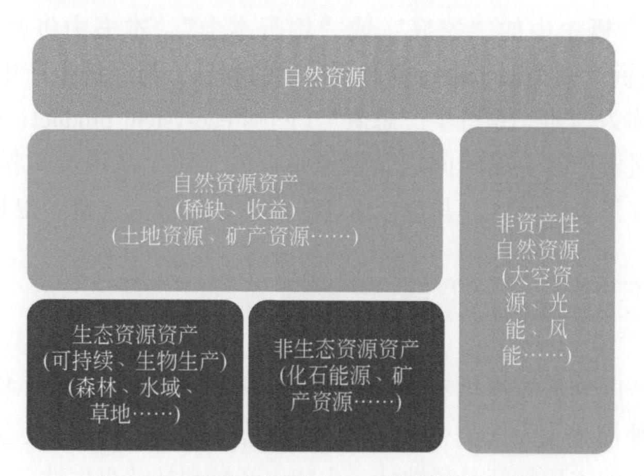

图2-2　自然资源资产与生态资源资产的关系

自然资源资产是指产权明晰、可给人类带来福利、以自然资源形式存在的稀缺性物质资产，包括土地、矿产等资源。自然资源资产，是在人类逐渐认识自然资源和良好生态环境的重要性和稀缺性的基础上，将资本和资产从传统的经济社会领域延伸到自然资源和生态环境领域而形成的。而非资产性自然资源是指在一定时间条件下，不具有稀缺性或不可利用的自然资源，包括太空、光能和风能等资源。

生态资源资产则是自然资源资产中，具有生物性、能够提供生态系统服务和生态产品、能够进行可持续生产的那部分资产，包括森林、草地和湿地等。

2.4.2 国内生产总值、生态系统生产总值和绿色 GDP

目前国民经济核算体系中所采用的主要核算指标是国内生产总值（GDP），它是一个国家或地区在一定时期内生产和提供的全部最终产品和劳务的价值。生态系统生产总值（GEP）的概念是借鉴 GDP 概念提出的，指生态系统为人类提供的产品与服务价值的总和。它是生态资源资产的流量部分，即生态用地在一段时间内所产生的价值。GDP 评估的是人类经济活动所产生的收益，对自然生态系统仅考虑了进入市场的那部分产品，如农畜产品和文化旅游等，而这部分收益占生态资源资产的份额极低。GDP 与 GEP 的关系如图 2-3 所示。

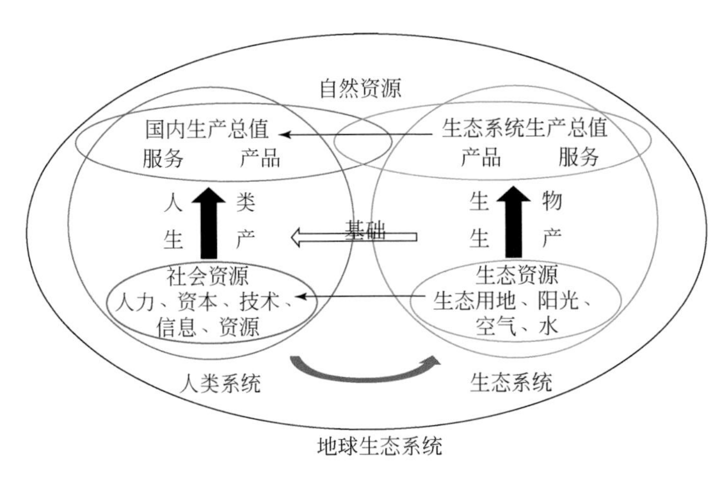

图 2-3 国内生产总值与生态系统生产总值的关系

绿色 GDP 是扣除自然资产损失后的国民财富的总量核算指标。它是从现行统计的 GDP 中，扣除环境污染、自然资源消耗等因素引起的经济损失成本，而得出的国民财富总量。绿色 GDP 仍然没有考虑良好生态资源资产带来的效益。

3 整体思路与技术路线

3.1 指导思想

以党的十八大和十八届三中全会精神为指导，面向生态环境保护管理需求，以三江源区生态资源资产核算与价值评估为目标，以水源涵养、土壤保持、生态固碳、物种保育、农畜产品、干净水源和清新空气等生态系统服务功能为重点，依托长时间序列的卫星遥感影像、地面生态监测和社会经济统计等数据，开展三江源区生态用地、生态系统服务和生态产品的物质量和价值量估算，为三江源区的生态保护与监管提供技术支撑，为生态建设提供科学指导，为国家重点生态功能区保护与监管提供示范。

在评估方法上，以实现生态资源资产的总量可比、类型可比、时间可比和空间可比为原则，发展三江源区生态资源资产快速核算模型，固化模型结构，率定模型参数，建立三江源区生态资源资产业务快速评估模型，为编制三江源区生态资源资产负债表提供技术支持，为开展三江源区地方政绩考核提供理论基础，为构建基于生态资源资产评估的生态补偿标准提供数据支撑。

3.2 基本原则

3.2.1 借鉴成熟经验，依托现有基础

充分借鉴国内外生态环境功能监测评估的相关经验，做好顶层设计。收集和利用已有调查数据和研究成果，总结评价现有三江源区生态监测评价与评估工作基础与成果、经验，构建支撑三江源区生态资源资产评估的技术体系。

3.2.2 结合地面监测，固化评估模型

以三江源区各相关部门野外定位观测台站为基础，合理完善、增补地面调查点位，选定三江源区主导的生态系统服务功能的评估模型，对模型中的参数进行率定，同时将模型进行固定化后建立定期评估的业务平台。

3.2.3 地面遥感结合，突出评估重点

充分依托三江源区现有的地面观测数据，结合遥感监测的各项数据，围绕地面监测量-实物量-物质量-价值量的核算主线，对三江源区生态资源存量资产和流量资产进行评估。

3.2.4 立足当前需要，形成长期能力

坚持统筹兼顾、近远结合的原则，一方面立足于当前三江源区生态系统服务功能评估的需要，综合考虑技术、经济可行性；另一方面，还要着眼于形成长期生态环境监测能力，布设一定数量的长期固定样地，建立样品库，建设分析评估系统平台，为长期生态监测评估奠定基础。

3.3 评估思路

基于文献资料、实际调研和遥感与地面监测数据，调查与分析三江源区生态系统状况，确定三江源区主导生态系统服务功能和生态产品，选取定量评估模型和模型参数的率定；开展存量资产清查与核算研究，以水源涵养、土壤保持、生态固碳、物种保育、农畜产品、干净水源和清新空气等生态系统服务功能为重点，开展主导生态系统服务功能的物质量和价值量的估算，对三江源区生态用地和生态系统服务的物质量进行评估；借助一系列的定价机制和能值理论，对三江源区生态资源资产进行价值量评估；在生态资源资产核算的基础上，研究构建生态资源资产快速核算模型；评估三江源区生态保护与建设成本及不同发展情景下为保护生态环境所损失的机会成本，同时进行生态保护的效益分析。

3.4 评估范围与时限

3.4.1 评估范围

评估范围与2011年国务院批准实施的《青海三江源国家生态保护综合试验区总体方案》中确定的三江源国家生态保护综合试验区范围一致，包括黄南州、海南州、果洛州和玉树州的21个县和格尔木市的唐古拉山镇。评估区域总面积达39.5万km^2，约占青海省总面积的54.7%。

3.4.2 评估时限

以2000年为基准年，评估2000年、2005年、2010年三江源区生态系统状况动态变化及生态系统服务功能价值。考虑到难以找到未经人类干扰的生态系统原始状态或演替的顶级状态，本次评估以空间单元的时间动态变化趋势分析生态系统服务功能价

值的变化。尽管本次评估的基准年为2000年，但鉴于特定年份的气候、生态环境等可能出现个别极端情况，本研究在进行生态系统服务价值对比分析时，充分利用长时间序列的遥感数据和地面监测数据，采用10多年的生态系统状况及其趋势作为比较的基础，以此科学地反映三江源区生态系统的变化趋势和现状。

3.5 技术路线

以三江源区的生态系统服务功能为主要研究对象，基于文献资料、实际调研、遥感与地面监测资料，调查与分析三江源区生态系统状况，确定三江源区主导生态系统服务功能，并选定其定量评估模型，对模型的参数进行率定，将各模型进行固定化，进而采用物质量和价值量相结合的方法，定量评估三江源区主导生态系统服务功能价值，分析三江源区生态保护与建设成效，研究三江源区不同发展情景下为保护生态环境所损失的机会成本。技术路线图如图3-1所示。

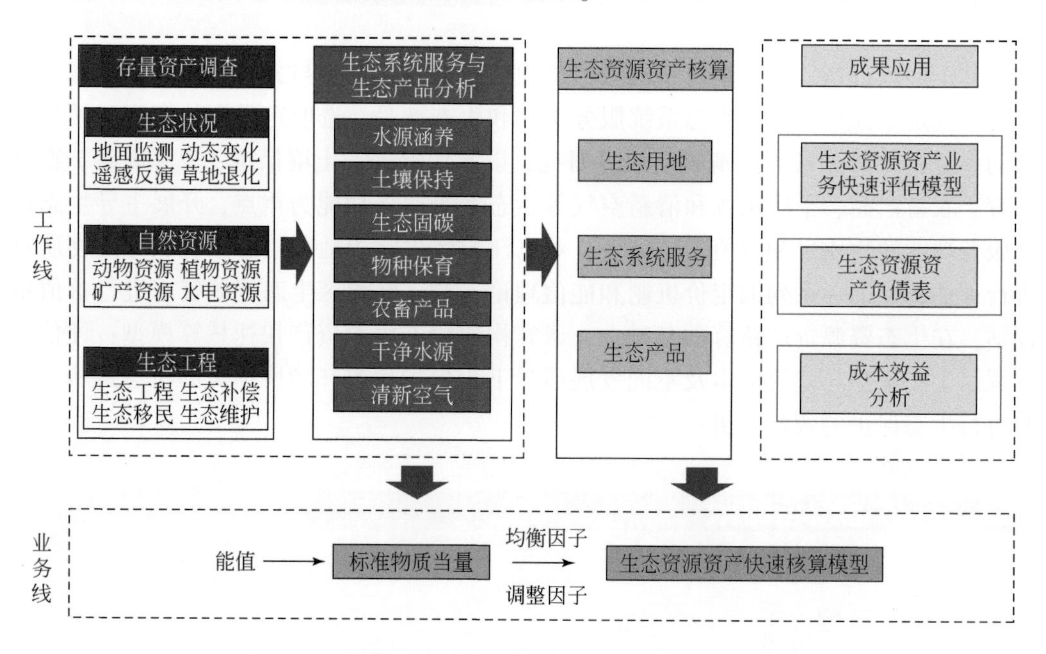

图3-1 三江源区生态资源资产清查与核算技术路线图

4 三江源区生态系统格局与质量分析

4.1 三江源区生态系统状况与变化分析

三江源区生态资源资产由生态用地、生态系统服务与生态产品构成。其中，生态用地作为提供生态系统服务与生态产品的载体，分析其生态系统数量、格局与质量及变化的驱动因素，对掌握三江源区生态系统状况具有重要意义，也是评估生态资源存量资产的基础。

4.1.1 三江源区生态系统分布特征

三江源区生态系统主要由森林、灌丛、草地、湿地、农田、城镇、荒漠、裸地和冰川/永久积雪9种类型构成。由表4-1和图4-1所示的三江源区2000年、2005年和2010年三期各生态系统类型面积及比例可知，草地是三江源区最主要的植被类型，所占比例超过总面积的68%；荒漠面积位居第二位，所占比例约为总面积的9%，主要分布在西部唐古拉山镇、治多县、曲麻莱县、杂多县和贵南县；湿地面积位居第三位，主要分布在玉树州（杂多县、称多县、治多县、曲麻莱县）、海南州（共和县）和果洛州（玛多县、达日县、玛沁县）；森林、农田和城镇所占面积很少，其中，森林主要分布在三江源区东部各县和南部的囊谦县，农田以条带状分布，在东北部县分布较广，城镇则在各县呈点状分布。

表4-1　2000年、2005年和2010年三江源区生态系统构成

生态系统类型	2000年		2005年		2010年	
	面积/km^2	比例/%	面积/km^2	比例/%	面积/km^2	比例/%
森林	1 205.45	0.31	1 205.46	0.31	1 205.46	0.31
灌丛	17 944.53	4.62	17 945.32	4.62	17 946.12	4.62
草地	265 352.82	68.27	265 544.93	68.32	265 511.50	68.31
湿地	35 675.44	9.18	36 075.36	9.28	36 377.32	9.36
农田	2 115.74	0.54	1 859.44	0.48	1 825.06	0.47
城镇	442.35	0.11	462.17	0.12	471.81	0.12
荒漠	38 199.57	9.83	38 042.91	9.79	37 793.63	9.72
冰川/永久积雪	3 088.54	0.79	2 955.59	0.76	3 026.55	0.78
裸地	24 656.29	6.34	24 589.57	6.33	24 523.29	6.31
合计	388 680.73	100.00	388 680.75	100.00	388 680.74	100.00

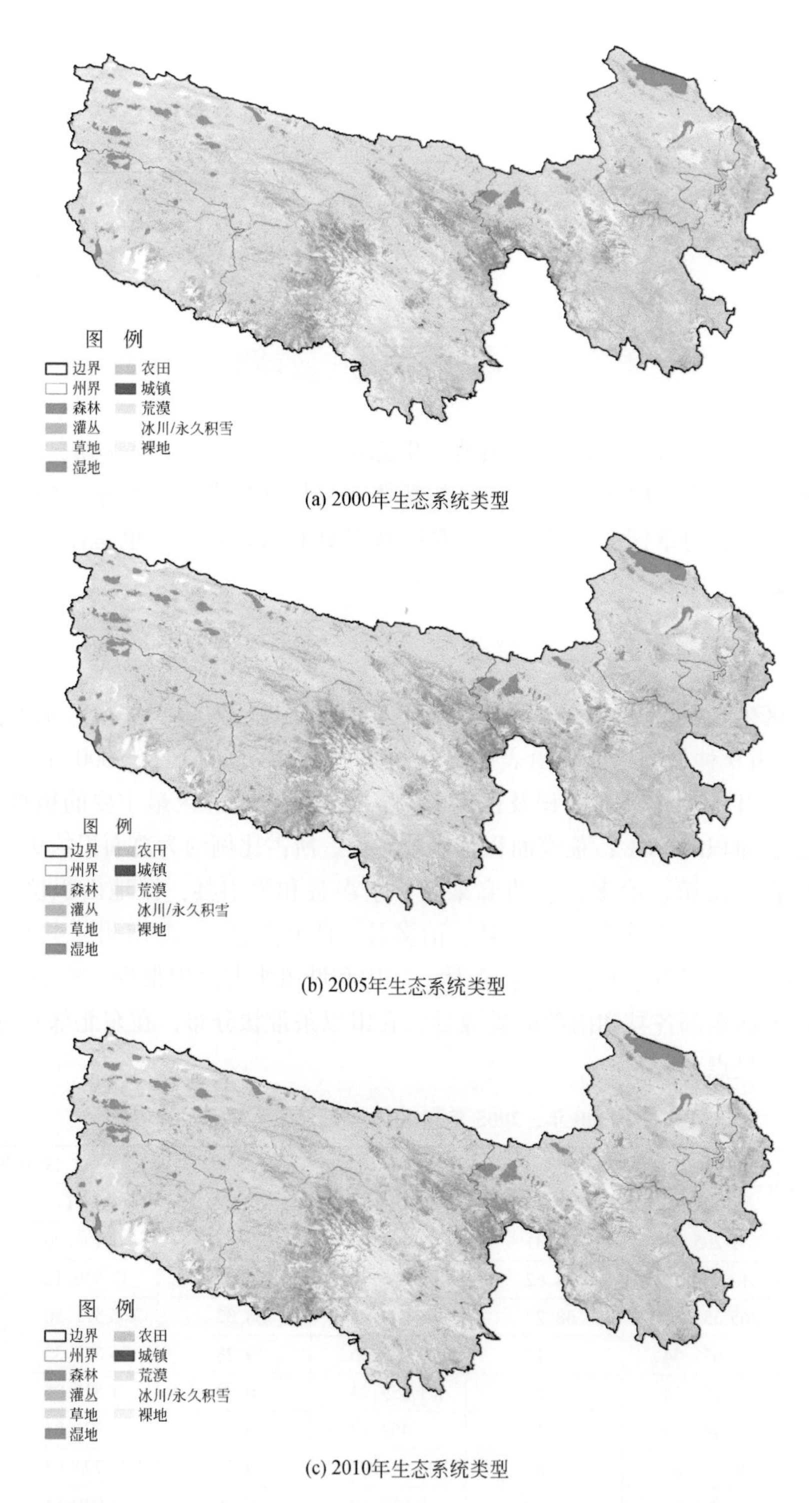

(a) 2000年生态系统类型

(b) 2005年生态系统类型

(c) 2010年生态系统类型

图4-1　2000年、2005年、2010年三江源区生态系统类型分布图

三江源区各县的生态系统类型均以草地为主，草地在各县所占比例都超过56%；自然生态系统（森林、灌丛、草地、湿地、冰川/永久积雪、荒漠）在各县所占的面积比例变化在64%～99%，其中，河南县和班玛县所占比例最高，分别约为98.56%和97.57%。人为景观（城镇）、半自然景观（农田）和退化景观所占比例很低。

4.1.2 三江源区生态系统类型面积变化情况

2000～2010年，三江源区生态系统类型面积转化最大的是荒漠转化为湿地，其转化面积为529.26km²，耕地转化为草地的面积为278.74km²；其余的，冰川/永久积雪转化为荒漠的面积为167.69km²，裸地转化为湿地的面积为100.11km²，草地转化为湿地的面积为95.04km²（表4-2）。总体而言，生态系统类型的面积转化主要发生在退化生态系统和自然生态系统内部，两类间转化趋势不明显。自然生态系统面积减少最快的6个县依次是尖扎县、久治县、贵德县、玛沁县、同德县、玉树县。这些县的共同特点是受人类活动干扰强烈，生态环境状况明显变差。

利用综合生态系统动态度、动态类型相互转化强度来表征生态系统类型的相互转化特征，具体如表4-3所示。结果显示，2000～2005年和2005～2010年三江源区综合生态系统动态度数值很相近，分别为0.3%和0.2%，2000～2005年生态系统变化较2005～2010年剧烈，但总体来说2000～2010年三江源区生态系统转化强度较小，生态系统格局较为稳定，而2000～2010年生态系统类型相互转化强度均非常小，进一步表明生态系统较为稳定。

4.1.3 三江源区生态系统格局

2000～2010年，三江源区各生态系统类型的斑块数、平均斑块面积和边界密度基本不变，聚集度指数略有上升，表明该区生态系统景观有集中发展的趋势（表4-4）。

分析各生态系统类型的景观格局指数可以看出，2000～2010年，三江源区草地的平均斑块面积和聚集度指数均有所增长，斑块数和边界密度基本不变，表明草地聚合度在增加，草地景观有集中发展的趋势（表4-5）。湿地和荒漠的斑块数在各时期均最多。其中，湿地的斑块数、平均斑块面积和聚集度指数均有所增加，表明湿地在进行扩张的同时景观更趋于完整；荒漠的斑块数和平均斑块面积均有所减少，边界密度和聚集度指数未变化，表明荒漠在退缩，荒漠景观在向其他景观转化。城镇的斑块数和平均斑块面积有所增长，聚集度指数有所降低，表明城镇有分散扩张的趋势。

表 4-2 三江源区生态系统类型转移矩阵

单位：km^2

年份	类型	森林	灌丛	草地	湿地	耕地	城镇	荒漠	冰川/永久积雪	裸地	总计
2000～2005	森林						0. 04				0. 04
	灌丛			0. 53					0. 66	0. 01	1. 20
	草地	0. 02	1. 70	4. 15	47. 21	7. 77	14. 42	3. 02		7. 38	85. 67
	湿地			18. 70	13. 83	0. 01	0. 08	25. 88	0. 27	13. 63	72. 42
	耕地	0. 03	0. 29	246. 15	11. 46		5. 15	0. 20		0. 82	264. 08
	城镇										0. 00
	荒漠			5. 55	334. 32		0. 01	0. 01	68. 66		408. 56
	冰川/永久积雪			0. 04	0. 91			222. 78		35. 92	259. 65
	裸地			2. 66	64. 60		0. 12		57. 11		124. 49
	总计	0. 05	1. 98	277. 78	472. 33	7. 78	19. 82	251. 89	126. 71	57. 76	1216. 10
2005～2010	森林										
	灌丛			0. 22			0. 03			0. 07	0. 32
	草地		0. 14	3. 43	68. 44	3. 08	7. 89	0. 57	0. 01	5. 53	89. 11
	湿地		0. 32	14. 82	6. 38	0. 09	0. 07	42. 54	0. 73	10. 27	75. 23
	耕地			34. 63	0. 69		1. 66			0. 59	37. 56
	城镇						0. 04				0. 04
	荒漠			1. 25	248. 88			0. 76	119. 25		370. 14
	冰川/永久积雪		0. 66		1. 30			76. 98		51. 32	130. 26
	裸地			1. 32	51. 50				81. 23		134. 05
	总计		1. 12	55. 67	377. 19	3. 17	9. 68	120. 86	201. 22	67. 78	836. 70
2000～2010	森林						0. 04				0. 04
	灌丛			0. 65			0. 03			0. 08	0. 76
	草地	0. 02	1. 74	5. 85	95. 04	9. 65	22. 31	3. 49	0. 01	13. 22	151. 33
	湿地		0. 32	18. 07	16. 75	0. 04	0. 13	12. 29	0. 21	5. 32	53. 14
	耕地	0. 03	0. 29	278. 74	12. 43		6. 80	0. 20		1. 88	300. 37
	城镇						0. 04				0. 04
	荒漠			4. 49	529. 26		0. 02	0. 21	55. 83		589. 82
	冰川/永久积雪			0. 04	1. 41			167. 69		5. 72	174. 86
	裸地			2. 17	100. 11		0. 12		56. 82	1. 05	160. 28
	总计	0. 05	2. 35	310. 01	755. 02	9. 69	29. 50	183. 87	112. 88	27. 28	1430. 65

表 4-3　三江源区生态系统类型相互转化特征　　单位:%

项目	2000～2005 年	2005～2010 年	2000～2010 年
综合生态系统动态度 EC	0.3	0.2	0.3
类型相互转化强度 LCCI	-0.1	0.0	-0.2

表 4-4　三江源区生态系统类型景观格局特征及其变化

年份	斑块数（NP)/个	平均斑块面积（MPS)/hm^2	边界密度（ED)/(m/hm^2)	聚集度指数（CONT)/%
2000	5 113	7 591.28	2.83	65.15
2005	5 121	7 579.42	2.83	65.20
2010	5 112	7 592.77	2.83	65.21

表 4-5　三江源区生态系统类型景观格局特征及其变化

年份	类型	斑块数 NP /个	平均斑块面积（MPS) /hm^2	边界密度（ED) /(m/hm^2)	聚集度指数 CONT/%
2000	森林	109	1 145.9	0.0	20.2
	灌丛	877	2 044.8	0.5	28.2
	草地	241	109 815.4	2.6	76.8
	湿地	1 660	2 141.5	0.9	40.0
	农田	124	1 816.0	0.1	36.5
	城镇	67	647.7	0.0	4.6
	荒漠	1 912	3 295.5	1.5	43.9
	冰川/永久积雪	123	2 488.7	0.1	49.3
2005	森林	109	1 145.9	0.0	20.2
	灌丛	877	2 044.8	0.5	28.2
	草地	242	109 473.0	2.6	76.9
	湿地	1 664	2 159.9	0.9	40.3
	农田	115	1 703.2	0.1	35.5
	城镇	69	645.9	0.0	4.5
	荒漠	1 914	3 279.5	1.5	43.9
	冰川/永久积雪	122	2 393.7	0.1	47.8
2010	森林	109	1 145.9	0.0	20.2
	灌丛	877	2 044.8	0.5	28.2
	草地	241	109 903.0	2.6	76.9
	湿地	1 677	2 161.7	0.9	40.2
	农田	116	1 668.3	0.1	35.3
	城镇	70	653.4	0.0	4.3
	荒漠	1 905	3 277.2	1.5	43.9
	冰川/永久积雪	126	2 396.9	0.1	48.3

4.2 三江源区生态系统质量分析

三江源区具有草地、森林和灌丛等多种植被类型，其中以高寒草甸和高寒草原为主，两者占三江源区植被覆盖地区总面积的81.7%。因此，本节主要对以草地为主的多种生态系统植被状况和景观格局质量进行分析。

4.2.1 草地生态系统质量分析

4.2.1.1 三江源区草地生态系统生长季平均植被覆盖度

三江源区草地生态系统生长季平均植被覆盖度为49.1%～56.4%，处于中等水平。2000～2010年草地生态系统生长季平均植被覆盖度波动明显，总体表现为上升趋势。相较于其他年份，2005年草地生态系统生长季覆盖度数值较大，为53.5%（图4-2）。

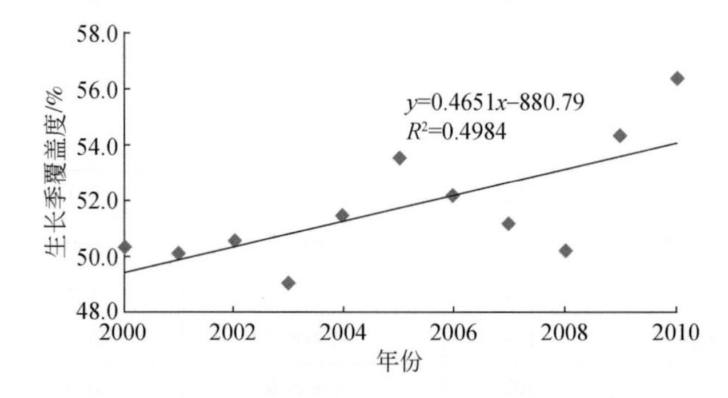

图4-2 2000～2010年三江源区草地生态系统生长季平均植被覆盖度变化趋势

与森林和灌丛相比，草地生态系统生长季平均植被覆盖度最低，而变异系数（coefficient of variation，C. V）最高，略高于50%。这是由于草地分布广泛，但类型丰富多样，造成区域之间覆盖度变化量较大（表4-6）。

表4-6 2000～2010年三江源区草地生态系统生长季平均植被覆盖度 单位：%

项目	2000年	2001年	2002年	2003年
平均值	50.30	50.05	50.56	49.09
C. V	53.38	52.65	50.24	52.79
项目	2004年	2005年	2006年	2007年
平均值	51.43	53.51	52.15	51.14
C. V	53.09	50.49	50.64	50.82
项目	2008年	2009年	2010年	
平均值	50.18	54.32	56.38	
C. V	51.12	48.19	45.73	

根据图4-3可知，草地生态系统生长季平均植被覆盖度在各级别分布差异不大。2000～2010年，低和较低级别覆盖度的草地生态系统所占比例表现为下降趋势，而中等、较高和高级别覆盖度的草地生态系统所占比例都表现为上升趋势，表明2000～2010年草地生态系统生长季覆盖度有变好的趋势。

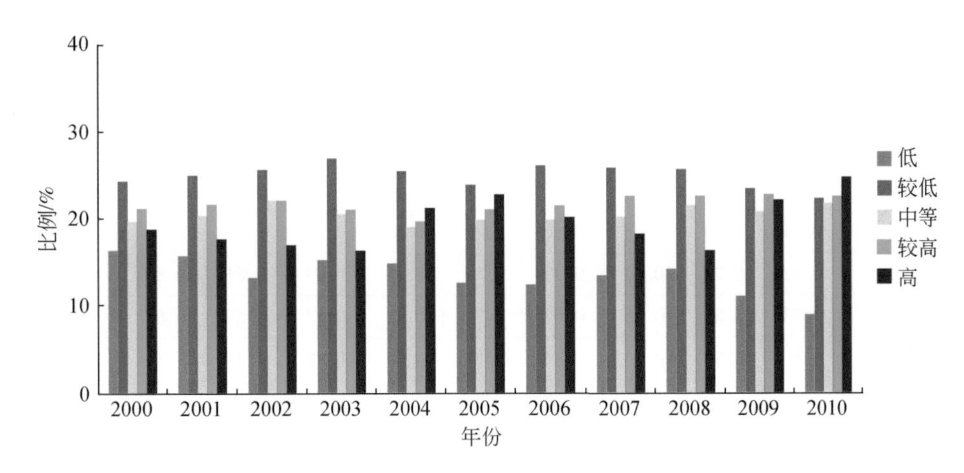

图4-3　2000～2010年三江源区草地生态系统生长季平均植被覆盖度各级别比例

三江源区草地生态系统生长季平均植被覆盖度自西向东表现为由低级别向高级别转化的明显趋势，唐古拉山镇、曲麻莱县和治多县的草地生态系统生长季平均植被覆盖度多处于低和较低级别。2000～2010年草地生态系统生长季平均植被覆盖度主要表现为由低和较低级别向中等和较高级别转化，这表明十年间草地生态系统生长季平均植被覆盖度持续变好，可能是人们意识到了保护环境的重要性，通过围封草地、限制过牧等措施使草地生态逐渐得以恢复。

4.2.1.2　三江源区各县（镇）草地生态系统生长季平均植被覆盖度统计分析

根据表4-7可知，2000～2010年三江源区草地生态系统生长季平均植被覆盖度在唐古拉山镇、治多县处于较低级别；在河南县、班玛县、泽库县、甘德县、玉树县、同仁县、囊谦县和久治县处于高级别；在其他县处于中等级别和较高级别。2000～2010年三江源区草地生态系统生长季平均植被覆盖度在各地区均表现为上升趋势，草地生态系统状况转良。

表4-7　2000～2010年三江源区各州（县）草地生态系统生长季平均植被覆盖度统计

州（县）		2000年	2001年	2002年	2003年	2004年	2005年	2006年	2007年	2008年	2009年	2010年
黄南州	同仁县	0.75	0.74	0.77	0.78	0.80	0.82	0.78	0.80	0.80	0.81	0.82
	尖扎县	0.61	0.62	0.69	0.70	0.70	0.73	0.69	0.74	0.73	0.73	0.75
	泽库县	0.77	0.79	0.79	0.80	0.84	0.85	0.84	0.83	0.80	0.85	0.86
	河南县	0.89	0.89	0.88	0.88	0.92	0.92	0.92	0.90	0.88	0.92	0.92
	小计	0.76	0.76	0.78	0.79	0.82	0.83	0.81	0.82	0.80	0.83	0.84

续表

州（县）		2000 年	2001 年	2002 年	2003 年	2004 年	2005 年	2006 年	2007 年	2008 年	2009 年	2010 年
海南州	共和县	0.41	0.45	0.52	0.45	0.47	0.52	0.49	0.49	0.46	0.49	0.56
	同德县	0.70	0.71	0.72	0.70	0.75	0.77	0.74	0.76	0.74	0.78	0.78
	贵德县	0.53	0.58	0.60	0.62	0.62	0.65	0.64	0.67	0.64	0.65	0.68
	兴海县	0.52	0.54	0.62	0.55	0.57	0.62	0.58	0.59	0.58	0.62	0.64
	贵南县	0.52	0.59	0.61	0.61	0.66	0.66	0.68	0.68	0.65	0.68	0.71
	小计	0.54	0.57	0.61	0.59	0.61	0.64	0.63	0.64	0.61	0.64	0.67
果洛州	玛沁县	0.75	0.73	0.73	0.72	0.76	0.77	0.76	0.75	0.72	0.78	0.78
	班玛县	0.84	0.80	0.78	0.80	0.84	0.85	0.84	0.80	0.80	0.83	0.86
	甘德县	0.82	0.79	0.80	0.79	0.84	0.84	0.83	0.81	0.80	0.84	0.85
	久治县	0.73	0.68	0.66	0.67	0.71	0.74	0.72	0.69	0.69	0.73	0.76
	达日县	0.87	0.84	0.84	0.84	0.88	0.87	0.89	0.85	0.85	0.86	0.89
	玛多县	0.45	0.40	0.43	0.39	0.42	0.46	0.44	0.45	0.42	0.50	0.52
	小计	0.74	0.71	0.71	0.70	0.74	0.76	0.75	0.73	0.71	0.76	0.78
玉树州	玉树县	0.80	0.80	0.78	0.77	0.82	0.82	0.79	0.78	0.77	0.82	0.83
	杂多县	0.57	0.57	0.55	0.55	0.57	0.59	0.56	0.54	0.55	0.60	0.61
	称多县	0.69	0.68	0.68	0.64	0.69	0.70	0.71	0.68	0.64	0.70	0.72
	治多县	0.31	0.31	0.31	0.31	0.32	0.34	0.33	0.32	0.32	0.35	0.37
	囊谦县	0.78	0.78	0.76	0.76	0.78	0.78	0.76	0.75	0.75	0.78	0.80
	曲麻莱县	0.37	0.36	0.37	0.35	0.37	0.40	0.39	0.38	0.37	0.41	0.44
	小计	0.59	0.58	0.58	0.56	0.59	0.61	0.59	0.58	0.57	0.61	0.63
唐古拉山镇		0.27	0.28	0.28	0.27	0.27	0.29	0.28	0.27	0.27	0.31	0.33

4.2.1.3 三江源区草地退化程度与变化

采用2000～2010年三江源区草地生态系统生长季（5～9月）16天的MODIS-NDVI数据（空间分辨率为250m），通过植被覆盖度变化率对三江源区2005年和2010年草地退化进行分级。分级标准参照《天然草地退化、沙化、盐渍化的分级指标》（GB 19377—2003）。草地退化等级特征分布见表4-8和图4-4，不同年份草地退化面积比例构成如图4-5所示。

表4-8 三江源区不同年份草地退化分级特征

年份	统计参数	重度	中度	轻度	未退化
2005	面积/km^2	93 011.06	54 385.00	96 245.69	61 753.81
	比例/%	30.46	17.81	31.51	20.22
2010	面积/km^2	87 859.81	41 842.81	42 479.38	133 213.56
	比例/%	28.77	13.70	13.91	43.62

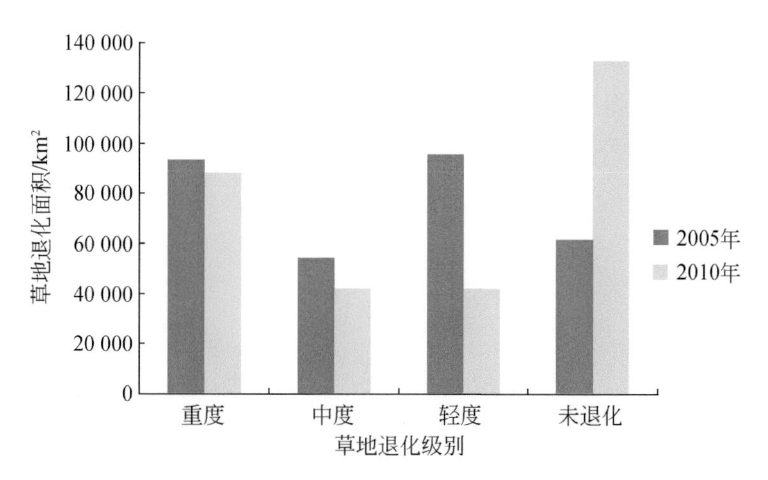

图 4-4　三江源区不同年份草地退化级别特征分布图

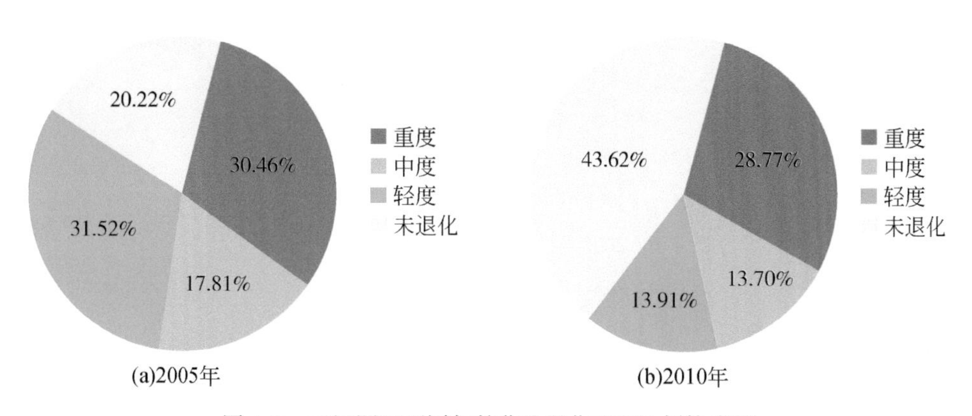

图 4-5　三江源区不同年份草地退化面积比例构成图

根据表 4-8 和图 4-4，2005 ~ 2010 年三江源区草地重度退化面积与中度退化面积均有不同程度的减少，轻度退化面积大幅减少，说明三江源区 2005 ~ 2010 年草地退化趋势有所减缓，草地退化程度有所改善。

从图 4-5 可知，2005 年三江源区草地退化以轻度退化面积所占比例最大，为 31.52%，未退化面积比例为 20.22%；2010 年则以未退化面积比例最大，为 43.62%，重度退化面积比例为 28.77%。可见 2005 ~ 2010 年重度退化面积比例有所下降，未退化面积比例大幅增加，中度和轻度退化草地恢复趋势明显，说明三江源区草地退化整体趋势有所改善。

2005 年和 2010 年三江源区草地退化级别分布图如图 4-6 和图 4-7 所示。三江源区重度退化和中度退化区域主要分布于三江源区北部和中部，轻度退化和未退化区域主要位于三江源西部和东南部。

2005 年和 2010 年三江源区各州（县）草地退化分级分布面积统计见表 4-9 和表 4-10。基于各州（县）统计结果可知，黄南州的草地退化比例最低，海南州的草地退化比例最高；且2010年与2005年相比，三江源区草地退化比例降低幅度最高的是玉树州，而黄南州、海南州果洛州和唐古拉山镇草地退化面积也明显减少，直接反映出三江源区草地退化情况得到明显改善。

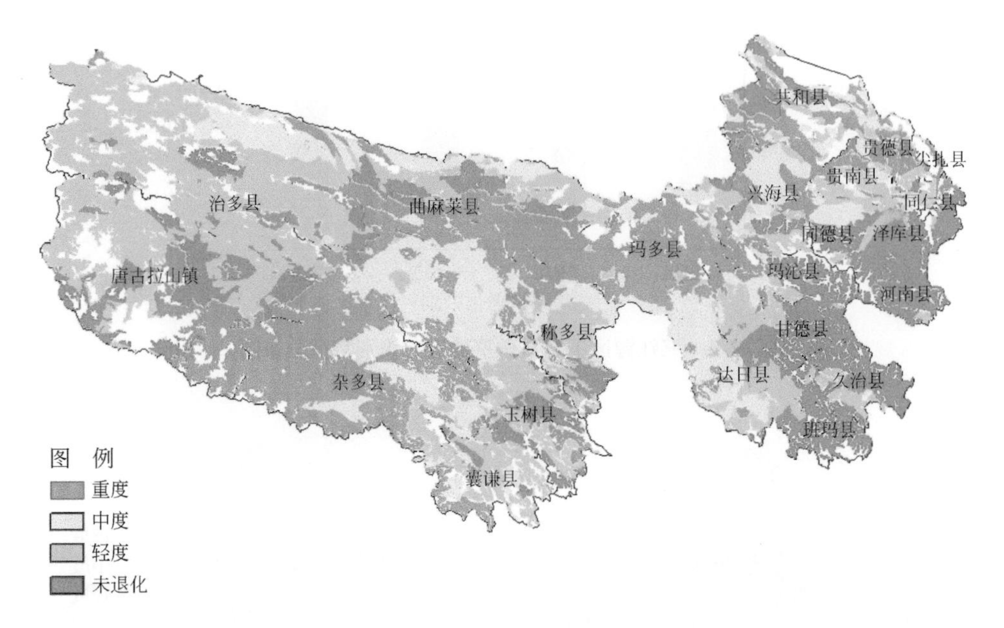

图4-6　2005年三江源区草地退化级别分布

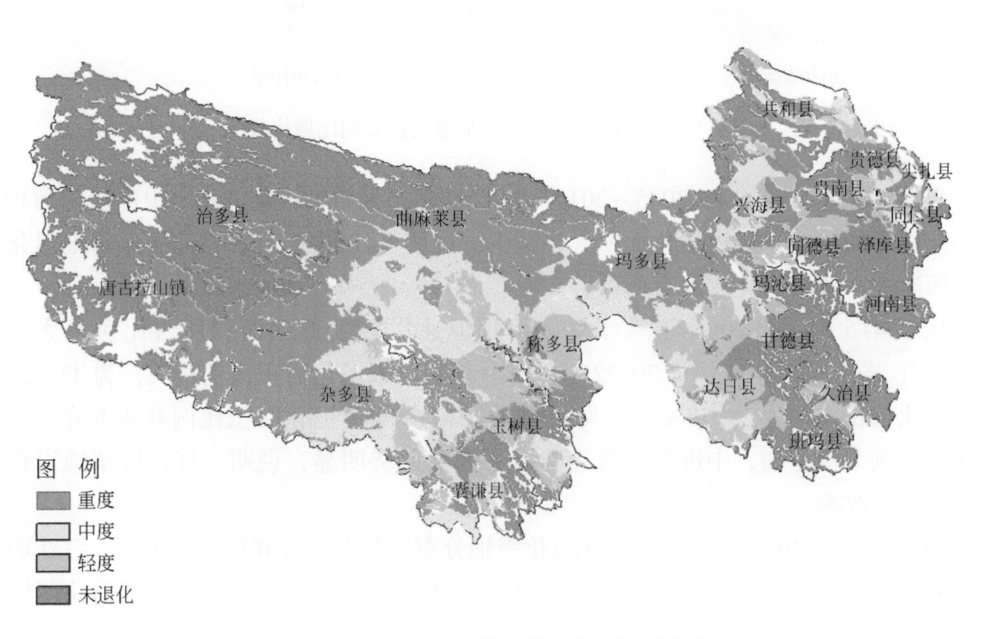

图4-7　2010年三江源区草地退化级别分布

表 4-9　2005 年三江源区各州（县）草地退化分级分布面积统计

州（县）		重度/km²	中度/km²	轻度/km²	未退化/km²	退化面积/km²	退化比例/%
黄南州	同仁县	285.00	64.13	425.00	1 551.88	774.13	33.28
	尖扎县	276.31	46.88	214.75	95.25	537.94	84.96
	泽库县	41.56	687.13	1 087.19	3 745.81	1 815.88	32.65
	河南县	0	28.31	176.19	4 955.44	204.50	3.96
	小计	602.88	826.44	1 903.13	10 348.38	3 332.44	24.36
海南州	共和县	3 693.50	2 130.44	1 654.81	3 256.38	7 478.75	69.67
	同德县	312.63	1 311.50	358.81	1 353.31	1 982.94	59.44
	贵德县	1 316.19	270.19	663.81	163.63	2 250.19	93.22
	兴海县	3 398.25	3 627.50	1 559.06	1 661.06	8 584.81	83.79
	贵南县	1 794.63	811.88	2 494.94	422.06	5 101.44	92.36
	小计	10 515.19	8 151.50	6 731.44	6 856.44	25 398.13	78.74
果洛州	玛沁县	2 308.56	1 063.81	3 191.56	3 124.19	6 563.94	67.75
	班玛县	9.13	101.44	687.94	3 427.69	798.50	18.89
	甘德县	194.06	12.94	1 093.69	4 426.63	1 300.69	22.71
	达日县	908.56	5 721.50	3 978.75	2 057.25	10 608.81	83.76
	久治县	2.69	50.50	1 387.56	4 842.81	1 440.75	22.93
	玛多县	12 286.94	7 521.50	2 308.00	842.81	22 116.44	96.33
	小计	15 709.94	14 471.69	12 647.50	18 721.37	42 829.13	69.58
玉树州	玉树县	1 209.31	650.69	5 573.38	3 341.06	7 433.38	68.99
	杂多县	20 747.19	6 385.25	2 027.75	111.38	29 160.19	99.62
	称多县	3 681.81	2 658.81	4 577.06	1 904.13	10 917.69	85.15
	治多县	11 296.94	16 321.69	31 548.56	4 774.19	59 167.19	92.53
	囊谦县	1 465.75	836.94	4 230.56	873.63	6 533.25	88.21
	曲麻莱县	16 356.13	8 130.75	11 602.06	6 158.88	36 088.94	85.42
	小计	54 757.13	34 984.13	59 559.38	17 163.25	149 300.63	89.69
唐古拉山镇		8 621.19	15.31	15 778.00	9 043.38	24 414.50	72.97

表 4-10　2010 年三江源区各州（县）草地退化分级分布面积统计

州（县）		重度/km²	中度/km²	轻度/km²	未退化/km²	退化面积/km²	退化比例/%
黄南州	同仁县	72.75	214.00	353.19	1 686.06	639.94	27.51
	尖扎县	199.50	99.94	42.44	291.31	341.88	53.99
	泽库县	41.88	216.31	731.81	4 571.69	990.00	17.80
	河南县	0	2.06	26.38	5 131.50	28.44	0.55
	小计	314.13	532.31	1 153.81	11 680.56	2 000.25	14.62

续表

州（县）		重度/km²	中度/km²	轻度/km²	未退化/km²	退化面积/km²	退化比例/%
海南州	共和县	3 250.63	1 006.94	1 868.81	4 608.75	6 126.38	57.07
	同德县	248.94	63.69	1 328.50	1 695.13	1 641.13	49.19
	贵德县	1 021.94	454.63	536.63	400.63	2 013.19	83.40
	兴海县	3 275.06	2 488.38	2 364.63	2 117.81	8 128.06	79.33
	贵南县	2 348.56	42.44	1 263.50	1 869.00	3 654.50	66.16
	小计	10 145.13	4 056.06	7 362.06	10 691.31	21 563.25	66.85
果洛州	玛沁县	2 001.31	1 323.31	2 921.31	3 442.19	6 245.94	64.47
	班玛县	9.13	74.69	646.88	3 495.50	730.69	17.29
	甘德县	104.94	89.13	1 080.56	4 452.69	1 274.63	22.26
	达日县	204.56	2 544.75	7 549.88	2 366.88	10 299.19	81.31
	久治县	2.69	48.56	1 277.25	4 955.06	1 328.50	21.14
	玛多县	14 463.75	4 429.75	582.69	1 471.00	19 476.19	92.98
	小计	16 786.38	8 510.19	14 058.56	20 183.31	39 355.13	66.10
玉树州	玉树县	411.19	996.63	5 453.06	3 913.56	6 860.88	63.68
	杂多县	17 681.13	8 789.19	2 706.00	95.25	29 176.31	99.67
	称多县	2 838.19	2 951.25	4 416.56	2 615.81	10 206.00	79.60
	治多县	12 055.31	9 750.75	2 422.69	39 712.63	24 228.75	37.89
	囊谦县	483.56	1 242.38	2 252.25	3 428.69	3 978.19	53.71
	曲麻莱县	16 056.94	5 014.06	2 402.81	18 774.00	23 473.81	55.56
	小计	49 526.31	28 744.25	19 653.38	68 539.94	97 923.94	58.83
唐古拉山镇		11 087.88	0	251.56	22 118.44	11 339.44	33.89

由三江源区2005～2010年不同退化等级草地之间的面积转移矩阵（表4-11），可以统计2005～2010年不同退化级别面积的变化情况，并明晰退化级别变化的总体趋势。

表4-11　2005～2010年三江源区不同退化级别草地面积转移矩阵　单位：km²

年限	等级	重度	中度	轻度	未退化	总计
2005～2010年	重度	76 177	1 216	6 472	4 002	87 867
	中度	14 678	26 967	151	94	41 890
	轻度	252	15 900	25 926	419	42 497
	未退化	1 945	10 343	63 725	57 396	133 409
	总计	93 052	54 426	96 274	61 911	305 663

2005～2010年，不同退化级别草地面积变化为：重度退化草地→中度退化草地>未退化草地>轻度退化草地，中度退化草地→轻度退化草地>未退化草地>重度退化草地，

轻度退化草地→未退化草地>重度退化草地>中度退化草地，未退化草地→重度退化草地>轻度退化草地>中度退化草地，草地持续改善面积为 106843 km^2，草地持续退化面积为 12354 km^2。

综上所述，三江源区 2005 ~ 2010 年草地退化趋势总体上有所缓解，大部分地区有所改善，但局部地区退化趋势还在持续，这与近年来三江源区的气候变化及实施的一系列生态保护工程有关。

4.2.1.4 三江源区产草量空间分布与时空变化分析

2000 ~ 2010 年，三江源区产草量整体上呈现南高北低、东高西低的空间分布格局，随着海拔的上升，产草量呈递减趋势。流域尺度上，各流域产草量多年平均值排序为黄河>澜沧江>长江。县域尺度上（图 4-8），研究区各县（镇）平均产草量为 1906.9kg/(hm·a)，以河南县最高（2800kg/(hm·a)），唐古拉山镇最低（914.0kg/(hm·a)），约 60% 的县（镇）产草量高于区域平均水平。空间分布上，首先为黄河源区同德县、甘德县、泽库县和玛多县等，其产草量明显高于区域平均水平；其次为澜沧江源区玉树县、称多县和久治县等；最后为长江源区治多县西北部、曲麻莱县大部、杂多县大部和唐古拉山镇等地。

2000 ~ 2010 年三江源区产草量整体上呈现平稳波动变化趋势，区域平均产草量为 1906.9kg/(hm·a)，2000 年、2004 年、2006 年和 2010 年的产草量高于多年平均水平，以 2006 年产草量最大；2002 年、2003 年和 2008 年的产草量低于多年平均水平，以 2008 年产草量的负距平最大（图 4-9）。各流域产草量变化规律基本一致，但是黄河源区和澜沧江源区的产草量明显高于长江源区（图 4-10）。县域尺度上，50% 以上的县（镇）产草量变化倾向率为正值，换言之，这些县（镇）的产草量呈增加趋势，以黄河源区贵德县、贵南县和尖扎县等上升速率最大，其次为长江源区曲麻莱县、治多县和杂多县等（图 4-11）。

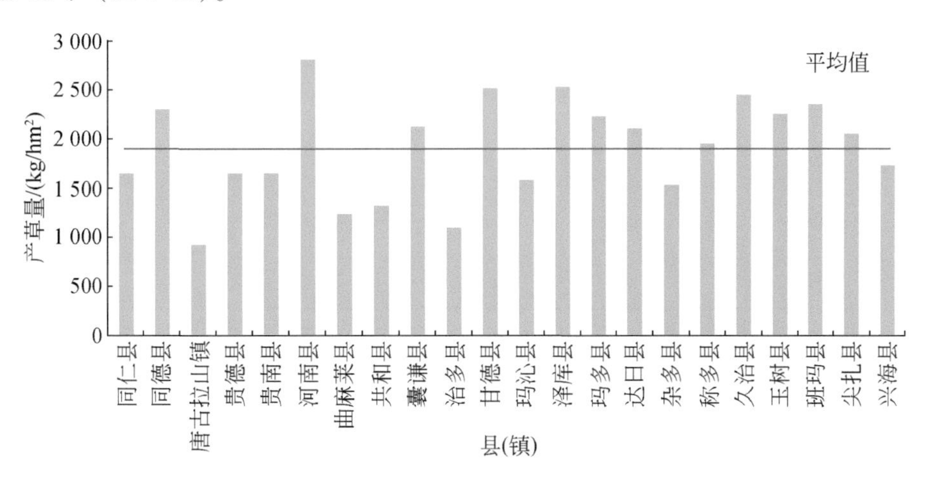

图 4-8 2000 ~ 2010 年三江源区各县（镇）产草量序列

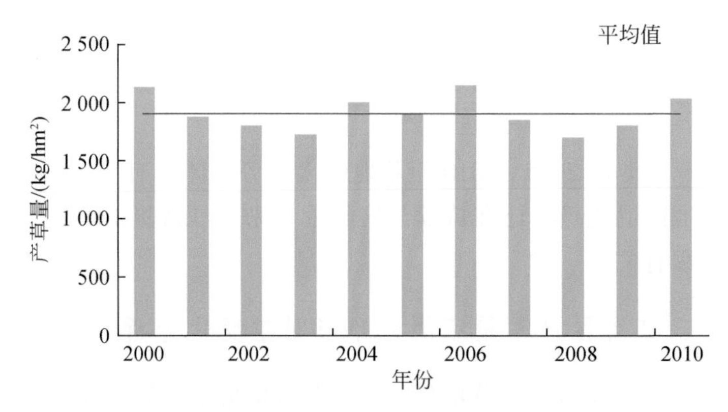

图 4-9　2000 ~ 2010 年三江源区产草量变化序列

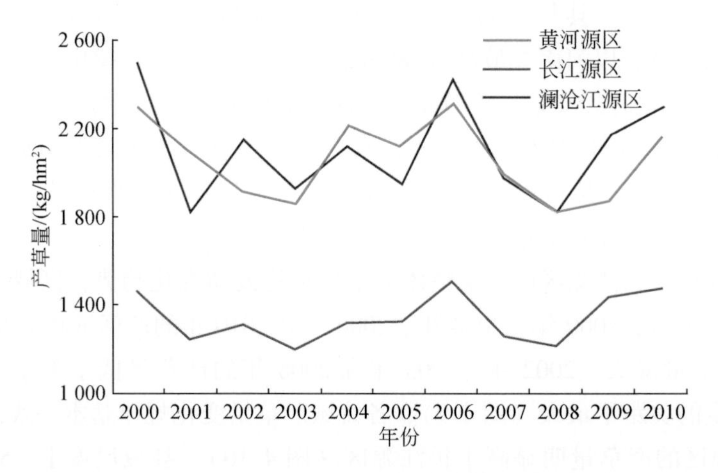

图 4-10　2000 ~ 2010 年黄河、长江、澜沧江源区产草量时间变化序列

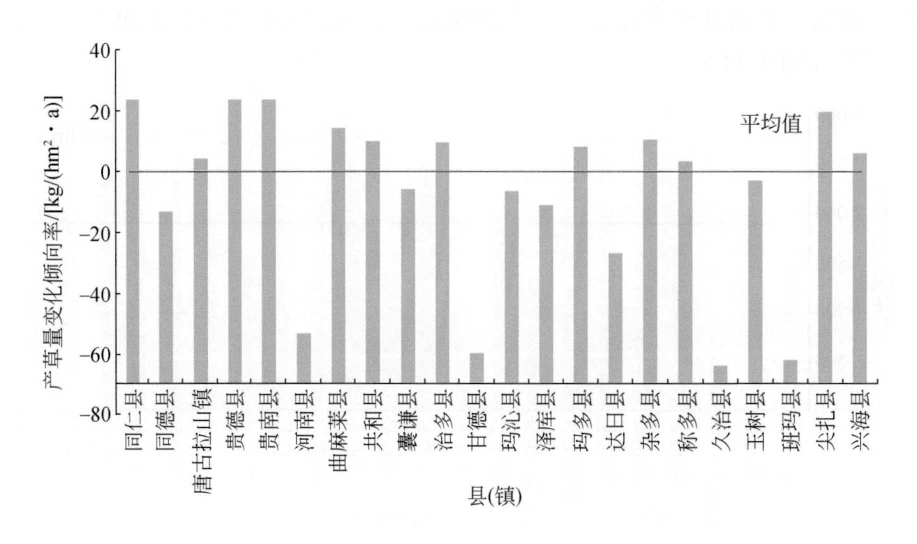

图 4-11　2000 ~ 2010 年三江源区各县（镇）产草量变化倾向率

4.2.2 其他主要生态系统质量分析

三江源区生长季（4～9月）森林、灌丛和草地生态系统的覆盖度依次分为低（0～20%）、较低（20%～40%）、中等（40%～60%）、较高（60%～80%）和高级别（80%～100%），下面通过比较与统计，分析区域生态系统质量及其动态变化。

4.2.2.1 森林

（1）三江源区森林生态系统郁闭度

2000～2010年，三江源区森林生态系统生长季的平均郁闭度为76.1%～80.0%，处于较高级别，并且年均郁闭度表现为上升趋势（图4-12）。

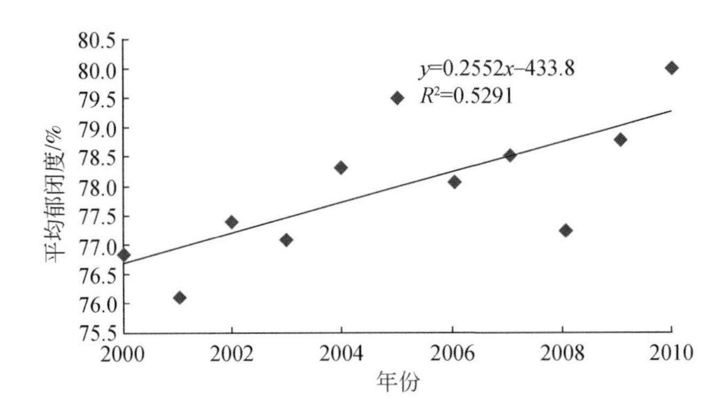

图4-12 2000～2010年三江源区森林生态系统生长季平均郁闭度变化趋势

变异系数（C.V）是用来衡量观测值的离散程度的统计参数。变异系数<10%，为弱变异性；变异系数为10%～100%，为中等变异性；变异系数>100%，为强变异性。由变异系数（C.V）可以看出，森林生态系统生长季平均郁闭度在空间分布上变异水平为中等变异性，即在不同区域森林生态系统分布不均匀（表4-12）。

表4-12 2000～2010年三江源区森林生态系统生长季平均郁闭度 单位:%

项目	2000年	2001年	2002年	2003年
平均值	76.83	76.14	77.39	77.07
C.V	16.66	16.30	14.57	15.55
项目	2004年	2005年	2006年	2007年
平均值	78.27	79.47	78.05	78.46
C.V	15.30	14.61	15.29	14.59
项目	2008年	2009年	2010年	
平均值	77.20	78.75	79.95	
C.V	15.22	14.55	14.27	

根据图4-13可得出，在三江源区，森林生态系统生长季平均郁闭度大部分处于较高和高级别，少部分处于中等级别，处于低和较低级别的极少。2000～2010年，较高

和高级别郁闭度的森林生态系统在年际间存在波动：整体上高级别郁闭度森林生态系统的面积在扩大，较高级别郁闭度森林生态系统的面积变化很小。相比较其他年份，2010年森林生态系统生长季平均高级别郁闭度达到最大，较高级别郁闭度达到最小。

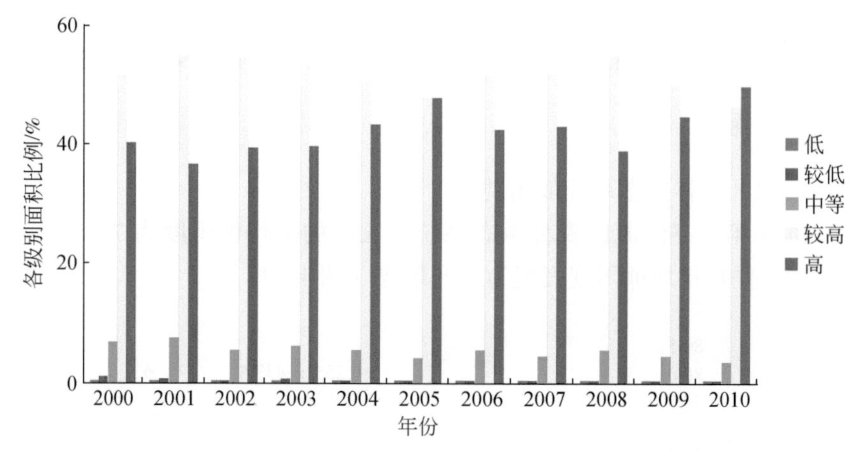

图4-13　2000～2010年三江源区森林生态系统生长季平均郁闭度各级别面积比例

三江源区森林生态系统主要分布在贵德县、尖扎县、同仁县、玉树县东部、兴海县、同德县和泽库县交界处及班玛县东南部。2000～2010年森林生态系统生长季平均郁闭度由较高级别向高级别转化明显，且这一转化主要发生在2005～2010年。

（2）三江源区各县（镇）森林生态系统郁闭度统计分析

根据表4-13可知，三江源区森林生态系统生长季平均郁闭度在甘德县、尖扎县、班玛县、称多县处于高级别；在治多县、曲麻莱县和唐古拉山镇处于低和较低级别；久治县没有森林分布。2000～2010年，囊谦县和称多县森林生态系统生长季平均郁闭度有下降趋势，其他县森林生态系统生长季平均郁闭度均有上升趋势。

表4-13　2000～2010年三江源区各州（县）森林生态系统生长季平均郁闭度

州（县）		2000年	2001年	2002年	2003年	2004年	2005年	2006年	2007年	2008年	2009年	2010年
黄南州	同仁县	0.78	0.77	0.78	0.80	0.81	0.82	0.80	0.82	0.80	0.81	0.83
	尖扎县	0.80	0.79	0.81	0.83	0.83	0.84	0.83	0.83	0.83	0.83	0.84
	泽库县	0.76	0.75	0.77	0.78	0.79	0.78	0.78	0.79	0.77	0.79	0.80
	河南县	0.75	0.78	0.79	0.74	0.77	0.77	0.78	0.77	0.73	0.76	0.78
	小计	0.77	0.77	0.79	0.79	0.80	0.80	0.80	0.80	0.78	0.80	0.81
海南州	共和县	0.71	0.71	0.70	0.70	0.72	0.73	0.74	0.73	0.68	0.71	0.76
	同德县	0.70	0.71	0.72	0.69	0.72	0.75	0.70	0.72	0.73	0.74	0.77
	贵德县	0.64	0.65	0.66	0.68	0.68	0.69	0.69	0.69	0.70	0.69	0.71
	兴海县	0.76	0.76	0.80	0.76	0.77	0.80	0.78	0.79	0.76	0.79	0.78
	贵南县	0.68	0.67	0.71	0.69	0.71	0.73	0.72	0.72	0.71	0.72	0.73
	小计	0.70	0.70	0.72	0.70	0.72	0.74	0.73	0.73	0.72	0.73	0.75

续表

州（县）		2000 年	2001 年	2002 年	2003 年	2004 年	2005 年	2006 年	2007 年	2008 年	2009 年	2010 年
果洛州	玛沁县	0.75	0.74	0.77	0.75	0.74	0.76	0.75	0.77	0.74	0.76	0.77
	班玛县	0.86	0.84	0.83	0.84	0.86	0.88	0.86	0.85	0.84	0.86	0.87
	甘德县	0.82	0.78	0.81	0.79	0.84	0.81	0.82	0.81	0.79	0.83	0.83
	久治县	—	—	—	—	—	—	—	—	—	—	—
	达日县	0.88	0.85	0.88	0.86	0.89	0.87	0.89	0.86	0.84	0.85	0.89
	玛多县	0.58	0.55	0.59	0.59	0.57	0.60	0.58	0.60	0.58	0.61	0.66
	小计	0.78	0.75	0.78	0.77	0.78	0.78	0.78	0.78	0.76	0.78	0.80
玉树州	玉树县	0.77	0.78	0.78	0.76	0.79	0.78	0.78	0.76	0.75	0.78	0.80
	杂多县	0.61	0.76	0.65	0.63	0.59	0.62	0.64	0.58	0.69	0.62	0.68
	称多县	0.90	0.88	0.82	0.83	0.91	0.87	0.89	0.85	0.86	0.90	0.88
	治多县	0.12	0.09	0.13	0.13	0.12	0.14	0.16	0.14	0.13	0.15	0.19
	囊谦县	0.77	0.77	0.77	0.74	0.77	0.76	0.76	0.75	0.76	0.78	0.76
	曲麻莱县	0.19	0.20	0.25	0.22	0.19	0.21	0.23	0.21	0.17	0.21	0.28
	小计	0.56	0.58	0.57	0.55	0.56	0.56	0.58	0.55	0.56	0.57	0.60
唐古拉山镇		0.26	0.26	0.26	0.28	0.26	0.28	0.23	0.25	0.26	0.29	0.33

4.2.2.2 灌丛

（1）三江源区灌丛生态系统覆盖度

2000～2010 年，三江源区灌丛生态系统生长季平均覆盖度为 74.3%～78.9%，覆盖度为较高级别。2000～2010 年三江源区灌丛生态系统生长季平均覆盖度波动明显，总体表现为增长趋势（图 4-14，表 4-14）。

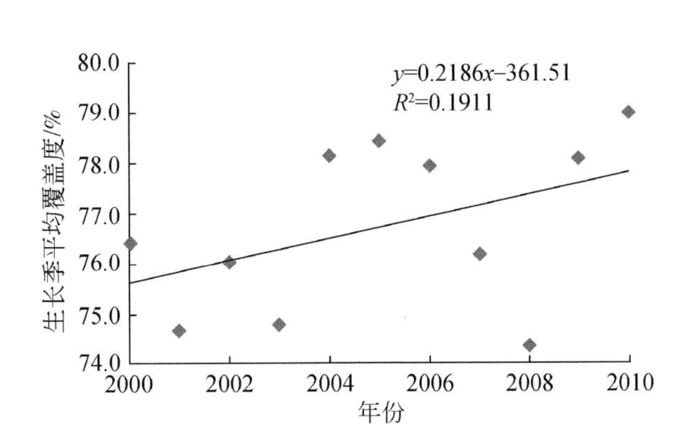

图 4-14　2000～2010 年三江源区灌丛生态系统生长季平均覆盖度变化趋势

表 4-14　2000 ~ 2010 年三江源区灌丛生态系统生长季平均覆盖度　　单位:%

项目	2000 年	2001 年	2002 年	2003 年
平均值	76.37	74.64	76.00	74.76
C. V	16.56	16.93	15.12	16.43
项目	2004 年	2005 年	2006 年	2007 年
平均值	78.10	78.39	77.89	76.14
C. V	15.97	15.55	15.83	15.60
项目	2008 年	2009 年	2010 年	
平均值	74.35	78.04	78.95	
C. V	16.59	15.32	14.70	

根据图 4-15 可知，2000 ~ 2010 年三江源区灌木生态系统生长季平均覆盖度处于较高级别。2000 ~ 2010 年，高级别覆盖度的灌木面积表现为上升趋势，较高级别覆盖度的灌木面积表现为减少趋势，表明 10 年间灌木覆盖度有变好的趋势。

灌丛生态系统生长季平均覆盖度变异系数为 14.70% ~ 16.93%，在空间分布上变异水平为中等变异性，灌丛生态系统在区域之间分布很不均匀，大部分区域没有灌丛生态系统分布。

由图 4-15 可以看出，相较于其他年份，2008 年灌丛生态系统生长季平均覆盖度较高级别最多，高级别最少。

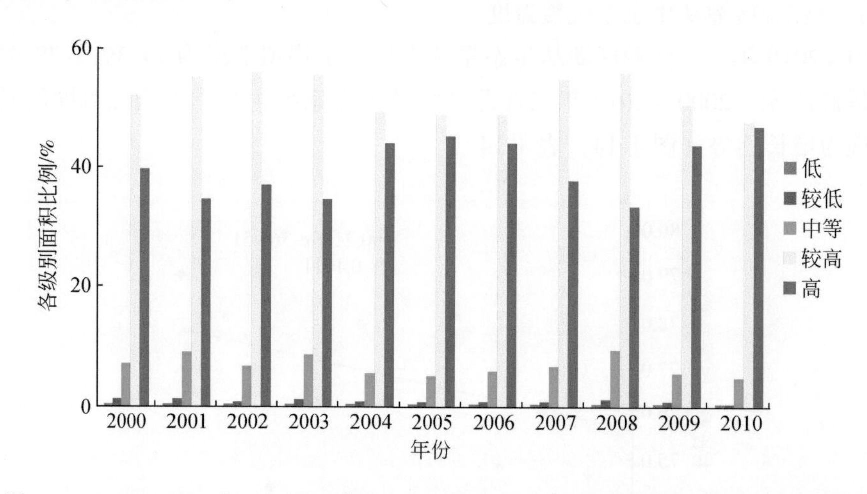

图 4-15　2000 ~ 2010 年三江源区灌丛生态系统生长季平均植被覆盖度各级别面积比例

在三江源区，灌丛生态系统主要分布在东部和东南部各县；2000 ~ 2010 年，在兴海县和同德县交界区域，灌丛生态系统生长季平均覆盖度由中等级别向较高级别转化明显。

（2）三江源区各县（镇）灌丛生态系统生长季平均覆盖度统计分析

根据表4-15可得，三江源区灌木生态系统在达日县分布最多，在玛多县和唐古拉山镇分布最少；2000～2010年，除久治县外，各县（镇）灌丛生态系统生长季平均覆盖度存在不同程度的上升趋势，灌木生态系统状况有所好转。

表4-15　2000～2010年三江源区各州（县）灌丛生态系统生长季平均覆盖度统计分析

州（县）		2000年	2001年	2002年	2003年	2004年	2005年	2006年	2007年	2008年	2009年	2010年
黄南州	同仁县	0.79	0.78	0.80	0.81	0.82	0.83	0.81	0.82	0.80	0.82	0.83
	尖扎县	0.79	0.78	0.79	0.82	0.81	0.82	0.82	0.81	0.81	0.81	0.82
	泽库县	0.77	0.77	0.77	0.77	0.81	0.81	0.80	0.79	0.76	0.80	0.82
	河南县	0.81	0.81	0.82	0.79	0.83	0.83	0.84	0.82	0.79	0.83	0.84
	小计	0.79	0.79	0.80	0.80	0.82	0.82	0.82	0.81	0.79	0.82	0.83
海南州	共和县	0.62	0.62	0.68	0.64	0.66	0.68	0.66	0.64	0.62	0.64	0.69
	同德县	0.74	0.73	0.75	0.73	0.76	0.78	0.76	0.76	0.73	0.78	0.77
	贵德县	0.63	0.65	0.67	0.67	0.66	0.67	0.68	0.66	0.65	0.66	0.69
	兴海县	0.69	0.68	0.74	0.70	0.72	0.74	0.72	0.72	0.70	0.74	0.73
	贵南县	0.70	0.71	0.75	0.72	0.75	0.76	0.75	0.74	0.72	0.75	0.75
	小计	0.68	0.68	0.72	0.69	0.71	0.73	0.71	0.70	0.68	0.71	0.73
果洛州	玛沁县	0.77	0.76	0.78	0.77	0.79	0.79	0.79	0.78	0.75	0.79	0.79
	班玛县	0.81	0.77	0.77	0.78	0.81	0.82	0.82	0.78	0.77	0.80	0.83
	甘德县	0.81	0.77	0.80	0.79	0.84	0.83	0.83	0.80	0.78	0.83	0.83
	久治县	0.80	0.75	0.74	0.75	0.80	0.80	0.79	0.76	0.76	0.79	0.80
	达日县	0.82	0.79	0.80	0.79	0.83	0.82	0.84	0.80	0.79	0.82	0.83
	玛多县	0.53	0.47	0.53	0.51	0.52	0.56	0.53	0.54	0.51	0.59	0.61
	小计	0.76	0.72	0.74	0.73	0.77	0.77	0.77	0.74	0.73	0.77	0.78
玉树州	玉树县	0.75	0.74	0.75	0.72	0.77	0.76	0.75	0.73	0.72	0.77	0.77
	杂多县	0.73	0.71	0.70	0.71	0.75	0.75	0.75	0.72	0.70	0.75	0.75
	称多县	0.74	0.73	0.73	0.70	0.75	0.74	0.75	0.72	0.70	0.75	0.75
	治多县	0.65	0.65	0.65	0.64	0.71	0.68	0.66	0.68	0.64	0.71	0.74
	囊谦县	0.76	0.76	0.75	0.74	0.76	0.77	0.74	0.74	0.74	0.77	0.77
	曲麻莱县	0.66	0.66	0.65	0.64	0.70	0.67	0.66	0.68	0.65	0.71	0.73
	小计	0.72	0.71	0.71	0.69	0.74	0.73	0.72	0.71	0.69	0.74	0.75
唐古拉山镇		0.27	0.28	0.28	0.27	0.27	0.29	0.28	0.27	0.27	0.31	0.33

4.2.3　自然生态系统格局质量

本研究采用综合指数合成法，评价三江源区自然生态系统格局质量，判断重点生态功能区的保护效果。生态环境质量综合指数的评价指标体系见表4-16，具体计算方法如下：

$$Y = \sum_{i=1}^{m}\left(\sum_{j=1}^{m} F_j \times W_i\right) + \sum_{k=1}^{l} N_k$$

式中，Y 为自然生态系统格局质量；F_j 为面积指标；N_k 为覆盖度指标，研究中只选取自然生态系统；W_i 为权重，默认取 1。

表 4-16　三江源区自然生态系统格局质量综合评价指标体系

评价层	状态层	变量层
自然生态系统格局质量综合指数	森林	森林面积
		年植被覆盖度
	灌丛	灌丛面积
		年植被覆盖度
	草地	草地面积
		年均植被盖度
	湿地	湿地面积
	冰川/永久积雪	冰川/永久积雪

$$F_j = \text{该年该自然生态系统面积/2000 年该自然生态系统面积}$$

$$N_{\text{森林}} = \text{该年森林的覆盖度/0. 8}$$

$$N_{\text{灌丛}} = \text{该年灌丛的覆盖度/0. 8}$$

$$N_{\text{草地}} = \text{该年草地的覆盖度/0. 6}$$

根据以上公式可以算出 2000～2010 年的综合指数（表 4-17），2000～2010 年三江源区综合指数波动较大，总体呈上升趋势。

表 4-17　2000～2010 年三江源区自然生态系统格局质量质量综合指数

项目	2000 年	2001 年	2002 年	2003 年	2004 年	2005 年
自然生态系统格局质量综合指数	7. 75	7. 72	7. 76	7. 72	7. 78	7. 83
项目	2006 年	2007 年	2008 年	2009 年	2010 年	
自然生态系统格局质量综合指数	7. 79	7. 75	7. 73	7. 87	7. 93	

以 2000 年为基准，计算出 2001～2010 年自然生态系统格局质量综合指数变化的百分比（图 4-16），相较于 2000 年，2001 年、2003 年和 2008 年为负值，其他年份为正值，其中，2010 年综合指数最高。2001～2010 年，三江源区生态环境综合指数呈显著上升趋势（R^2=0. 46），表明区域自然生态系统格局质量总体在变好。

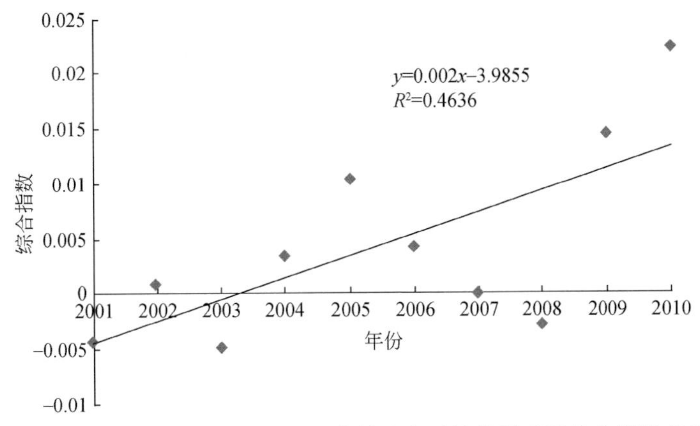

图4-16　2001～2010年三江源区自然生态系统格局质量综合指数变化

4.3　三江源区生态演变的驱动因素分析

4.3.1　三江源区生态演变的人口因素分析

三江源区2012年总人口共计130.18万人，其中，乡村总人口数为102.58万人，占总人口数的78.80%。2012年总人口较2000年增加了32.17%，较2005年增加了22.09%。2012年乡村总人口数和总户数比2000年分别增加了32.20%和82.93%。三江源区各州县人口变化状况见表1-10。其空间分布呈现由东向西递减的趋势，其中，黄南州和海南州所辖县区人口密度相对较高。总体来说，约占青海省总面积54.7%的三江源区平均人口密度不足3人/km^2。

4.3.2　三江源区生态演变的畜牧因素分析

4.3.2.1　三江源区理论载畜量估算方法

20世纪50年代以来，随着人口的快速增长，三江源区畜牧业发展迅速，区内各州(县)家畜数量呈同步波动式快速增长趋势。由于天然草场载畜能力有限，区内普遍出现了超载过牧现象。频繁、集中的放牧方式严重破坏了原生优良牧草的生长发育规律，导致土壤结构变化，并给鼠害的泛滥提供了条件，进一步加剧了草地的退化。据相关研究成果表明，长期超载过牧对草地退化的贡献率达40%，可以说人为干扰是本区草地退化的主要原因。

在三江源区植被恢复的过程和实践中需要遵循自然规律，根据草地退化的具体原因、退化程度等具体情况采取相应措施，但首要措施还是要通过减少人为干扰来恢复草地生态系统原有功能。对重度退化草场和保护区核心区必须强制进行移民，并辅以其他如灭鼠、灭除毒杂草、对草场补播多年生牧草等措施，防止草地进一步退化或危及特有生态系统、珍稀动植物。对中、轻度退化草地及未退化草地，应该未雨绸缪，通过减轻放牧压力的措施，遏制退化草地的退化趋势，保护未退化草地。

三江源区理论载畜量通过计算产草量获得。在理论产草量基础上，应用下述公式（NY/T 635-2002）计算草地合理载畜量：

$$C_l=\frac{Y_m\times C_o}{S_f\times G_t}$$

式中，C_l为草地合理载畜量，即单位面积草地适宜承载的羊单位（标准羊单位/hm^2）；Y_m为草地的产草量（kg）；C_o为放牧利用率；S_f为一个羊单位家畜的日食量；G_t为草地放牧时间。三江源区分冬春和夏秋两季牧场，季节牧场的分布和面积根据《1∶100万中国草地资源图》确定。根据有关标准（NY/T635-2002），高寒草甸冷季放牧利用率为60%，暖季为70%；高寒草原冷季放牧利用率为60%，暖季为45%；高寒荒漠草原冷季和暖季放牧利用率均为30%；1羊单位家畜每天需摄取含水量14%的标准干草1.8kg，折合不含水分的干草1.548kg。根据三江源区的实际情况，冬春场放牧时间按210天计算，夏秋场放牧时间按156天计算。

4.3.2.2 三江源区理论载畜量

根据以上公式估算的三江源区理论载畜量为1452.47万个羊单位。其中，东部各县因水热条件相对优越，有较大载畜量；西部各县载畜量则相对较低。理论载畜量最大的地区是曲麻莱县，其次是治多县和玛多县，理论载畜量最小的地区是同德县。此外，唐古拉山镇理论载畜量也较小。

4.3.2.3 三江源区实际载畜量

2010年，三江源区实际载畜量约为2742万头羊单位数。2002～2010年，天然草原放牧过载率均呈现由东向西递减的趋势。从时间变化趋势来看，部分县区实际载畜量增加，其中，兴海县、贵德县和共和县实际载畜量增幅最大，分别为63.9%、51.0%和48.4%；而部分县区实际载畜量减少，其中，玛多县、达日县和曲麻莱县减幅最大，分别为43.8%、36.1%和29.6%（图4-17）。

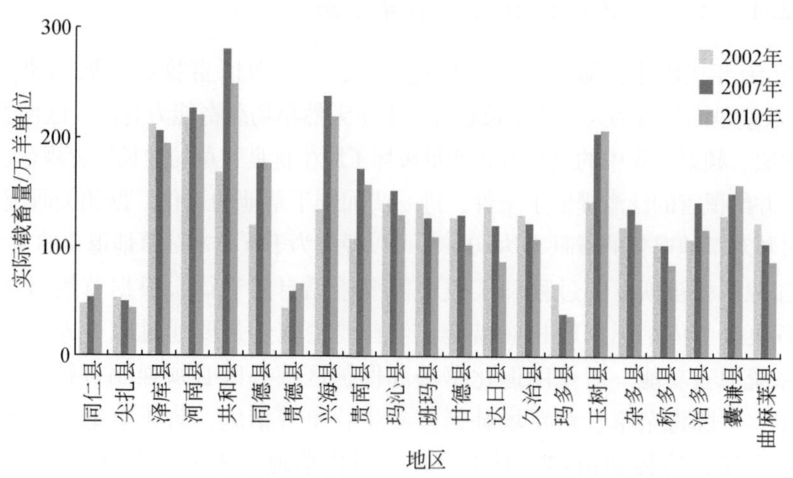

图4-17 2002年、2007年、2010年三江源区实际载畜量变化图

5 三江源区气候变化特征及其影响分析

三江源区是响应全球气候变暖最为显著的地区之一，1961～2015年年平均气温以0.33℃/10a的速率上升。从四季变化情况来看，冬季增温趋势明显。1961～2015年年平均降水量呈增加趋势，气候倾向率为7.76mm/10a。从四季降水量变化分析，春季和夏季降水量增加明显，每10年分别增加4mm和2.7mm。三江源区全年盛行风为偏西风。1970～2015年全区全年平均风速变化趋势为每10年减小0.2m/s。三江源区1961～2012年，年日照时数气候倾向率为-0.36h/10a。1961～2012年三江源区年平均云量呈下降趋势，但2002～2012年年平均云量呈现上升趋势。对1961～2012年的积雪日数资料分析发现，三江源区年平均积雪日数呈下降趋势，气候倾向率为-1.5d/10a。1961～2012年三江源区极端高温事件发生频次呈显著增多趋势，每10年增加2.4次。进入21世纪以来，极端高温事件发生频次增多趋势更加明显。由于选取的代表站及其资料时间不一致，不同作者得到的升温速率有微小差异，但过去大量研究结果都一致表明，自20世纪60年代以来，随着全球变暖，青藏高原温度升高，位于青藏高原腹地的三江源区气温显著升高，以冬季气温升高幅度最大。四季当中，冬季增温幅度达到了0.50℃/10a，秋季次之，春季和夏季增温幅度较小。1993～2008年升温趋势明显，近几年则有略微下降趋势（汤懋仓等，1998；许吟隆等，2007；Liu and Chen，2015）。蒸发量空间分布上，三江源区蒸发量呈现出西北部少，东南部及东北部多的特点。总体而言，1960～2011年三江源区蒸发量总体呈下降趋势，其中，20世纪70～80年代略有上升，90年代后显著下降（刘光生等，2010）。

综上所述，在全球增温的大背景下，三江源区的变暖趋势更加明显，在过去60年里，长江源区、黄河源区和澜沧江源区气温持续攀升，平均增温速率分别为0.20℃/10a、0.23℃/10a和0.15℃/10a，明显高于全球平均升温速率（约为0.12℃/10a）。21世纪之前（1950～2000年），长江源区和澜沧江源区降水量呈平稳下降趋势；黄河源区、青海湖流域降水量呈双峰波动下降趋势。气候变化背景下，21世纪以来，长江源区、黄河源区和澜沧江源区降水量有所增加。其中，长江源区2003～2008年降水量较2003年前的降水量平均值偏多7%；黄河源区增加速率为4.76mm/10a；澜沧江源区从20世纪90年代初以来显著增多。2005～2012年，整个三江源区径流增幅自东南向西北逐渐加大，源头区径流量偏多程度最大（王绍武，1994；谢昌卫等，2004；李林等，2010；吴迪等，2011；丁一汇等，2013；Xu et al.，2012a，2012b，2013，2014a；徐祥德等，2014b，2015a，2015b）。

5.1 三江源区气候变化特征

三江源区总共包含 18 个气象台站。其中，黄河源区有兴海、同德、泽库、玛多、玛沁、甘德、达日、河南、久治和班玛 10 个气象台站；长江源区有沱沱河、五道梁、玉树、曲麻莱、清水河和治多 6 个气象台站；澜沧江源区有杂多、囊谦 2 个气象台站，地面气象观测资料时间短。其中，治多气象台站观测资料时间为 1968 ~ 2015 年，甘德气象台站观测资料时间为 1976 ~ 2015 年，班玛气象台站观测资料时间为 1966 ~ 2015 年，部分蒸发资料时间为 1960 ~ 2014 年，日照时数、云量等资料时间为 1960 ~ 2012 年。

5.1.1 气温变化

5.1.1.1 区域平均气温

随着全球平均气温升高，三江源区平均气温也呈现逐渐升高的趋势，并由于处于高海拔地区，对全球气候的响应也更加突出，增温趋势十分明显。图 5-1 为 1961 ~ 2015 年三江源区年和四季平均气温变化趋势图，可以看出，三江源区年平均气温升高倾向率达 0.33℃/10a，略低于整个青藏高原气温升高倾向率（0.37℃/10a），远高于全

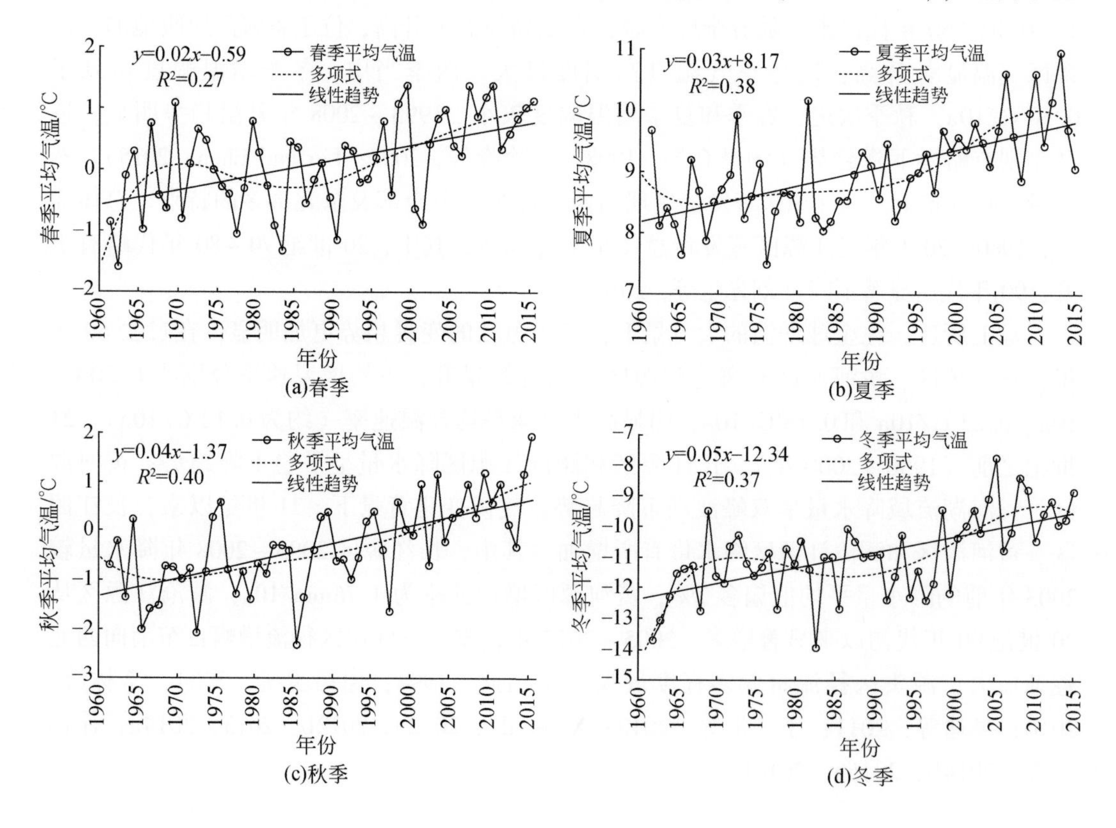

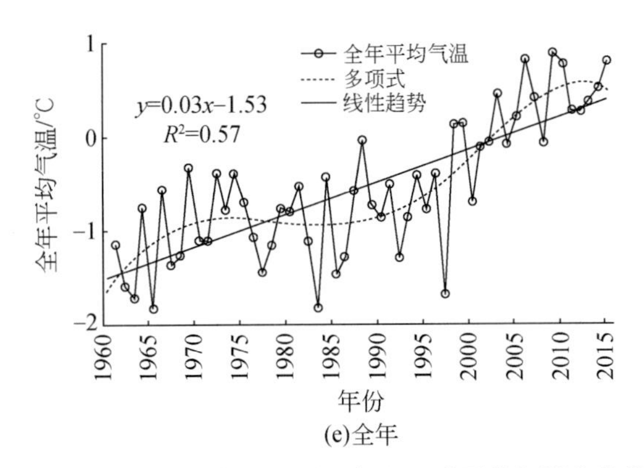

(e)全年

图 5-1　1961 ~ 2015 年三江源区年和四季平均气温变化趋势

国气温升高倾向率（0.16℃/10a），1961 ~ 2015 年年平均气温增幅达 1.5℃以上。四季当中，冬季气温升高倾向率达到 0.50℃/10a，秋季次之，春季和夏季较小。1993 ~ 2008 年升温趋势明显，近几年则有略微下降趋势。从四季变化看，夏季和秋季自 1994 年起一直呈现增温趋势，而春季和冬季则增温趋势不显著，波动较大。1961 ~ 2015 年，三江源区整体呈现增温趋势，且冬季和秋季对增温贡献较大（Xu et al，2013；汪青春等，1998）。

5.1.1.2　最高气温

1961 ~ 2015 年三江源区最高气温的变化趋势与平均气温一样也在逐步升高，气温升高倾向率为 0.30℃/10a。最高气温四季增温变化幅度由大到小依次为冬季（0.42℃/10a）、秋季（0.40℃/10a）、夏季（0.30℃/10a），春季变化趋势不明显（图 5-2）。从图 5-2 可以看出，三江源区平均最高气温虽然也在逐步升高，但是较平均气温，气温升高倾向率要低。同时，对于易出现气温极值的夏季来说，从 1961 ~ 2015 年以来，平均最高气温呈稳步升高。

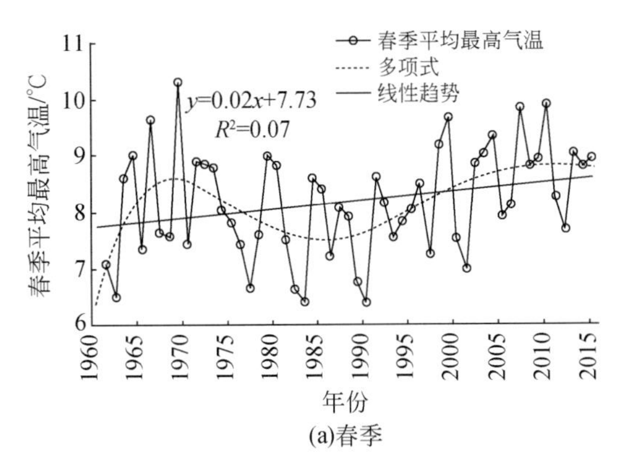

(a)春季

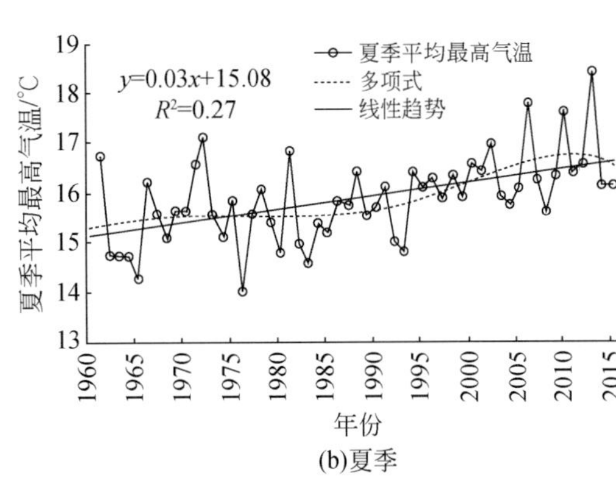

(b)夏季

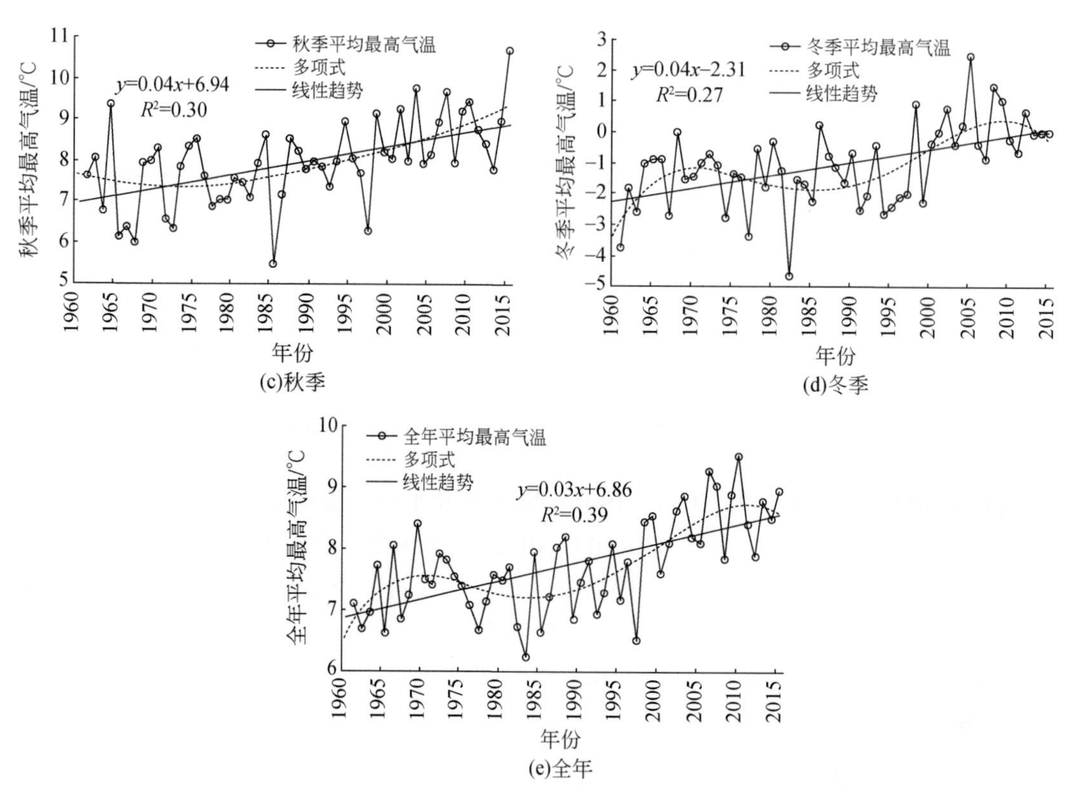

(c)秋季

(d)冬季

(e)全年

图 5-2 1961 ~ 2015 年三江源区年和四季平均最高气温变化趋势

5.1.1.3 最低气温

三江源区是最为典型的高寒区，从气候资料分析，玛多县为该地区气温低值中心，最低气温可低至-48.1℃。1961 ~ 2015 年平均最低气温升高倾向率为 0.40℃/10a，大于平均气温（0.33℃/10a）。从最低气温四季变化情况来看，冬季增温趋势明显，气温升高倾向率为 0.60℃/10a，春季、夏季、秋季气温升高倾向率分别为 0.34℃/10a、0.36℃/10a、0.40℃/10a，基本接近。可以看出，1995 ~ 2015 年平均最低气温增加明显；2005 ~ 2015 年，尤其是春季增加趋势更为显著（图 5-3）。

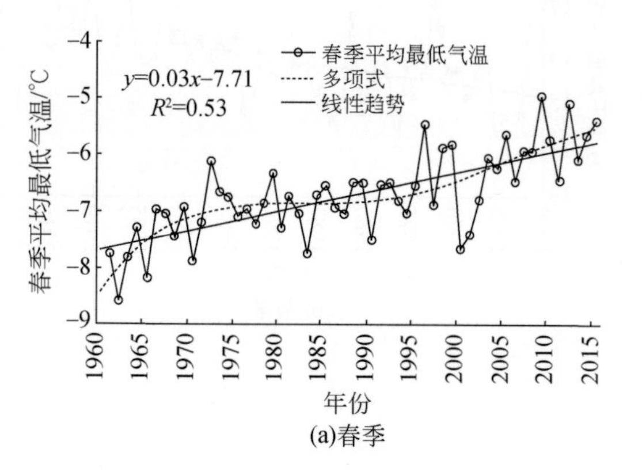

(a)春季

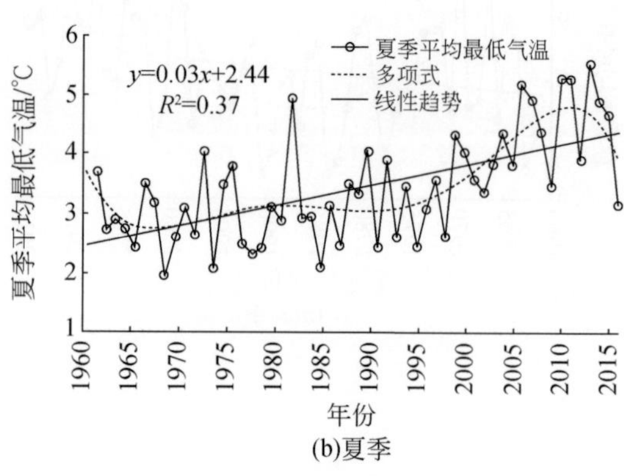

(b)夏季

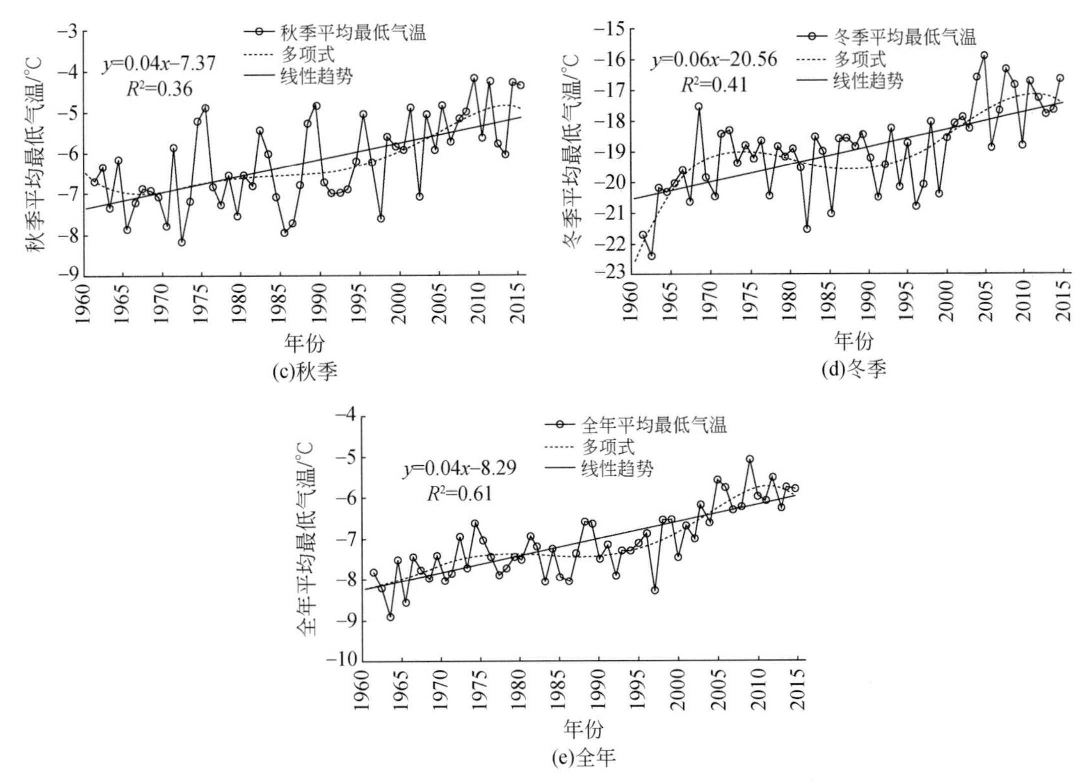

图 5-3　1961 ~2015 年三江源区年和四季平均最低气温变化趋势

5.1.2　降水变化

5.1.2.1　年降水量

1961 ~2015 年三江源地区年平均降水量为 459.3mm，空间分布特征基本表现为自东南向西北递减趋势，河南—玛多—清水河—杂多一线以南是青海省年降水量最多区域。1961 ~2015 年降水量呈增加趋势，其气候倾向率为 7.76mm/10a。从四季降水量变化分析，春季和夏季降水量增加明显，每 10 年分别增加 4mm 和 2.7mm。2005 ~2015 年春季降水量增加幅度较大，呈现逐步平稳增加态势（图 5-4）（谢昌卫等，2004；王可丽等，2006；唐红玉等，2007；梁川等，2011；李珊珊等，2012）。

5.1.2.2　降水日数

1961 ~2012 年三江源区降水日数气候倾向率每 10 年增加 1.40 天，春季、冬季、夏季每 10 年降水增加日数分别为 0.72 天、0.68 天、0.09 天，秋季则以 0.08d/10a 的速率减少。2002 ~2012 年，平均降水日数增加比较明显，且四季则波动较大（图 5-5）。

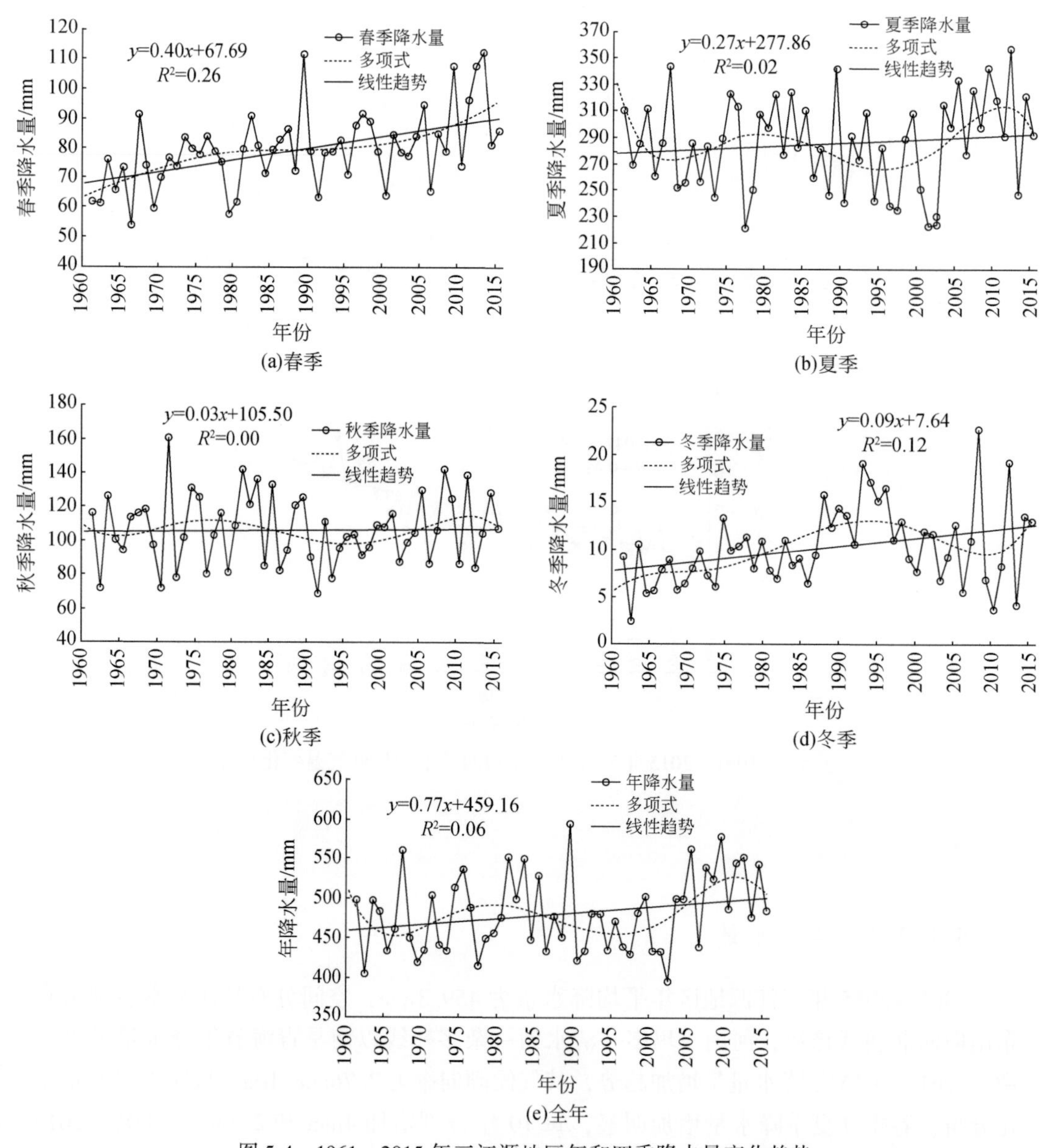

图 5-4 1961～2015 年三江源地区年和四季降水量变化趋势

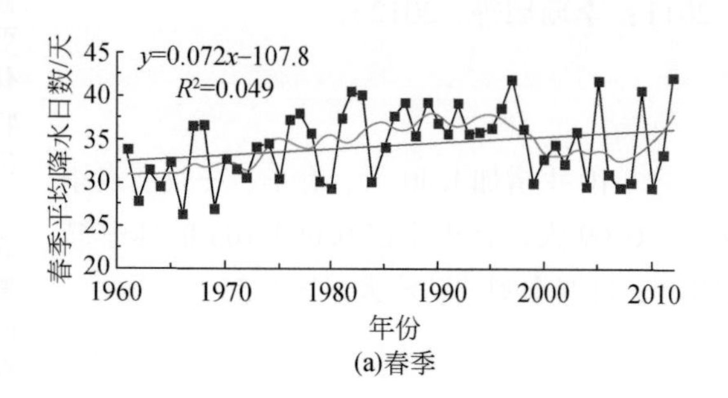

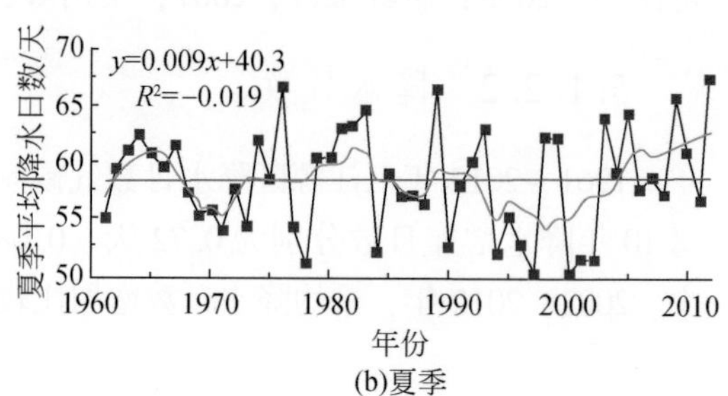

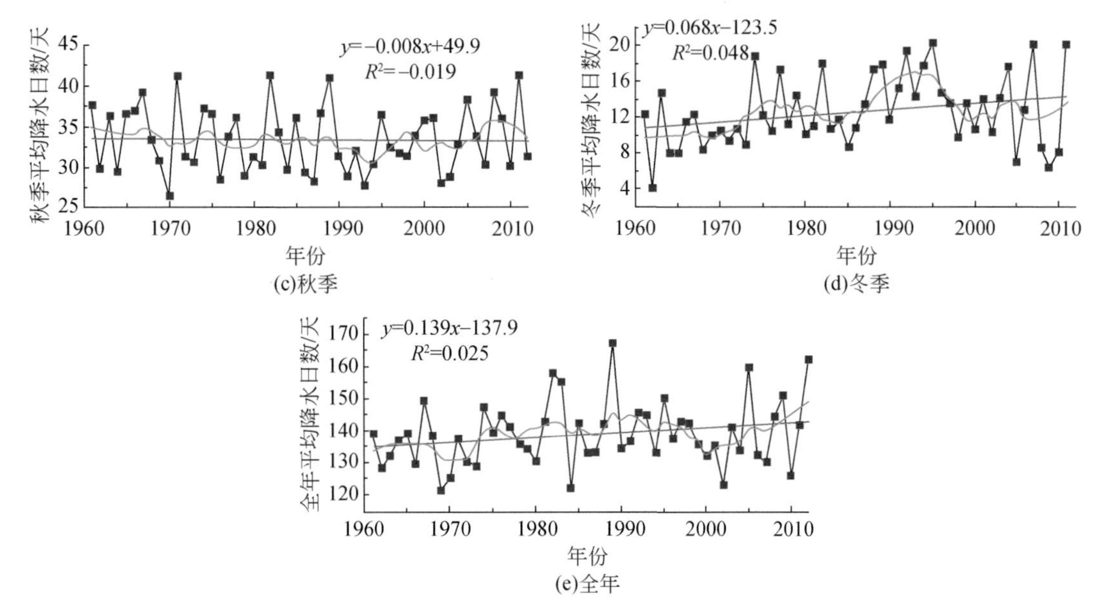

图 5-5　1961～2012 年三江源区年和四季平均降水日数（≥0.1mm）变化趋势

5.1.3　蒸发量变化

近 50 年来，三江源区年蒸发量变化呈显著增加趋势，变化速率为 30.1mm/10a（图 5-6），尤其在 1984～2014 年，年均蒸发量线性变化速率为 71.6mm/10a。从季节变化分析，1964～2014 年春季、夏季、秋季和冬季平均蒸发量均呈上升趋势，线性变化速率分别为 2.0mm/10a、12.5mm/10a、10.8mm/10a 和 4.8mm/10a，夏秋季通过 0.001 显著性检验，冬季通过 0.05 显著性检验，春季未通过显著性检验，说明夏秋季平均蒸发量上升造成年均蒸发量显著增加。1984～2014 年，各季平均蒸发量线性变化速率分别为 10.7mm/10a、24.0mm/10a、16.7mm/10a 和 14.0mm/10a，特别是冬季平均蒸发量在 1994～2014 年变化速率高达 23.5mm/10a，夏秋冬三季均通过 0.001 显著性检验，春季通过 0.05 显著性检验。春季平均蒸发量为 439.2mm，最大蒸发量出现在 1979 年（514.9mm），最小蒸发量出现在 1983 年（377.7mm）；夏季平均蒸发量为 493.0mm，最大蒸发量出现在 2006 年（601.7mm），最小蒸发量出现在 1976 年（425.2mm）；秋季平均蒸发量为 284.9mm，最大蒸发量出现在 2007 年（357.2mm），最小蒸发量出现在 1967 年（231.7mm）；冬季平均蒸发量为 183.7mm，最大蒸发量出现在 2006 年（233.6mm），最小蒸发量出现在 1982 年（133.1mm）。

空间分布上，三江源区蒸发量呈现出西北部少，东南部及东北部多的特点，最小值在清水河站（1153.2mm），最大值在囊谦站（1705.9mm）。四季平均蒸发量的分布特征与年平均蒸发量的分布特征相似。三江源区年均蒸发量气候倾向率分布自西向东逐渐增大，四季平均蒸发量的趋势分布特征与年均蒸发量的趋势分布特征相似。

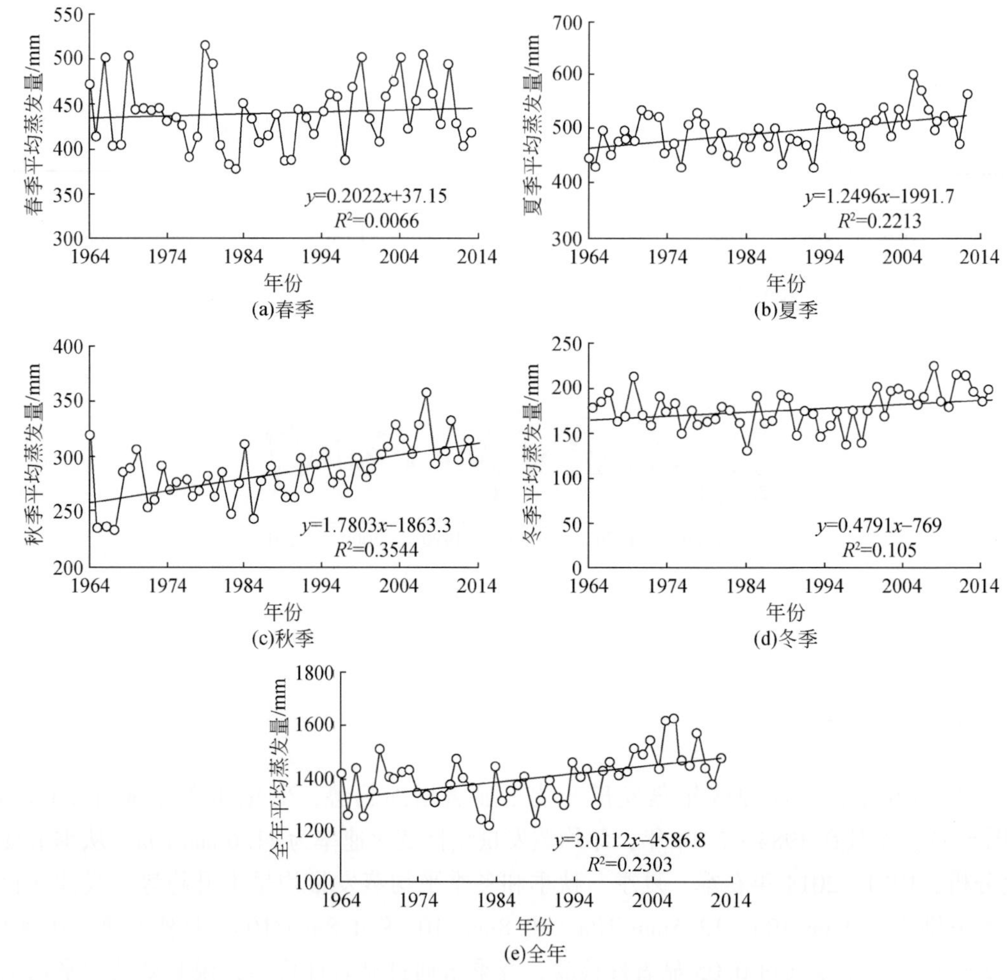

(a)春季 (b)夏季 (c)秋季 (d)冬季 (e)全年

图 5-6 1964 ~ 2014 年三江源区年和四季平均蒸发量变化趋势

5.1.4 风速变化

三江源区全年盛行风为偏西风。1970 ~ 2015 年全区全年平均风速变化趋势为每 10 年减小 0.20m/s。春、夏、秋、冬四季每 10 年分别减小 0.20m/s、0.20m/s、0.10m/s、0.20m/s（图 5-7）。

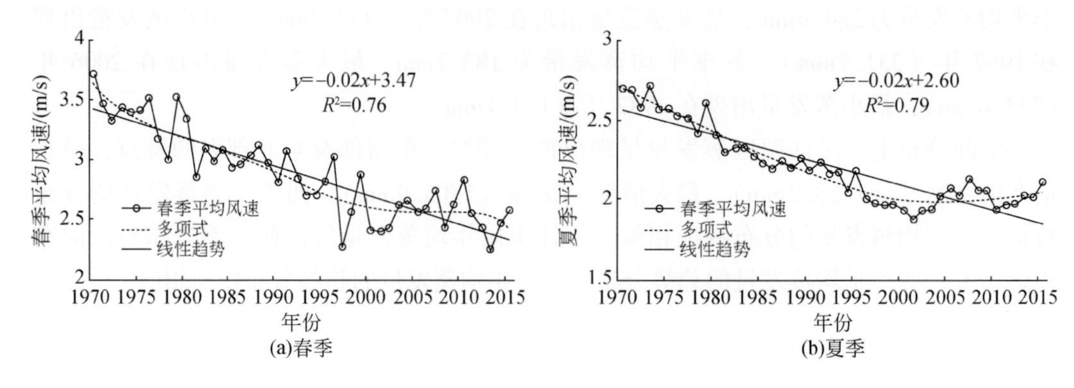

(a)春季 (b)夏季

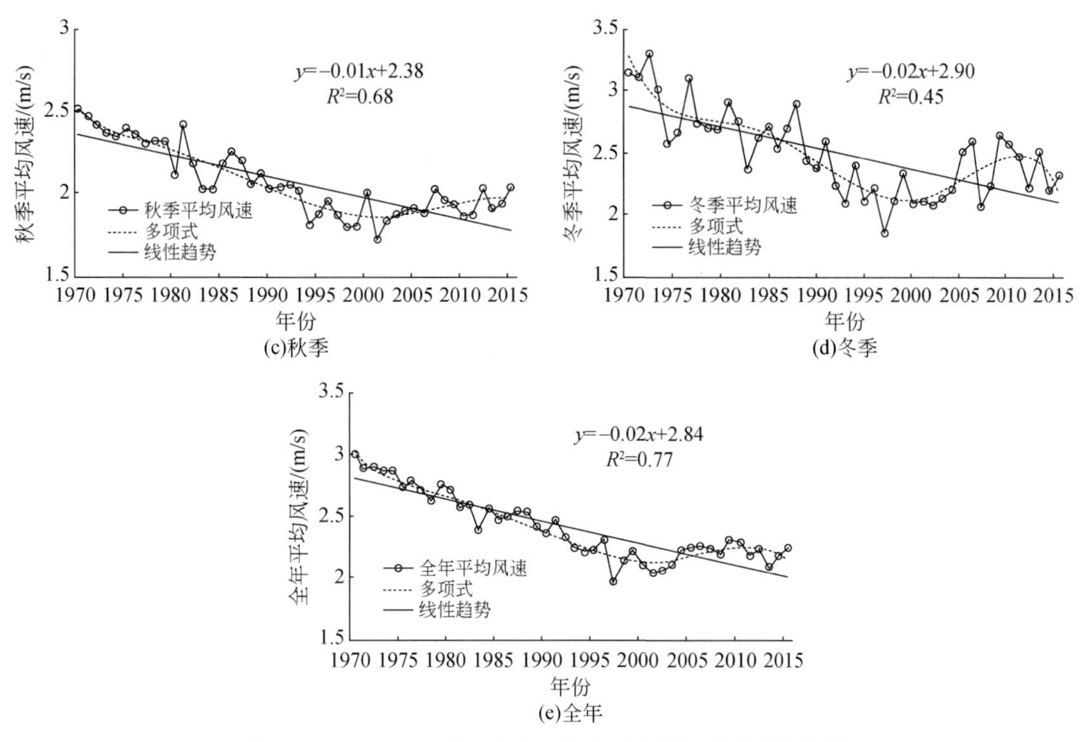

图 5-7　1970～2015 年三江源区年和四季平均风速变化趋势

5.1.5　日照时数变化

三江源区属于高原大陆性气候，日照时数多，总辐射量大，光能资源丰富。1961～2012 年，春、夏、秋、冬四季和年日照时数气候倾向率分别为 0.65h/10a、-1.11h/10a、-0.83h/10a、-0.02h/10a 和-0.36h/10a，除春季略有增加外，其余各季节与全年均为减小趋势。2002～2012 年日照时数有逐年下降趋势，春季和秋季 1992～2012 年变化较为稳定，夏季和冬季变化波动较大（图 5-8）。

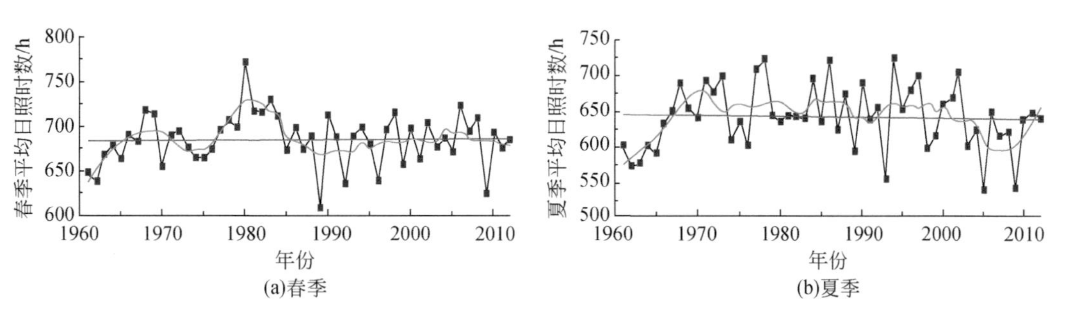

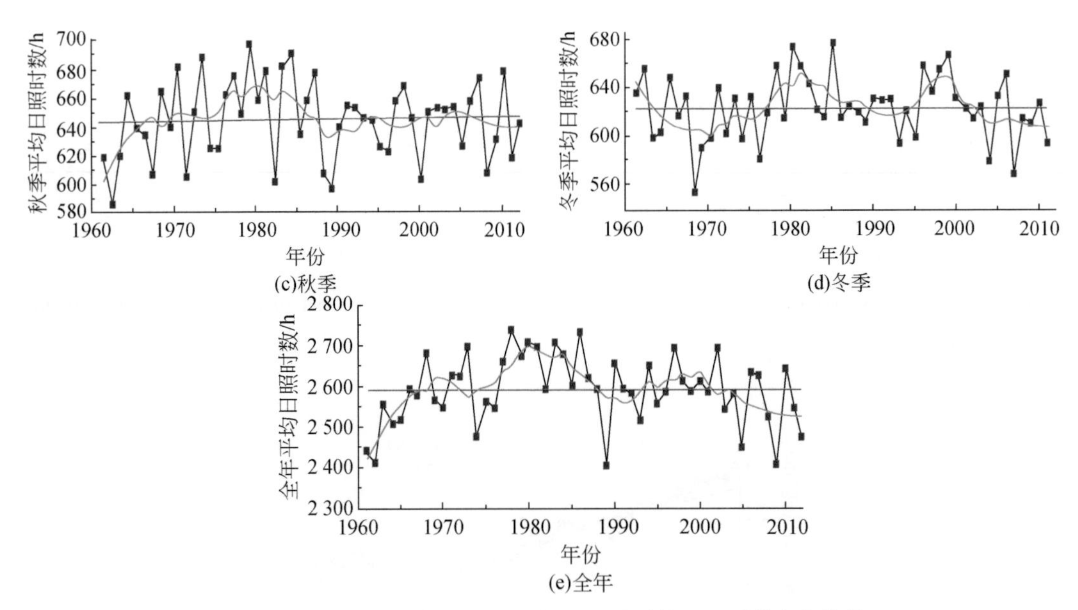

(c)秋季

(d)冬季

(e)全年

图 5-8　1961 ~ 2012 年三江源区年和四季平均日照时数变化趋势

5.1.6　云量变化

1961 ~ 2012 年三江源区年和春、夏、秋、冬四季平均云量变化均呈下降趋势，其气候倾向率分别为-0.35 成/10a、-0.21 成/10a、-0.20 成/10a、-0.22 成/10a、-0.74 成/10a；但 2002 ~ 2012 年平均云量呈现上升趋势（图 5-9）（丁生祥和郭连云，2016）。

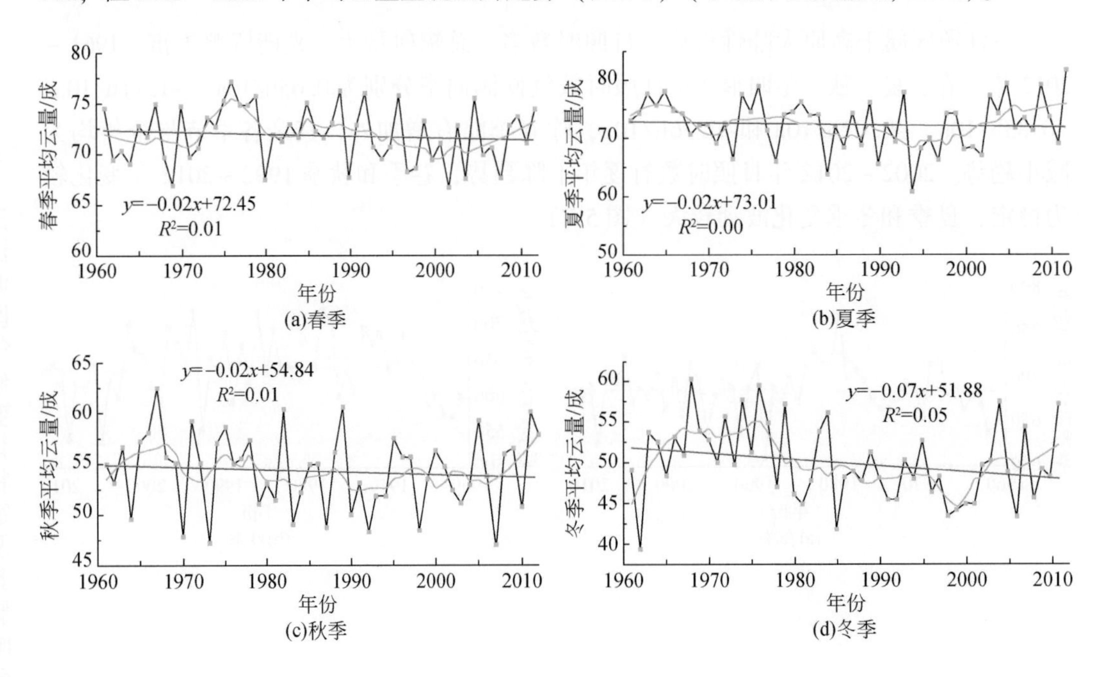

(a)春季

(b)夏季

(c)秋季

(d)冬季

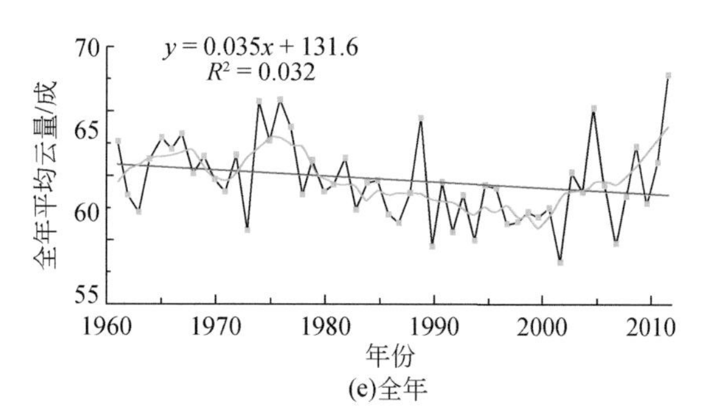

(e)全年

图 5-9　1961 ~ 2012 年三江源区年和四季平均云量变化趋势

丁生祥和郭连云（2016）对三江源区同德县 1961 ~ 2010 年的低云量进行研究，结果表明，1961 ~ 2010 年同德县平均低云量为 5 至 6 成，自 1961 年以来该地年平均低云量呈显著增加趋势，其气候倾向率为 0. 077 成/10a。四季中，除秋季平均低云量上升趋势不显著外，春季、夏季和冬季平均低云量均呈显著增加趋势，其气候倾向率分别为 0. 095 成/10a、0. 125 成/10a 和 0. 094 成/10a（图 5-10）。

5. 1. 7　积雪日数变化

对 1961 ~ 2012 年的积雪日数资料进行分析，结果表明，三江源区年平均积雪日数呈下降趋势，其气候倾向率为-1. 5d/10a。从四季的年平均积雪气候倾向率变化情况来看，春季、夏季、秋季分别以 0. 40d/10a、0. 50d/10a、1. 00d/10a 的速率减小，冬季则以 0. 42d/10a 的速率增加（图 5-11）。

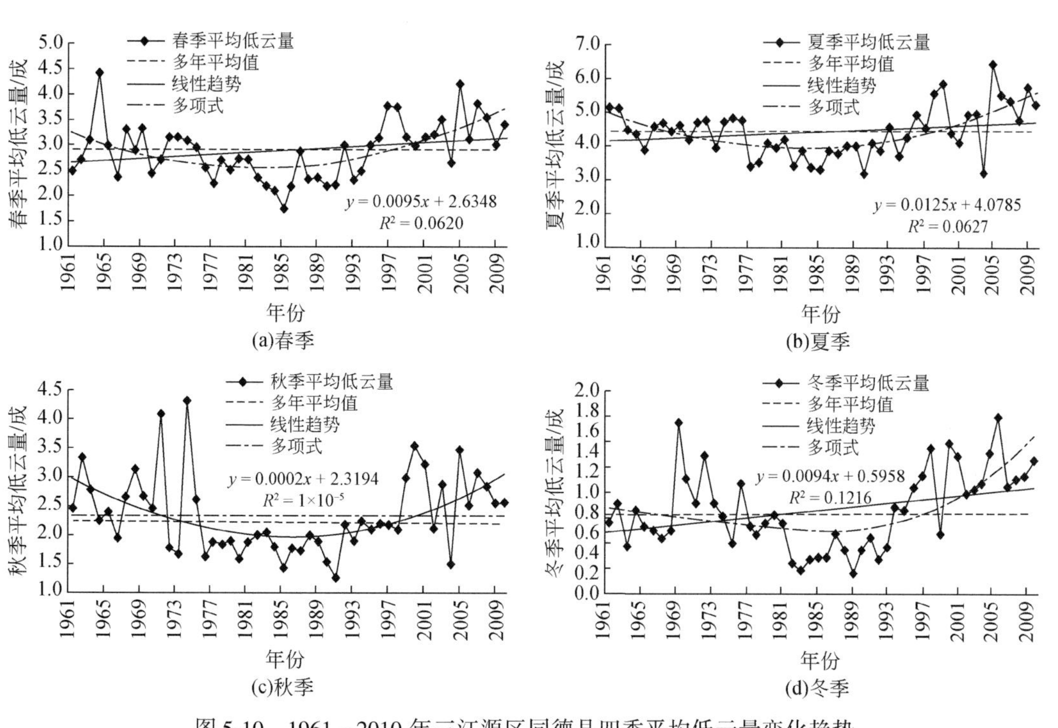

图 5-10　1961 ~ 2010 年三江源区同德县四季平均低云量变化趋势

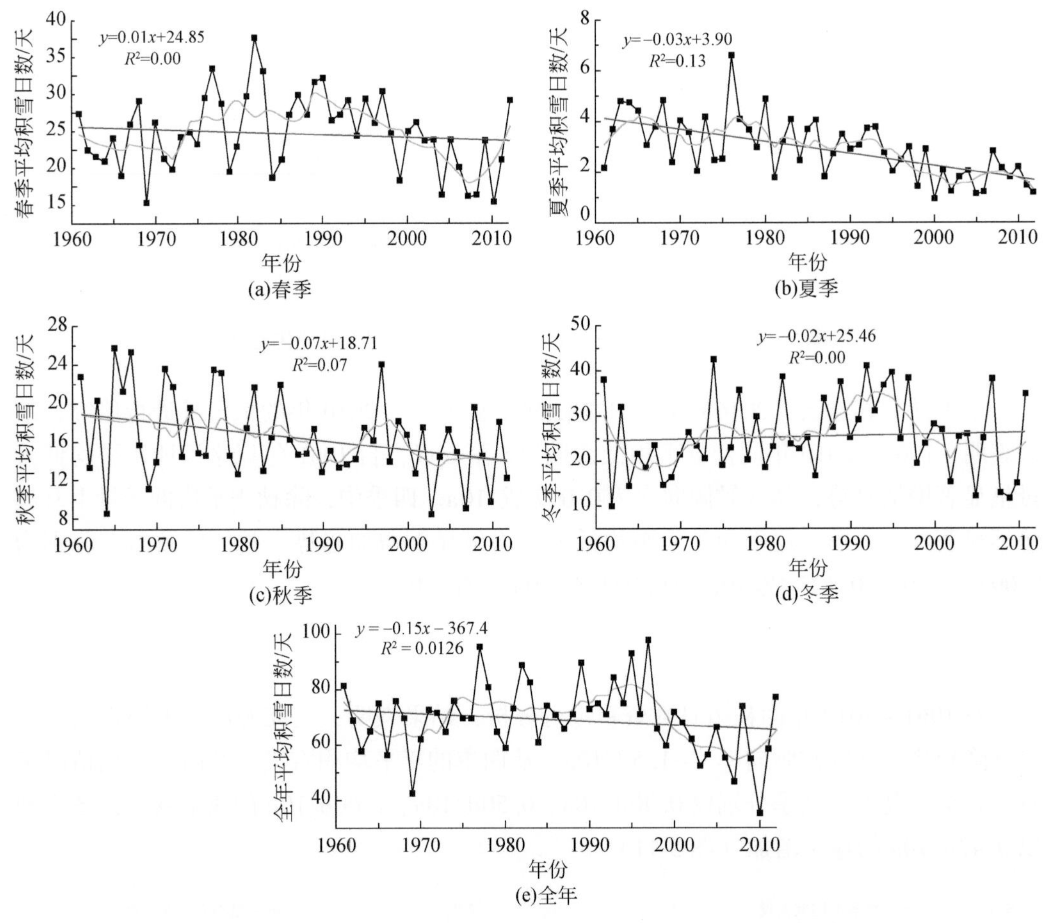

图 5-11　1961 ~ 2012 年三江源区年和四季平均积雪日数变化趋势

5.1.8　冰雹日数变化

三江源区是夏季副热带急流徘徊地区，加之境内地形错综复杂，地表性质差异大，使三江源区成为降雹日数较多、冰雹灾害较重的地区。1961 ~ 2012 年三江源区年平均冰雹日数呈递减趋势，每 10 年减少 1. 35 天。从季节变化情况来看，春季、夏季、秋季平均冰雹日数分别以 0. 15d/10a、0. 87d/10a、0. 33d/10a 的速率减小。近 20 年来三江源区夏季冰雹日数一直处于逐步减少的趋势（图 5-12）。

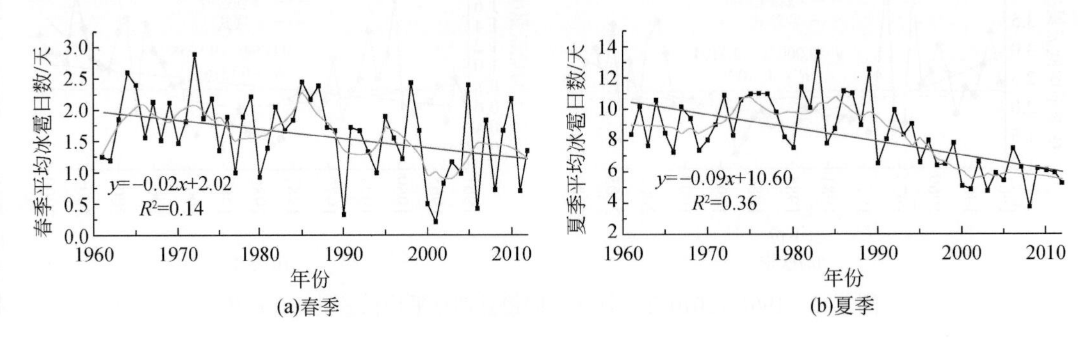

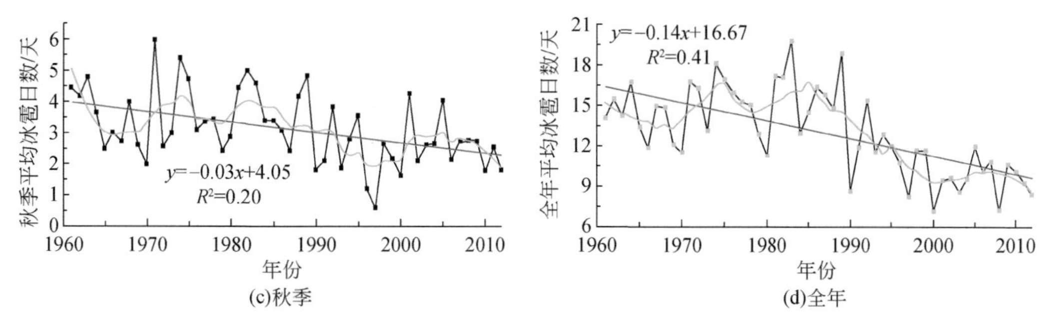

图 5-12　1961 ~2012 年三江源区年、季平均冰雹日数变化趋势

5.1.9　雷暴日数变化

1961 ~2012 年三江源区年和春季、夏季、秋季平均雷暴日数分别以 4.40d/10a、1.14d/10a、5.35d/10a、0.96d/10a 的速率减少（图 5-13）。

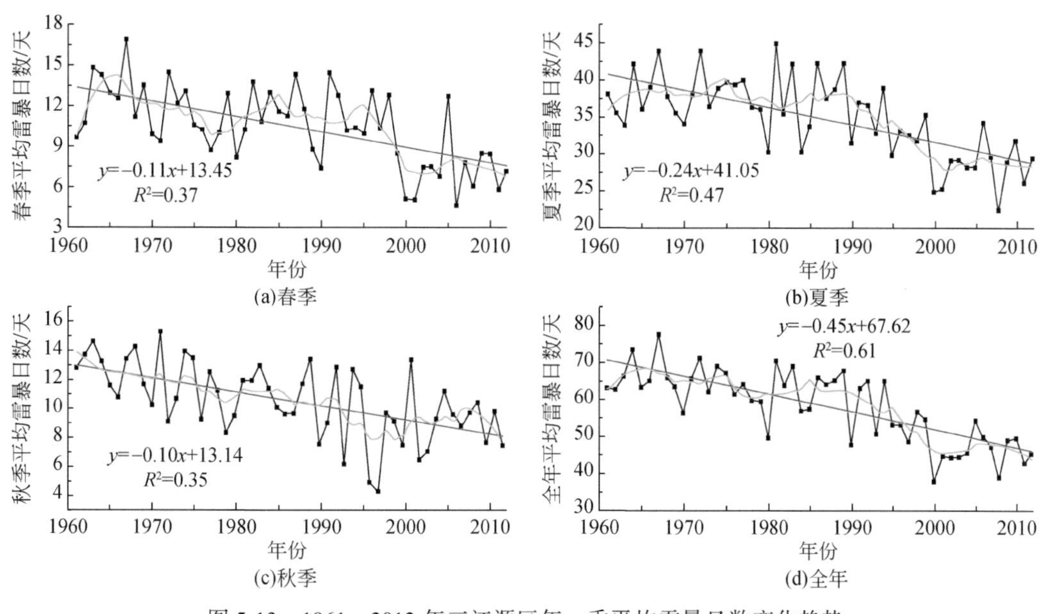

图 5-13　1961 ~2012 年三江源区年、季平均雷暴日数变化趋势

5.1.10　极端气候事件变化

1961 ~2012 年三江源区极端高温事件发生频次呈显著增多趋势，每 10 年增加 4 ~5 次。进入 21 世纪以来，极端高温事件发生频次增多趋势更加明显（图 5-14）。从各地极端高温事件发生频次变率来看，囊谦县、玉树县、达日县、久治县、甘德县一带变率较大，治多县、曲麻莱县、玛多县、共和县、贵德县、贵南县、同德县和兴海县一带变率较小。

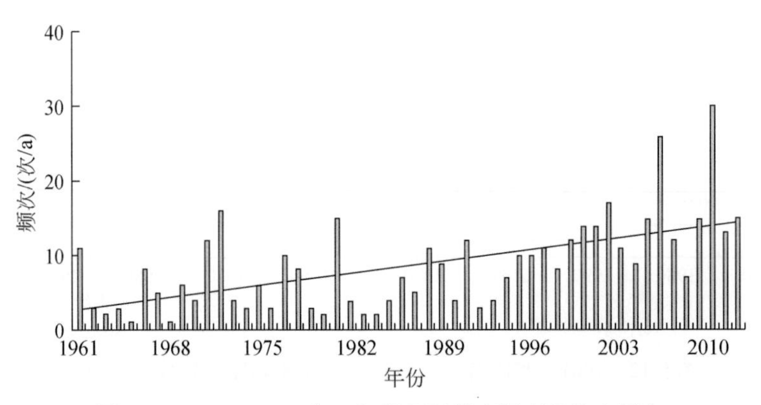

图 5-14　1961 ~ 2012 年三江源区极端高温事件发生频次

1961 ~ 2012 年三江源区极端低温事件发生频次呈逐年减少趋势，每 10 年减少 2.1 次。进入 21 世纪以来，极端低温事件发生频次呈显著下降趋势（图 5-15）。从各地极端低温事件发生频次变率来看，三江源区东部极端低温事件发生频次减少趋势较为明显。

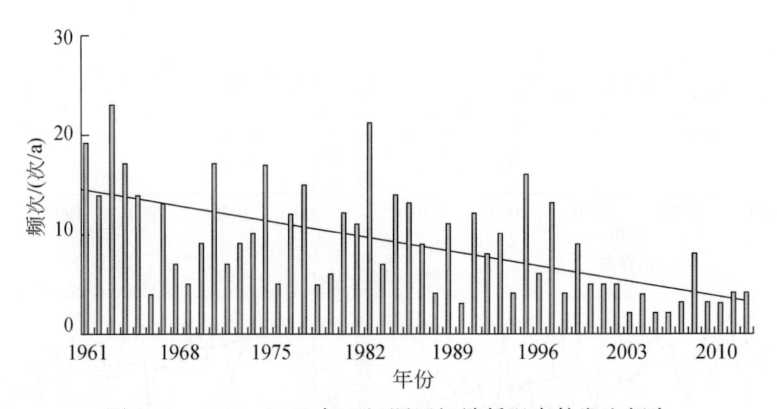

图 5-15　1961 ~ 2012 年三江源区极端低温事件发生频次

1961 ~ 2012 年三江源区严重干旱事件发生频次呈微弱减少趋势，每 10 年减少 0.046 次（图 5-16）。治多县、曲麻莱县和五道梁镇等西部地区严重干旱事件发生频次呈略微增加趋势，而三江源东部地区呈减少趋势。

1961 ~ 2012 年三江源区暴雨发生频次呈微弱减少趋势，每 10 年减少 0.012 次，21 世纪以来三江源区处于暴雨频次相对较高的阶段（图 5-17）。

不合理的人类经济活动和气候干旱化的共同作用导致三江源区水资源的短缺和生态环境的荒漠化。三江源区水资源短缺的问题主要表现为两方面：一是冰川呈退缩现象；二是湖泊水位下降。超载过牧和气候干旱化对草场的共同影响结果是三江源区普遍存在植被退化问题。三江源区气温升高和蒸发量增大的气候干旱化趋势不仅对草场退化起到了推波助澜的作用，而且该区常年受强劲的偏西风影响，年大风日数多在 60 天以上，从而促使了其沙漠化的蔓延。此外，三江源区水土流失呈加剧趋势，气候变化导致的降水和温度变化还将对水质产生影响（图 5-18）（毛飞等，2008）。

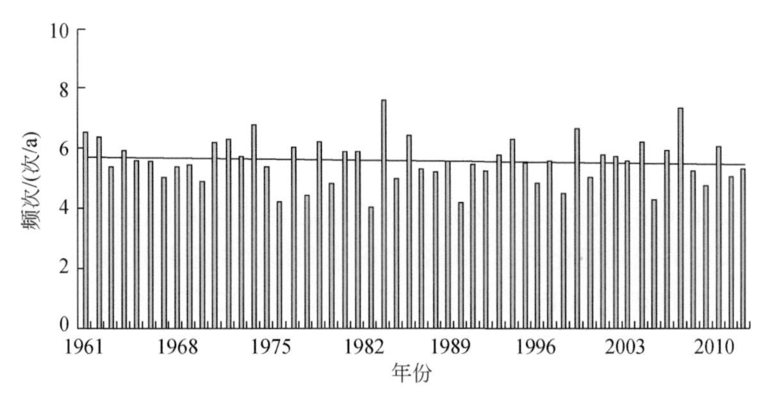

图 5-16　1961 ~ 2012 年三江源区极端干旱事件发生频次

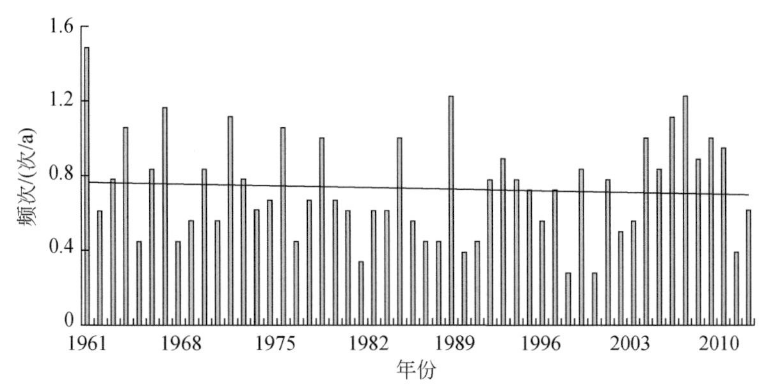

图 5-17　1961 ~ 2012 年三江源区暴雨发生频次

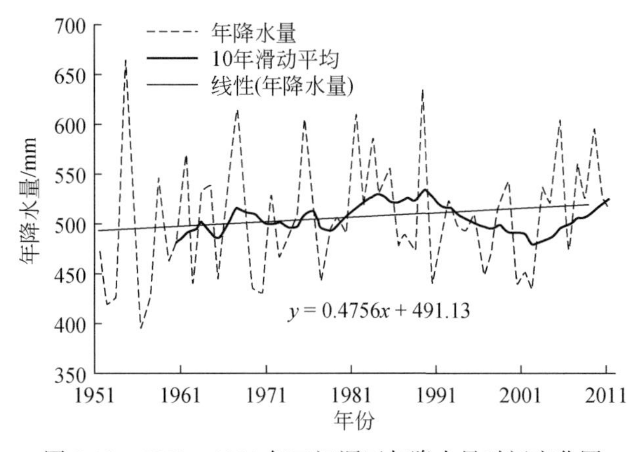

图 5-18　1951 ~ 2011 年三江源区年降水量时间变化图

按阶段分析三江源区的气候变化发现：20 世纪后 50 年（1950 ~ 2000 年），特别 20 世纪 90 年代气候暖干化，长江、黄河源区和澜沧江源区降水量呈下降趋势，降水径流补给的湖泊退缩、咸化乃至消亡；21 世纪以来三江源区气候呈暖湿化趋势，湖泊群面积扩张，数量呈增多迹象。

5.2 三江源区未来气候变化趋势

未来气候变化预估是科学家、公众和政策制定者共同关心的问题，尤其是几十年到 100 年时间尺度的气候变化预估，与各个国家和地区制定长远社会经济发展规划密切相关。最新发布的 IPCC AR5① 的结论表明，1880～2012 年，全球平均地表温度升高了 0.85℃（0.65～1.06℃）；1951～2012 年，全球平均地表温度的升温速率（0.12℃/10a）几乎是 1880 年以来升温速率的 2 倍，过去的 3 个连续 10 年比之前自 1850 年以来的任何一个 10 年都暖。简而言之，观测结果进一步证实，气候系统的变暖毋庸置疑。对未来新的温室气体排放情景下的预估结果表明，继续排放温室气体将进一步升高全球温度，与 1986～2005 年相比，到 21 世纪后期，温度将升高 0.3～4.8℃，人为温室气体排放越多，增温幅度就越大（IPCC ARS，2013）。

目前，预估未来人类活动造成的气候变化研究主要依靠的计算工具是气候模式，气候模式在气候变化预估中具有不可替代的作用，在某种程度上甚至可以说是唯一的工具。气候模式预估方法是基于控制气候系统变化的物理定律的数理方程，并用数值方法对之进行求解，以期得到未来气候变化的方法。气候模式从空间范围可分为全球气候模式和区域气候模式，而从复杂程度上可分为简单气候模式、中等复杂程度气候模式和完全耦合气候模式。

国际上进行过多次的耦合模式比较计划，这些耦合模式都在 IPCC AR4 和 IPCC AR5 中得到应用，但对较小空间尺度来说，全球气候模式的空间分辨率较低，难以反映较小空间尺度细致的变化特征。因此，本研究使用新一代的区域气候模式对三江源区的未来气候变化进行高分辨率的数值模拟及分析（许吟隆等，2007）。

在全球变暖背景下，三江源区未来气候变化表现出跟整个中国区域气候变化较为一致的特征，即气温将升高，且升温值随着时间的推移逐渐增大。21 世纪中期，两种排放情景的升温值明显较 21 世纪初期要大，中等排放情景（RCP4.5）下升温值一般为 1.4～1.6℃，最高排放情景（RCP8.5）下升温更加显著，升温值则在 1.8℃以上；且冬季的升温明显大于夏季。三江源区平均降水的变化将以增加为主，但变化值相对较小。三江源西部地区夏季平均降水的增加趋势比冬季明显，东部地区则是冬季平均降水减少。

---

① IPCC AR5 即政府间气候变化专门委员会第 5 次评估报告（Intergovernmental Panel on Climate Change Fifth Assessment Report），相应地，IPCC AR3 和 IPCC AR4 分别为 IPCC 第 3 次和第 4 次评估报告。

5.2.1 温室气体排放情景及区域气候模式试验介绍

预估未来全球和区域的气候变化时，必须事先提供未来各种温室气体、臭氧和各种气溶胶的排放情况，即所谓的排放情景。排放情景通常是根据一系列因子假设而得到(包括人口增长、经济发展、技术进步、环境条件、全球化和公平原则等)。对应于未来可能出现的不同社会经济发展状况，通常要制作不同的排放情景。此前 IPCC 先后设定了两种温室气体和气溶胶排放情景，即 IS92（1992 年）和 SRES（2000 年）排放情景，分别应用于 IPCC AR3 和 IPCC AR4 中。2011 年推出新一代的温室气体排放情景——“典型浓度路径”(representative concentration pathways)，主要包括四种情景：

RCP8.5 情景假定人口最多、技术革新率不高、能源改善缓慢、收入增长缓慢。这将导致长时间高能源需求及高温室气体排放，而缺少应对气候变化的政策。此情景下，至 2100 年辐射强迫将上升至 8.5W/m^2。

RCP6.0 情景反映了生存期长的全球温室气体和生存期短的物质的排放，以及土地利用和陆面变化，到 2100 年辐射强迫将稳定在 3.0W/m^2。

RCP4.5 情景下，2100 年辐射强迫稳定在 4.5W/m^2。

RCP2.6 情景则是把全球平均温度上升限制在 0～5℃，其中，21 世纪后半叶能源应用为负排放。此情景下，辐射强迫在 2100 年之前达到峰值，到 2100 年下降至 2.6W/m^2。

如前所述，全球气候模式的空间分辨率较低，因此，较小区域尺度未来气候变化预估常常使用区域气候模式来进行。因此，本研究使用新版区域气候模式 RegCM4.4，在全球模式 EC-EARTH 的驱动下进行了 1980～2100 年的连续积分模拟试验，空间分辨率为 25km。

区域气候模式 RegCM4 的数值模拟结果首先评估了区域气候模式在三江源区的模拟能力，然后进一步对三江源区 21 世纪近期（2016～2035 年）和中期（2036～2055 年）的气候变化情景进行了分析（Xu et al，2010；Xu and Xu，2012）。

5.2.2 区域气候模式对三江源区模拟能力的检验和评估

首先通过与观测资料的对比，对区域气候模式当代模拟情况进行检验，结果表明，观测的年平均气温在西部地区较低，北部和东部地区较高。模式对以上年平均气温空间分布模拟较好，模拟与观测的空间相关系数为 0.97。但与观测数值相比，模拟数值在整个区域上存在一个系统性的冷偏差，区域平均偏差值为-3.4℃。观测的冬、夏季平均气温在北部柴达木盆地是气温的高值区，向南随着海拔的升高，气温逐渐降低，西部山区是气温的低值区。模拟再现了观测中的分布，模拟与观测的空间相关系数分别为 0.93 和 0.97，模拟效果较好。但与年平均气温类似，模拟数值存在一个系统性的冷偏差，偏差值在冬季较大，区域平均偏差为-5.9℃；夏季相对较小，为-2.7℃（图 5-19 和表 5-1）。

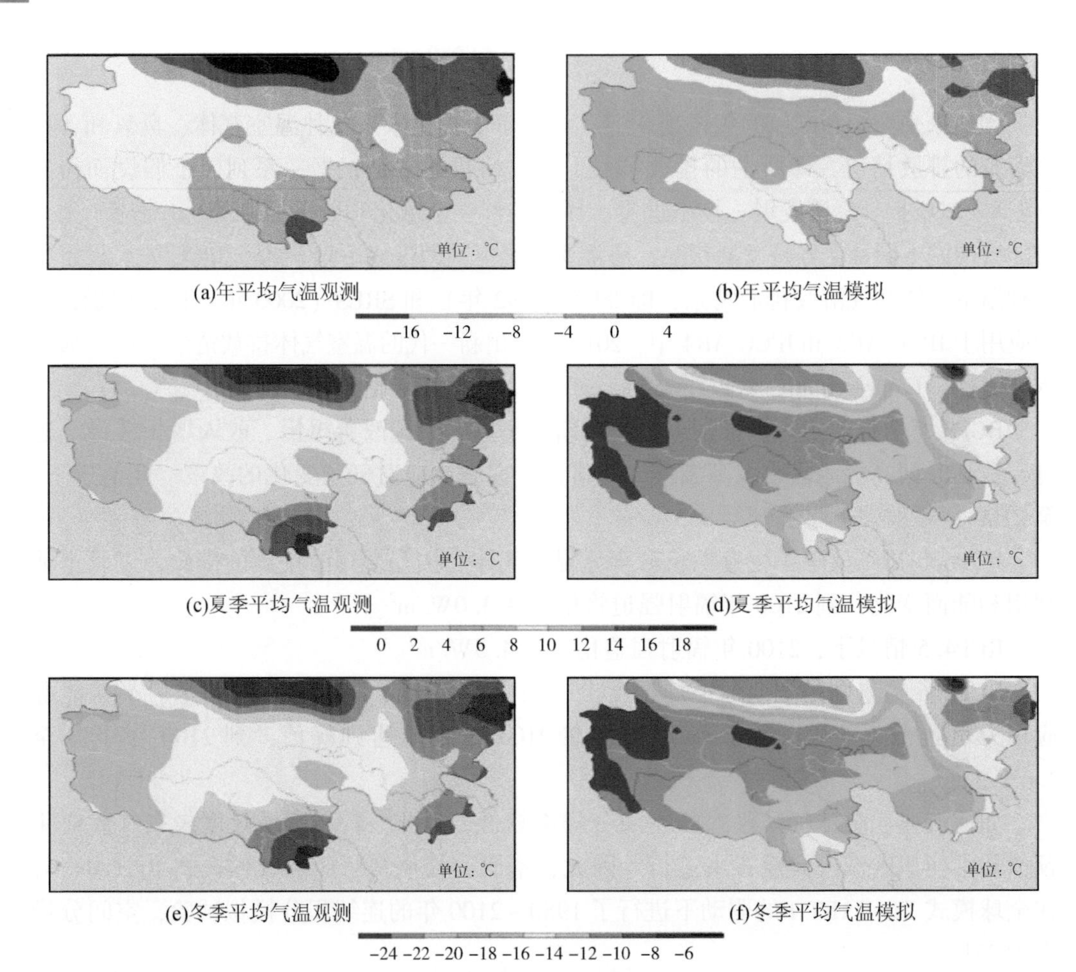

(a)年平均气温观测　(b)年平均气温模拟

(c)夏季平均气温观测　(d)夏季平均气温模拟

(e)冬季平均气温观测　(f)冬季平均气温模拟

图 5-19　1986～2005 年三江源区平均气温观测结果与区域气候模式模拟结果

表 5-1　1986～2005 年气温和降水的模拟偏差

变量	时段	空间相关系数	区域平均偏差	均方根误差
气温	年	0.97	-3.4℃	3.5
	夏季	0.97	-2.7℃	2.8
	冬季	0.93	-5.9℃	6.3
降水	年	0.90	320mm	362
	夏季	0.92	104mm	129
	冬季	0.39	31mm	36

年平均降水的分布与观测也较为一致，呈现由区域东南部地区至西北部地区逐渐减少的分布规律，模拟与观测空间相关系数为 0.90。但模拟值较观测值偏多，其中，区域气候模式模拟东南部地区平均降水在 800mm 以上，但观测中大都为 500～700mm

（图 5-20），区域平均偏差为 320mm。观测的冬、夏季平均降水也是从东南部地区向西北部地区逐渐减少的，夏季平均降水量一般为 50 ~ 400mm，北部柴达木盆地是降水的低值区，最小值在 50mm 以下，冬季 35°N 以北的大部分地区平均降水量均在 10mm 以下。与观测相比，模拟夏季平均降水的分布与观测较为一致，模拟与观测的空间相关系数为 0. 92，但模拟值较观测值偏多，区域平均偏差值为 104mm。模拟冬季平均降水的分布则与观测差异较大，模拟与观测的空间相关系数仅为 0. 39，且偏差值在 1 倍甚至几倍以上，区域平均偏差值为 31mm（图 5-20 和表 5-1）。

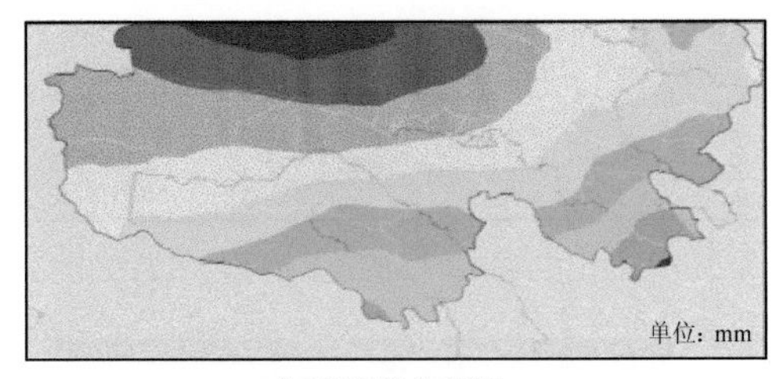

(a)年平均降水观测

单位：mm

(b)年平均降水模拟

50 100 200 300 400 500 600 700 800

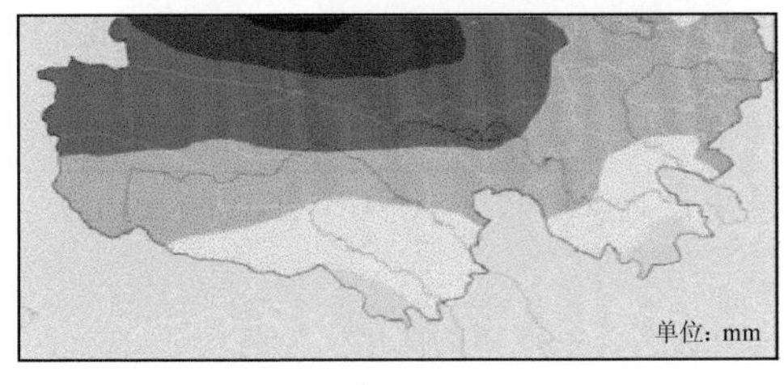

(c)夏季平均降水观测

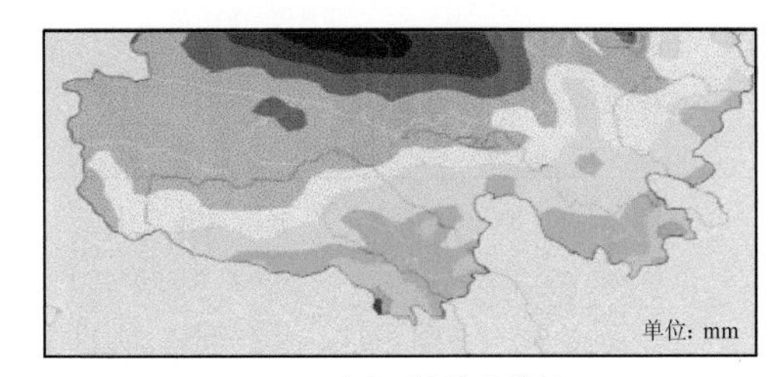

(d)夏季平均降水模拟

50 100 200 300 400 500 600 700 800

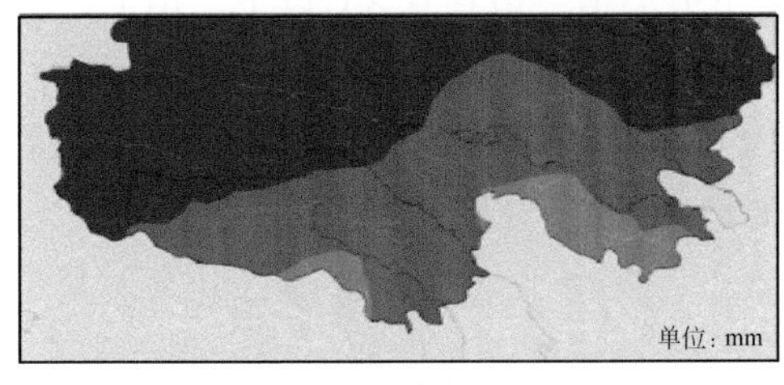

(e)冬季平均降水观测

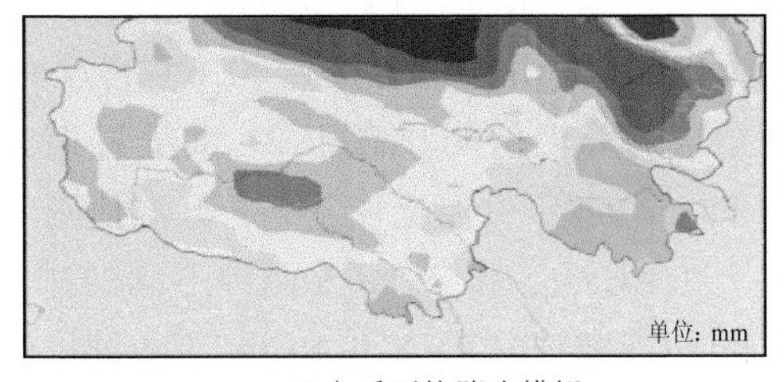

(f)冬季平均降水模拟

0 10 20 30 40 50 60 70 80 90 100

图 5-20　三江源区平均降水量观测结果与区域气候模式模拟结果

5. 2. 3　区域气候模式对三江源区未来温度变化预估

本研究在对区域气候模式进行检验的基础上，对三江源区 21 世纪近期（2016 ~ 2035 年）和中期（2036 ~ 2055 年）气候变化情景进行分析，结果显示，在 RCP4. 5 和 RCP8. 5 两种不同的排放情景下，未来年平均气温都将升高，且随着时间的推移，升温幅度增大。21 世纪近期，RCP4. 5 和 RCP8. 5 两种排放情景下年平均气温变化的分布较为类似，均为西南部地区升温较为显著，北部地区升温较低，年平均气温升温值一般为0. 8 ~ 1. 2℃。21 世纪中期，两种排放情景的年平均气温升温值明显较21 世纪初期要大，RCP4. 5 情景下升温值一般为 1. 4 ~ 1. 6℃，RCP8. 5 情景下升温更加显著，升温值则大都在 1. 8℃以上（图 5-21）。

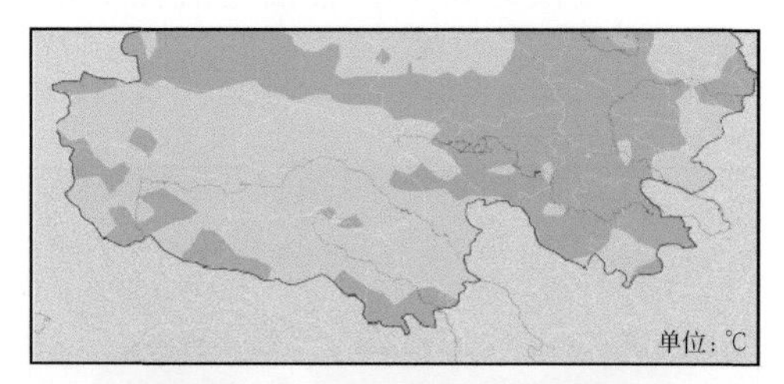

(a)21世纪近期RCP4.5情景下年平均气温变化

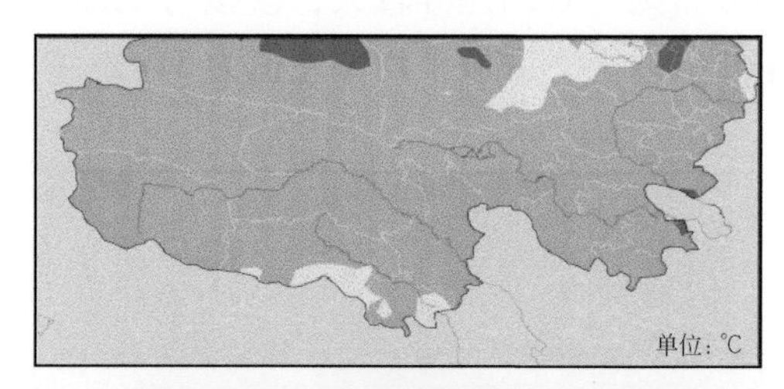

(b)21世纪中期RCP4.5情景下年平均气温变化

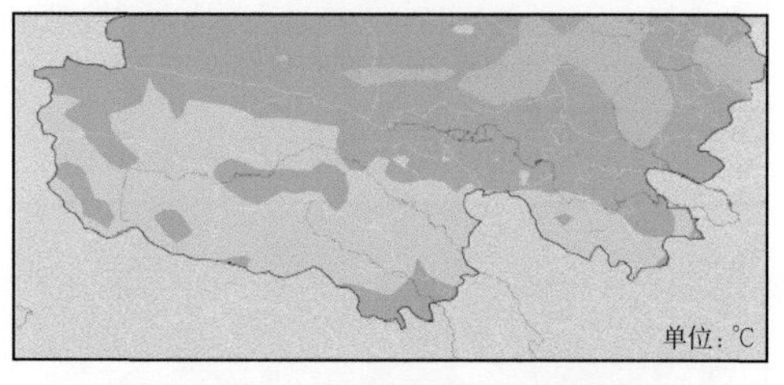

(c)21世纪近期RCP8.5情景下年平均气温变化

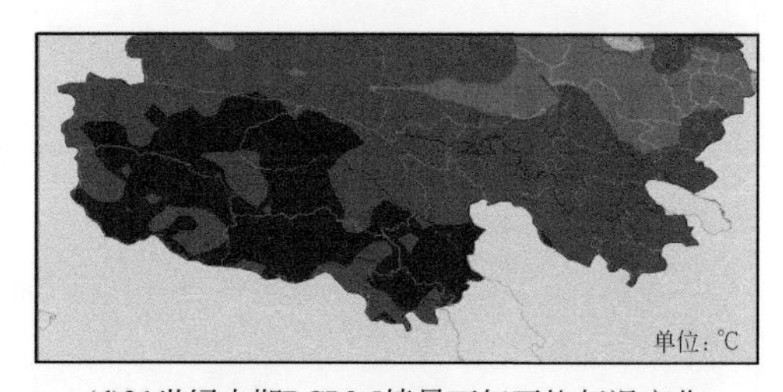

(d)21世纪中期RCP8.5情景下年平均气温变化

0.4 0.6 0.8 1 1.2 1.4 1.6 1.8 2

图 5-21　三江源区 21 世纪近期和中期年平均气温的变化

在 RCP4. 5 和 RCP8. 5 两种不同的排放情景下，夏季平均气温也都将升高。其中，21 世纪近期，RCP4. 5 和 RCP8. 5 两种排放情景下升温值一般在 0. 8℃以下。RCP8. 5 情景下中部地区升温值为 0. 4 ~ 0. 6℃，反而较 RCP4. 5 情景要低。21 世纪中期，两种排放情景的升温值明显高于 21 世纪近期，RCP4. 5 情景下升温值一般为 0. 8 ~ 1. 2℃，RCP8. 5 情景下升温更加显著，升温值则大都在 1. 4℃以上（图 5-22）。

在 RCP4. 5 和 RCP8. 5 两种不同的排放情景下，冬季平均气温也都将升高。其中，21 世纪近期，RCP4. 5 和 RCP8. 5 两种排放情景下升温分布较为类似，均为北部和东南部地区升温值较高，中部地区升温值较低，总体升温值大都在 1. 2℃以下。与 RCP4. 5 情景下相比，RCP8. 5 情景下区域东北部地区升温值在 0. 6℃以下，较 RCP4. 5 情景要低。21 世纪中期，两种排放情景的升温值明显高于 21 世纪近期。RCP4. 5 情景下升温值一般在 1. 4℃以上，RCP8. 5 情景下升温值则大都在 0 ~ 5℃，普遍高于 RCP4. 5 情景，但东北部地区仍然是升温的低值区，升温值为 1. 8 ~ 2. 0℃（图 5-23）。

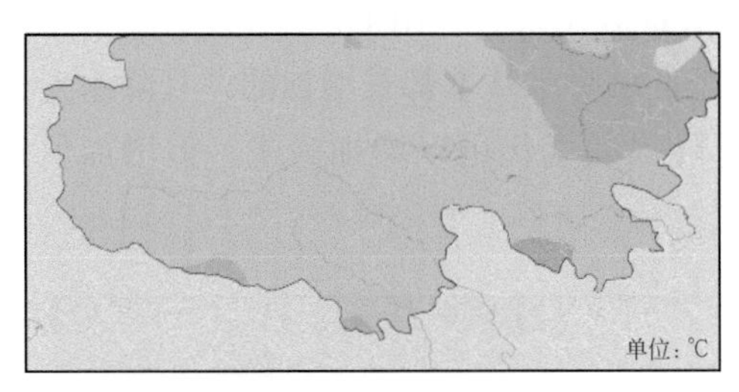

(a)21世纪近期RCP4.5情景下夏季平均气温变化

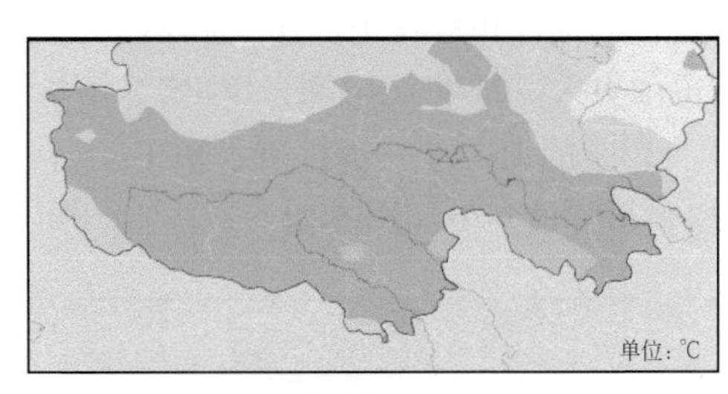

(b)21世纪中期RCP4.5情景下夏季平均气温变化

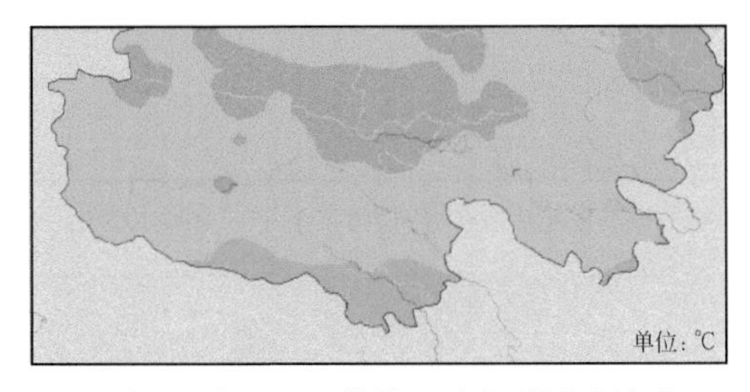

(c)21世纪近期RCP8.5情景下夏季平均气温变化

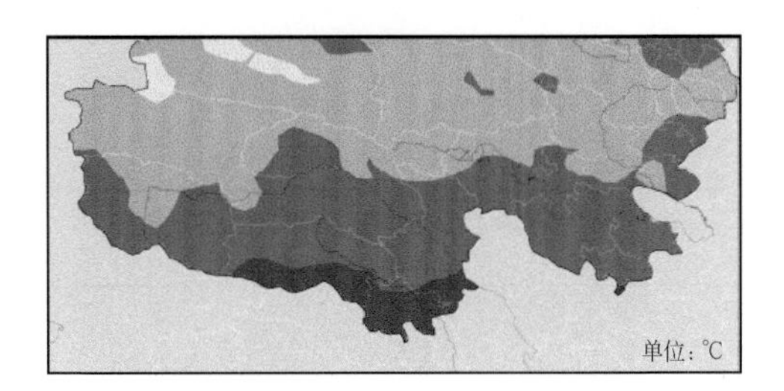

(d)21世纪中期RCP8.5情景下夏季平均气温变化

0.4 0.6 0.8 1 1.2 1.4 1.6 1.8 2

图 5-22　三江源区 21 世纪近期和中期夏季平均气温变化

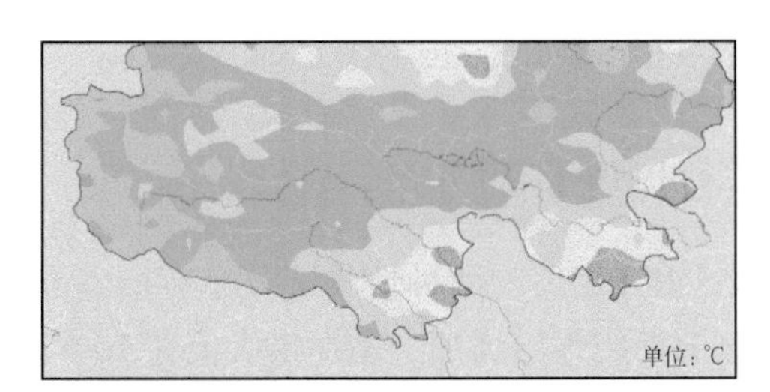

(a)21世纪近期RCP4.5情景下冬季平均气温变化

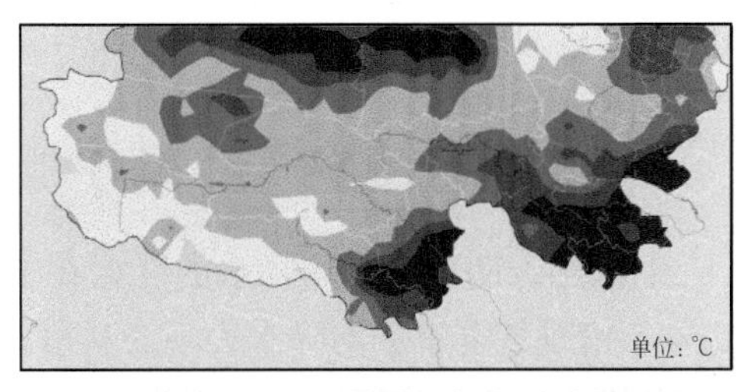

(b)21世纪中期RCP4.5情景下冬季平均气温变化

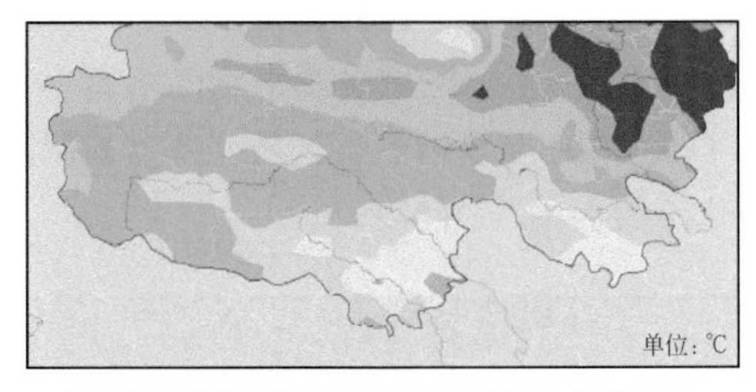

(c)21世纪近期RCP8.5情景下冬季平均气温变化

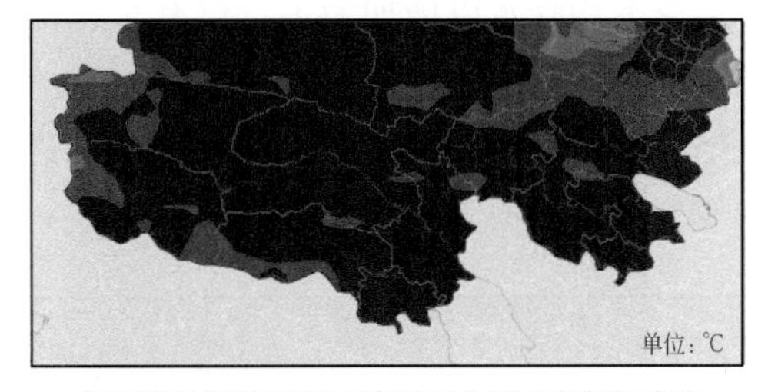

(d)21世纪中期RCP8.5情景下冬季平均气温变化

0.4 0.6 0.8 1 1.2 1.4 1.6 1.8 2

图 5-23　三江源区 21 世纪近期和中期冬季平均气温变化

5.2.4　区域气候模式对三江源区未来降水变化预估

RCP4.5 和 RCP8.5 两种情景下年平均降水的变化在 21 世纪近期分布较为类似，表现为北部柴达木盆地降水增加较为明显，增加值一般在 10% 以上；南部部分地区降水减少，减少值相对较小，在4%以内。从两种情景对比来看，RCP8.5情景下降水增加的范围更大。21世纪中期，RCP8.5情景下整个区域降水基本都是增加的，且降水变化大于10%的地区进一步扩展；RCP4.5情景下降水的变化也以增加为主，但增加值较RCP8.5情景要小（图5-24）。

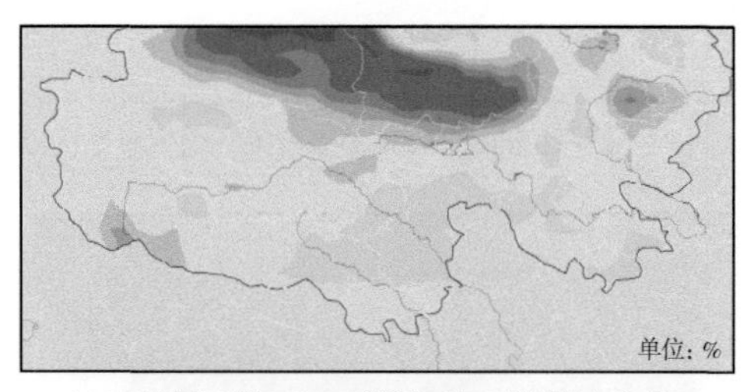

(a)21世纪近期RCP4.5情景下年平均降水变化

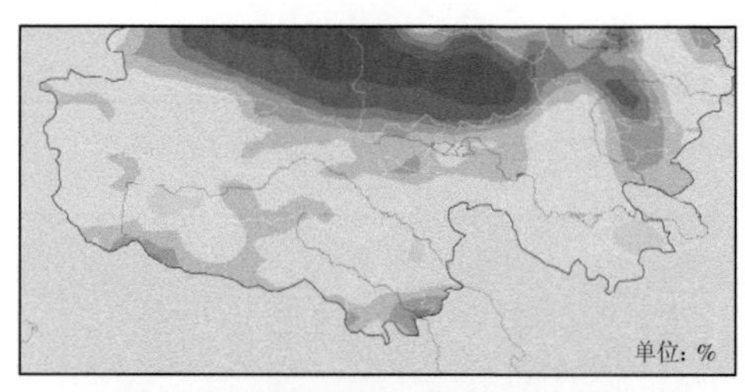

(b)21世纪中期RCP4.5情景下年平均降水变化

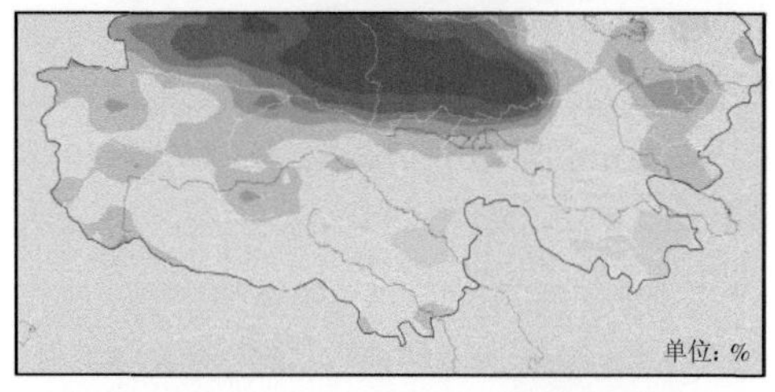

(c)21世纪近期RCP8.5情景下年平均降水变化

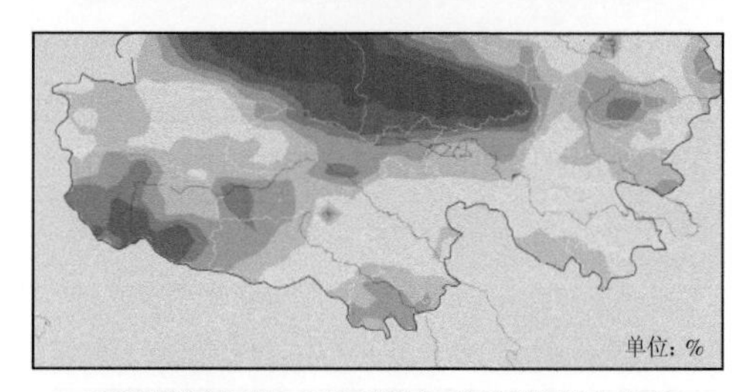

(d)21世纪中期RCP8.5情景下年平均降水变化

−15 −10 −8 −6 −4 0 4 6 8 10 15

图5-24　三江源区21世纪近期和中期年平均降水变化

21世纪近期夏季平均降水的变化在RCP4.5和RCP8.5两种情景下分布有所差异。RCP4.5情景下夏季平均降水表现为从东北地区向西南地区增加，增加最大值在10%以上，南部及北部部分地区降水则为减少，减少值相对较小，在4%以内；RCP8.5情景下夏季平均降水以增加为主，仅有东北部小部分地区为减少，增加值大都在4%以上，减少值则一般在8%以下。21世纪中期，RCP8.5情景下整个区域夏季平均降水基本都是增加的，且降水变化大于10%的地区进一步扩展；RCP4.5情景下区域北部盆地降水的变化也以增加为主，其他地区则以减少和变化不大为主（图5-25）。

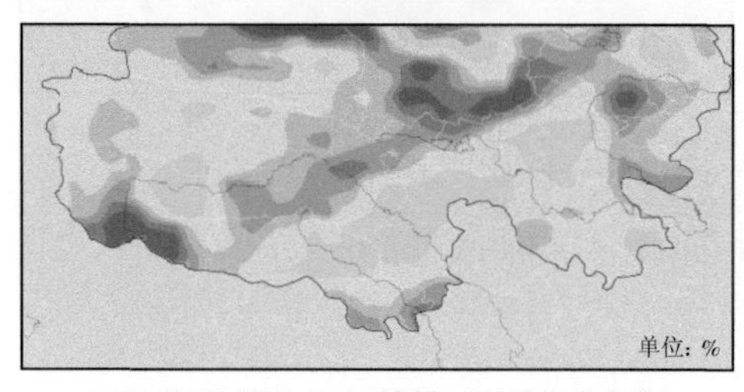

(a)21世纪近期RCP4.5情景下夏季降水变化

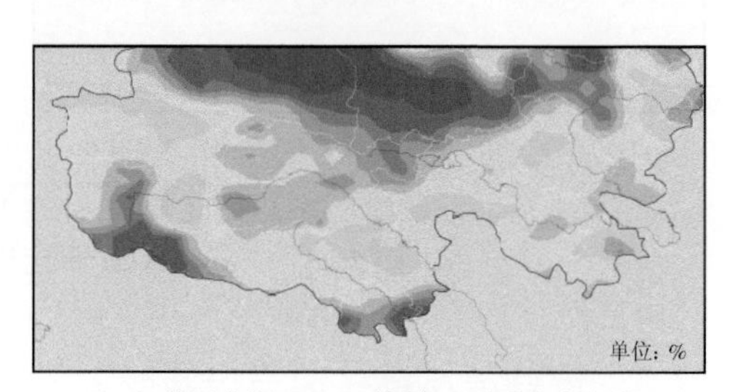

(b)21世纪中期RCP4.5情景下夏季降水变化

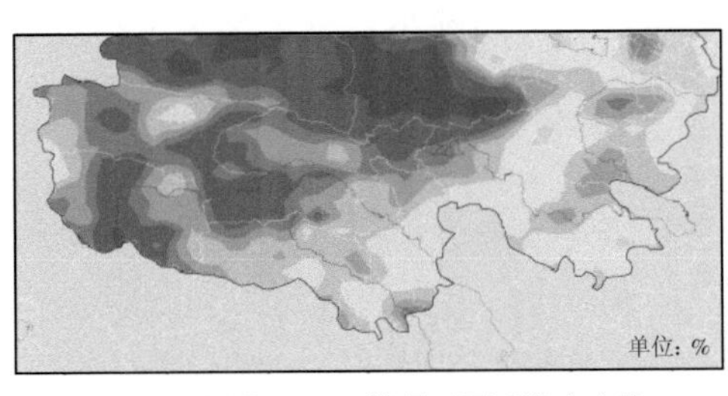

(c)21世纪近期RCP8.5情景下夏季降水变化

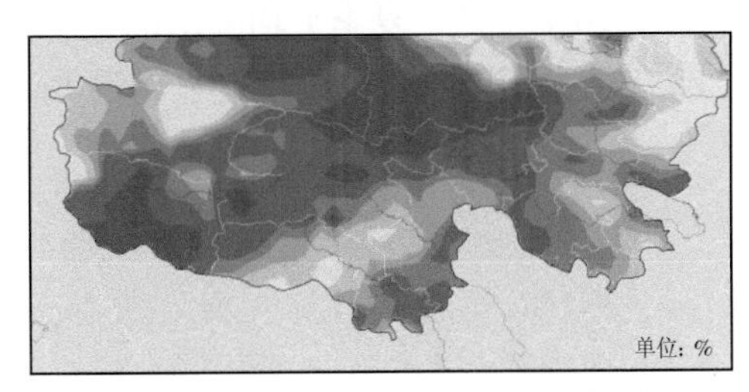

(d)21世纪中期RCP8.5情景下夏季降水变化

图 5-25　三江源区 21 世纪近期和中期夏季降水变化

21 世纪近期冬季平均降水的变化在 RCP4. 5 和 RCP8. 5 两种情景下分布较为类似，均为区域北部地区增加较为明显，增加最大值在 15% 以上；区域南部地区增加值相对较小，增加值和减少值大都在±4%。21 世纪中期，RCP4. 5 情景下，整个区域上除东南部部分地区降水减少外，其他地区降水基本都是增加的，且增加值大都在 10% 以上；RCP8. 5 情景下区域西部地区以增加为主，东部地区特别是 98°E 以东地区降水减少的地区较多，减少最大值在 10% 以上（图 5-26）。

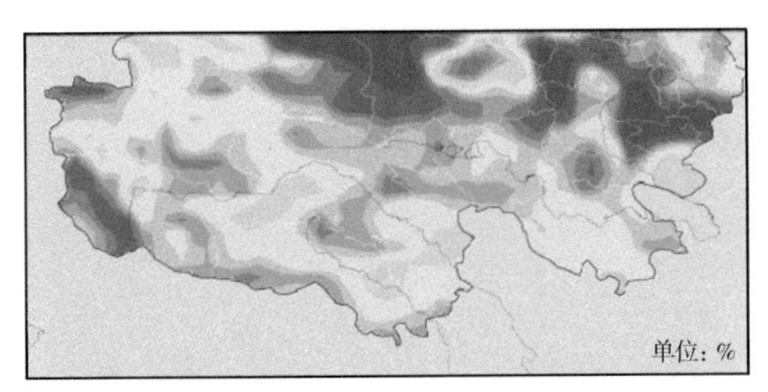

(a)21世纪近期RCP4.5情景下冬季平均降水变化

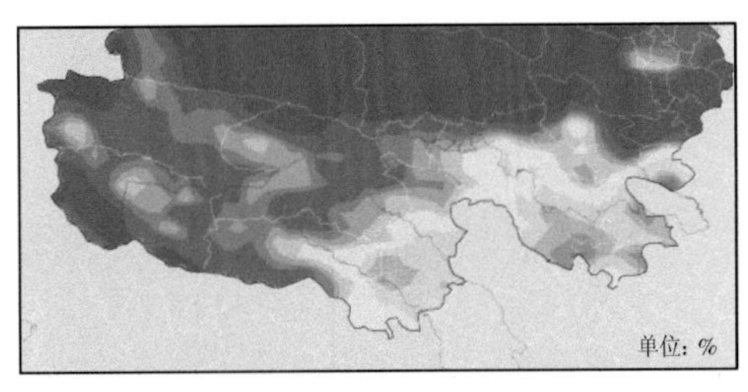

(b)21世纪中期RCP4.5情景下冬季平均降水变化

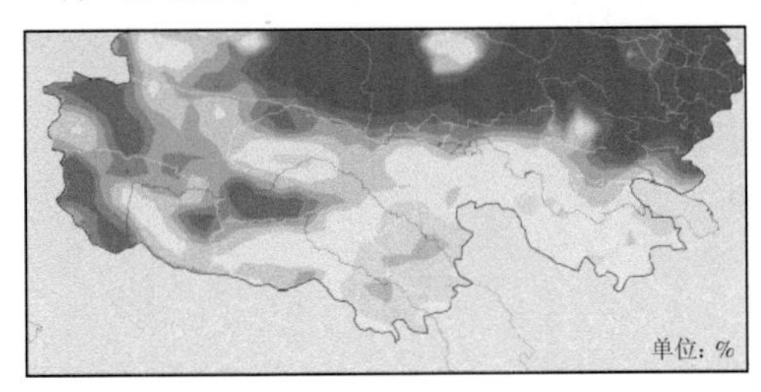

(c)21世纪近期RCP8.5情景下冬季平均降水变化

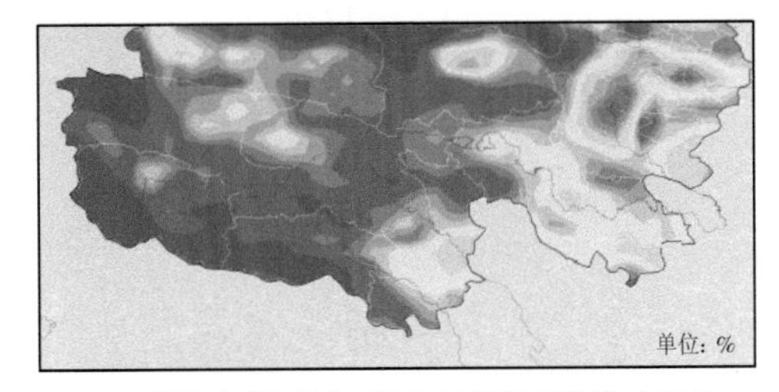

(d)21世纪中期RCP8.5情景下冬季平均降水变化

-15 -10 -8 -6 -4 0 4 6 8 10 15

图 5-26　三江源区 21 世纪近期和中期冬季平均降水变化

对整个区域平均气温来说，RCP4. 5 和 RCP8. 5 两种情景下年平均气温和冬、夏季平均气温的未来变化均表现为一致升高，且 RCP8. 5 情景下在 21 世纪中期升温更为显著。两种情景下，冬季增温幅度都明显超过夏季。到 2055 年，RCP4. 5 和 RCP8. 5 情景下的年平均气温升温值分别为 2. 3℃ 和 2. 7℃。相比较来看，年平均降水在 RCP4. 5 和 RCP8. 5 两种情景下仅有微弱的增加趋势，且两种情景下增加幅度的差异较小，变化值一般为±10%。冬、夏季平均降水的变化幅度要超过年平均降水，对于夏季平均降水，RCP8.5 情景下降水增加幅度明显超过 RCP4.5 情景（图 5-27）。

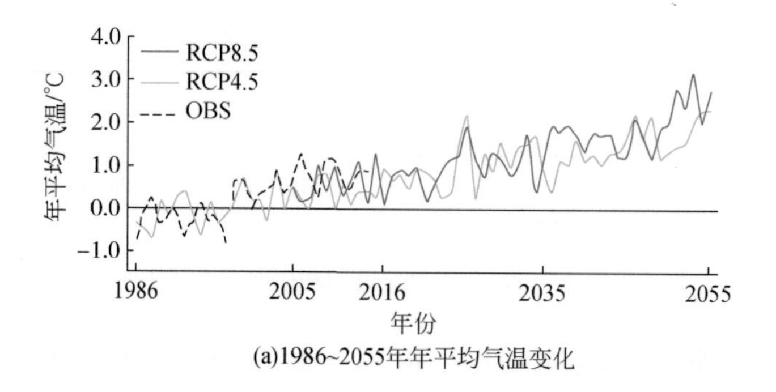

(a)1986~2055年年平均气温变化

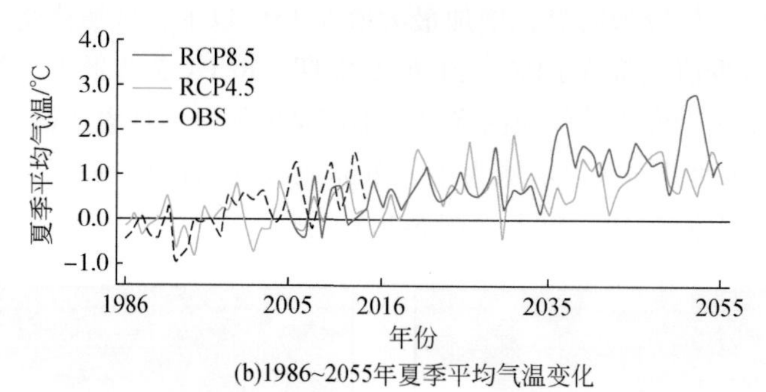

(b)1986~2055年夏季平均气温变化

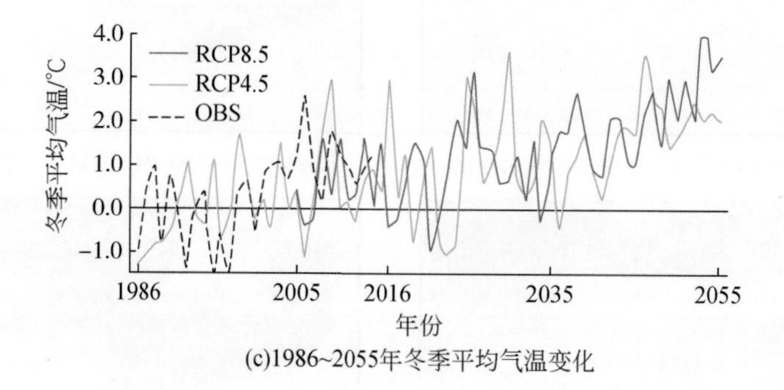

(c)1986~2055年冬季平均气温变化

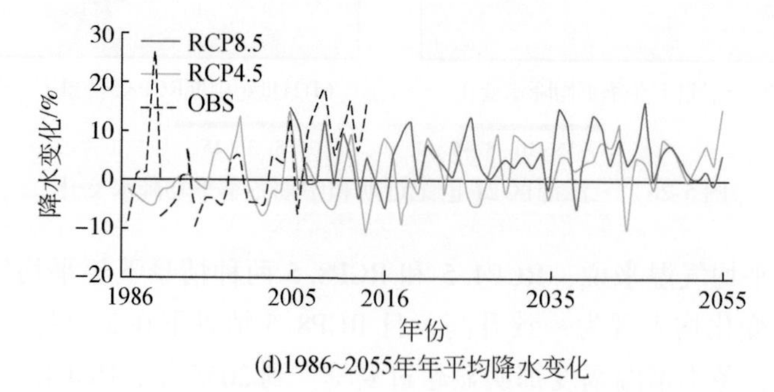

(d)1986~2055年年平均降水变化

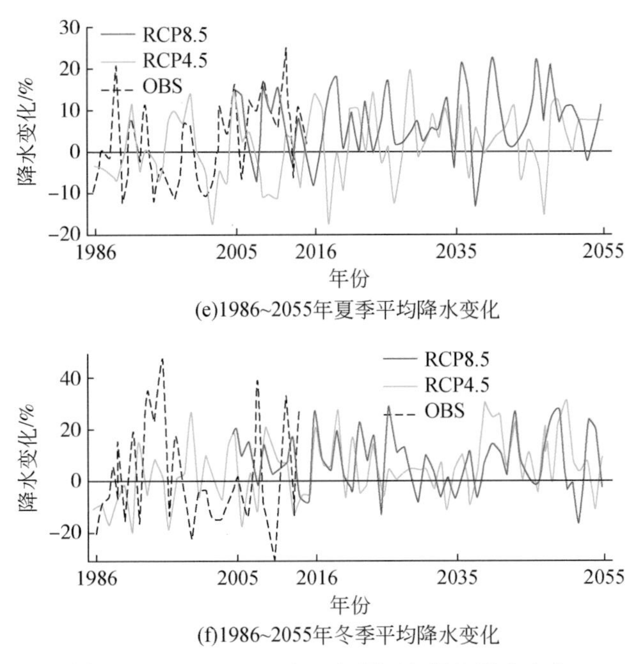

(e)1986~2055年夏季平均降水变化

(f)1986~2055年冬季平均降水变化

图 5-27　1986 ~ 2055 年三江源区气温和降水变化

在全球变暖背景下，三江源区未来气候变化表现出跟整个中国区域气候变化较为一致的特征，即气温将升高，且升温值随着时间的推移逐渐增大。21 世纪中期，两种排放情景的升温值明显较 21 世纪近期要大，RCP4. 5 温室气体排放情景下升温值一般为 1. 4 ~ 1. 6℃；RCP8. 5 温室气体排放情景下升温更加显著，升温值则大都在 1. 8℃以上；冬季升温明显大大于夏季。

三江源区平均降水的变化将以增加为主，但变化值相对较小。三江源西部地区夏季平均降水的增加趋势比冬季明显，东部地区则是冬季平均降水减少。

5.3　气候变暖对三江源区生态环境的可能影响

温室气体排放情景下，三江源区植被净初级生产力（net primary producitivity，NPP）将呈增加趋势。随着三江源区气温升高，冰川径流量将增加，零平衡线上升，冻土活动层增加，水量的时空分布也将越来越不均匀，旱涝威胁日趋严峻。随着气候持续变暖，融水量将趋于减少，水资源量也将减少。按黄河源区、长江源区、澜沧江源区分区预估气候变化对生态系统可能带来的影响：①到 2050 年，长江源区高寒草甸和稀疏灌丛 NPP 呈增加趋势，冰川融化、面积减少，零平衡线上升；冰川径流量增加，预估将远高于现状径流量，尤其是在汛期，长江中下游地区防洪形势严峻；降水量和蒸发量均呈微弱增加趋势，两者对径流量的作用可基本相互抵消。这种以冰川消融为代价的径流量增加趋势未必真正值得乐观。②到 2050 年，黄河源区气温将继续上升，降水量将继续增加，植被生态系统一定程度上得到改善，但与长江源区和澜沧江源区相比，植被 NPP 增幅较小，径流量与现状相比有所减少，尤其是在非汛期，将持续加剧黄河中下游流域水资源短缺的现象。③到 2050 年，澜沧江源区植被 NPP 也将呈现增加趋势，未来 30 年径流量将高于现状径流量，但汛期和年径流量变化并不显著（Roerink et al. ，2003）。

5.3.1 未来气候变化对三江源区径流量的可能影响

未来温室气体排放情景下，三江源区水量的年际分布也将越来越不均匀，旱涝威胁日趋严峻，一些有冰川补给的湖泊将出现面积增加，水位上升的趋势，甚至冰川加剧退缩可能引发冰川湖水位上涨，造成冰川湖溃决，带来灾难。但有些地区，在气候变暖初期，由于蒸发加强引起下游湖泊的退缩，在冰雪融水增加后很快表现为补给水流的加大，随着气候的持续变暖，融水量将趋于减少，水资源量也将减少。

长江源区径流量将呈增加趋势，而且远高于现状径流量，尤其是在汛期，长江中下游地区防洪形势严峻（张永勇，2012）。到 2050 年长江源区降水量和蒸发量均呈微弱增加趋势，两者对径流量的作用可基本相互抵消，径流量的增加量可能主要来自冰川融水的增加。如果未来趋势果真如此，这种以冰川消融为代价的径流量增加趋势未必真正值得乐观，而气候变暖趋势下冰川消融可能会带来的一系列不利影响更应得到及早关注（李林等，2012）。

到 2050 年黄河源区径流量与现状相比将有所减少，尤其是在非汛期，将持续加剧黄河中下游流域水资源短缺的现象（张永勇，2012），2010 ~ 2098 年黄河源区唐乃亥水文站径流量总体上呈减少趋势，未来 3 个时期（2020s、2050s 和 2080s）将分别减少 88.61m^3/s（24.15%）、116.64m^3/s（31.79%）和 151.62m^3/s（41.33%）（赵芳芳等，2009）。总之，相关研究结果显示黄河源区的水资源量总体趋势是不断降低，水量的年际分布也将越来越不均匀，旱涝威胁日趋严峻。

澜沧江源区未来 30 年径流量均高于现状径流量，但汛期和年径流变化并不显著（张永勇，2012）。对澜沧江流域气温和降水变化的预估研究也表明：在全球变暖的大背景下，在未来的 90 年，无论在哪种排放情景下，澜沧江源区降水都表现为明显的上升趋势，而且相对于过去 58 年的结果，三种不同情景下降水的年代际变率都有所增加（刘波等，2010）。

5.3.2 未来气候变化对三江源区冰川的可能影响

据估计，未来 50 年三江源区冰川面积将减少，冰川径流量将增加，零平衡线将上升。较为悲观的预测是，到 2050 年左右长江冰舌区消融冰量超过积累区冰运动的冰量，冰川出现变薄后退，初期以变薄为主，融水量增加，后期冰川面积大幅度减小，融水量衰退，直至冰川消亡而停止。应用冰川系统对气候响应的模型，对该区未来 50 年内冰川变化趋势进行预测：2030 年、2050 年该区冰川面积平均将减少 6.9% 和 11.6%；冰川径流量平均将增加 26% 和 28.5%；零平衡线上升值为 30m 和 50m 左右。总之，冰川加剧退缩可能引发下游的冰川湖水位上涨，造成冰川湖溃决，带来灾难（王欣等，2005）。

5.3.3 未来气候变化对三江源区植被的可能影响

SRES A1B 情景下，三江源区植被群落将发生明显变化，温带草原到寒温带针叶林群落的面积将增加，而温带荒漠到冰缘荒漠的面积将缩小，分布界线向更高的海拔迁移。植被 NPP 整体上表现为增加趋势，年增幅为 0.17g C/m^5，2020 年植被 NPP 大致范围为 18.92 ~ 118.88g C/m^2，2050 年为 20.1 ~ 119.96g C/m^2，2080 年为 20.82 ~ 119.88g C/m^2，三个时段全区平均植被 NPP 预估值分别为 74.5g C/m^2、86.6g C/m^2、96.3g C/m^2（Zhang et al.，2003；Piao et al.，2006）

到 2050 年长江源区高寒草甸和稀疏灌丛 NPP 呈增加趋势，每年增长率介于 0 ~ 5.0g C/m^2，且大部分植被 NPP 增长趋势超过 95% 的置信度水平，沱沱河、曲麻莱县、治多县东部和玉树县等区域，年增幅在 0.38 ~ 0.72g C/m^5。根据黄河源区未来气候变化预测，若只考虑温室气体增加情形时，到 2050 年黄河源区气温将继续上升，降水量将继续增加，在这种暖湿化的气候背景下，黄河源区植被生态系统将继续改善，兴海县、同德县、泽库县及河南县等区域，年增幅介于 0.00 ~ 0.04g C/m^5，与长江源区和澜沧江源区相比，为增幅较小区域。澜沧江源区的杂多县和囊谦县等区域，在 SRES A1B 情景下未来 100 年，植被 NPP 年增幅为 0.38 ~ -0.72g C/m^5。其中，杂多县为三江源区植被 NPP 增加幅度最大区域，年增幅预估值为 0.72g C/m^5（李辉霞等，2011）。

利用统计和数值模式模拟的方法，分别对三江源区未来的归一化植被指数（normalized difference vegetation index，NDVI）进行预估，结果表明：从整体上来看，长江源区 NDVI 未来趋势将由改善转为退化；澜沧江源区则主要由退化转为改善；而黄河源区北部由改善转为退化，中部由退化转为改善，持续改善和持续退化主要分布在玛多县、达日县和河南县等地（图 5-28）（赵串串等，2009；陈琼等，2010）。

利用区域气候模式的数值模拟结果对三江源区未来 30 年的 NDVI 年际变化趋势预测结果表明，在 RCP4.5 和 RCP8.5 两种温室气体排放情景下，NDVI 值均为升高趋势，但 RCP8.5 升高的幅度更大些（图 5-28、图 5-29）。

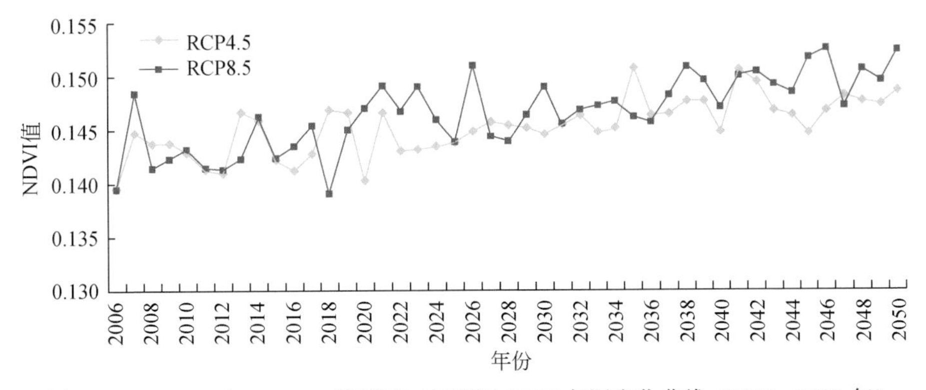

图 5-28 RCP4.5 与 RCP8.5 情景下三江源区 NDVI 年际变化曲线（2006 ~ 2050 年）

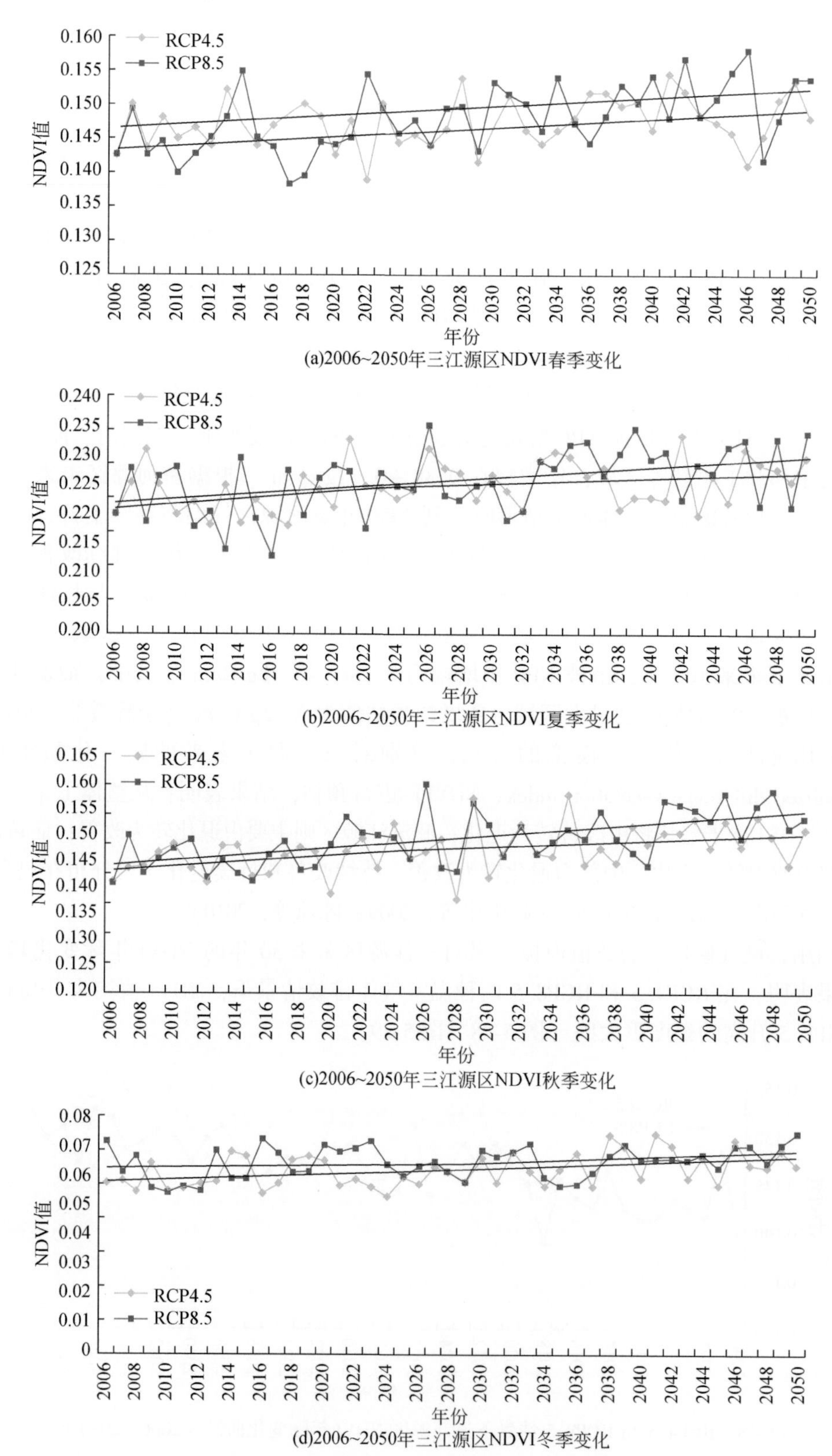

图 5-29　RCP4.5 与 RCP8.5 温室气体排放情景下三江源区 NDVI 各季节变化曲线（2006 ~ 2050 年）

5.3.4 未来气候变化对三江源区冻土及高寒生态系统的可能影响

5.3.4.1 三江源区多年冻土的未来变化

随着气温的升高，至21世纪中叶，三江源区多年冻土活动层将大幅增加、多年冻土退化。人类活动较强时多年冻土活动层厚度变化较大，到2050年在温室气体中等排放情景下，多年冻土活动层厚度平均约为3.07m，相对于2010年多年冻土活动层厚度增加0.3~0.8m。到2099年多年冻土活动层的平均厚度将约为3.42m。气候变暖，将大范围改变多年冻土的空间分布（张中琼和吴青柏，2012）。

在每年温度增温0.02℃情景下，50年后青藏高原多年冻土面积将缩小约8.8%，100年后将缩小13.4%；若年增温0.052℃，50年后青藏高原多年冻土面积将缩小13.5%，100年后将缩小46%（南卓铜等，2004），那时，青藏高原多年冻土将只存在于羌塘盆地与极高山地（南卓铜等，2004）。在未来40年内，青藏高原多年冻土区的冻土退化主要表现为低温多年冻土转化为高温多年冻土，多年冻土活动层厚度增加，多年冻土厚度减薄；但是并未改变多年冻土活动层厚度的空间分布特征，仅在多年冻土边缘区域发生消退，到2099年之后，青藏高原多年冻土活动层厚度将发生显著变化（图5-30）。未来以羌塘盆地为中心，青藏高原多年冻土活动层厚度将向其四周不断增加，多年冻土活动层厚度随着气温升高而增加（张中琼和吴青柏，2012）。

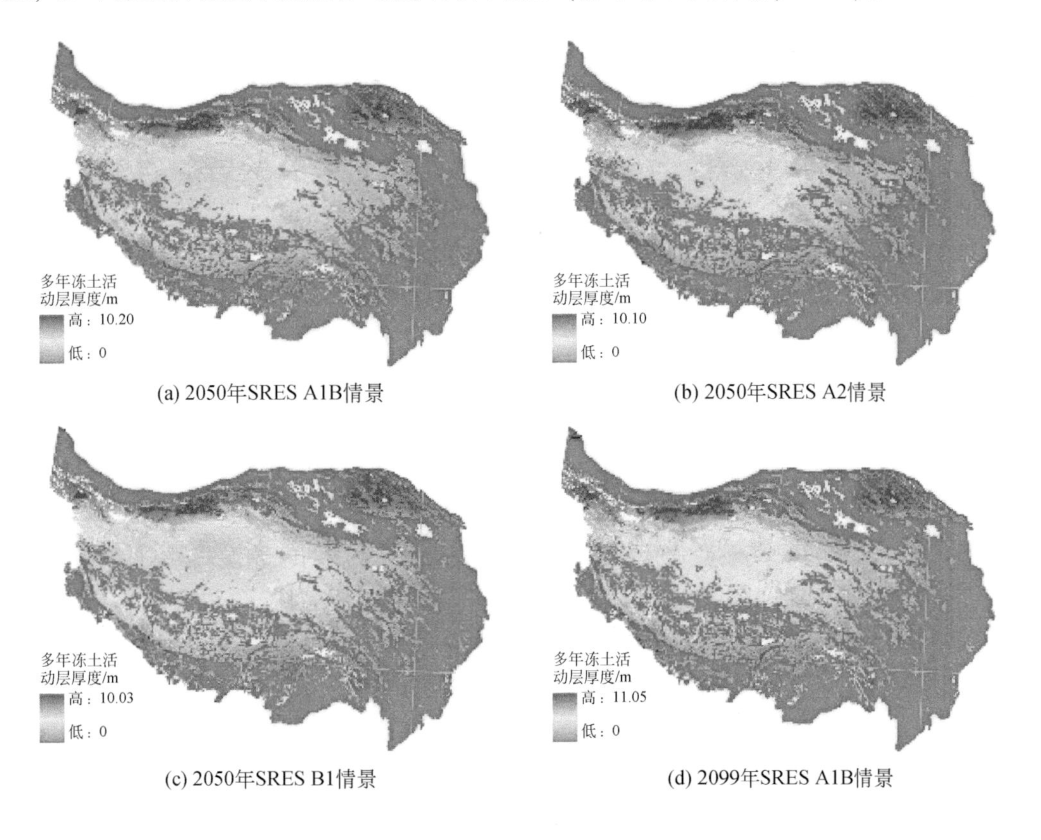

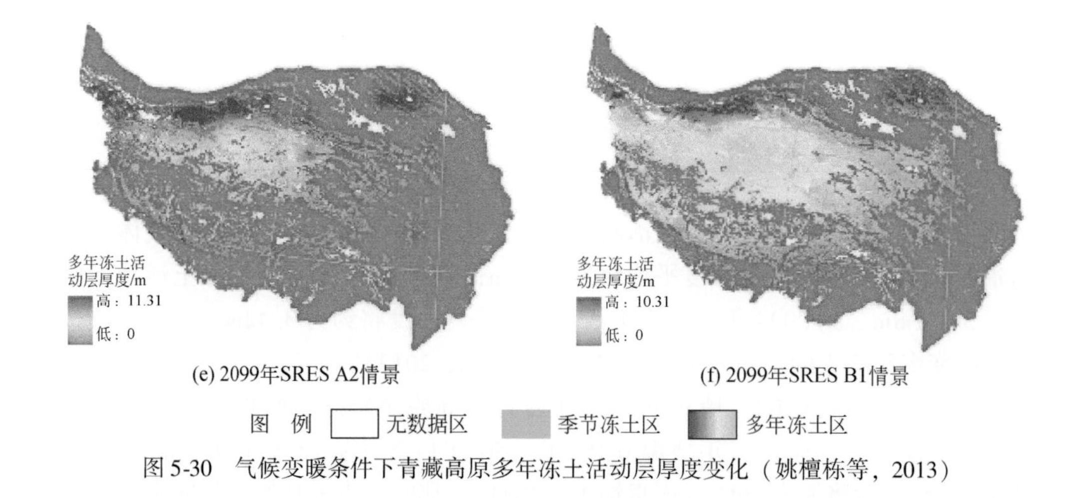

图 5-30　气候变暖条件下青藏高原多年冻土活动层厚度变化（姚檀栋等，2013）

5.3.4.2　三江源区多年冻土变化对高寒草甸生态系统的可能影响

未来气候变化对冻土生态系统又会产生怎样的影响？基于冻土温度与气温之间的统计关系和冻土环境变化模拟模型，当气温升高 1℃时，未来 50 年将有相当一部分位于低山和平原区的高寒草甸生态系统出现轻度-中度退化，生物量也随之出现不同程度减少，但大部分中高山区的高寒草甸生态系统相当稳定；当气温升高 2℃时，未来 50 年，位于昆仑山-安多区域低山和平原区的高寒草甸生态系统的绝大部分将出现中度—重度退化，局部地带可能出现较严重退化，同时一些中高山区的高寒草甸生态系统也会出现轻度退化。对生物量来说，若气温增加速率为 0.44℃/10a，高寒草甸和高寒草原地上生物量将分别递减 27% 和 24%；若气温增加速率为 2～5℃/10a，高寒草甸和高寒草原地上生物量将分别递减 68% 和 46%（图 5-30）（王根绪等，2007）。

气候变化对工程建设也具有重要影响。根据研究，虽然在未来几十年内多年冻土的分布范围将不会发生显著变化，多年冻土的主要退化形式为地下冰的消融、低温多年冻土向高温多年冻土转化；但 21 世纪末多年冻土将发生大范围的退化，这一过程将引起热融滑塌和热融沉陷等冻土热融灾害（南卓铜等，2004；王一博等，2006；张中琼和吴青柏，2012；吴青柏和牛富俊，2013）。

5.3.4.3　气候变化对高寒草甸地上毛物量的可能影响

基于江河源区这种气候变化特征，利用 IPCC AR3 中采用的气候模式所预测的我国未来气候的变化情景，预测分析设定 4 种情景：①未来 10 年尺度上，气温升高 0.44℃，降水量维持现状水平不变；②未来 10 年尺度上，气温升高 0.44℃，降水量增加 8mm/10a；③未来 10 年尺度上，气温升高 2.2℃，降水量没有明显变化；④未来 10 年尺度上，气温升高 2.2℃，降水量增加 12mm/10a。高寒草甸地上生物量对不同气候变化情景的响应预测结果如表 5-2 所示。可以看出，如果降水量保持不变，温度增加 0.44℃/10a，10 年间高寒草甸地上生物量将有所减少，递减率为 2.73%；如果在温度增加的同时，降水量增加8mm/10a，高寒草甸地上生物量也将趋于减少，但递减率仅为1.55%，要显著低于降水量不变的情形，说明降水量增加幅度较小，不能抵消因气温升高而增加的水分损耗，但可显著缓解气温升高对高寒草甸地上生物量的影响。如果考虑气温增加2.2℃/10a，降水量不变，高寒草甸地上生物量将显著减少，递减率为6.80%；如果同期降水量按12mm/10a增加，高寒草甸地上生物量将出现一定程度增加，递增率为2.59%，说明降水量的显著增加有效地抵消了气温升高的影响，但尚不足以大幅度提高高寒草甸地上生物量（王根绪等，2007）。

表5-2 不同气候变化情景下高寒地上平均生物量及其变化率

类型	情景1		情景2		情景3		情景4	
	生物量	变化率/%	生物量	变化率/%	生物量	变化率/%	生物量	变化率/%
高寒草甸	587.0	-2.73	615.0	-1.55	583.9	-6.80	633.5	2.59
高寒草原	17.66	-2.44	18.59	-1.37	18.03	-4.58	19.76	5.24

基于光能利用率的植被净初级生产力模型（CASA模型），利用通过MODIS数据获取的植被NDVI指数、P-M模型计算的区域潜在蒸散发过程及植被所吸收的光合有效辐射APAR和光能转化率等，依据上述同样的气候变化情景，模拟预测长江源区高寒草甸与高寒草原草地植被NPP变化，结果如表5-3所示（Roerink et al.，2003；刘纪远等，2008；邵全琴等，2010）。

表5-3 不同气候情景下高寒地上平均NPP及其变化率

类型	情景1		情景2		情景3		情景4	
	NPP	变化率/%	NPP	变化率/%	NPP	变化率/%	NPP	变化率/%
高寒草甸	504.6	-4.34	515.6	-2.26	500.4	-5.13	548.6	4.01
高寒草原	398.9	-3.20	405.0	-1.72	390.1	-5.35	432.9	5.06

从表5-3可以得出，如果降水量保持不变，温度增加0.44℃/10a，10年间高寒草甸植被NPP将有所减少，递减率为4.34%，高寒草原植被NPP递减率为3.20%；如果在温度增加的同时，降水量增加8mm/10a，高寒草甸和高寒草原植被NPP也将趋于减少，但减少幅度明显降低，说明降水量增加幅度较小，不能抵消因气温升高而增加的水分损耗，但可显著缓解气温升高对高寒草地植被NPP的影响。考虑气温增加2.2℃/10a，降水量不变，高寒草甸和高寒草原植被NPP将显著减少，递减率为5.13%和5.35%；如果同期降水量按12mm/10a增加，高寒草甸和高寒草原植被NPP将出现一定程度增加，递增率均为4.0%以上（Qian et al.，2010；吴丹和邵全琴，2014）。

5.3.5 未来气候变化对自然生态系统脆弱性的可能影响

在未来气候变暖背景下，我国华北中部、东北西部、西北、内蒙古及青藏高原南部等地，自然生态系统脆弱性将会继续加大。高度和极度脆弱的生态区集中在西北、内蒙古及其与华北和东北交界的地区，西北地区包括三江源区在内的生态系统可能会极度脆弱，紧接着是内蒙古、华北、青藏高原和东北等地（唐红玉等，2006；张镱锂等，2007；徐兴奎等，2008）。

据青海省气象局监测显示，近 50 年来，位于青藏高原腹地的我国最大生态功能区——三江源区气温显著增暖，在这一趋势下，未来 40 年，三江源区气温还可能升高 1.62～1.73℃。

随着气温升高，位于青藏高原腹地的我国最大生态功能区——三江源区冰川退缩现象正在加剧，未来 100 年内冰川面积将减少 40%～60%，甚至可能更多。其中，黄河源区阿尼玛卿冰川面积在 1990～2002 年由 166km^2退缩为 101.94km^2，长江源头各拉丹东地区冰川面积在此期间也呈持续下降趋势（王大千等，2014）。未来若降水量保持不变，至 2100 年三江源区长度小于 4000m 的冰川大都消失，整个长江源区的冰川面积将减少 60%以上；若降水量增加，届时冰川面积约减少 40%，由现在的 1168.18km^2降至 700km^2左右，冰川融水对径流量补给的比重也将随之下降几个百分点（沈永平等，2002）。

由于三江源区的重要性和特殊性，国家相继出台了一系列生态环境保护和建设措施，随着这些措施的实施及降水量的增多，三江源区生态环境恶化的趋势得到初步遏止。预计未来三江源区风蚀、水蚀作用将减弱，水土流失趋缓，但降水的增加量不足以抵消蒸发量的增加，荒漠化将加速，冻土退化，河流径流量呈减少趋势。

5.4 本章小结

科学应对三江源区的气候变化，必须科学、客观地掌握这一区域气候变化的现状，深化认知未来可能的变化趋势，以提出行之有效的生态环境安全保障对策和措施，对于青藏高原作为生态安全屏障的战略目标具有重大意义。本章首先论述了在全球变暖背景下，三江源区气温、降水、蒸发量、风速、日照、云量、积雪、冰雹、雷暴等气象要素及极端气候事件的变化趋势，随后对三江源区未来的气候变化趋势进行了预估，最后分析了气候变暖对三江源区生态环境的可能影响。

在全球变暖背景下三江源区气候变化具有以下主要特征：①整体呈现增温趋势，其中冬、秋季对增温贡献较大。最高气温也呈升高趋势，但不如平均气温的升高趋势明显，而最低气温升高的趋势比平均气温显著。极端高温事件的发生频次呈显著增加趋势，极端低温事件发生频次则呈减少趋势；②年降水量呈增加趋势，但严重干旱及暴雨事件发生频次呈微弱减少趋势；③年蒸发量呈显著增加趋势，其中夏、秋季对蒸发量增加贡献显著。

对未来各种温室气体排放情景下的预估结果表明，到 21 世纪后期，三江源增温幅度将可能增大，且冬季升温明显大于夏季、降水以微弱增加趋势为主，其中，西部地区夏季降水增加趋势比冬季明显，东部地区冬季降水呈减少趋势。

预估结果显示，三江源区径流量的年际分布将越来越不均匀，长江源区径流量将呈增加趋势，黄河源区径流量将有所减少，澜沧江源区径流量将有所增加。未来气候变化将会导致三江源区冰川加剧退缩，造成下游冰川湖水位上涨，值得高度警惕。随着降水量的增多，三江源区植被 NPP 整体将呈增加趋势，长江源区高寒草甸和灌丛 NPP 呈增加趋势，澜沧江源区的植被 NPP 也呈增加趋势，黄河源区植被生态系统将得到改善。

6 三江源水源涵养功能评估

6.1 水源涵养功能评估方法

水源涵养功能是指生态系统对降水的截留、吸收和储存，将地表水转化为地表截留或地下水的作用，主要功能表现在增加可利用水资源、净化水质、调节截留、洪水调蓄和径流调节等多个方面。三江源区是长江、黄河、澜沧江的发源地，是重要的水源涵养生态功能区，被誉为“中华水塔”，三江源区的径流形成和下泄对下游地区用水有重大的影响。因此，对三江源区来说，其水源涵养功能主要考虑水资源供给、径流调节和洪水调蓄三个方面。

6.1.1 水源涵养功能评估技术方法

流域水资源是由降水形成的水资源，主要指河流、湖泊和地下含水层等自然水体中地表径流和地下径流的供给量。因此，在水资源的计算中，重点应考虑地表径流和地下径流。根据本研究的需求，拟选择 SWAT（soil and water assessment tool）模型，通过年、月、日三种不同时间尺度的径流模拟，实现对三江源区水资源供给、径流调节和洪水调蓄量的估算。详细技术路线如图 6-1 所示。

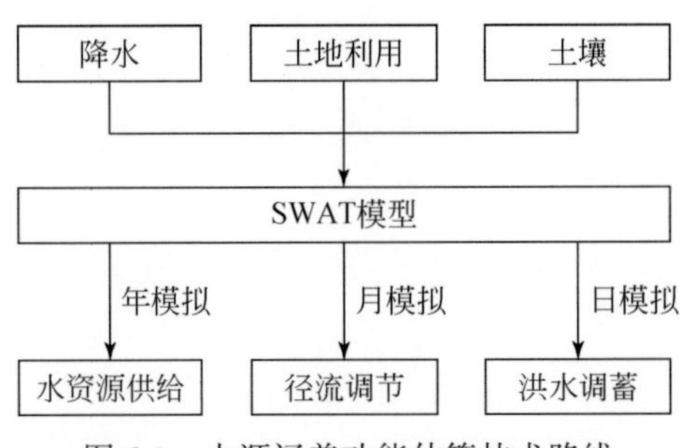

图 6-1 水源涵养功能估算技术路线

6.1.1.1 径流过程模拟

将三江源区划分为 78 个子流域，利用区域的气象、降水、土地利用、土壤数据，进行不同时间尺度（年、月、日尺度）系列的径流过程模拟。

6.1.1.2 典型区域年径流量频率分析

针对三江源区，进行径流水文频率曲线分析，得到不同水平（5%、50%、95%）的三江源区的年径流量，分析三江源区水资源供给量。

6.1.1.3 地表径流和地下径流比例分析

针对三江源区，按照不同的发展情景进行月尺度模拟，分析地表径流与地下径流的比例变化情况及径流调节潜力。

6.1.1.4 洪水特征值分析

针对三江源区，按照不同的发展情景进行日尺度模拟，模拟不同情况下洪峰流量和洪水过程，分析洪水调蓄潜力。

6.1.2 SWAT 模型原理

SWAT 模型由美国农业部（United States Department of Agriculture，USDA）农业研究中心（Agricultural Research Service，ARS）的 Jeff Amonld 博士于 1994 年开发的。模型开发的最初目的是预测在大流域复杂多变的土壤类型、土地利用方式和管理措施条件下，土地管理对水分、泥沙和化学物质的长期影响。它是一种基于 GIS 基础之上的分布式流域水文模型，近年来得到了快速的发展和应用，主要是利用遥感和地理信息系统提供的空间信息模拟多种不同的水文物理化学过程，如水量、水质及杀虫剂的输移与转化过程。

SWAT 模型是一个具有物理基础的模型，可以进行连续时间序列的模拟。SWAT 模型模拟的流域水文过程分为水循环的陆面部分（即产流和坡面汇流部分）和水循环的水面部分（即河道汇流部分）。前者控制着每个子流域内主河道的水、沙、营养物质和化学物质等的输入量；后者决定水、沙等物质从河网向流域出口的输移运动，如图 6-2 所示。

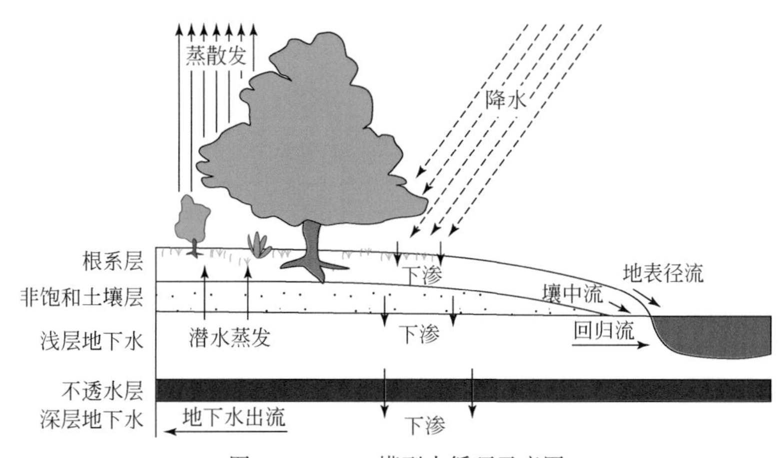

图 6-2　SWAT 模型水循环示意图

6.1.2.1 SWAT 模型基本原理

SWAT 模型在进行模拟时（图 6-3），首先，根据数字高程模型（digital elevation model，DEM）把流域划分为一定数目的子流域，子流域划分的大小可以根据定义形成河流所需要的最小集水区面积来调整，还可以通过增减子流域出口数量进行进一步调整。其次，在每一个子流域内再划分为水文响应单元（hydrological response units，HRU）。HRU 是同一个子流域内有着相同土地利用类型和土壤类型的区域。每一个水文响应单元内的水平衡是基于降水、地表径流、蒸散发、壤中流、渗透、地下水回流和河道运移损失来计算的。地表径流估算一般采用径流曲线（soil conservation service，SCS）模型。渗透模块采用存储演算方法，并结合裂隙流模型来预测通过每一个土壤层的流量，一旦水渗透到根区底层以下则成为地下水或产生回流。在土壤剖面中壤中流的计算与渗透同时进行。每一层土壤中的壤中流采用动力蓄水水库来模拟。河道中流量演算采用变动态存储系数法或马斯京根法。模型中提供了三种估算潜在蒸散发量的

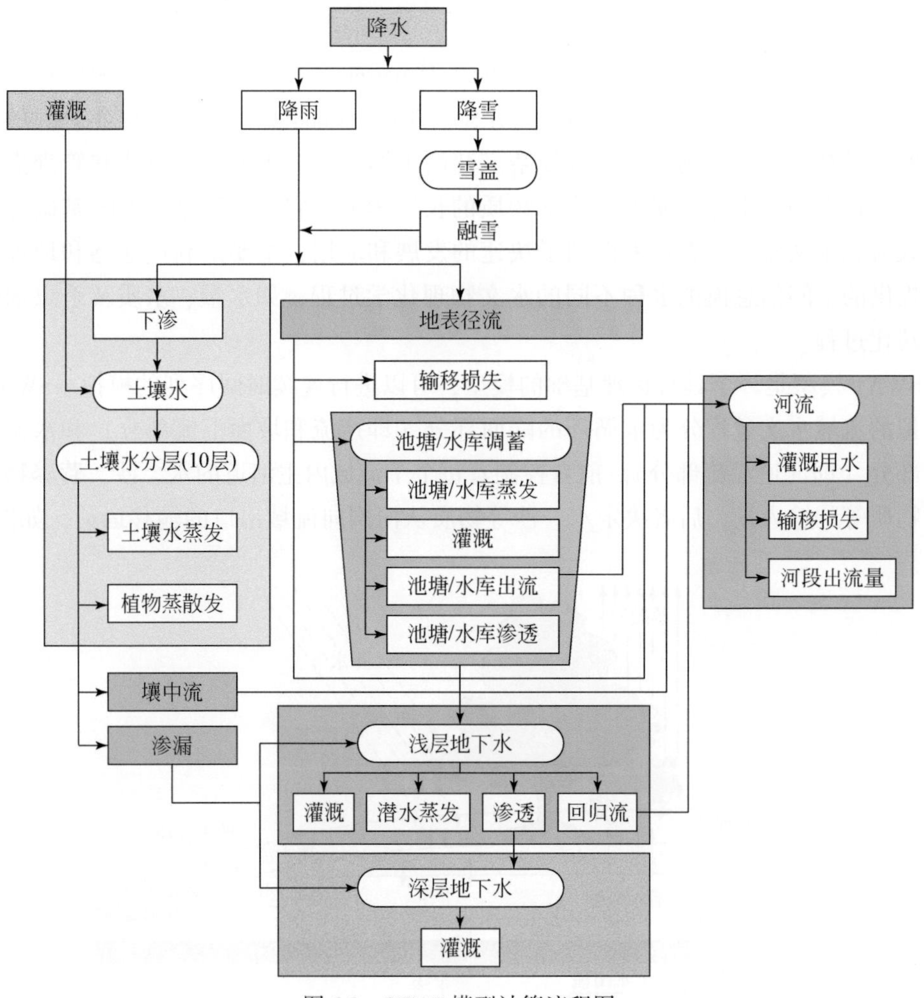

图 6-3　SWAT 模型计算流程图

计算方法：Hargreaves、Priestley-Taylor 和 Penman-Monteith。每一个子流域内侵蚀和泥沙量的估算采用改进的通用土壤流失方程（universal soil loss equation，USLE），河道内泥沙演算采用改进的 Bagnold 泥沙运移方程。

6.1.2.2 SCS 径流曲线数方程

流域水文模型是针对流域上发生的水文过程进行模拟所建立的数学模型。美国农业部水土保持局（Soil Conservation Service，SCS）于 1954 年开发的 SCS 模型，是目前应用最广泛的流域水文模型之一。SCS 模型能够客观反映土壤类型、土地利用方式及前期土壤含水量对降雨径流的影响，其显著特点是模型结构简单、所需输入参数少，是一种较好的小型集水区径流计算方法。近年来，SCS 模型在水土保持与防洪、城市水文及无资料流域的多种水文问题等诸多方面得到应用，并取得了较好的效果。

SCS 模型的建立基于水平衡方程及两个基本假设，即比例相等假设和初损值-当时可能最大潜在滞留量关系假设。水平衡方程是对水循环现象定量研究的基础，用于描述各水文要素间的定量关系。

$$P = I_a + F + Q \tag{6-1}$$

式中，P 为总降雨量（mm）；I_a为初损值（mm），主要指截流、表层蓄水等；F 为累积下渗量（不包括 I_a）（mm）；Q 为直接径流量（mm）。

假设地表径流 Q 与降雨量 P、初损值 I_a的比值与累积入渗量和当时最大可能滞留量比值相等，即

$$\frac{Q}{P - I_a} = \frac{F}{S} \tag{6-2}$$

式中，S 为当时可能最大滞留量（mm）。

初损值当时可能最大潜在滞留量关系假设表示如下式：

$$I_a = \lambda S \tag{6-3}$$

式中，λ 为区域参数，主要取决于地理和气候因子。可表达为 $\lambda = at_p$，其中，a 为 Horton 常数；t_p为降水时刻到地表径流形成的时段，其取值范围为 0.1～0.3。比例相等假设可用式（6-2）表示。当 $\lambda = 0.2$ 时，根据可推导出径流曲线数（soil conservation service curve number，SCS-CN）模型。

$$Q = \frac{(P - 0.2S)^2}{(P + 0.8S)},\ P \geqslant 0.2S \tag{6-4}$$

$$Q = 0,\ P < 0.2S \tag{6-5}$$

式中，S 为土壤最大蓄水能力。CN 为曲线数值，是一个无量纲参数，理论取值范围是 0～100，实际应用中取值范围是 37～98，主要根据美国国家灌溉工程手册第 4 章列出的 CN 值查算表进行计算。上述公式表明，集水区的径流量取决于降雨量与降雨前集水区的土壤最大蓄水量，而降雨前集水区的土壤最大蓄水量又与集水区的土壤质地、土地利用方式和降雨前的土壤湿润状况有关（AMC）；曲线数值法通过一个经验性的综合反映上述因素，只要求出 CN 值，即可求得 Q。

时空尺度是流域水文模型中必须考虑的因素。研究表明，滞留量、CN 值等均存在显著的时间变化特征。SCS 模型并未考虑时间变量，必然会影响模型精度。此外，虽然 SCS 模型进行了改进并在一定的中尺度区域进行研究，但 CN 值受地区性影响较大，因此，某一地区的 CN 值未必能在另一地区使用；另外，影响 CN 值的前期土壤含水量仅分 3 级（AMC Ⅰ-干燥，AMC Ⅱ-一般湿润，AMC Ⅲ-湿润），分级太粗略致使 CN 值发生变率。土壤分类具有一定的任意性，在一个流域上建立的模型很难推广应用到更小或者更大的流域尺度上。因此，如何对 SCS 模型及其参数进行尺度转换，是需要深入探讨解决的问题。

SCS 模型计算模拟径流量，尽管参数少、使用方便，但模型的精度有待进一步提高。模型中 CN 值通过一个经验性的综合反映确定，受土地利用类型、土壤质地和降雨前的土壤湿润状况的影响，因此，任何参数的改变都会影响 CN 取值。公式中规定的 I_a 与 S、S 与 CN 的关系是经验性的，并有地区性影响。经验模型都会存在不同程度的不足：就降雨因素来说，它只考虑了降雨量，而没有考虑其他降雨特征的影响，而实际上径流量不仅受降雨量的影响，还受降雨强度和雨型等因素的影响，这就不可避免地造成计算值和实测值间的差异。上述问题需要在实际应用过程中加以改进。

6.1.2.3 SWAT 模型数据需求

SWAT 模型具有一定的物理机制，能够反映流域水文要素的空间特征，其最大的问题在于运行时需要大量的不同类型的数据，具体数据需求如表 6-1 所示。

表 6-1 SWAT 模型数据需求表

数据类型	主要参数	数据来源
数字高程模型（DEM）	地形高程	国家地理信息中心
土地利用图	叶面积指数、植被根深、径流曲线、冠层高度、曼宁系数	规划局
土壤类型图	土壤密度、饱和导水率、持水率、颗粒含量	国家地理信息中心
气象数据	气温、降水、湿度、太阳辐射、风速等	气象局
水文数据	日径流、月径流、年径流	水文局
水质监测数据	碳、氮、磷、细菌	环保局
土壤物理性质	土壤容重、含水量、颗粒形态	国家地理信息中心
土壤化学性质	土壤有机氮、硝酸盐氮、有机磷等	国家地理信息中心
农业管理信息	耕作方式、植被类型、灌溉方式、施肥方式	农业局

6.1.2.4 SWAT 模型对融雪径流计算

SWAT 模型自带融雪径流模块，可以通过参数设置模拟流域融雪径流。主要包含以下过程：①降雪识别。通过设定降雪的临界温度来识别是降雪还是降雨。②融雪径流模块启动。当流域中存在积雪场时，激活融雪径流模块。③模拟方法：度-日因子方法。度-日因子是随时间变化的正弦函数。④主要影响因子：最大和最小度-日因子、积雪深度阈值及融雪温度阈值等。融雪模型如下：

$$S_{cov} = \frac{S}{S_{100}}\left[\frac{S}{S_{100}} + \exp\left(c_1 - c_2\frac{S}{S_{100}}\right)\right]^{-1}$$

式中，S_{cov}为积雪覆盖面积（km^2）；S为某一天的积雪场含水量（mm）；S_{100}为子流域全部被积雪覆盖的雪深阈值（mm）；c_1、c_2为定义积雪覆盖曲线的形状系数，无量纲。

$$S_{mlt} = b_{mlt}S_{cov}\left[\frac{T_{snow} + T_b}{2} - T_{mlt}\right]$$

式中，S_{mlt}为逐日融雪量（mm）；b_{mlt}为逐日度-日因子，无量纲，由最大融雪因子、最小融雪因子和天数的排序位置之间的线性函数计算得到；T_{snow}为积雪温度（℃）；T_b为流域平均气温（℃）。

6.1.3 三江源区 SWAT 模型构建

6.1.3.1 数据准备

SWAT 模型构建的数据主要包括以下数据：①地形数据。三江源区地形数据（DEM80m×80m），如图 6-4 所示。②气象数据。主要包含三江源区 18 个气象站的气温、降水、湿度和日照数据等，如图 6-5 所示。③土地利用数据。主要包含三江源区 2000 年、2005 年和 2010 年 3 期数据，如图 6-6 所示。④土壤数据：本研究使用 1∶100 万中国土壤数据，如图 6-7 所示。⑤水文数据。主要包含长江流域、黄河流域、澜沧江流域 48 个水文站数据，如图 6-8 所示。

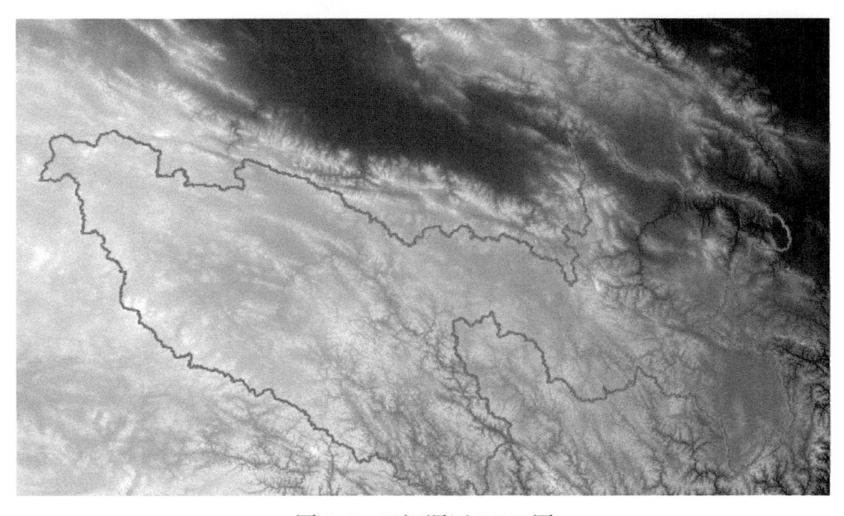

图 6-4 三江源区 DEM 图

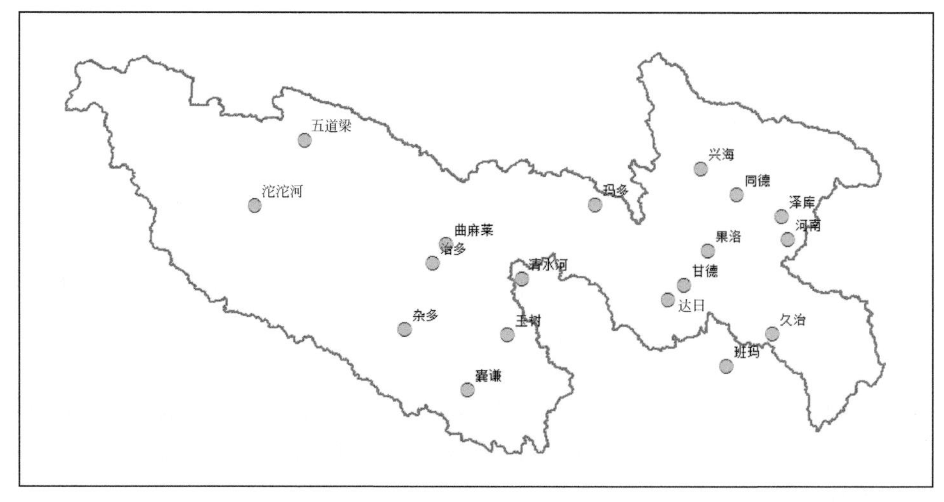

图 6-5 三江源区气象站分布图

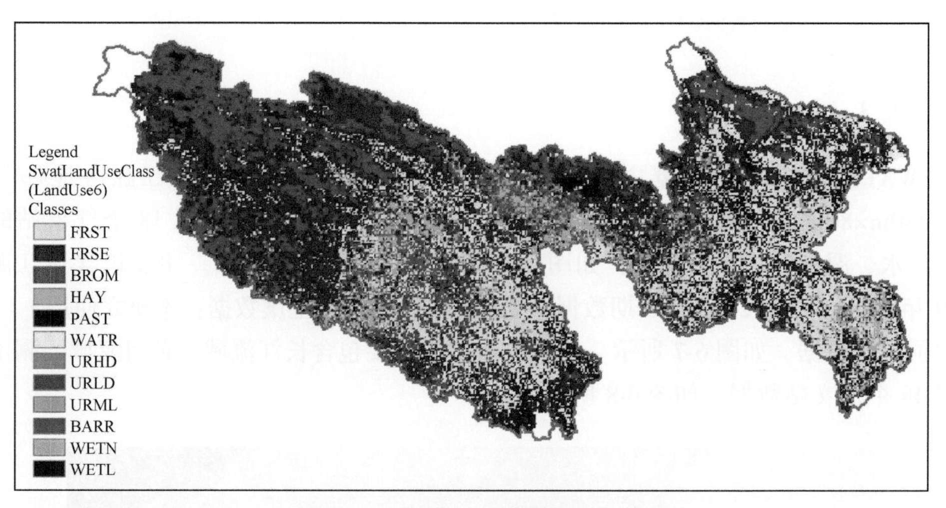

图 6-6 三江源区土地利用分布图

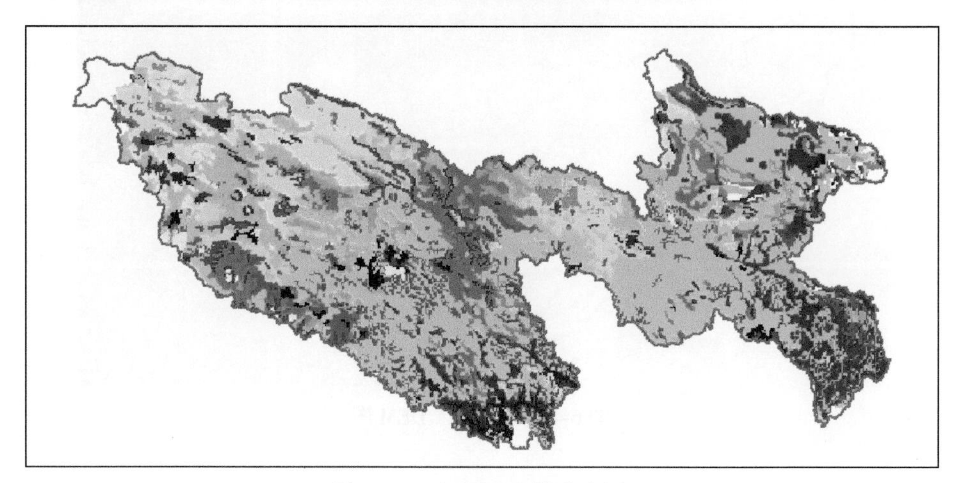

图 6-7 三江源区土壤分布图

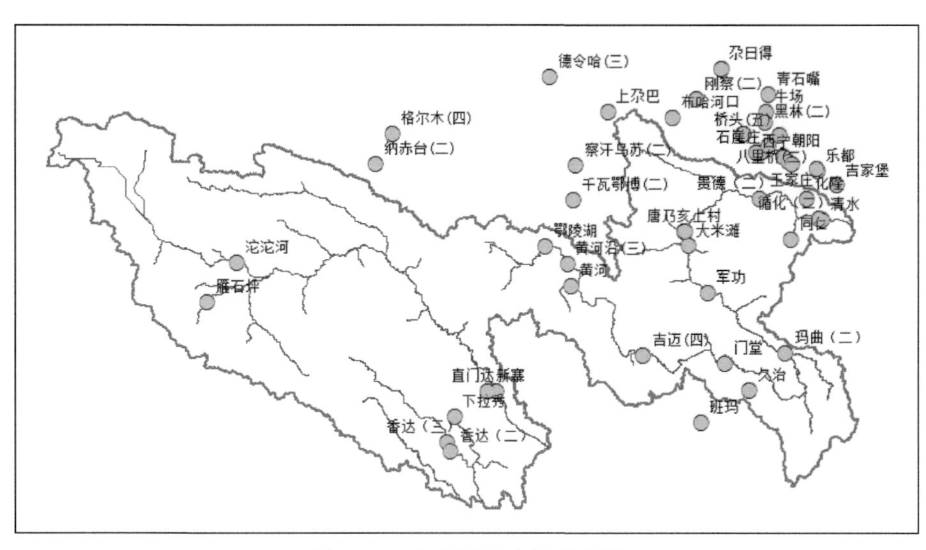

图 6-8　三江源区水文站分布图

6.1.3.2　模型构建

（1）模型构建步骤

模型构建主要包括以下几个流程：①流域划分。包括子流域划分、河网提取和子流域参数计算。②HRU 定义。包括土地利用数据重分类、土壤数据重分类和坡度分类。③气象数据加载。包括气象数据库构建、降水数据文件编制和其他文件编制。④其他参数设置。

（2）模型构建

按照以上流程构建三江源区 SWAT 模型：①流域划分。考虑河流自然节点、水文站位置和湖泊位置等因素，将流域划分为 78 个子流域（图 6-8，图 6-9）。②Hru 定义。将土地利用数据与 SWAT 模型数据进行匹配，考虑土壤数据，按0～10、10～25、>25

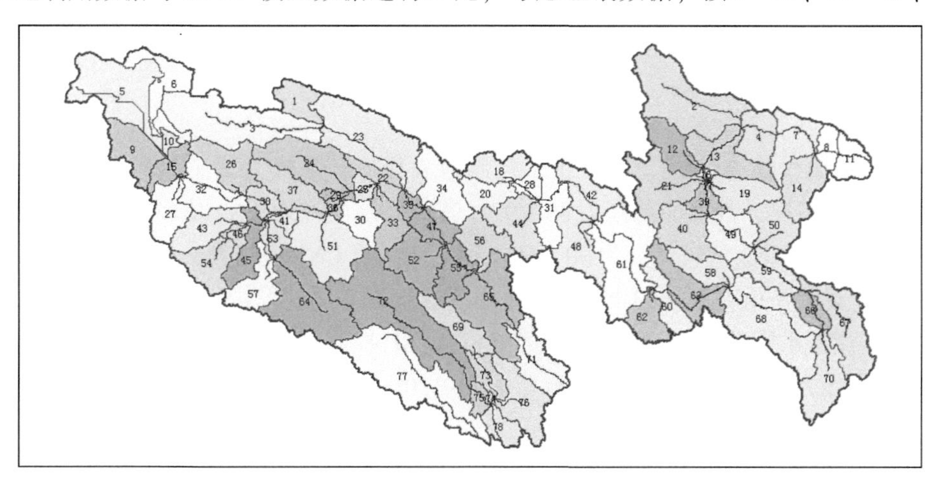

图 6-9　三江源区子流域划分图

三个坡度进行 HRU 定义。③气象数据加载。将 18 个气象站的气温、降水、风速和日照等资料按照要求输入数据库。

6.1.4 三江源区 SWAT 模型校准

利用长江流域、黄河流域、澜沧江流域典型水文站月平均流量对模型进行率定。

6.1.4.1 站位选择

模型校验对照站位见表 6-2。

表 6-2 模型校验对照站位

流域	站名	经度	纬度
长江流域	沱沱河站	92.450°E	34.217°N
	直门达站	97.217°E	33.033°N
黄河流域	唐乃亥站	100.150°E	35.500°N
	同仁站	102.017°E	35.517°N
澜沧江流域	香达站	96.483°E	32.250°N
	下拉秀站	96.550°E	32.617°N

6.1.4.2 时间尺度

1）模拟时间。模拟时间为 1961 ~ 1981 年，其中，1961 年为模型预热年份，1962 ~ 1981 年为模型检验年份。

2）时间尺度。模拟时间尺度选择月模拟。

6.1.4.3 模型校准

模型率定的方式为人工率定与自动率定相结合，人工率定参数大范围，参数小范围变化采用自动率定，自动率定工具为 SWAT-CUP 软件。

（1）主要参数及范围

主要选择以下 7 个参数进行模型参数率定。

1）径流曲线数（CN2）。CN2 用于控制地表径流，是最为敏感的参数之一，反映下垫面的综合情况，其取值范围为 30 ~ 97。其中，硬质裸地 CN2 值较大，在 80 左右；松软耕地和草地 CN2 值较低，为 30 ~ 60。径流曲线数 CN2 值越大，地表径流（runoff）越大，但上述径流值对不同的土地利用类型需要根据实际情况进行设置（图 6-10）。

2）基流退水常数（ALPHA_BF）。ALPHA_BF 控制地下水到基流的转换，取值范围：响应缓慢为 0.1 ~ 0.3，响应快速为 0.9 ~ 1.0。ALPHA_BF 的取值越小，洪峰峰量越小，历时越长。

3）土壤蒸发补偿系数（ESCO）。ESCO 对蒸发有较大影响，取值范围为 0.01 ~ 1。ESCO 值越小，就能从下层土壤补充更多的水分用于蒸发，蒸发会有所增加。

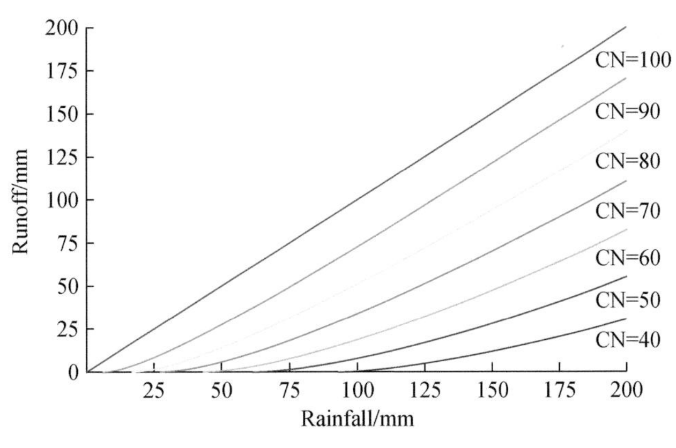

图 6-10　CN 曲线值影响效果图

4）植物摄取补偿系数（EPCO）。EPCO 控制植物的水分摄取，取值范围为 0.01 ~ 1。

5）土壤饱和水力传导度（SOL_K）。SOL_K 是土壤水下渗的指标性参数，取值范围为 0 ~ 100mm/h。和土壤水植被可利用量（SOL_AWC）一样，需分层赋值。上述物理量将影响土壤中水分的下渗，进而影响到壤中流的模拟。

6）壤中流迟滞系数（LAT_TTIME）。该参数表征 HRU 的壤中流迟滞时间，其取值范围为 0 ~ 180，上述值对土壤水向地表径流转换有重要影响。

7）融雪相关参数。重点考虑降雪识别温度（℃）、融雪温度（℃）、最大融雪速率（mm/℃）、最小融雪速率（mm/℃）、积雪温度滞后因子（无量纲），以及积雪全覆盖时的雪深阈值（mm）。根据相关研究成果，三江源区各参数取值见表 6-3。

表 6-3　三江源区融雪相关参数取值

参数	T_s	T_{mlt}	b_{max}	b_{min}	T_{lag}	S_{100}
参数区间	-5，5	-5，5	0，10	0，10	0，1	0，500
模型默认	0	0.5	4.5	4.5	1	1
实际采用	1	0	6.5	4	0.5	50

（2）敏感性分析

利用 SWAT-CUP 模型对模型参数进行敏感性分析，进行 100 次模拟计算，分析参数对模拟结果的影响作用，结果如图 6-11 所示。

从敏感性分析结果可以看出（图 6-11），7 个参数中，CN2 对径流的影响最大，SOL_K 影响最小。

（3）不确定性分析

利用 SWAT-CUP 软件对模型进行不确定性分析，目标函数选择决定系数 R^2，实测数据选择 1961 ~ 1980 年直门达站和沱沱河站的实测月流量系列，模拟 100 次以后，得到最优参数组合，结果如图 6-12 和图 6-13 所示。

从月流量不确定性分析结果可以看出，沱沱河站以上流域面积较小，月流量模拟

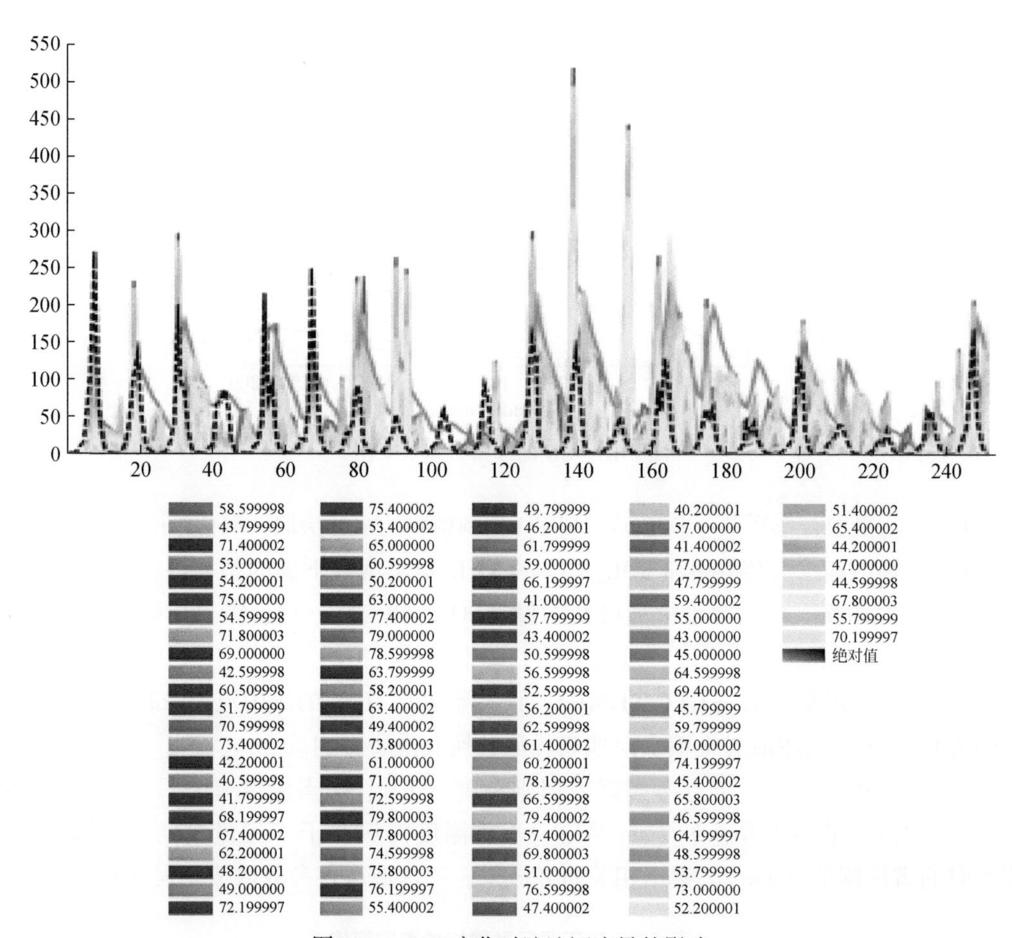

图 6-11　CN2 变化对沱沱河流量的影响

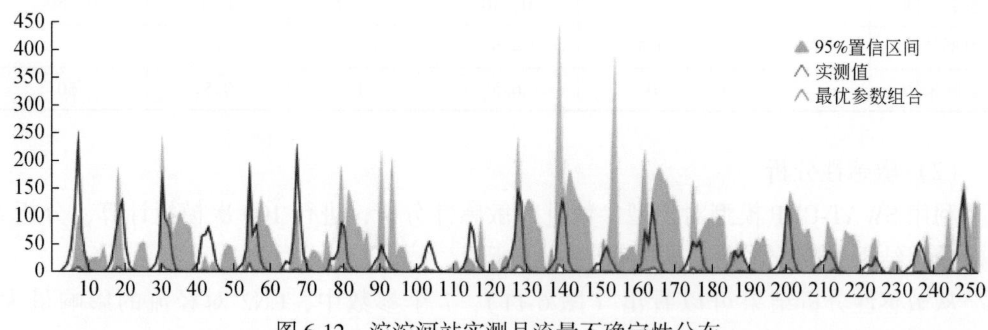

图 6-12　沱沱河站实测月流量不确定性分布

结果不确定性更大一些，直门达站以上流域面积较大，月流量模拟结果不确定性相对较小，模拟结果下游要优于上游。可见，流域面积越大，因区域参数选取引起的不确定性越小，大流域模拟结果精度会更高。

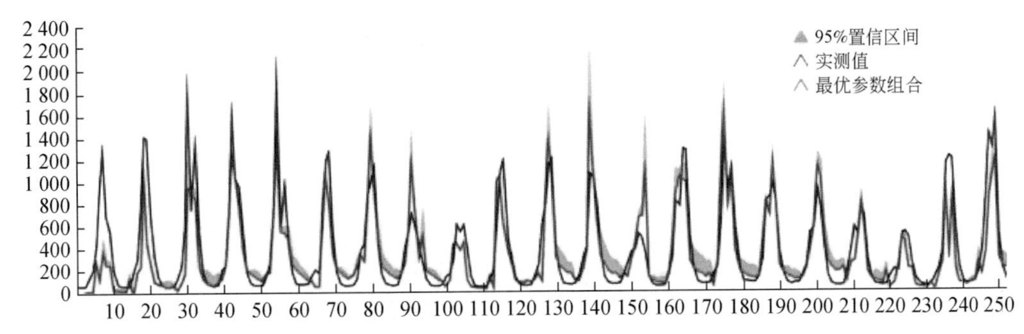

图 6-13 直门达站实测月流量不确定性分布

（4）模型校准结果

1）模型校准标准。SWAT 模型校准的 3 个重要参考标准如下：

第一，水量误差。模拟径流量与实测径流量进行比较，分析水量误差情况，一般用相对误差进行表征。

第二，变化趋势。模拟流量序列与实测流量序列进行相关性分析，分析模拟流量序列和实测流量序列的变化趋势情况，一般用相关系数进行表征；R^2 评价实测值与模拟值之间的数据吻合程度，$R^2=1$ 表示非常吻合，$R^2<1$ 时，值越小代表模拟效果越差。

第三，模拟效率。模型模拟效率是将水量误差和趋势变化相结合，共同确定模型模拟效果，一般用纳什效率系数（Nash-Suttcliffe）（见下式）进行表征，Ens=1 表示实测值与模拟值十分吻合，Ens<1 时，其值越接近于 1，拟合程度越好，一般认为，Ens ≥0.5 时，模型的模拟结果是可以接受的。

$$\mathrm{Ens} = 1 - \frac{\sum_{i=1}^{n}(O_i - P_i)^2}{\sum_{i=1}^{n}(O_i - \bar{O})^2}$$

Ens 为纳什效率系数；O_i 为实际观测系列，$\bar{O}$ 为实测系列均值；P_i 为模拟结果系列；n 为系列统计数。

2）模型校准结果。利用前面参数敏感性分析的结果，对参数进行人工调整，并按照以上 3 个标准对参数校准结果进行统计分析，讨论模型的精度和效率。图 6-14 ~ 图 6-19 为直门达站、沱沱河站、唐乃亥站、同仁站、香达站、下拉秀站的月平均流量过程对比图。

从 6 个验证站的流量过程的对比图可以看出，流量变化过程基本一致，直门达站、唐乃亥站的模拟过程明显好于其他站位，沱沱河站的高值拟合效果差一些，而香达站和下拉秀站的低值拟合效果差一些，但还不是非常理想。整体来看，模型基本能够揭示流域流量的变化规律，但是局部精度还有提升的空间。

表 6-4 列出了 6 个验证站的 4 个验证结果统计参数。其中，直门达站、唐乃亥站、同仁站、下拉秀站的水量相对误差在 10% 以内，香达站相对误差较大，超过 30%，沱沱河站的误差最大。从绝对值来看，同仁站、下拉秀站和唐乃亥站小于 $1\mathrm{m}^3/\mathrm{s}$，直门达

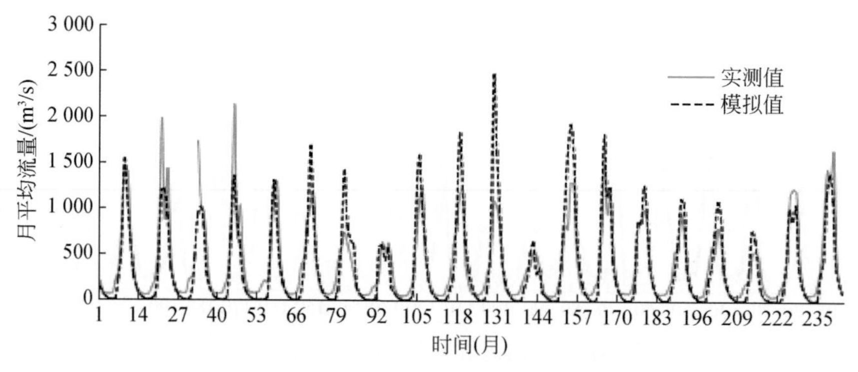

图 6-14 长江流域直门达站月平均流量对比图

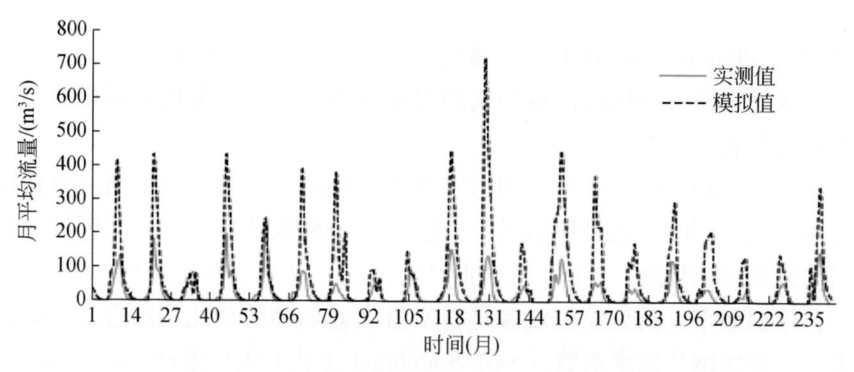

图 6-15 长江流域沱沱河站月平均流量对比图

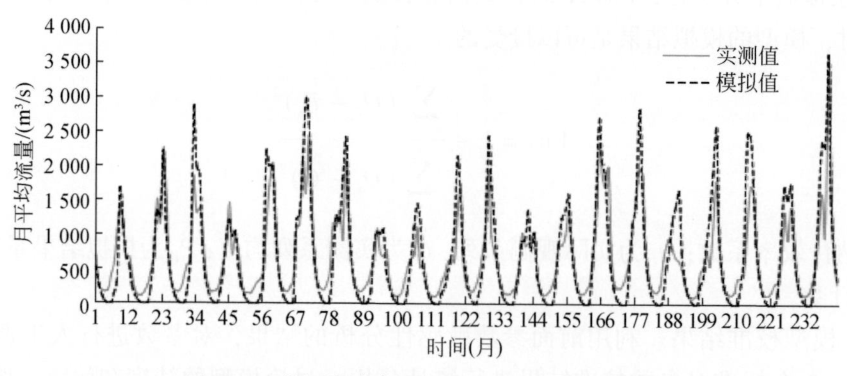

图 6-16 黄河流域唐乃亥站月平均流量对比图

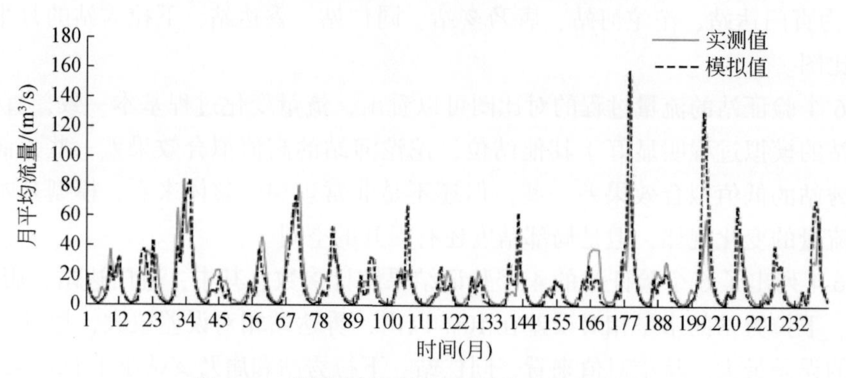

图 6-17 黄河流域同仁站月平均流量对比图

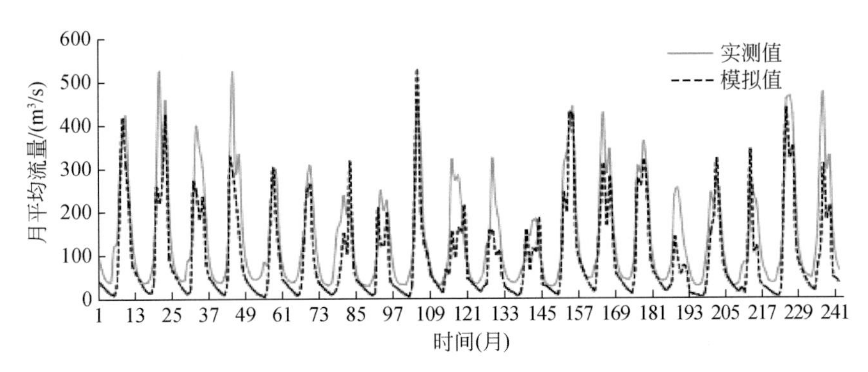

图 6-18 澜沧江流域香达站月平均流量对比图

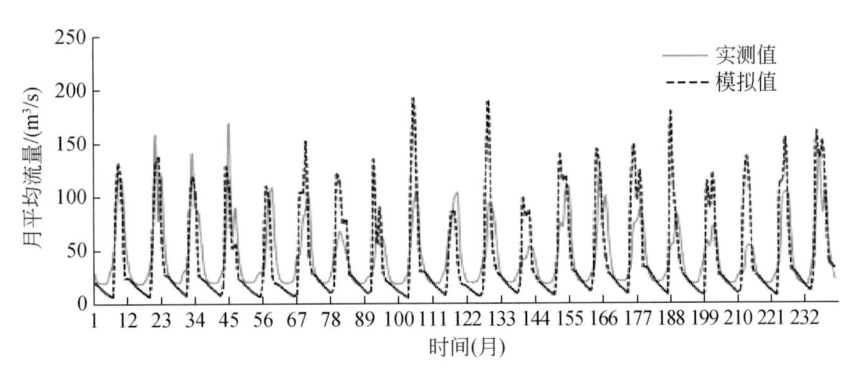

图 6-19 澜沧江流域下拉秀站月平均流量对比图

站达到 $29m^3/s$，沱沱河站和香达站则达到了 $45m^3/s$。从相关系数来看，6 个验证站均呈现了较好的相关性，相关系数最小的下拉秀站达到了 0.75，唐乃亥站最大，达到了 0.91。从纳什效率系数来看，直门达站、唐乃亥站、香达站均超过 0.6，达到模拟合格水平，沱沱河站、同仁站和下拉秀站尚低于 0.5，还需要进一步调整。

表 6-4 6 个验证站结果统计

指标	沱沱河站	直门达站	唐乃亥站	同仁站	香达站	下拉秀站
相对误差/%	170.20	-7.28	0.72	-4.67	-32.71	-0.77
相关系数	0.81	0.88	0.91	0.81	0.79	0.75
纳什效率系数	0.12	0.71	0.64	0.33	0.65	0.02

总体来看，模型较好地揭示了流域的流量输出过程，尤其是三大流域的下游站点，无论是水量误差还是变化趋势均达到了合格标准。由于上游流域多为山区，气象条件变化剧烈，另外实测站点较少，给模型校验带来了一定难度。从模拟结果来看，虽然上游的一些流域站点校验结果还有一定偏差，但是由于上游流域的流量绝对值较小，从全流域整体水量模拟来看，对水资源分布和输出计算影响不是十分重要。

6.2 三江源区水资源供给量估算

6.2.1 三江源区年径流量估算

利用 SWAT 模型模拟得到长江流域、黄河流域、澜沧江流域三大流域 1961 ~ 2010 年的逐年径流。从模拟结果图可以看出，径流产流量占到降水量的 36%，蒸发量占到降水量的 61%，下渗到深层地下水量占 1%（图 6-20）。

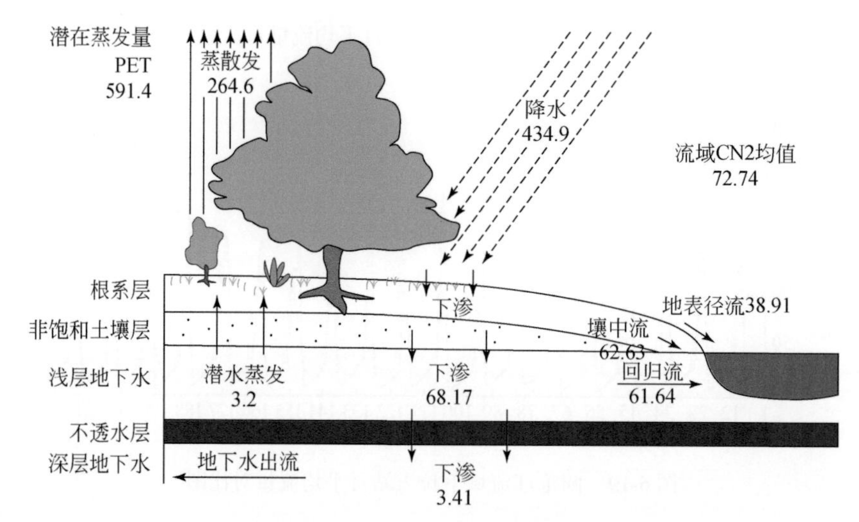

图 6-20　三江源区模拟结果示意图

三江源流域多年平均流量为 1809m^3/s，其中，长江流域为 532.06m^3/s，黄河流域为 1045m^3/s，澜沧江流域为 232.1m^3/s，具体结果见表 6-5。

表 6-5　三大流域多年平均流量

流域	多年平均流量/(m^3/s)	均方差/(m^3/s)
长江	532.0	182.4
黄河	1 045.5	227.7
澜沧江	232.0	61.8
合计	1 809.0	—

从 2000 年、2005 年、2010 年三大流域月平均流量对比来看，长江流域和黄河流域 2005 年月平均流量最大，2000 年月平均流量最小；澜沧江流域 2000 年月平均流量最大，而 2010 年最小，呈现出显著的空间变化特征，具体结果见表 6-6。

表 6-6　三大流域月平均流量　　单位：m^3/s

流域	2000 年	2005 年	2010 年
长江	524.4	764.1	748.9
黄河	672.2	1 480.0	1 141.0
澜沧江	281.8	246.3	212.2

6.2.2　水资源供给量估算

6.2.2.1　流域水资源供给量估算

应用SWAT模型模拟得到长江流域、黄河流域、澜沧江流域逐年平均流量，利用水文频率分析法对逐年平均流量进行流量频率分析，得到不同频率下年平均流量（表6-7）。

表 6-7　三大流域不同水平年平均流量　　单位：m^3/s

水平年	流量		
	5%	50%	95%
长江流域	1 185.0	503.6	287.0
黄河流域	1 734.7	1 034.4	673.4
澜沧江流域	404.5	230.2	126.5

从频率计算结果可以看出，黄河流域50%水平年径流输出为326亿m^3，长江流域径流输出为159亿m^3，澜沧江流域径流输出为73亿m^3。50%水平年径流量可作为三江源区流域水资源供给量的参考值。

6.2.2.2　行政区水资源供给量估算

从频率计算结果来看，三江源区50%水平年径流量与地区多年平均径流量相差不大。各子流域径流模数可以由模型直接计算得到，因此，根据各县位置，参考所属子流域的多年平均径流系数（或者径流模数）计算50%保证率下各县级行政区的径流量（表6-8），作为各行政区的水资源供给量参考值。

表 6-8　行政区水资源供给量　　单位：亿m^3

州（县）		水资源量
黄南州	同仁县	4.63
	尖扎县	2.52
	泽库县	8.10
	河南县	25.03
	小计	40.28

续表

州（县）		水资源量
海南州	共和县	21.48
	同德县	5.65
	贵德县	5.74
	兴海县	9.99
	贵南县	8.21
	小计	51.07
果洛州	玛沁县	16.30
	班玛县	15.39
	甘德县	8.62
	达日县	34.42
	久治县	28.84
	玛多县	26.77
	小计	130.34
玉树州	玉树县	12.21
	杂多县	56.30
	称多县	60.01
	治多县	95.70
	囊谦县	18.73
	曲麻莱县	60.79
	小计	303.74

6.3 三江源区径流调节量估算

6.3.1 三江源区实测径流量基本特征

6.3.1.1 径流量年际变化特征

三江源区三大流域径流量年际变化趋势如图 6-21 所示。长江流域径流量以 0.56mm/a 的趋势增加，而黄河流域和澜沧江流域都是降低趋势。但是，黄河流域径流年际波动较大，2005 年以后，呈增加趋势。澜沧江流域径流量年际变化和波动都不明显。

6.3.1.2 径流量年内变化特征

据 1956～2010 年水文站实测径流数据分析，三大流域径流量的季节变化趋势基本一致，但长江流域径流量更加集中。黄河和澜沧江流域 5～10 月径流量占年径流量比

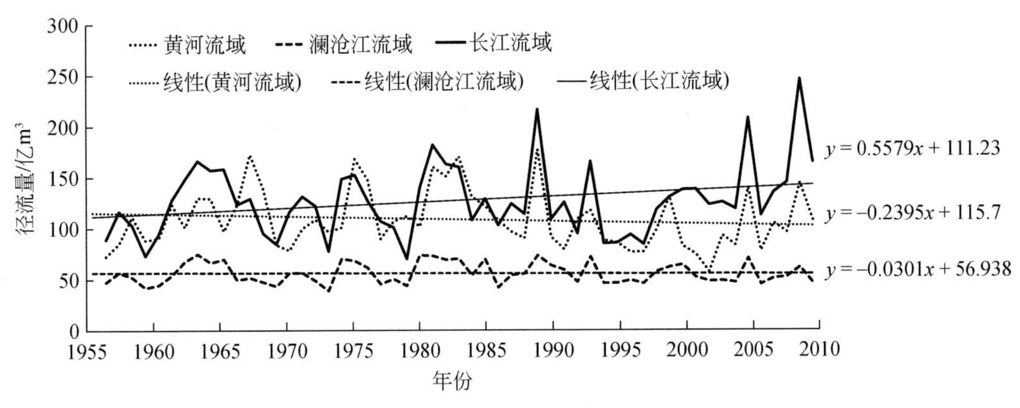

图 6-21 三江源区三大流域径流量年际变化趋势

例均超过 80%，长江流域超过 90%，其中，7 ~ 9 月径流量占年径流量比例超过 60%。三江源区径流量的季节分布与降水量的季节分布大体一致。但是，11 ~ 3 月降水量比例明显低于径流量比例，说明该区域在其他季节涵养的水资源可以在冬季为区域外供水。5 月径流量比例明显低于降水量比例，说明区域内水资源利用比例较大。总的来说，三江源区为区域外提供水资源的季节主要是在雨季，即三江源区水资源主要来自降水（图 6-22）。

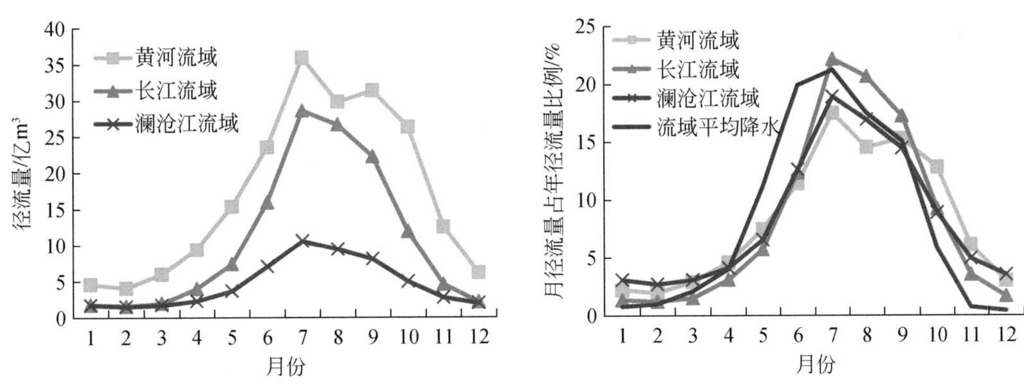

图 6-22 三江源区三大流域径流量季节变化趋势

（长江流域为直门达站径流量，黄河流域为唐乃亥站和同仁站径流量之和，澜沧江流域为香达站和下拉秀站径流量之和）

6.3.2 三江源区径流调节潜力分析

影响流域径流量时空变化的主要因素有降水、土地利用、植被、土壤特征。降水受大尺度气候变化作用明显，而受人类活动影响小。土壤受区域自然特征作用明显，受人类活动影响也小。随着社会经济的发展，人类活动开发利用资源的能力越来越强，受人类活动的巨大影响作用，土地利用和植被不断发生着明显的变化，对径流量的时空分布有着一定的影响作用。因此，本研究重点考虑土地利用和植被变化对流域径流输出的影响作用，分析三江源区径流调节潜力。

6.3.2.1 极端条件下径流输出过程模拟

土地利用和植被变化在模型中的表现形式就是SCS径流曲线中CN2的变化。在SWAT模型中，CN2取值范围为38～98，在现状模拟径流时全流域CN2平均值为72，处于一种地表产流相对较高的水平，也体现了现状植被覆盖情况下的产流情况。

为了研究三江源区径流调节潜力，选取两种方案进行模拟，对比分析径流变化情况（表6-8）。第一种情况为现状情况，土地利用为2000年；第二种情况为无植被覆盖情形，地表径流产流系数较高（表6-9）。

表6-9 不同情况下流域输出流量比较

项目	现状（2000年）	无植被覆盖
黄河/(m^3/s)	1 046	1 232
长江/(m^3/s)	532	705
澜沧江/(m^3/s)	232	271
地表径流/%	24	87
地下径流/%	76	13

现状情形采用2000年土地利用进行模拟，CN2平均值为72，对无植被覆盖高产流情形，设定CN2值为95，其他参数同模型验证参数组，应用SWAT模型进行年尺度情景模拟，得到三大流域多年平均流量及地表径流和地下径流的比例。从模拟结果可以看出，现状植被覆盖度较高，蒸散发量大，流域输出流量输出小，但地下径流占比较大，可利用水资源量较大。无植被覆盖情况下输出径流较大，但是地表径流的比例也大，稳定的地下径流仅占到13%。

6.3.2.2 行政区径流调节潜力分析

SWAT模型的参数具有分布式的特点，每个子流域的径流调节潜力存在一定的差异。为了研究三江源区各州（县）的径流调节潜力，需要根据各州（县）与子流域的地理位置关系进行参数移植，利用行政区所在子流域的水文参数与行政区面积估算出各行政区的径流调节潜力（表6-10）。

表6-10 行政区径流调节量 单位：亿m^3

州（县）		径流调节量
黄南州	同仁县	1.23
	尖扎县	0.60
	泽库县	2.52
	河南县	2.58
	小计	6.93

续表

州（县）		径流调节量
海南州	共和县	6.43
	同德县	1.76
	贵德县	1.36
	兴海县	4.64
	贵南县	2.62
	小计	16.81
果洛州	玛沁县	5.14
	班玛县	2.87
	甘德县	2.71
	达日县	5.11
	久治县	2.33
	玛多县	9.39
	小计	27.55
玉树州	玉树县	8.11
	杂多县	19.82
	称多县	4.84
	治多县	25.9
	囊谦县	9.70
	曲麻莱县	15.65
	小计	84.02
唐古拉山镇		19.38
合计		154.69

6.4 三江源区洪水调蓄潜力估算

洪水是江河水量迅猛增加及水位急剧上涨的自然现象，洪水的形成往往受气候和下垫面等自然因素与人类活动因素的影响。定量描述洪水的指标有洪峰流量、洪峰水位、洪水过程线、洪水总量（洪量）和洪水频率（或重现期）等。一般的，洪水为短期事件，常用最大 3 天、最大 7 天、最大 15 天、最大 30 天和最大 60 天等不同时段的洪量来描述。因此，洪水的特征就是短期流量变动极大，在《中华人民共和国水文年鉴》中的洪水要素中常常每隔几分钟就可能有一个流量值，流量变化非常剧烈。

为了能够较清晰地研究洪水调蓄过程，必须要有小尺度的流量过程。本研究拟应用 SWAT 模型进行日尺度的模拟，在此基础上，获得年最大洪峰量系列，研究不同情况下洪水要素（洪峰流量、洪水过程线，以及洪量）的变化情况。

6.4.1 典型洪水过程分析

相同洪量的条件下，洪水过程是决定防洪和洪水调节的关键因素，选定特定典型洪水过程，对现状植被覆盖、无植被覆盖两种情况下的洪水过程进行对比，分析洪水调蓄潜力。

为研究植被覆盖对洪水过程的影响作用，选择 1986 年 7 月洪水过程进行模拟对比分析（图 6-23 ~ 图 6-25）。从三大流域对比结果可以看出，现状植被覆盖情况下，由于流域对洪水的调蓄作用，洪峰流量都小于低植被覆盖情况下的洪峰流量。因此，提高植被覆盖率，对洪峰流量调节具有很重要的意义。

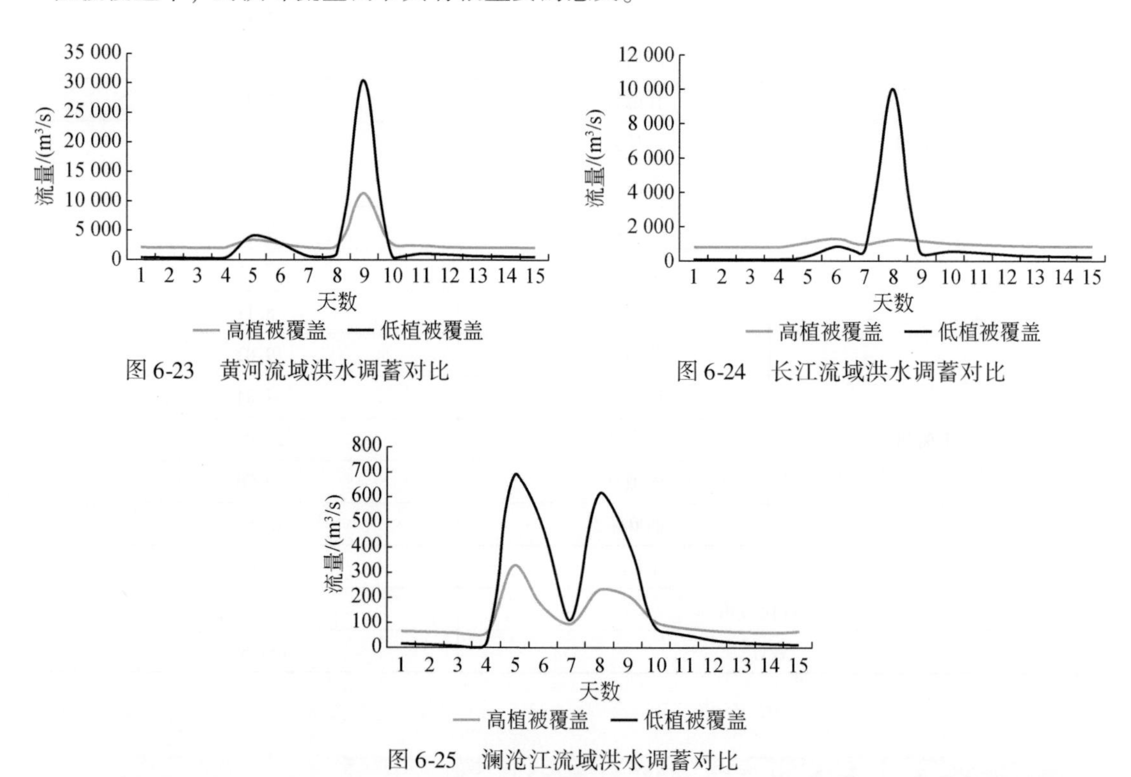

图 6-23 黄河流域洪水调蓄对比

图 6-24 长江流域洪水调蓄对比

图 6-25 澜沧江流域洪水调蓄对比

6.4.2 流域洪水调蓄分析

选取两种情况进行日径流模拟，分别为现状植被覆盖情况和无植被覆盖情况，调节 CN2 参数进行日径流模拟，其中，无植被情况地表径流高产流，设定 CN2 值为 95（表 6-11）。从模拟结果可以看出，相同降水条件下，对现状情况下多年最大日流量与无植被最大日流量相比较，黄河流域现状多年最大日流量的均值、最大值、最小值均低了约 40%，长江流域低了约 80%，澜沧江流域低了约 30%。

表 6-11　多年最大日流量统计表　　单位：m^3/s

类别	现状多年最大日流量			无植被多年最大日流量		
	黄河流域	长江流域	澜沧江流域	黄河流域	长江流域	澜沧江流域
均值	10 795	9 725	3 761	17 855	16 149	5 085
最大值	17 460	27 230	5 856	30 360	31 440	7 415
最小值	6 362	2 764	1 565	11 380	7 285	2 543

6.4.3　行政区洪水调蓄潜力估算

水文模型估算流量遵循流域产汇流模式，仅具备直接模拟流域、子流域径流的能力。同时，由于流域产流过程的非线性和洪峰流量的非叠加性，直接利用 SWAT 模型无法获得不同情景下流量的变化量。因此，研究中尝试利用不同流域流量随流域面积的变化规律来估算行政区对洪水的调蓄潜力。主要技术流程包括以下几个步骤：①获取关键统计节点，统计该节点以上的流域面积；②统计不同情况下关键节点的流量；③分析流量变化随面积的变化规律；④按照行政区面积和位置估算流量调蓄潜力。

（1）流域最大日流量与流域面积关系

流域最大日流量与流域面积关系，如图 6-26 所示。

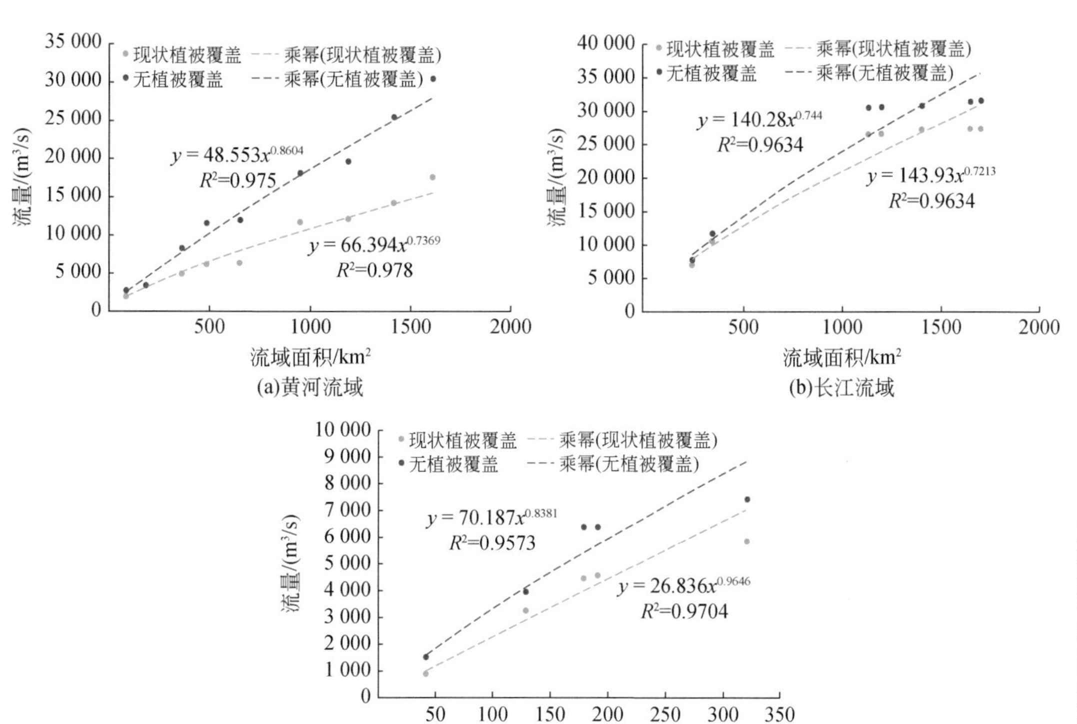

图 6-26　三大流域最大日流量与流域面积关系

（2）流域平均日流量与流域面积关系

流域平均日流量与流域面积关系，如图 6-27 所示。

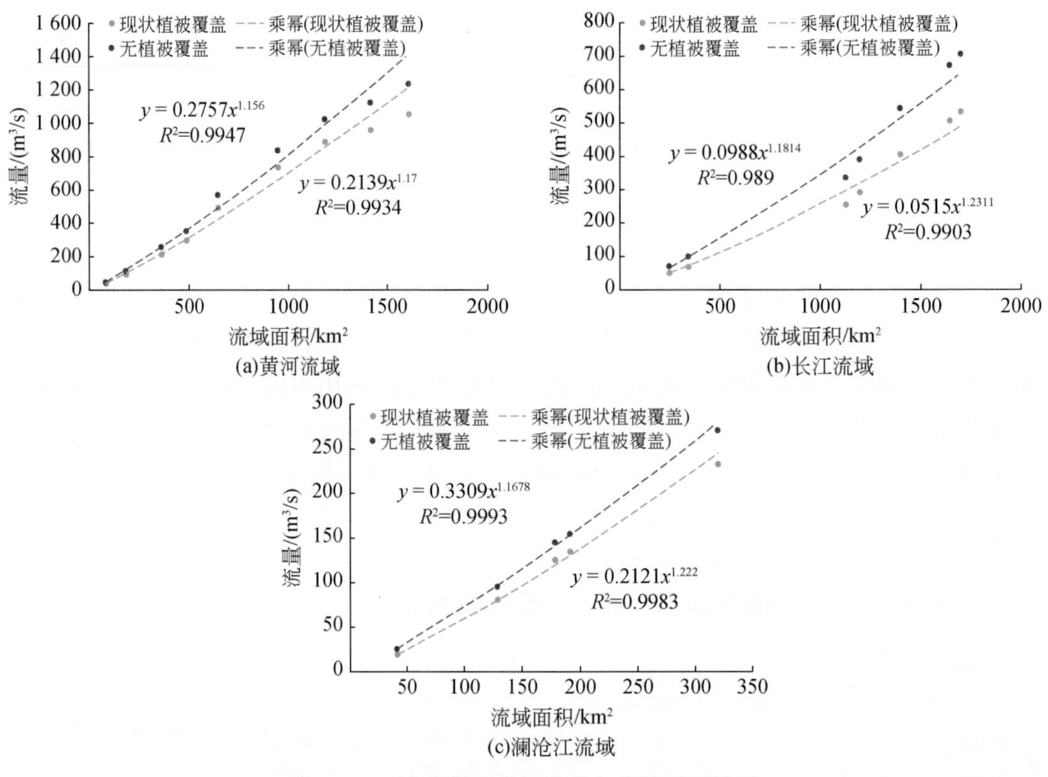

图 6-27　三大流域平均日流量与流域面积关系

（3）流域日流量减少与流域面积关系

流域日流量减少与流域面积关系，如图 6-28 所示。

（4）行政区洪水调蓄潜力估算

按照以上研究得到的规律，根据不同行政区所处的流域，选择相应的规律，估算不同行政区的洪水调蓄量，结果见表 6-12。

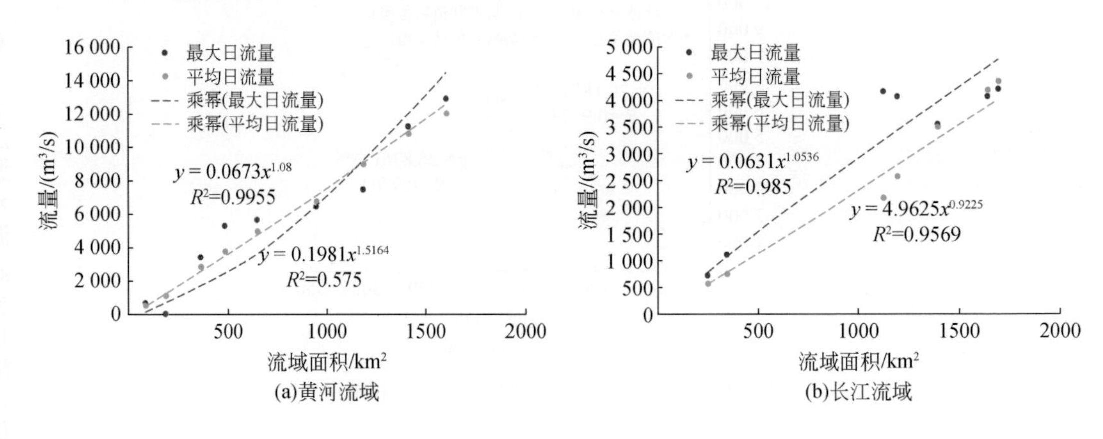

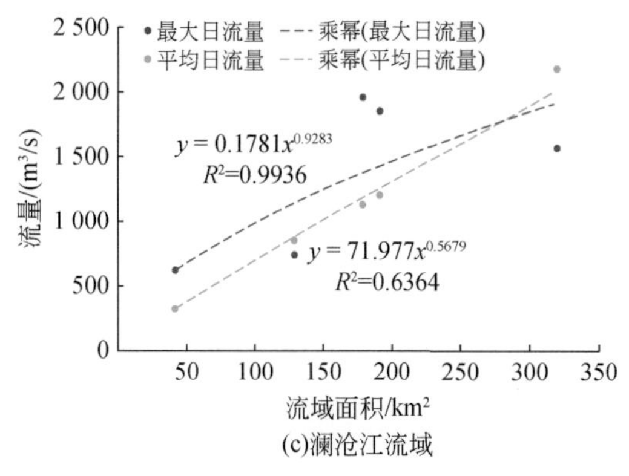

(c)澜沧江流域

图 6-28　三大流域日流量减少与流域面积关系

表 6-12　洪水调蓄潜力统计表　　单位：m^3/s

州（县）		洪水调蓄潜力
黄南州	同仁县	38.31
	尖扎县	12.86
	泽库县	113.16
	河南县	116.70
	小计	—
海南州	共和县	559.22
	同德县	65.59
	贵德县	44.76
	兴海县	285.47
	贵南县	111.22
	小计	—
果洛州	玛沁县	335.87
	班玛县	107.96
	甘德县	127.33
	达日县	375.79
	久治县	160.49
	玛多县	830.24
	小计	—
玉树州	玉树县	517.48
	杂多县	2019.63
	称多县	493.80
	治多县	2384.21
	囊谦县	1095.41
	曲麻莱县	1438.44
	小计	—

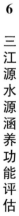

6.5 不同土地利用类型水源涵养功能估算

6.5.1 不同土地利用类型径流系数

按照国家土地利用分类系统划分三江源区土地利用类型，并利用1961～2010年连续模拟结果进行统计，得到不同土地利用类型的径流系数（表6-13）。

表6-13　不同土地利用类型径流系数估算表

项目	农田	冰川	森林	水体	湿地	灌丛	草地	荒漠
地表产流系数	0.21	0.31	0.21	0.18	0.24	0.20	0.14	0.31
地下产流系数	0.09	0.09	0.09	0.09	0.09	0.09	0.15	0.03
总径流系数	0.30	0.40	0.30	0.27	0.33	0.29	0.29	0.34

6.5.2 分类水资源供给量

按照不同土地利用类型，计算得到水资源供给量（表6-14）。

表6-14　水资源供给量估算表

序号	土地利用类型	面积/万 km^2	地表径流/亿 t	地下径流/亿 t	总径流量/亿 t
1	农田	0.22	1.81	0.77	2.58
2	冰川	0.15	1.95	0.57	2.52
3	森林	0.03	0.24	0.11	0.35
4	水体	0.15	0.90	0.51	1.41
5	湿地	2.20	22.90	9.81	32.72
6	灌丛	1.76	14.06	6.33	20.39
7	草地	26.29	202.87	143.20	346.08
8	荒漠	6.08	67.08	6.49	73.57
合计		36.88	311.81	167.79	479.62

6.5.3 分类径流调节潜力估算

土地利用类型发生变化的情况下，假定降水量、蒸发量不变，计算不同土地利用类型下径流调节潜力（表6-15）。

表6-15　径流调节潜力表　　单位：亿 m^3

序号	土地利用类型	径流调节潜力
1	农田	0.35

续表

序号	土地利用类型	径流调节潜力
2	冰川	0.58
3	森林	0.23
4	水体	0.55
5	湿地	8.56
6	灌丛	13.05
7	草地	108.27
8	荒漠	22.72

6.5.4 分类洪水调蓄潜力估算

分类洪水调蓄潜力估算的计算方法如下：①按照现状土地利用情况，模拟得到不同土地利用类型产生的最大洪水流量；②设置低覆盖情景，模拟得到低覆盖情景下洪峰流量值；③对两者进行比较，获得不同土地利用类型洪水调蓄潜力（表6-16）。

表6-16　洪水调蓄潜力表　　单位：m^3/s

序号	土地利用类型	现状洪峰流量	低覆盖洪峰流量	洪峰调节潜力
1	农田	480.6	517.0	36.4
2	冰川	—	—	—
3	森林	15 345.0	23 238.9	7 893.9
4	水体	—	—	—
5	湿地	9 355.7	13 811.9	4 456.2
6	灌丛	30 228.2	39 408.9	9 180.7
7	草地	6 506.5	9 887.4	3 380.9
8	荒漠	27 648.5	35 200.0	7 551.5

6.6 本章小结

本章根据三江源区基本情况，从水资源供给、径流调节和洪水调蓄三个方面进行水源涵养功能研究。基于SWAT模型，构建三江源区分布式水文模型，将三江源区划分为78个子流域，利用区域的气象、降水、土地利用、土壤数据，通过年、月、日3种不同时间尺度的径流模拟，实现对三江源区的水资源供给、径流调节和洪水调蓄量的估算。

1）对三江源区进行年径流过程模拟，从1961～2010年的模拟结果来看，三江源流域多年平均流量为1809m^3/s。其中，长江流域多年平均流量为532.06m^3/s，黄河流域为1045m^3/s，澜沧江流域为232.1m^3/s。对1961～2010年年径流量进行水文频率分析，得到黄河流域水资源供给量为326亿m^3，长江流域水资源供给量为159亿m^3，澜沧江流域水资源供给量为73亿m^3。

2）重点考虑土地利用和植被变化对流域径流输出的影响作用，分析三江源区径流调节潜力，通过对现状植被覆盖、无植被覆盖不同情景下的径流模拟结果进行对比，分析三江源区的径流调节潜力。模拟结果显示，无植被覆盖情况下，各流域总径流量会有所增加，但地下径流量均下降明显。估算得到三江源区的年平均径流调节潜力为154.31亿m^3，具体分配到各州（镇）为：黄南州为9.96亿m^3，海南州为8.92亿m^3，果洛州为55.4亿m^3，玉树州为65.02亿m^3，唐古拉山镇为15.01亿m^3。若按照土地利用类型划分，则农田的径流调节潜力为0.35亿m^3，冰川为0.58亿m^3，森林为0.23亿m^3，水体为0.55亿m^3，湿地为8.56亿m^3，灌丛为13.05亿m^3，草地为108.27亿m^3，荒漠为22.72亿m^3。

3）重点考虑土地利用和植被变化对流域日径流量的影响作用，分析三江源区洪水调蓄潜力，通过对现状植被覆盖、无植被覆盖不同情景下的日径流模拟结果进行对比，分析三江源区洪水调蓄潜力。从模拟结果可以看出，相同降水条件下，无植被情况下多年最大日流量的均值、最大值和最小值均有所增大。黄河流域多年最大日流量的均值、最大值、最小值均增加了约40%，长江流域增加约80%，澜沧江流域增加约30%，洪峰流量的大幅增加，将会大大增加流域的防洪压力。

7 三江源区土壤保持功能估算

7.1 三江源区土壤保持功能估算总体思路与方法

7.1.1 土壤保持功能界定

三江源区土壤保持功能包含三江源区生态系统减少土壤水蚀功能和保持土壤肥力的功能。本研究从两个方面计算减少的土壤流失量：①在多年平均降雨侵蚀力条件下（1981～2010年），计算潜在土壤侵蚀量与实际土壤侵蚀量的差值；②在多年平均降雨侵蚀力条件下，计算因生态系统功能变化，2010年土壤侵蚀量与2000年和2005年土壤侵蚀量的差值。土壤肥力的保持量，即减少的土壤侵蚀量中所含的有机质、全氮、全磷和全钾的数量。同时，本研究还计算了土壤保持功能保有率，即评价区域某类生态系统土壤保持量达到同类最优生态系统土壤保持量的水平。

三江源区土壤侵蚀类型以风力侵蚀、水力侵蚀和冻融侵蚀为主。水力侵蚀是指地表土壤或地面组成物质在降水、径流作用下被剥离、冲刷、搬运和沉积的过程。冻融侵蚀是指土壤及其母质空隙中或岩石裂缝中的水分冻结时，体积膨胀，裂隙随之加大、增多，整块土体或岩石发生碎裂，消融后其抗蚀稳定性大为降低，在重力作用下岩土顺坡向下方产生位移的现象。冻融侵蚀本身并不能导致土壤从坡面或者流域流失，而是通过水力侵蚀和风力侵蚀造成土壤流失。此外，现有冻融侵蚀研究方法一般只能对冻融侵蚀强度进行分类，难以准确计算因冻融侵蚀产生位移的岩土体积或重量。因此，本研究没有单独计算冻融侵蚀量，而是分别计算了2000年、2005年和2010年土壤水力侵蚀量和流域产沙量的变化，从而评估土壤保持功能。

7.1.2 数据来源

土壤保持功能估算使用数据包括降水、土壤、地形、植被覆盖及土地利用数据。其中，降水数据是1981～2010年三江源区及周边20个气象站逐日降水量资料，来源于国家气象科学数据共享服务平台。土壤数据是1：100万土壤图中的土壤质地数据。地形数据为30m分辨率DEM和基于30m分辨率DEM提取的坡度和坡长。土地利用/覆盖数据包括2000年、2005年和2010年1：10万土地利用现状图及植被覆盖图（分辨率250m）。

7.1.3 水力侵蚀模型和参数确定方法

水力侵蚀量计算采用《土壤侵蚀分类分级标准》（SL 190—2007）推荐的公式计

算，模型具体形式为

$$A=100R\times K\times L\times S\times B\times E\times T$$

式中，A 为单位面积上时间和空间平均的土壤流失量［t/（km^2·a）］；R 为降雨侵蚀力因子［MJ·mm/（hm^2·h·a）］；K 为土壤可蚀性因子［t·hm^2·h/（hm^2·MJ·mm）］；S 为坡度因子（无量纲）；L 为坡长因子（无量纲）；B 为水土保持生物措施因子（无量纲）；E 为水土保持工程措施因子（无量纲）；T 为水土保持耕作措施因子（无量纲）。

潜在土壤侵蚀量计算方法如下：

$$A=100R\times K\times L\times S\times B_p\times E\times T$$

式中，B_p为潜在最大植被因子，即在假定土地利用类型不变，生态系统极端退化条件下的植被因子。

最优生态系统土壤保持量计算方法如下：

$$A=100R\times K\times L\times S\times B_g\times E\times T$$

式中，B_g为最优生态系统植被因子，即在假定土地利用类型不变，生态系统达到最优条件下的植被因子。

7.1.3.1 降雨侵蚀力因子

降雨侵蚀力因子（R），是指降雨导致土壤侵蚀发生的潜在能力，单位为 MJ·mm/（hm^2·h·a）。

三江源区的降雨侵蚀力 R 估算使用 1981～2010 年三江源区及周边 20 个气象站逐日降水量资料，计算多年平均半月降雨侵蚀力和逐年降雨侵蚀力。计算方法如下：

$$R_{年}=\alpha\sum_{j=1}^{m}P_{dij}^{\beta}$$

$$\alpha=21.239\beta^{-7.3967}$$

$$\beta=0.6243+\frac{27.346}{\overline{P_{d12}}}$$

$$\overline{P}_{d12}=\frac{1}{N}\sum_{i=1}^{N}\left(\frac{1}{m}\sum_{l=1}^{n}P_{dij}\right)$$

式中，$R_{年}$为第 i 年的降雨侵蚀力［MJ·mm/（hm^2·h）］；P_{dij}为第 i 年第 j 日≥12mm 的日雨量；α、β 为回归系数；$\overline{P}_{d12}$ 为≥12mm 日雨量的多年平均值（mm）；$j=1$，2，…，m，为第 i 年雨量≥12mm 的日数；$i=1$，2，…，N，为月数；$l=1$，2，…，n，为第 i 年日雨量≥12mm 的日数。

多年平均年降雨侵蚀力公式如下：

$$\overline{R}=\frac{1}{N}\sum_{i=1}^{N}R_{年}$$

式中，$\overline{R}$为多年平均降雨侵蚀力［MJ·mm/（hm^2·h·a）］；$i=1$，2，…，N，为年数。

首先，计算研究区逐年降雨侵蚀力；其次，计算各站点的多年平均降雨侵蚀力；最后，在 ArcGIS 中用 Kriging 内插法进行插值后，得到逐年降雨侵蚀力和多年平均降雨侵蚀力栅格图（50m×50m）。

1981～2010 年三江源区 20 个气象站平均降水量和平均降雨侵蚀力年变化如图 7-1、图 7-2、图 7-3 所示。1981～2010 年，三江源区 20 个气象站平均降水量变化可以分为 3 个阶段：1981～1989 年波动范围介于 480～630mm，1990～2002 年波动范围介于较低的水平440～550mm，2003 年以后，除 2006 年以外，其余年份平均降水量均持续在较高的水平（530～610mm）。三江源区 20 个气象站的平均降雨侵蚀力也表现出大致相同的变化。2000 年、2005 年和 2010 年降雨侵蚀力持续增加，降雨侵蚀力小于 300MJ·mm/（hm^2·h·a）的面积明显减小（图 7-4）。从图 7-5、图 7-6 可以看出 2000 年和 2005 年降雨侵蚀力从东南向西北递减，但是 2010 年降雨侵蚀力的空间分布是从东向西递减（图 7-6）。

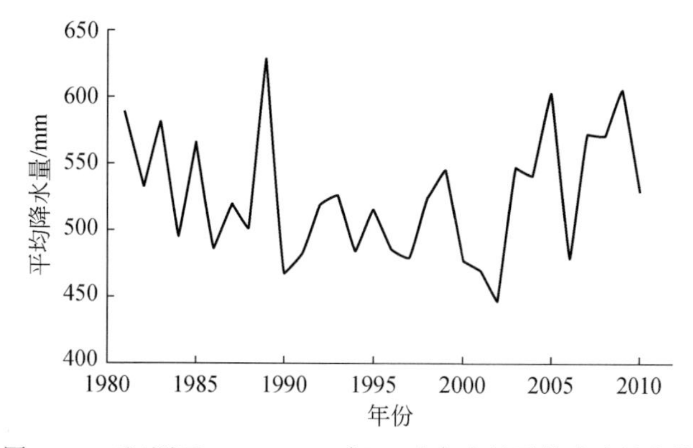

图 7-1　三江源区 1981～2010 年 20 个气象站平均降水量变化

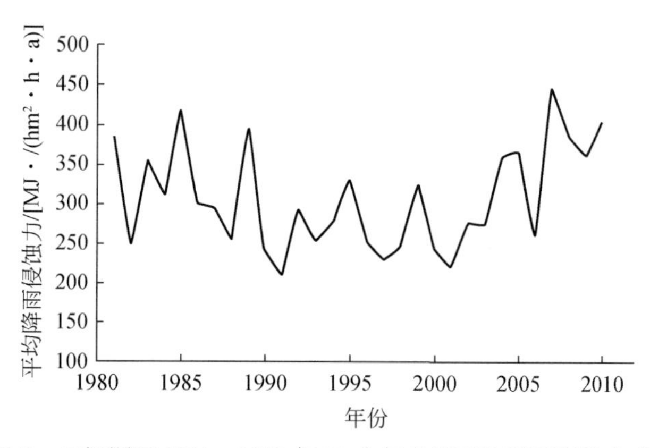

图 7-2　三江源区 1981～2010 年 20 个气象站平均降雨侵蚀力变化

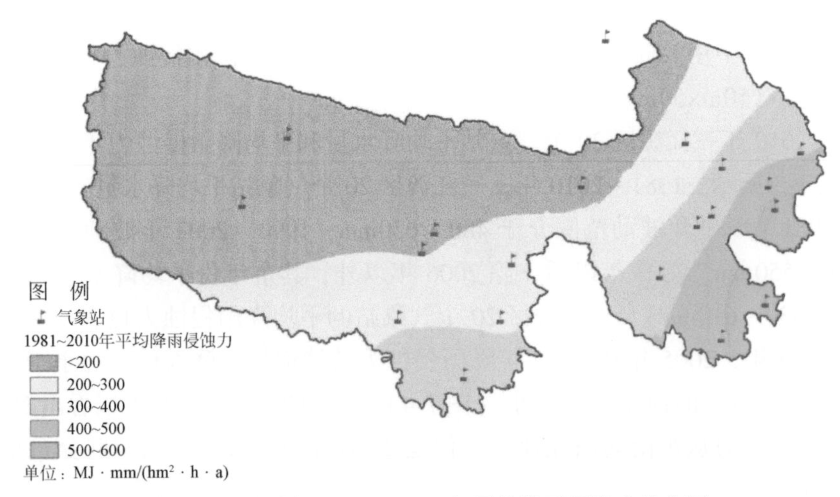

图 7-3 三江源区 1981 ~ 2010 年平均降雨侵蚀力分布图

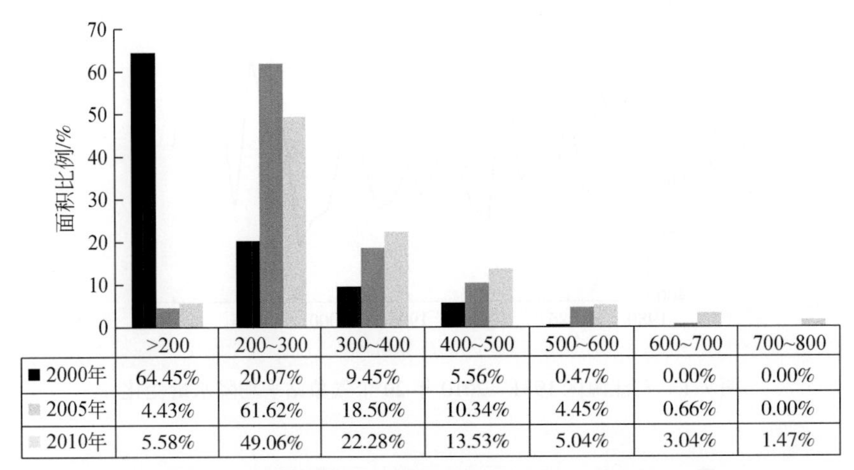

	>200	200~300	300~400	400~500	500~600	600~700	700~800
2000年	64.45%	20.07%	9.45%	5.56%	0.47%	0.00%	0.00%
2005年	4.43%	61.62%	18.50%	10.34%	4.45%	0.66%	0.00%
2010年	5.58%	49.06%	22.28%	13.53%	5.04%	3.04%	1.47%

图 7-4 三江源区 2000 年、2005 年和 2010 年降雨侵蚀力比较

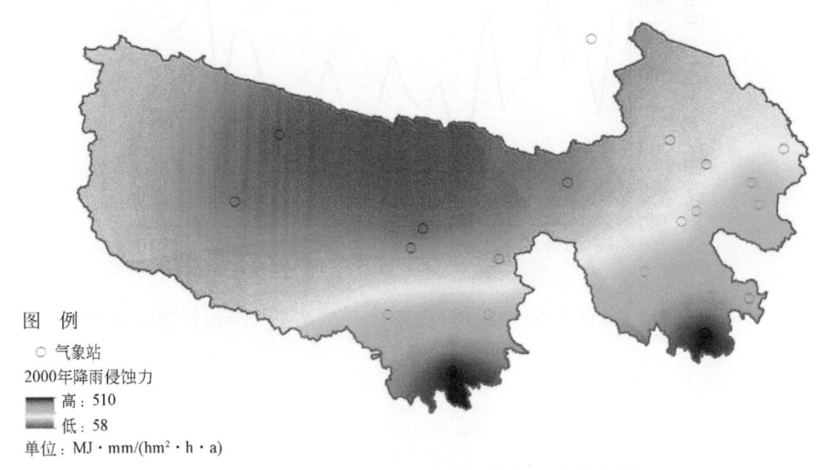

图 7-5 三江源区 2000 年降雨侵蚀力分布图

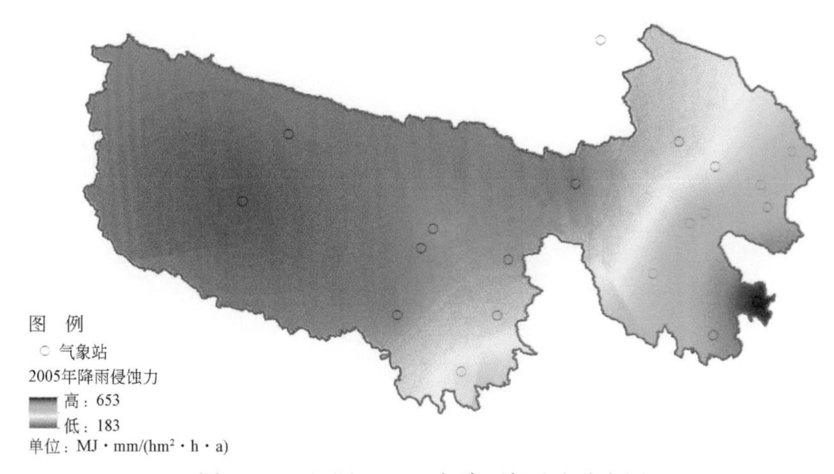

图 7-6　三江源区 2005 年降雨侵蚀力分布图

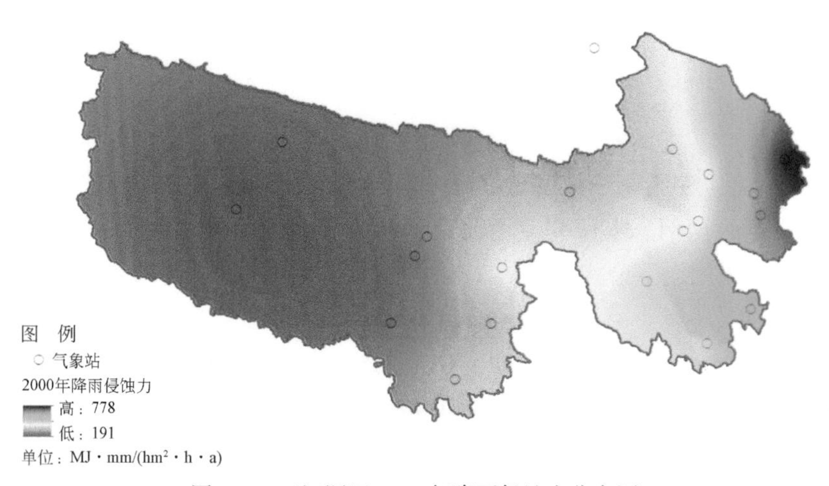

图 7-7　三江源区 2010 年降雨侵蚀力分布图

7.1.3.2　土壤可蚀性因子

土壤可蚀性因子（K）：表征土壤被冲蚀的难易程度，反映土壤对侵蚀外营力剥蚀和搬运的敏感性，是影响土壤侵蚀的内在因素，单位为 t · hm² · h/（hm² · MJ · mm）。

使用下面公式并依据 1∶100 万土壤图中的土壤质地数据，插值得到所需参数（《土壤侵蚀普查手册》），计算三江源区土壤可蚀性因子：

$$K = \left\{0.2 + 0.3\exp\left[-0.0256S_a\left(1 - \frac{S_i}{100}\right)\right]\right\}\left(\frac{S_i}{C_l + S_i}\right)^{0.3}\left[1 - \frac{0.25C}{C + \exp(3.72 - 2.95C)}\right]\left[1 - \frac{0.7S_n}{S_n + \exp(-5.51 + 22.9S_n)}\right]$$

式中，$S_n = 1 - S_a/100$；S_a 为砂粒（0.05 ~ 2mm）含量（%）；S_i 为粉砂（0.002 ~ 0.05mm）含量（%）；C_l 为黏粒（<0.002 mm）含量（%）；C 为有机碳含量（%）。

计算结果表明三江源区土壤可蚀性变化在 0.007 ~ 0.012t · hm² · h/（hm² · MJ ·

mm)，生成的土壤可蚀性因子 50m×50m 栅格图，如图 7-8 所示。

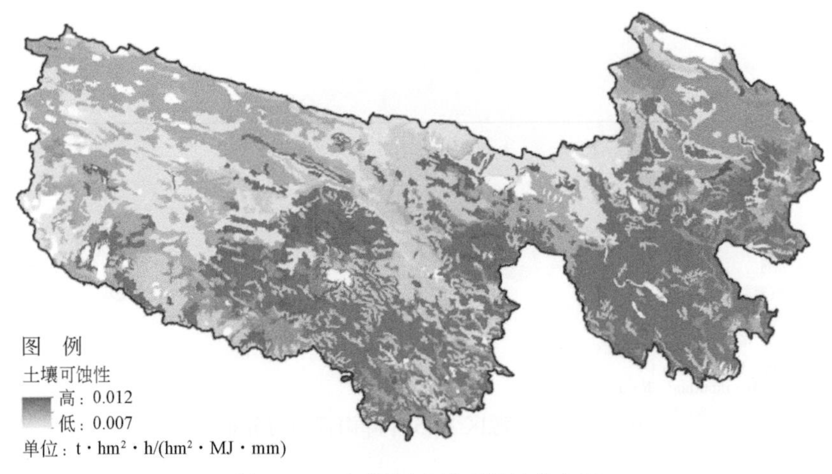

图 7-8　三江源区土壤可蚀性分布图

7.1.3.3　坡度因子

坡度因子（S）是指某一坡度土壤流失量与坡度为 5.13°（其他条件一致）的坡面产生土壤流失量的比例。本研究使用北京师范大学开发的坡度和坡长因子计算工具，其中，坡度因子采用以下公式计算：

$$S=\begin{cases}10.8\sin\theta+0.03,\ (\theta<5°)\\16.8\sin\theta-0.5,\ (5°\leqslant\theta<10°)\\21.9\sin\theta-0.96,\ (\theta\geqslant10°)\end{cases}$$

由于上述公式只适用于 30°以内的坡度因子的计算，当坡度大于 30°时，可令坡度因子等于 10。相比于 30m 分辨率 DEM（接近于 1/50 000 地形图）生成的地面坡度（图 7-9），基于 80m 分辨率 DEM 生成的地面坡度（图 7-10）误差很大，5°以内的面积

图 7-9　基于 30m 分辨率 DEM 生成的地面坡度分布图

比例接近60%，其他坡度的面积比例都小于基于30m分辨率DEM的计算结果（图7-11）。基于30m分辨率DEM计算的坡度因子如图7-12所示。

图7-10　基于80m分辨率DEM生成的地面坡度分布图

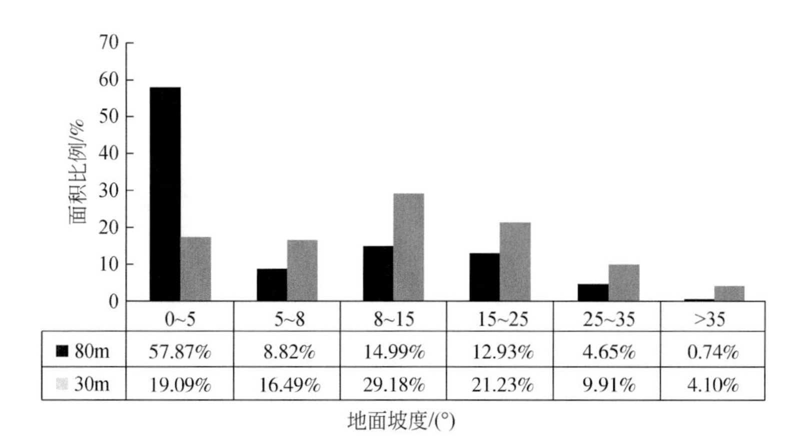

	0~5	5~8	8~15	15~25	25~35	>35
■ 80m	57.87%	8.82%	14.99%	12.93%	4.65%	0.74%
30m	19.09%	16.49%	29.18%	21.23%	9.91%	4.10%

图7-11　基于30m和80m分辨率DEM生成的地面坡度比较

图7-12　基于30m分辨率DEM生成的坡度因子分布图

7.1.3.4 坡长因子

坡长因子（L）是指某一坡面土壤流失量与坡长为22.13m（其他条件一致）的坡面产生土壤流失量的比率。本研究使用北京师范大学开发的坡度和坡长因子计算工具，其中，坡长因子计算采用Wischmeier和Smith（1965）、Foster和Wischmeier（1974）提出的计算公式：

$$L=\begin{cases}L_i=(\lambda_{out}/22.13)^m, & \lambda_{out}-\lambda_{in}<0\\ L_i=(\lambda_{otu}{}^{m+1}-\lambda_{in}{}^{m+1}/[(\lambda_{out}-\lambda_{in})(22.13)^m]; & \lambda_{out}-\lambda_{in}>0\end{cases}$$

式中，L_i为流入单元格的坡长因子最大值；$\lambda_{out}-\lambda_{in}=0$，$L_i=0$；$\lambda_{out}=0$；$\lambda_{out}$和$\lambda_{in}$分别为栅格出口及入口的坡长（m）；$m$为坡长指数。

根据刘宝元等（2010）的建议，坡长指数取值如下：

$$m=\begin{cases}0.2, & \theta<0.5°\\ 0.3, & 0.5°\leqslant\theta<1.5°\\ 0.4, & 1.5°\leqslant\theta<3°\\ 0.5, & \theta\geqslant3°\end{cases}$$

式中，θ为坡度（°）。

基于30m分辨率DEM计算的坡长因子如图7-13所示。

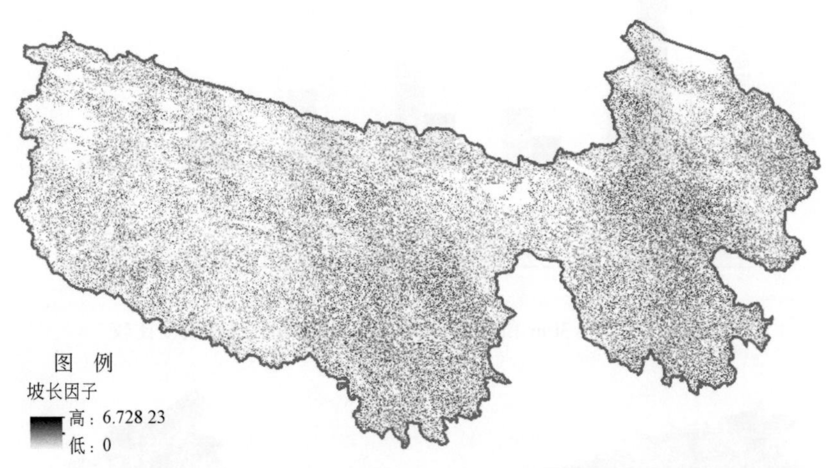

图7-13 基于30m分辨率DEM生成的坡长因子分布图

7.1.3.5 水土保持生物措施因子

水土保持生物措施因子（B）：是指一定条件下耕作农地上的土壤流失量与同等条件下连续休耕对照裸地上的土壤流失量之比，无量纲，介于0～1。

本研究根据植被覆盖度和土地利用信息计算B值。首先，把土地利用类型分为两大类：林地、灌木林地、草地和其他土地类型（湖泊、水库/坑塘、河流、运河、旱地、居住地、工业用地、交通用地、采矿场、裸岩、裸土、沙漠/沙地、盐碱地、冰川/

永久积雪)。

林地、灌木林地、草地的 B 值是根据美国农业部 1978 年发布的通用水土流失方程式(USLE,见美国农业部农业手册 537 号),利用植被覆盖进行计算。

林地:$B=0.0333e^{-0.051v}$

灌木林地:$B=0.3193e^{-0.035v}$

草地:$B=0.5476e^{-0.041v}$

式中,v 为生长季(5~10 月)平均覆盖度。

2000~2010 年逐旬植被覆盖度数据来源于《全国地区 250m 分辨率植被覆盖度数据》。其他土地利用类型(湖泊、水库/坑塘、河流、运河、旱地、居住地、工业用地、交通用地、采矿场、裸岩、裸土、沙漠/沙地、盐碱地、冰川/永久积雪)的 B 值根据抽样调查结果推算。具体方法如下:①统计抽样调查单元中各类土地利用类型的 B 均值;②将其他土地利用类型的 B 均值联结到土地利用类型图的属性表中。稀疏草地、稀疏灌木林和稀疏林地 B 因子采用美国农业部农业手册 537 号给出的数据,具体结果见表 7-1。

表 7-1　其他土地利用类型 B 因子取值

土地利用	冰川/永久积雪	采矿场	工业用地	交通用地	居住地	旱地
B	0	1	1	0.01	0.01	1
土地利用	沙漠/沙地	裸岩	河流	湖泊	盐碱地	水库/坑塘
B	1	0	0	0	1	0
土地利用	灌丛沼泽	森林沼泽	稀疏草地	稀疏灌木林	稀疏林	裸土
B	0	0	0.45	0.36	0.42	1

最后,将土地利用类型图进行数据格式转换,分别以 B 值作为字段,转化成 2000 年、2005 年和 2010 年的水土保持生物措施因子栅格图(250m×250m),结果如图 7-14~图 7-16 所示。

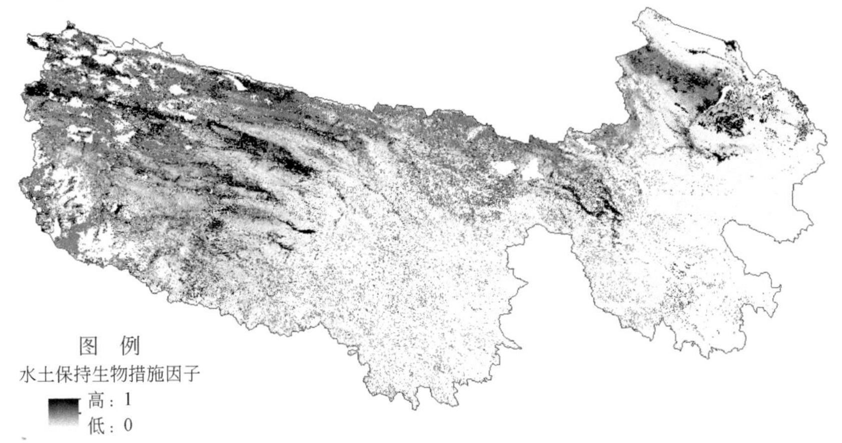

图 7-14　三江源区 2000 年水土保持生物措施(植被覆盖)因子分布图

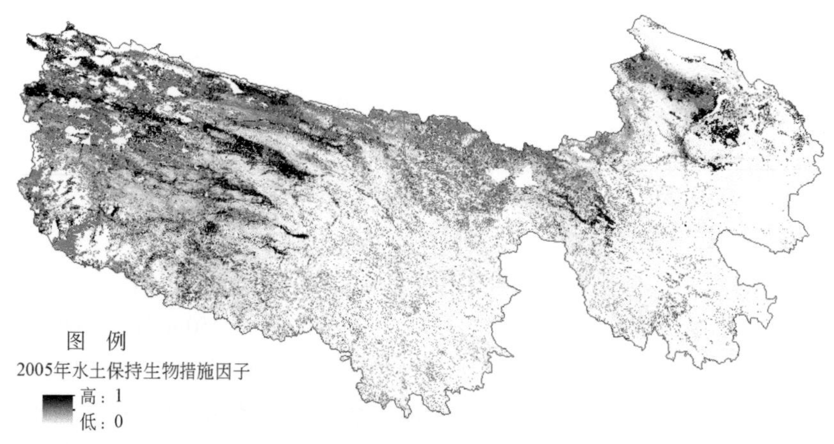

图 7-15 三江源区 2005 年水土保持生物措施（植被覆盖）因子分布图

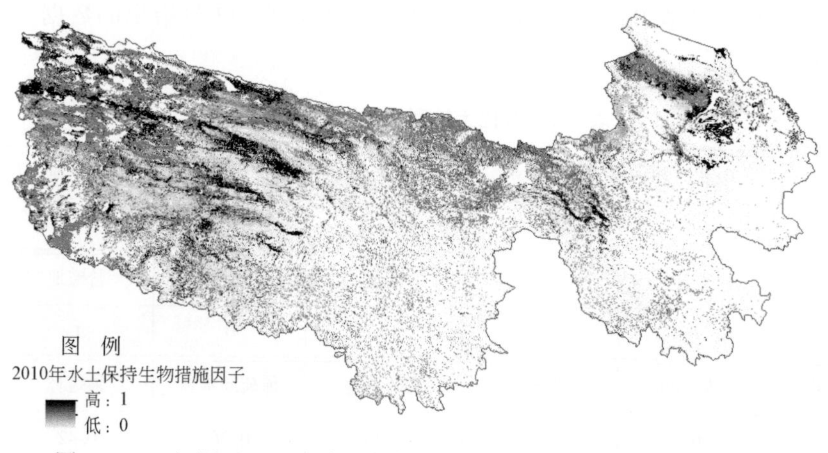

图 7-16 三江源区 2010 年水土保持生物措施（植被覆盖）因子分布图

潜在最大植被因子 B_p 与 B 因子计算方法相同，但植被覆盖度采用项目组统一计算的 2000～2010 年生态系统极端退化条件下的植被覆盖度。

7.1.3.6 水土保持工程措施因子和水土保持耕作措施因子

全国土壤侵蚀普查成果中已经计算了各抽样调查单元中各地块的水土保持工程措施因子（E）和水土保持耕作措施因子（T）。本研究根据三江源区 1∶10 万土地利用现状图和抽样调查结果推算 E 和 T。具体方法如下：①统计三江源区域内抽样调查单元中各类土地利用类型的 E、T 均值；②将 E、T 均值联结到土地利用类型图的属性表中；③将土地利用类型图进行数据格式转换，分别以 E、T 均值作为字段，转化成 50m×50m 的栅格图。

由于三江源区 2000～2010 年土地利用变化不大，E 值和 T 值基本保持不变。

7.2 三江源区土壤保持量估算

7.2.1 三江源区 2000 ~ 2010 年土壤侵蚀强度变化

三江源区 2005 年、2010 年与 2000 年相比，平均土壤侵蚀强度略有减少。土壤侵蚀强度介于 0 ~ 200t/km^{2}的面积比例显著增加（图 7-17）。从不同流域来看，澜沧江源区、西内陆各流域和长江源区土壤侵蚀强度均降低，而黄河源区不同河段有增有减(表 7-2、图 7-18、图 7-19)。从不同土地利用条件下的土壤侵蚀强度变化来看，土壤侵蚀最严重的是稀疏林，其次是稀疏灌木林。而草本绿地、常绿针叶林、落叶阔叶灌木林土壤侵蚀强度相对较小。此外，草甸、草原和落叶阔叶灌木林的土壤侵蚀强度从 2000 年到 2005 年、2010 年明显降低，旱地，裸土和盐碱地土壤侵蚀强度则有所增加(图 7-20)。表 7-4 和表 7-5 统计了 2000 年、2005 年和 2010 年三江源区 22 个县土壤侵蚀量及其变化量。

表 7-2　三江源区 2000 年、2005 年和 2010 年二级流域土壤侵蚀量

流域	二级流域	面积/km^2	2000 年侵蚀量/万 t	2005 年侵蚀量/万 t	2010 年侵蚀量/万 t
黄河	玛曲至龙羊峡	41 779	1 021. 649 1	939. 687 4	919. 591 3
黄河	龙羊峡至兰州	10 973	512. 972 3	418. 118 0	407. 191 8
黄河	河源至玛曲	58 903	1 291. 495 4	1 175. 878 2	1 128. 006 0
黄河	大夏河与洮河	2 521	28. 117 7	39. 794 5	37. 891 3
黄河合计	—	114 176	2 854. 234 5	2 573. 478 1	2 492. 680 4
澜沧江	沘江口以上	36 326	1 154. 499 5	1 069. 084 7	1 029. 302 3
西北诸河	羌塘高原区	38 472	598. 842 7	590. 831 7	574. 847 9
西北诸河	柴达木盆地西	11 833	188. 313 4	182. 501 8	175. 176 8
西北诸河	柴达木盆地东	4 939	90. 164 7	82. 295 6	75. 629 2
西北诸河	青海湖水系	1321 8	231. 001 1	189. 944 6	182. 271 5
西北诸河合计	—	68 462	1 108. 322 0	1 045. 573 7	1 007. 925 4
长江	通天河	135 655	2 250. 342 8	2 099. 556 1	1 985. 415 9
长江	雅砻江	6 609	123. 565 4	111. 525 2	105. 592 7
长江	直门达至石鼓	379 1	80. 473 6	73. 397 7	66. 149 2
长江	大渡河	909 7	418. 338 5	372. 728 5	362. 734 5
长江合计	—	155 152	2 872. 720 3	2 657. 207 5	2 519. 892 3
合计	—	374 115	7 989. 776 1	7 345. 343 9	7 049. 800 5

注：降雨侵蚀力使用 1980 ~ 2010 年平均值。

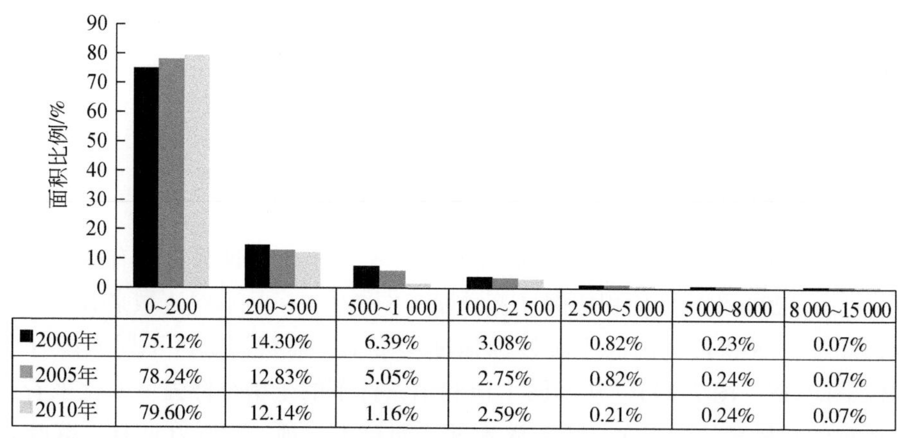

90
80
70
60
50
40
30
20
10
0
面积比例/%
0~200 | 200~500 | 500~1 000 | 1000~2 500 | 2 500~5 000 | 5 000~8 000 | 8 000~15 000
2000年 | 75.12% | 14.30% | 6.39% | 3.08% | 0.82% | 0.23% | 0.07%
2005年 | 78.24% | 12.83% | 5.05% | 2.75% | 0.82% | 0.24% | 0.07%
2010年 | 79.60% | 12.14% | 1.16% | 2.59% | 0.21% | 0.24% | 0.07%
土壤侵蚀强度/(t/km²)

图 7-17　三江源区 2000 年、2005 年和 2010 年不同土壤侵蚀强度面积比例变化

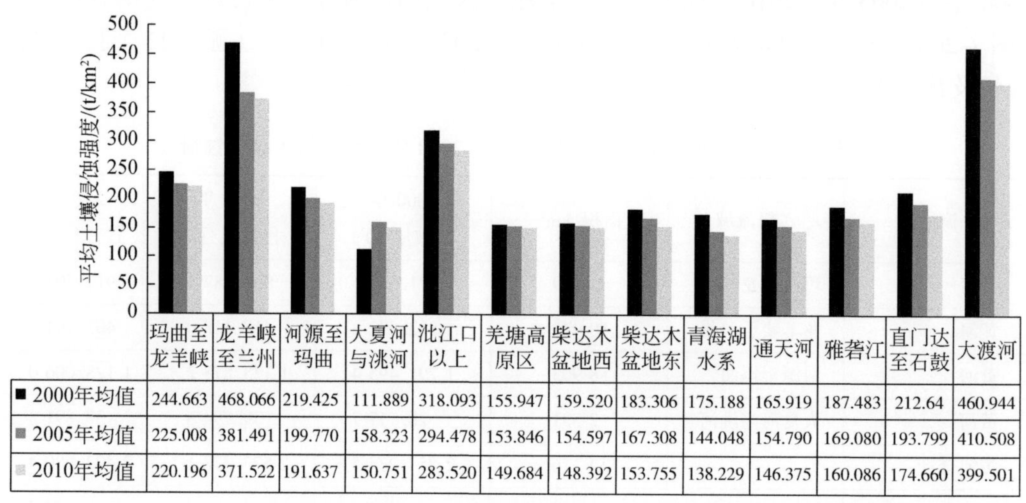

500
450
400
350
300
250
200
150
100
50
0
平均土壤侵蚀强度/(t/km²)
玛曲至龙羊峡 | 龙羊峡至兰州 | 河源至玛曲 | 大夏河与洮河 | 沘江口以上 | 羌塘高原区 | 柴达木盆地西 | 柴达木盆地东 | 青海湖水系 | 通天河 | 雅砻江 | 直门达至石鼓 | 大渡河
2000年均值 | 244.663 | 468.066 | 219.425 | 111.889 | 318.093 | 155.947 | 159.520 | 183.306 | 175.188 | 165.919 | 187.483 | 212.64 | 460.944
2005年均值 | 225.008 | 381.491 | 199.770 | 158.323 | 294.478 | 153.846 | 154.597 | 167.308 | 144.048 | 154.790 | 169.080 | 193.799 | 410.508
2010年均值 | 220.196 | 371.522 | 191.637 | 150.751 | 283.520 | 149.684 | 148.392 | 153.755 | 138.229 | 146.375 | 160.086 | 174.660 | 399.501
流域河段

图 7-18　三江源区各流域不同河段 2000 年、2005 年和 2010 年平均土壤侵蚀强度比较

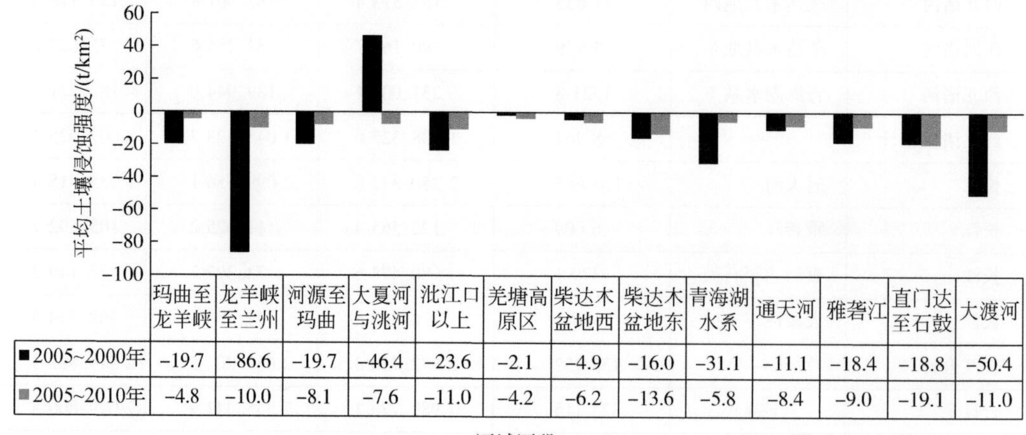

60
40
20
0
−20
−40
−60
−80
−100
平均土壤侵蚀强度/(t/km²)
玛曲至龙羊峡 | 龙羊峡至兰州 | 河源至玛曲 | 大夏河与洮河 | 沘江口以上 | 羌塘高原区 | 柴达木盆地西 | 柴达木盆地东 | 青海湖水系 | 通天河 | 雅砻江 | 直门达至石鼓 | 大渡河
2005~2000年 | −19.7 | −86.6 | −19.7 | −46.4 | −23.6 | −2.1 | −4.9 | −16.0 | −31.1 | −11.1 | −18.4 | −18.8 | −50.4
2005~2010年 | −4.8 | −10.0 | −8.1 | −7.6 | −11.0 | −4.2 | −6.2 | −13.6 | −5.8 | −8.4 | −9.0 | −19.1 | −11.0
河域河段

图 7-19　三江源区各流域不同河段 2000 年、2005 年和 2010 年平均土壤侵蚀强度变化

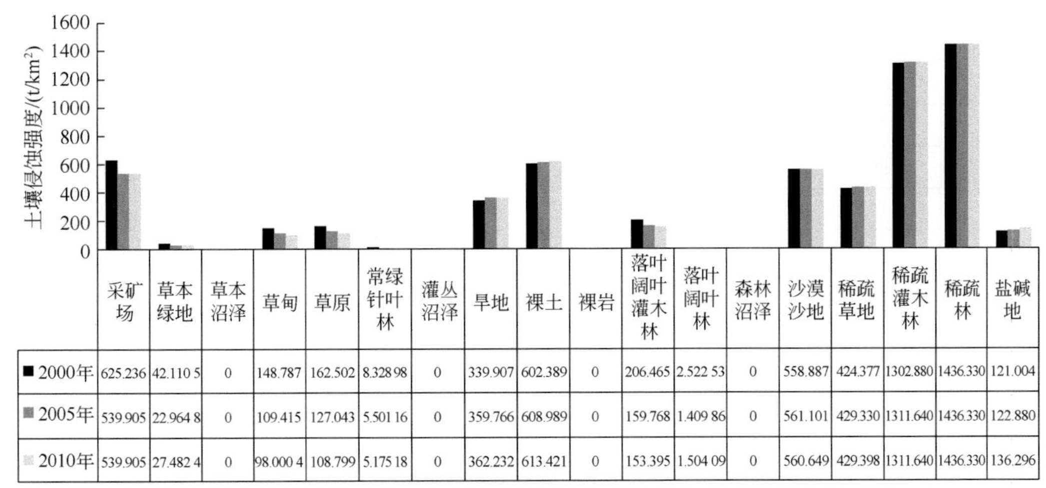

	采矿场	草本绿地	草本沼泽	草甸	草原	常绿针叶林	灌丛沼泽	旱地	裸土	裸岩	落叶阔叶灌木林	落叶阔叶林	森林沼泽	沙漠沙地	稀疏草地	稀疏灌木林	稀疏林	盐碱地
■2000年	625.236	42.110 5	0	148.787	162.502	8.328 98	0	339.907	602.389	0	206.465	2.522 53	0	558.887	424.377	1302.880	1436.330	121.004
■2005年	539.905	22.964 8	0	109.415	127.043	5.501 16	0	359.766	608.989	0	159.768	1.409 86	0	561.101	429.330	1311.640	1436.330	122.880
■2010年	539.905	27.482 4	0	98.000 4	108.799	5.175 18	0	362.232	613.421	0	153.395	1.504 09	0	560.649	429.398	1311.640	1436.330	136.296

图 7-20　三江源区 2000 年、2005 年和 2010 年不同土地利用条件下的土壤侵蚀强度变化

表 7-3　三江源区 2000～2010 年生态系统土壤侵蚀量统计　　单位：万 t

类型＼年份	2000	2005	2010
裸地	1 305. 461 3	1 305. 849 0	1 303. 139 3
草地	6 110. 046 0	5 510. 153 2	5 229. 017 3
荒漠	140. 190 1	140. 156 4	140. 159 1
农田	72. 094 3	67. 224 4	66. 465 2
灌丛	315. 881 1	275. 227 5	264. 262 8
森林	46. 383 1	46. 986 5	46. 950 6
城镇	0. 497 0	0. 560 4	0. 584 6
冰川/永久积雪	0. 000 0	0. 000 0	0. 000 0

表 7-4　三江源区 2000～2010 年各州（县）土壤侵蚀量

州（县）		面积/km²	2000 年/万 t	2005 年/万 t	2010 年/万 t
黄南州	同仁县	3 167	132. 423 7	104. 685 8	103. 627 0
	尖扎县	1 562	84. 685 1	68. 420 4	67. 176 1
	泽库县	6 565	115. 542 3	82. 515 7	80. 887 6
	河南县	6 664	49. 563 6	87. 049 6	84. 495 3
	小计	17 958	382. 214 7	342. 671 5	336. 186 0

续表

州（县）		面积/km²	2000 年/万 t	2005 年/万 t	2010 年/万 t
海南州	共和县	14 213	294.003 5	251.041 4	242.380 3
	同德县	4 591	149.674 6	124.636 7	124.747 8
	贵德县	353 8	186.611 6	158.874 4	153.306 5
	兴海县	12 042	303.836 1	245.241 6	241.655 6
	贵南县	6 675	278.649 7	236.465 7	230.938 5
	小计	41 058	1 212.775 4	1 016.259 8	993.028 6
果洛州	玛沁县	13 287	319.583 1	342.983 8	328.737 3
	班玛县	6 193	248.459 5	213.645 1	205.101 8
	甘德县	7 102	219.398 4	182.990 0	176.147 3
	达日县	14 136	454.128 4	417.788 5	403.790 7
	久治县	8 211	289.177 2	246.711 2	235.175 4
	玛多县	22 763	371.939 7	355.076 1	334.776 4
	小计	71 692	1 902.686 2	1 759.194 6	1 683.728 8
玉树州	玉树县	15 052	357.523 5	316.502 9	299.193 7
	杂多县	34 964	785.608 4	737.182 4	708.315 8
	称多县	14 543	233.080 2	216.152 7	204.654 8
	治多县	76 726	1261.874 7	1199.029 3	1146.840 6
	囊谦县	11 929	457.458 3	424.078 4	410.077 4
	曲麻莱县	46 008	677.262 6	636.044 5	608.191 5
	小计	199 221	3 772.807 7	3 528.990 2	3 377.273 8
唐古拉山镇		43 932	720.067 9	699.041 2	660.359 3
合计		373 861	7 990.551 9	7 346.157 4	7 050.576 6

表 7-5　三江源区 2000～2010 年各州（县）土壤侵蚀量变化

州（县）		面积/km²	2005～2000 年/万 t	2010～2005 年/万 t	2010～2000 年/万 t
黄南州	同仁县	3 167	-27.737 9	-1.058 8	-28.796 7
	尖扎县	156 2	-16.264 7	-1.244 3	-17.509
	泽库县	6 565	-33.026 6	-1.628 1	-34.654 7
	河南县	666 4	37.486	-2.554 3	34.931 7
	小计	17 958	-39.543 2	-6.485 5	-46.028 7
海南州	共和县	14 213	-42.962 1	-8.661 1	-51.623 2
	同德县	459 1	-25.037 9	0.111 1	-24.926 8
	贵德县	3 538	-27.737 2	-5.567 9	-33.305 1
	兴海县	1204 2	-58.594 5	-3.586	-62.180 5
	贵南县	6 675	-42.184	-5.527 2	-47.711 2
	小计	41 058	-196.516	-23.231 2	-219.747

续表

州（县）		面积/km²	2005～2000 年/万 t	2010～2005 年/万 t	2010～2000 年/万 t
果洛州	玛沁县	13 287	23.400 7	-14.246 5	9.154 2
	班玛县	6 193	-34.814 4	-8.543 3	-43.357 7
	甘德县	7 102	-36.408 4	-6.842 7	-43.251 1
	达日县	14 136	-36.339 9	-13.997 8	-50.337 7
	久治县	8 211	-42.466	-11.535 8	-54.001 8
	玛多县	22 763	-16.863 6	-20.299 7	-37.163 3
	小计	71 692	-143.492	-75.465 8	-218.957
玉树州	玉树县	15 052	-41.020 6	-17.309 2	-58.329 8
	杂多县	34 964	-48.426	-28.866 6	-77.292 6
	称多县	14 543	-16.927 5	-11.497 9	-28.425 4
	治多县	76 726	-62.845 4	-52.188 7	-115.034
	囊谦县	11 929	-33.379 9	-14.001	-47.380 9
	曲麻莱县	46 008	-41.218 1	-27.853	-69.071 1
	小计	199 221	-243.818	-151.716	-395.534
唐古拉山镇		43 932	-21.026 7	-38.681 9	-59.708 6
合计		373 861	-644.395	-295.581	-939.975

7.2.2 三江源区 2000～2010 年土壤保持量

7.2.2.1 2000～2010 年三江源区植被覆盖度变化

从图 7-21～图 7-24 可以看出，2000～2010 年三江源区植被覆盖度略有增加，其中，年均植被覆盖度在 15% 以下的面积比例减少约 7%，植被覆盖度 30%～60% 的面积比例明显增加，植被覆盖度大于 60% 的面积比例没有变化。

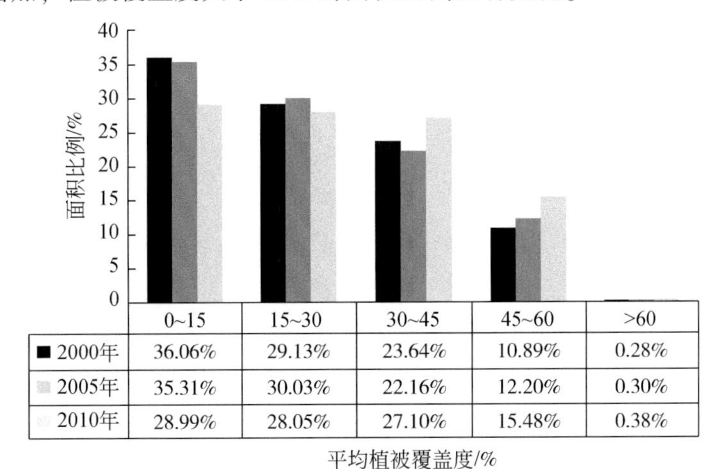

图 7-21 三江源区 2000 年、2005 年和 2010 年植被覆盖度分级统计图

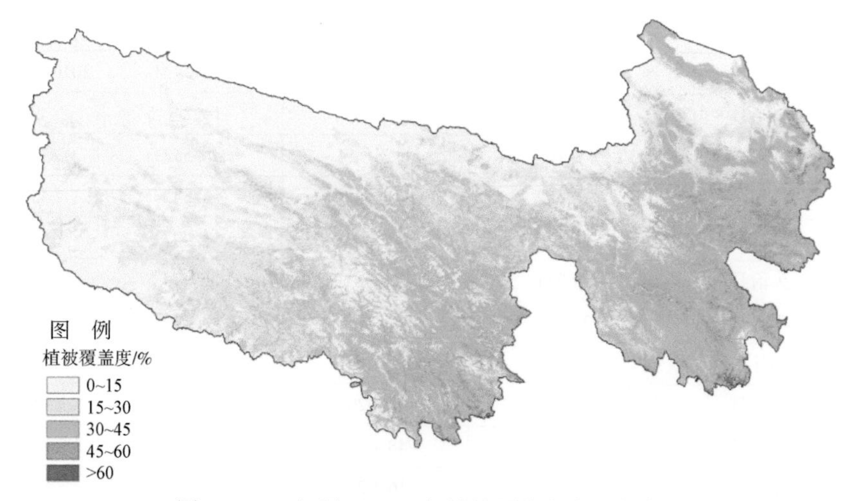

图 7-22　三江源区 2000 年植被覆盖度分级统计图

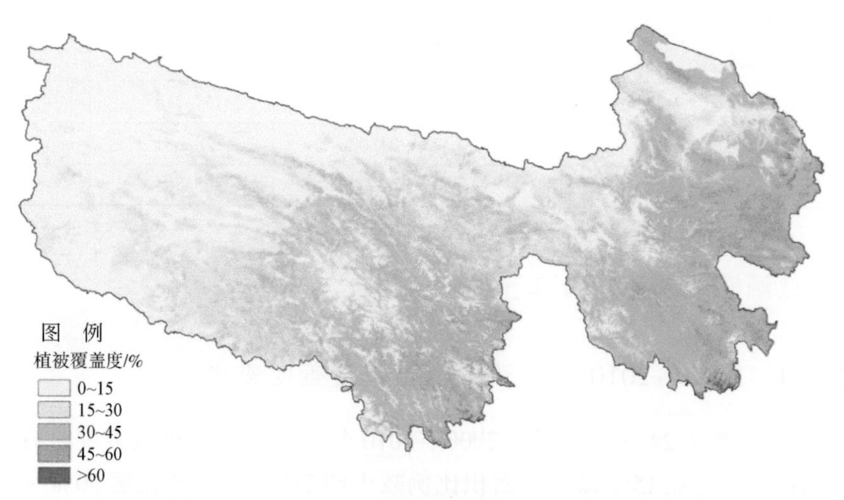

图 7-23　三江源区 2005 年植被覆盖度分级统计图

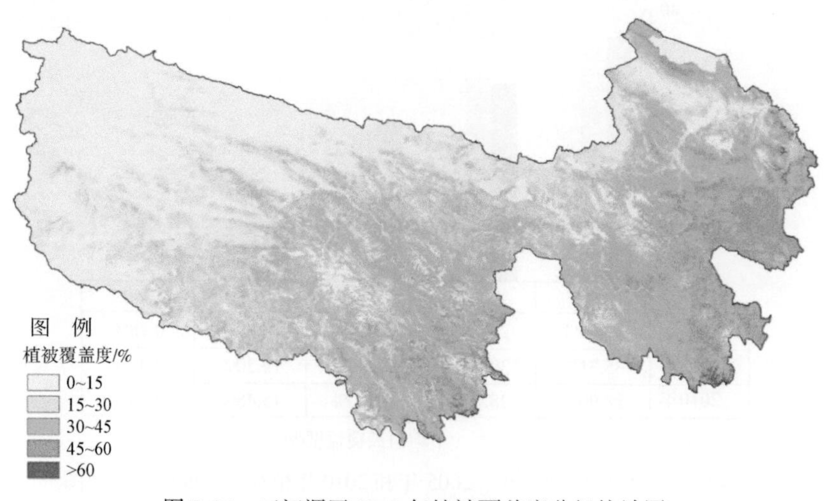

图 7-24　三江源区 2010 年植被覆盖度分级统计图

7.2.2.2　2000～2010年三江源区土地利用变化

图7-25表明，2000～2010年三江源区土地利用总体变化不大，面积比例减少在1%以上的有裸岩和草本沼泽，面积比例增加大于1%的是灌木林。

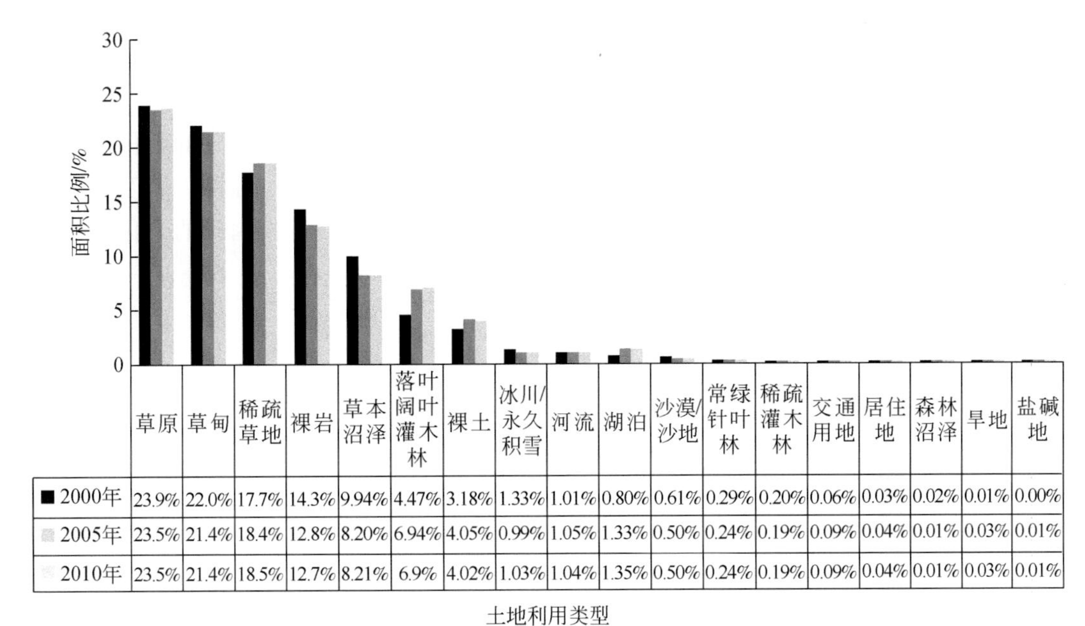

	草原	草甸	稀疏草地	裸岩	草本沼泽	落叶阔叶灌木林	裸土	冰川/永久积雪	河流	湖泊	沙漠/沙地	常绿针叶林	稀疏灌木林	交通用地	居住地	森林沼泽	旱地	盐碱地
2000年	23.9%	22.0%	17.7%	14.3%	9.94%	4.47%	3.18%	1.33%	1.01%	0.80%	0.61%	0.29%	0.20%	0.06%	0.03%	0.02%	0.01%	0.00%
2005年	23.5%	21.4%	18.4%	12.8%	8.20%	6.94%	4.05%	0.99%	1.05%	1.33%	0.50%	0.24%	0.19%	0.09%	0.04%	0.01%	0.03%	0.01%
2010年	23.5%	21.4%	18.5%	12.7%	8.21%	6.9%	4.02%	1.03%	1.04%	1.35%	0.50%	0.24%	0.19%	0.09%	0.04%	0.01%	0.03%	0.01%

图7-25　三江源区2000～2010年土地利用变化

7.2.2.3　2000～2010年三江源区潜在土壤侵蚀变化

本研究假定生态系统极端退化条件下的土壤侵蚀作为潜在土壤侵蚀，并计算了2000年、2005年和2010年的潜在土壤侵蚀量及其变化。生态系统极端退化条件下植被因子计算结果见表7-6。

表7-6　生态系统极端退化条件下植被因子（B_p）

生态系统	冰川/永久积雪	水库/坑塘	河流	湖泊	裸岩
B_p	0	0	0	0	0
生态系统	工业用地	沙漠/沙地	盐碱地	旱地	采矿场
B_p	1	1	1	1	1
生态系统	裸土	交通用地	居住地		
B_p	1	0.01	0.01		
生态系统	常绿针叶林	乔木绿地	稀疏林	落叶阔叶林	森林沼泽
B_p	0.42	0.42	0.42	0.42	0.42

续表

生态系统	灌丛沼泽	落叶阔叶灌木林	稀疏灌木林		
B_p	0. 36	0. 36	0. 36		
生态系统	草本沼泽	草甸	草原	稀疏草地	草本绿地
B_p	0. 55	0. 55	0. 55	0. 55	0. 55

图 7-26 表明，与 2000 年相比，2005 年和 2010 年潜在土壤侵蚀强度的面积比例基本保持不变。计算潜在土壤侵蚀强度时只考虑降雨侵蚀力、土壤可蚀性、坡度和坡长因子，其中，降雨侵蚀力因子采用的 1981 ~ 2010 年平均值，而其他因子的变化忽略不计。因此，潜在土壤侵蚀强度基本不变。

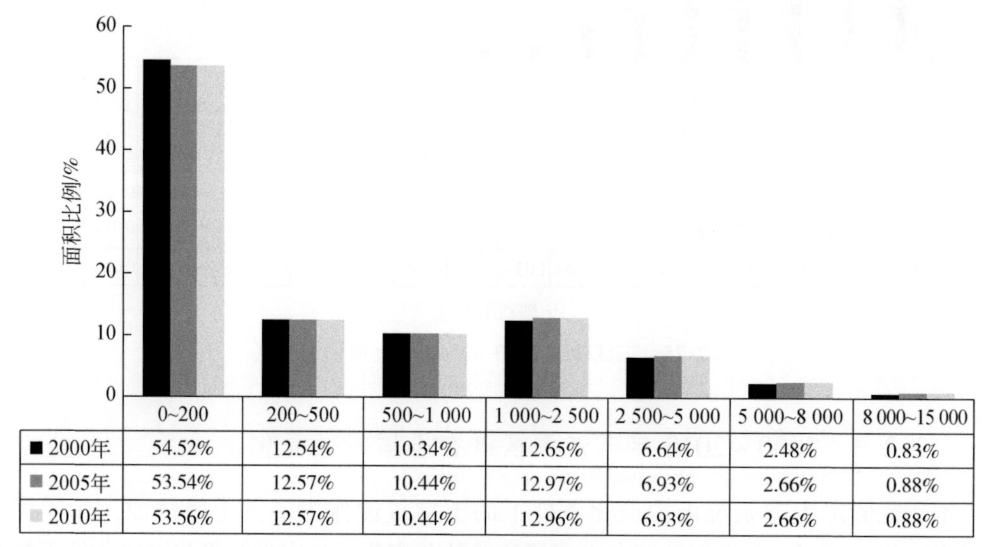

	0~200	200~500	500~1 000	1 000~2 500	2 500~5 000	5 000~8 000	8 000~15 000
2000年	54.52%	12.54%	10.34%	12.65%	6.64%	2.48%	0.83%
2005年	53.54%	12.57%	10.44%	12.97%	6.93%	2.66%	0.88%
2010年	53.56%	12.57%	10.44%	12.96%	6.93%	2.66%	0.88%

图 7-26　三江源区 2000 年、2005 年和 2010 年潜在土壤侵蚀强度变化

7. 2. 2. 4　2000 ~ 2010 年三江源区土壤保持量的变化

潜在土壤侵蚀量与实际土壤侵蚀量的差值作为生态建设的土壤保持量。从图 7-27 可以看出，2010 年与 2000 年和 2005 年相比，年均土壤保持量明显增加，尤其是黄河源区。2010 年长江源区年均土壤保持量最大，尤其是大渡河流域，超过 2400 万 t；其次是黄河源区，以大夏河与洮河流域年均土壤保持量最大，超过 1900 万 t。表 7-7 统计了三江源区 22 个县 2000 年、2005 年和 2010 年的土壤保持量。表 7-8 统计了三江源区 10 类生态系统的 2000 年、2005 年和 2010 年的土壤保持量。表 7-9 统计了三江源区各二级流域 2000 年、2005 年和 2010 年的土壤保持量。

2000 ~ 2010 年，各类土地利用面积和覆盖度都发生了变化，相应的生态系统服务功能也发生了变化。为了估算三江源区各类生态系统土壤保持量的变化，本研究计算了假定多年平均降雨侵蚀力的条件下，2000 年、2005 年和 2010 年各类生态系统平均土壤侵蚀量，把不同年份土壤侵蚀量的差值作为生态系统土壤保持量。结果表明，从不同土地利用条件来看，草地生态系统的土壤保持量最大，其次是灌丛和沼泽，但土壤保持量远小于草地，主要原因是草地生态系统面积最大，占三江源区的 70% 以上。

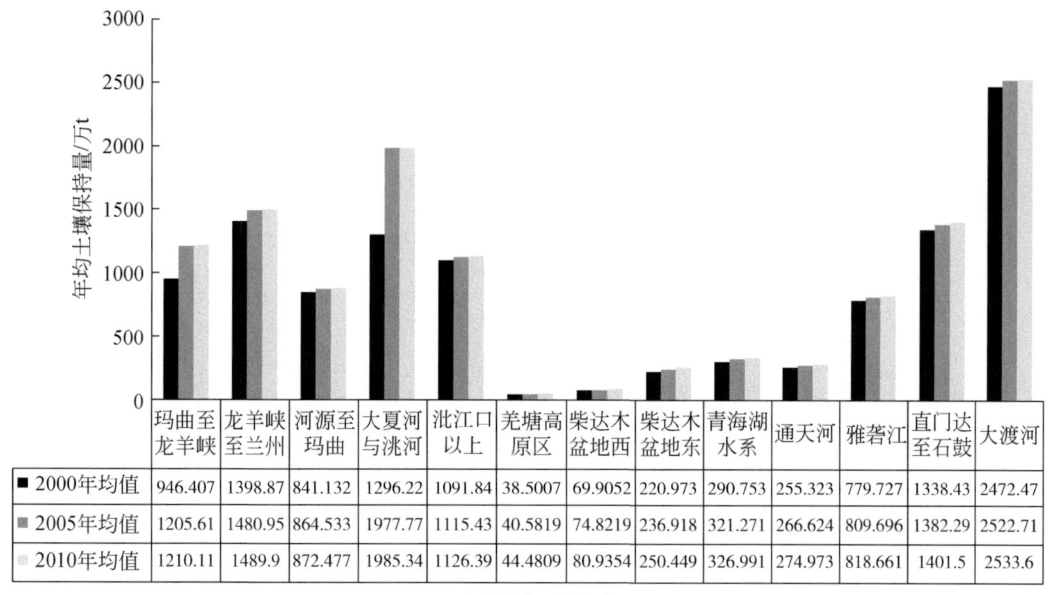

图 7-27　三江源区各二级流域 2000 年、2005 年和 2010 年年均土壤保持量比较

表 7-7　三江源区 2000～2010 年各州（县）土壤保持量统计

州（县）		面积/km²	2000 年均值/t	2005 年均值/t	2010 年均值/t
黄南州	同仁县	3 167	6 370 650	6 634 978	6 645 430
	尖扎县	1 562	2 423 865	2 571 141	2 582 873
	泽库县	6 565	8 789 770	9 119 046	9 134 539
	河南县	6 664	7 711 084	13 499 316	13 524 440
	小计	17 958	25 295 369	31 824 482	31 887 282
海南州	共和县	14 213	4 131 529	4 541 764	4 625 988
	同德县	4 591	6 799 219	7 260 381	7 258 499
	贵德县	3 538	2 965 085	3 225 959	3 275 470
	兴海县	12 042	8 710 412	9 293 201	9 328 387
	贵南县	6 675	4 171 000	4 533 975	4 585 139
	小计	41 058	26 949 981	29 034 780	29 252 792

续表

州（县）		面积/km²	2000 年均值/t	2005 年均值/t	2010 年均值/t
果洛州	玛沁县	13 287	12 398 058	17 702 005	17 834 346
	班玛县	6 193	16 257 207	16 614 517	16 699 541
	甘德县	7 102	12 770 814	13 144 129	13 212 023
	达日县	14 136	15 920 738	16 578 487	16 717 023
	久治县	8 211	21 873 884	22 301 485	22 414 059
	玛多县	22 763	4 620 751	4 788 773	4 987 172
	小计	71 692	83 841 452	91 129 396	91 864 164
玉树州	玉树县	15 052	18 363 892	18 786 680	18 959 923
	杂多县	34 964	16 994 484	17 484 298	17 773 628
	称多县	14 543	8 734 635	9 028 219	9 142 515
	治多县	76 726	12 038 409	12 661 565	13 176 394
	囊谦县	11 929	17 246 635	17 588 328	17 728 254
	曲麻莱	46 008	7 903 904	8 311 991	8 581 365
	小计	199 221	81 281 960	83 861 081	85 362 079
唐古拉山镇		43 932	4 392 354	4 603 515	4 984 666
合计		373 861	221 761 116	240 453 254	243 350 983

注：降雨侵蚀力采用 1981–2010 年平均值。

表 7-8　三江源区 2000～2010 年 10 类生态系统土壤保持量统计　　单位：万 t

生态系统类型	2000 年	2005 年	2010 年
冰川/永久积雪	0. 000 0	0. 000 0	0. 000 0
草地	18 527. 219 8	19 946. 818 0	20 226. 293 6
城镇	0. 403 9	0. 434 4	0. 642 3
灌丛	2 405. 509 8	2 851. 552 9	2 862. 589 7
荒漠	0. 084 8	0. 065 6	0. 065 6
裸地	0. 000 0	0. 000 0	0. 000 0
农田	103. 131 5	87. 312 4	86. 130 7
森林	249. 852 5	255. 616 6	255. 652 9
水体	0. 000 0	0. 000 0	0. 000 0
沼泽	884. 474 7	899. 623 2	899. 759 4
合计	22 170. 677 0	24 041. 423 1	24 331. 134 2

表 7-9　三江源区 2000 ~ 2010 年各二级流域土壤保持量

一级流域	二级流域	面积/km^2	2000 年/万 t	2005 年/万 t	2010 年/万 t
黄河流域	玛曲至龙羊峡	41 779	3 951.949 6	5 034.916 7	5 053.709 8
黄河流域	龙羊峡至兰州	10 973	1 533.077 6	1 623.136	1 632.945 3
黄河流域	河源至玛曲	58 903	4 950.726 3	5 088.779 6	5 135.539 2
黄河流域	大夏河与洮河	2 521	325.740 1	497.112 5	499.015 2
黄河流域合计	—	114 176	10 761.493 6	12 243.944 8	12 321.209 5
澜沧江流域	沘江口以上	36 326	3 962.767 8	4 049.501 7	4 089.291 3
西北诸河流域	羌塘高原区	38 472	147.844 2	155.851 1	170.824 9
西北诸河流域	柴达木盆地西	11 833	82.523 1	88.327 3	95.544 2
西北诸河流域	柴达木盆地东	4 939	108.692 4	116.535 5	123.191 1
西北诸河流域	青海湖水系	13 218	383.384	423.634 4	431.176 9
西北诸河流域合计	—	68 462	722.443 7	784.348 3	820.737 1
长江流域	通天河	135 655	3 462.920 3	3 616.461 3	3 729.706 3
长江流域	雅砻江	6 609	513.898 6	534.075 5	539.988 8
长江流域	直门达至石鼓	3 791	506.528 8	523.516 1	530.791 5
长江流域	大渡河	9 097	2 243.937 1	2 290.542 5	2 300.430 3
长江流域合计	—	155 152	6 727.284 8	6 964.595 4	7 100.916 9
合计	—	374 116	22 173.989 9	24 042.390 2	24 332.154 8

7.2.3　三江源区 2000 ~ 2010 年土壤保持功能保有率

土壤保持功能保有率是评价区域某类生态系统土壤保持量达到同类最优生态系统土壤保持量的水平。从各类生态系统来看（表 7-10），森林沼泽生态系统土壤保持功能保有率最高，接近 80%；2010 年是研究时段内生态系统状态最优的年份，达到 70% 以上的还有常绿针叶林、灌丛沼泽、落叶阔叶灌木林和草甸生态系统；大部分生态系统的土壤保持功能保有率在 50% ~ 70%。自然生态系统中，土壤保持功能保有率最差的是沙漠/沙地、盐碱地和裸土。由于冰川/永久积雪、水体和裸岩生态系统不发生土壤侵蚀，研究无须计算土壤保持功能保有率。从空间分布来看，整体上从东南向西北递减；从时间变化来看，2000 ~ 2010 年土壤保持功能保有率有较大幅度提高。但是东部的共和县、贵南县和玛沁县等 2005 年有大面积土壤保持功能保有率只在 50% 左右，而且到 2010 年共和县和贵南县的土壤保持功能保有率并没有大幅度的增加。二级流域和县区统计的生态系统土壤保持功能保有率见表 7-11 和表 7-12。

表 7-10　三江源区 2000～2010 年各生态系统土壤保持功能保有率　　单位:%

生态系统类型	生态系统类型 2	2000 年	2005 年	2010 年
冰川/永久积雪	冰川/永久积雪	—	—	—
城镇	采矿场	16.67	21.43	21.43
城镇	草本绿地	54.61	51.75	56.65
城镇	工业用地	67.57	65.33	64.23
城镇	交通用地	55.92	55.95	55.87
城镇	居住地	56.85	56.70	56.43
沼泽	草本沼泽	65.82	65.80	65.79
沼泽	灌丛沼泽	71.79	71.79	71.79
沼泽	森林沼泽	78.36	79.52	79.52
草地	草甸	67.45	69.99	70.89
草地	草原	50.53	54.87	58.12
草地	稀疏草地	67.22	67.25	67.26
森林	常绿针叶林	72.93	72.97	72.98
森林	落叶阔叶林	56.29	56.51	56.50
森林	稀疏灌木林	61.16	61.13	61.13
森林	稀疏林	50.70	50.70	50.70
农田	旱地	63.06	60.45	60.50
水体	河流	—	—	—
水体	湖泊	—	—	—
水体	水库/坑塘	—	—	—
裸地	裸土	6.16	6.08	6.10
裸地	裸岩	—	—	—
灌丛	落叶阔叶灌木林	68.32	70.73	71.03
荒漠	沙漠/沙地	1.65	1.62	1.63
荒漠	盐碱地	2.13	2.37	2.37

表 7-11　三江源区 2000～2010 年各二级流域生态系统土壤保持功能保有率

一级流域	二级流域	面积/km^2	2000 年/%	2005 年/%	2010 年/%
黄河流域	玛曲至龙羊峡	41 779	53.35	63.19	63.62
黄河流域	龙羊峡至兰州	10 973	58.90	62.31	62.73

续表

一级流域	二级流域	面积/km²	2000 年/%	2005 年/%	2010 年/%
黄河流域	河源至玛曲	58 903	59.76	61.03	61.85
黄河流域	大夏河与洮河	2 521	49.39	73.21	73.42
澜沧江流域	沘江口以上	36 326	56.02	57.05	57.55
西北诸河流域	羌塘高原区	38 472	29.59	30.26	31.60
西北诸河流域	柴达木盆地西	11 833	43.76	44.92	46.70
西北诸河流域	柴达木盆地东	4 939	50.10	52.78	55.10
西北诸河流域	青海湖水系	13 218	51.37	55.76	56.60
长江流域	通天河	135 655	47.15	48.98	50.55
长江流域	雅砻江	6 609	59.15	61.20	61.81
长江流域	直门达至石鼓	3 791	60.73	62.69	63.38
长江流域	大渡河	9 097	69.15	70.50	70.77

表 7-12　三江源区 2000～2010 年各县（镇）土壤保持功能保有率

县（镇）	面积/km²	2000 年/%	2005 年/%	2010 年/%
同仁县	3 179	71.85	74.43	74.50
尖扎县	1 567	65.45	68.83	69.12
泽库县	6 570	65.48	68.26	68.40
河南县	6 682	43.80	71.06	71.16
共和县	14 322	49.93	53.67	54.42
同德县	4 590	68.52	72.94	73.04
贵德县	3 553	46.58	49.74	50.33
兴海县	12 090	56.95	61.65	62.34
贵南县	6 848	51.64	56.55	57.53
玛沁县	13 288	48.49	61.95	62.44
班玛县	6 209	70.66	72.15	72.51
甘德县	7 103	66.64	68.50	68.80
达日县	14 167	60.83	63.40	63.94
久治县	8 228	67.68	68.92	69.22
玛多县	22 837	53.36	54.65	56.31
玉树县	15 054	60.94	62.23	62.72
杂多县	34 980	51.41	52.70	53.45
称多县	14 552	59.87	61.11	61.72

续表

县（镇）	面积/km^2	2000 年/%	2005 年/%	2010 年/%
治多县	76 936	38.45	39.93	41.37
囊谦县	11 941	61.31	62.37	62.75
曲麻莱县	46 239	50.16	52.01	53.48
唐古拉山镇	43 979	39.75	40.93	43.03

7.3 三江源区土壤肥力保持量估算

土壤肥力保持量的评估考虑了土壤有机质、土壤全氮、全磷和全钾的保持量，具体计算方法是用土壤保持量乘以土壤中有机质、土壤全氮、全磷和全钾的含量百分比得到的。各种养分的含量数据来自 1∶100 万土壤质地数据。表 7-13 和表 7-14 列出了三江源区各二级流域 2000 年、2005 年和 2010 年土壤肥力保持量。图 7-28 为各二级流域单位面积土壤肥力保持量的比较。二级流域单位面积上的土壤肥力保持量差异很大。黄河源区的大夏河与洮河流域和龙羊峡至兰州流域及长江源区的大渡河流域和直门达至石鼓段单位面积上的土壤肥力保持量较大，西北诸河流域单位面积上的土壤肥力保持量都很小。

表 7-13　三江源区 2000 ~ 2010 年各二级流域有机质和全氮保持量统计　单位：t

二级流域	有机质			全氮		
	2000 年	2005 年	2010 年	2000 年	2005 年	2010 年
大夏河与洮河	151 808	217 742	218 142	6 993	10 518	10 548
河源至玛曲	831 648	852 853	861 423	39 938	40 991	41 455
龙羊峡至兰州	510 934	539 491	542 436	29 254	30 905	31 074
玛曲至龙羊峡	824 688	1 098 541	1 101 569	42 869	56 827	57 008
沘江口以上	820 736	837 149	845 439	46 913	47 865	48 352
柴达木盆地东	12 547	13 609	14 551	944	1 025	1 098
柴达木盆地西	21 198	22 378	24 024	1 281	1 354	1 455
羌塘高原区	30 677	32 134	35 145	1 967	2 058	2 248
青海湖水系	87 064	96 531	98 454	4 951	5 476	5 584
大渡河	764 292	778 279	781 118	33 653	34 278	34 412
通天河	798 305	831 872	859 878	44 655	46 607	48 253
雅砻江	98 023	102 559	103 521	4 852	5 078	5 140
直门达至石鼓	100 653	103 529	104 997	5 804	5 977	6 071

表 7-14　三江源区 2000 ~ 2010 年各二级流域全磷和全钾保持量统计　　单位：t

二级流域	全磷			全钾		
	2000 年	2005 年	2010 年	2000 年	2005 年	2010 年
大夏河与洮河	1 662	2 529	2 536	53 739	77 157	77 423
河源至玛曲	11 012	11 287	11 445	244 608	251 550	255 848
龙羊峡至兰州	10 329	10 933	10 999	287 859	305 951	308 067
玛曲至龙羊峡	13 715	17 386	17 453	441 133	548 135	550 649
沘江口以上	15 089	15 392	15 513	414 991	423 631	427 667
柴达木盆地东	387	422	452	13 645	14 857	15 913
柴达木盆地西	612	655	706	18 219	19 474	21 042
羌塘高原区	1 088	1 140	1 247	29 283	30 824	33 787
青海湖水系	2 372	2 632	2 684	73 386	80 878	82 337
大渡河	7 525	7 665	7 693	136 714	139 429	140 115
通天河	16 618	17 425	18 117	474 215	497 065	515 858
雅砻江	1 153	1 197	1 211	30 087	31 623	32 219
直门达至石鼓	1 892	1 944	1 966	63 870	65 889	66 783

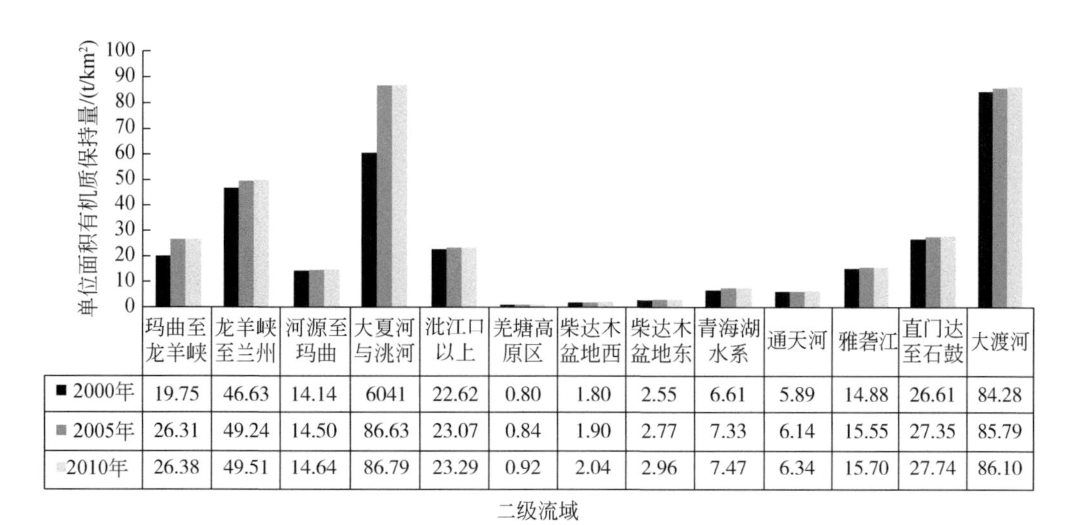

图 7-28　三江源区 2000 ~ 2010 年各二级流域单位面积有机质保持量比较

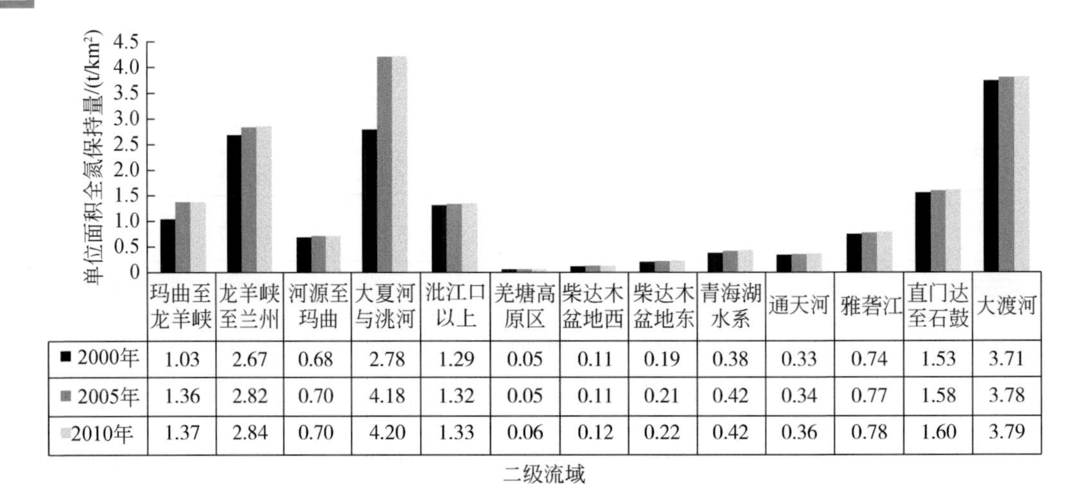

	玛曲至龙羊峡	龙羊峡至兰州	河源至玛曲	大夏河与洮河	沘江口以上	羌塘高原区	柴达木盆地西	柴达木盆地东	青海湖水系	通天河	雅砻江	直门达至石鼓	大渡河
■ 2000年	1.03	2.67	0.68	2.78	1.29	0.05	0.11	0.19	0.38	0.33	0.74	1.53	3.71
■ 2005年	1.36	2.82	0.70	4.18	1.32	0.05	0.11	0.21	0.42	0.34	0.77	1.58	3.78
■ 2010年	1.37	2.84	0.70	4.20	1.33	0.06	0.12	0.22	0.42	0.36	0.78	1.60	3.79

图 7-29　三江源区 2000～2010 年各二级流域单位面积全氮保持量比较

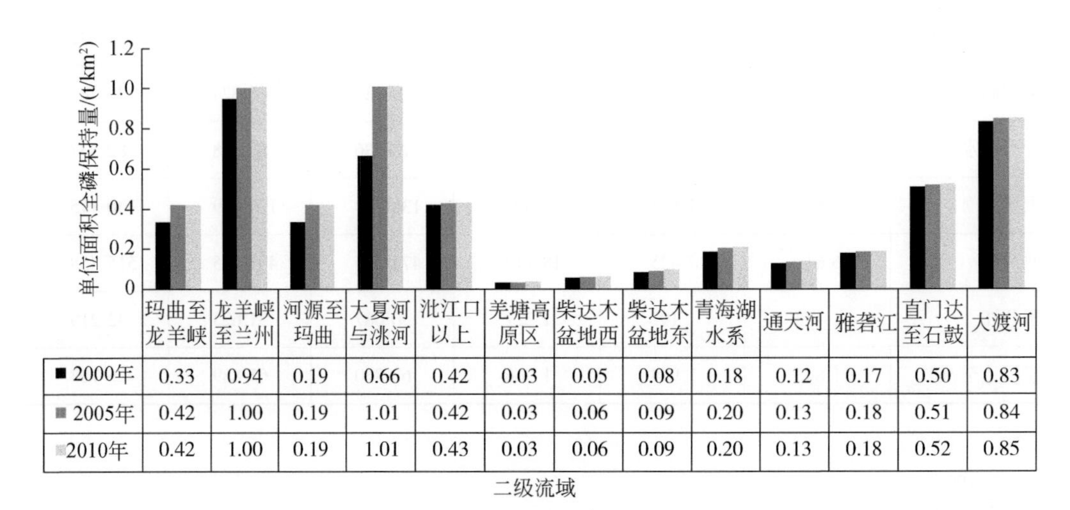

	玛曲至龙羊峡	龙羊峡至兰州	河源至玛曲	大夏河与洮河	沘江口以上	羌塘高原区	柴达木盆地西	柴达木盆地东	青海湖水系	通天河	雅砻江	直门达至石鼓	大渡河
■ 2000年	0.33	0.94	0.19	0.66	0.42	0.03	0.05	0.08	0.18	0.12	0.17	0.50	0.83
■ 2005年	0.42	1.00	0.19	1.01	0.42	0.03	0.06	0.09	0.20	0.13	0.18	0.51	0.84
■ 2010年	0.42	1.00	0.19	1.01	0.43	0.03	0.06	0.09	0.20	0.13	0.18	0.52	0.85

图 7-30　三江源区 2000～2010 年各二级流域单位面积全磷保持量比较

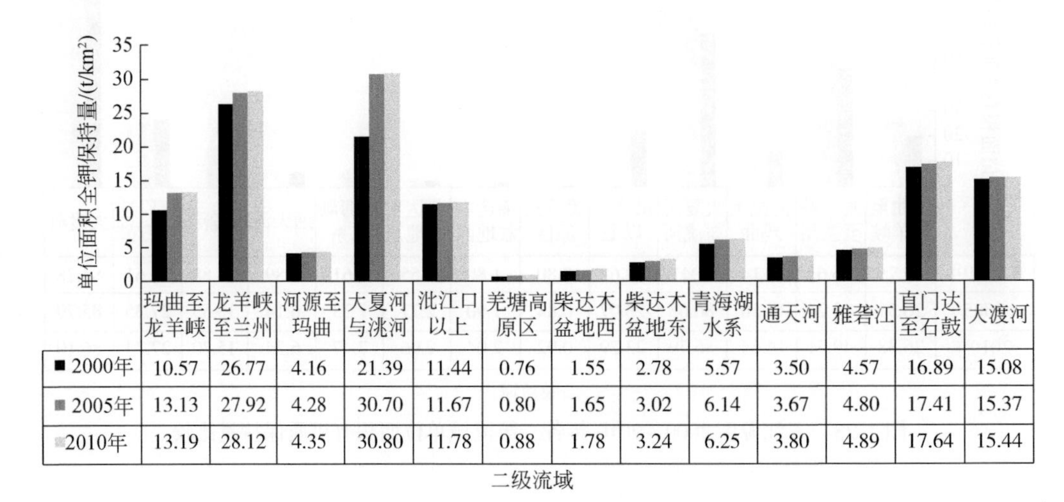

	玛曲至龙羊峡	龙羊峡至兰州	河源至玛曲	大夏河与洮河	沘江口以上	羌塘高原区	柴达木盆地西	柴达木盆地东	青海湖水系	通天河	雅砻江	直门达至石鼓	大渡河
■ 2000年	10.57	26.77	4.16	21.39	11.44	0.76	1.55	2.78	5.57	3.50	4.57	16.89	15.08
■ 2005年	13.13	27.92	4.28	30.70	11.67	0.80	1.65	3.02	6.14	3.67	4.80	17.41	15.37
■ 2010年	13.19	28.12	4.35	30.80	11.78	0.88	1.78	3.24	6.25	3.80	4.89	17.64	15.44

图 7-31　三江源区 2000～2010 年各二级流域单位面积全钾保持量比较

表 7-15 和表 7-16 列出了三江源区各州（县）2000 年、2005 和 2010 年土壤肥力保持量。从空间分布来看，2000 ~ 2010 年 4 种养分保持量变化较大，总的趋势是从东南向西北递减。3 个年份单位面积全氮保持量的最大值约 220t/ km^2，单位面积全磷保持量最大值约为 37t/ km^2，单位面积全钾保持量最大值约为 550t/ km^2（表 7-17，表 7-18）。从时间变化来看，各州（县）4 种养分保持量总的变化趋势是 2010 年>2005 年>2000 年。

表 7-15　三江源区 2000 ~ 2010 年各州（县）有机质和全氮保持量统计

州（县）		面积/km^2	有机质/万 t			全氮/万 t		
			2000 年	2005 年	2010 年	2000 年	2005 年	2010 年
黄南州	同仁县	3 167	25.78	26.67	26.69	1.29	1.34	1.34
	尖扎县	1 562	10.20	10.72	10.74	0.57	0.60	0.60
	泽库县	6 565	18.83	19.51	19.53	1.06	1.10	1.10
	河南县	6 664	14.64	26.19	26.22	0.90	1.57	1.57
	小计	17 958	69.44	83.09	83.18	3.82	4.61	4.62
海南州	共和县	14 213	11.20	12.38	12.63	0.64	0.70	0.72
	同德县	4 591	19.82	21.10	21.05	0.88	0.94	0.94
	贵德县	3 538	11.72	12.74	12.93	0.75	0.81	0.82
	兴海县	12 042	17.93	19.07	19.15	0.89	0.95	0.95
	贵南县	6 675	8.52	9.25	9.35	1.00	0.55	0.56
	小计	41 058	69.19	74.54	75.12	4.16	3.96	3.99
果洛州	玛沁县	13 287	19.66	38.47	38.65	0.98	1.86	1.87
	班玛县	6 193	43.67	44.44	44.63	2.00	2.04	2.05
	甘德县	7 102	6.52	6.67	6.72	0.39	0.40	0.40
	达日县	14 136	11.62	12.44	12.59	0.57	0.61	0.62
	久治县	8 211	97.15	99.18	99.73	4.25	4.34	4.36
	玛多县	22 763	4.91	5.12	5.38	0.33	0.34	0.36
	小计	71 692	183.52	206.30	207.71	8.52	9.59	9.66
玉树州	玉树县	15 052	34.33	35.09	35.43	1.90	1.95	1.97
	杂多县	34 964	32.84	33.75	34.58	1.75	1.80	1.85
	称多县	14 543	11.86	12.29	12.44	0.71	0.73	0.74
	治多县	76 726	25.37	26.55	27.74	1.40	1.47	1.53
	囊谦县	11 929	48.32	49.26	49.53	2.86	2.91	2.93
	曲麻莱县	46 008	20.21	21.15	21.80	1.17	1.23	1.27
	小计	199 221	172.92	178.09	181.52	9.79	10.09	10.29
唐古拉山镇		43 932	10.26	10.76	11.67	0.62	0.65	0.71

表 7-16　三江源区 2000～2010 年各州（县）全磷和全钾保持量统计

州（县）		面积/km²	全磷/万 t			全钾/万 t		
			2000 年	2005 年	2010 年	2000 年	2005 年	2010 年
黄南州	同仁县	3 167	0.42	0.44	0.44	12.32	12.81	12.83
	尖扎县	1 562	0.19	0.20	0.20	5.31	5.62	5.64
	泽库县	6 565	0.38	0.40	0.40	11.03	11.44	11.46
	河南县	6 664	0.33	0.52	0.52	7.83	13.04	13.05
	小计	17 958	1.32	1.56	1.56	36.49	42.90	42.98
海南州	共和县	14 213	0.27	0.30	0.31	8.42	9.23	9.39
	同德县	4 591	0.25	0.27	0.27	9.24	10.03	10.02
	贵德县	3 538	0.26	0.28	0.28	6.92	7.55	7.67
	兴海县	12 042	0.30	0.32	0.32	9.70	10.46	10.55
	贵南县	6 675	0.19	0.21	0.22	7.79	8.53	8.65
	小计	41 058	1.08	1.39	1.40	42.25	45.98	46.48
果洛州	玛沁县	13 287	0.23	0.42	0.42	7.47	12.94	13.02
	班玛县	6 193	0.52	0.53	0.53	11.57	11.80	11.85
	甘德县	7 102	0.12	0.12	0.12	3.61	3.69	3.73
	达日县	14 136	0.14	0.14	0.15	3.42	3.75	3.84
	久治县	8 211	0.88	0.90	0.90	13.21	13.46	13.54
	玛多县	22 763	0.22	0.23	0.24	6.14	6.40	6.72
	小计	71 692	2.10	2.34	2.36	45.41	52.04	52.71
玉树州	玉树县	15 052	0.63	0.65	0.65	19.53	19.97	20.18
	杂多县	34 964	0.39	0.40	0.41	12.59	12.98	13.36
	称多县	14 543	0.22	0.23	0.23	8.05	8.37	8.47
	治多县	76 726	0.53	0.56	0.59	14.59	15.47	16.28
	囊谦县	11 929	1.01	1.03	1.03	25.92	26.43	26.58
	曲麻莱县	46 008	0.54	0.57	0.58	15.17	15.94	16.48
	小计	199 221	3.32	3.43	3.50	95.87	99.17	101.35
唐古拉山镇		43 932	0.33	0.35	0.38	8.17	8.58	9.30

表 7-17　三江源区 2000～2010 年各类生态系统有机质和全氮保持量统计

单位：万 t

生态系统类型	有机质			全氮		
	2000 年	2005 年	2010 年	2000 年	2005 年	2010 年
冰川/永久积雪	0.0000	0.0000	0.0000	0.0000	0.0000	0.0000
草地	391.0951	443.0677	449.2584	21.5332	23.4750	23.8376
城镇	0.0086	0.0095	0.0127	0.0005	0.0005	0.0007

续表

生态系统类型	有机质			全氮		
	2000 年	2005 年	2010 年	2000 年	2005 年	2010 年
灌丛	61.9189	72.7004	72.9298	3.0031	3.5486	3.5610
荒漠	0.0014	0.0007	0.0007	0.0000	0.0000	0.0000
裸地	0.1295	0.0962	0.0983	0.0074	0.0054	0.0055
农田	2.5066	2.1847	2.1554	0.1342	0.1173	0.1157
森林	12.9622	13.1066	13.1082	0.6375	0.6457	0.6458
水体	15.3213	0.0000	0.0000	0.0000	0.0000	0.0000
沼泽	21.3204	21.6227	21.6290	1.0952	1.1090	1.1095
总计	505.3402	552.7884	559.1926	26.4111	28.9017	29.2758

表 7-18　三江源区 2000 ~ 2010 年各类生态系统全磷和全钾保持量统计　单位：万 t

生态系统类型	全磷			全钾		
	2000 年	2005 年	2010 年	2000 年	2005 年	2010 年
冰川/永久积雪	0.0000	0.0000	0.0000	0.0000	0.0000	0.0000
草地	6.9208	7.4971	7.6358	189.0565	205.7206	209.7552
城镇	0.0002	0.0002	0.0003	0.0073	0.0078	0.0121
灌丛	0.8511	0.9926	0.9961	22.8698	26.8579	26.9649
荒漠	0.0000	0.0000	0.0000	0.0011	0.0009	0.0009
裸地	0.0029	0.0021	0.0021	0.0910	0.0637	0.0648
农田	0.0625	0.0539	0.0531	2.1626	1.8301	1.8039
森林	0.1943	0.1971	0.1971	5.3139	5.3840	5.3848
水体	0.0000	0.0000	0.0000	0.0000	0.0000	0.0000
沼泽	0.3144	0.3189	0.3190	8.6955	8.8184	8.8220
总计	8.3462	9.0619	9.2036	228.1977	248.6834	252.8086

7.4　本章小结

本研究使用土壤水蚀模型，在降水、土壤、地形、水土保持措施及植被变化因子的基础上评估了三江源区生态系统减少土壤侵蚀和保持土壤肥力的功能，分别绘制了 2000 年、2005 年和 2010 年三江源区土壤侵蚀强度的空间分布图，计算了流域、县区土壤保持量和土壤肥力保持量。结果表明，三江源区 2005 年、2010 年与 2000 年相比，澜沧江源区、西内陆各流域和长江源区土壤侵蚀强度均降低，而黄河源区不同河段有增有减。同时，土壤保持量方面，潜在土壤侵蚀量与实际土壤侵蚀量之差明显增加，尤以黄河源区最为显著。在土壤保持量计算的基础上估算的土壤肥力保持量也表现出相似的时间变化趋势。黄河源区的大夏河与洮河流域和龙羊峡至兰州流域及长江源区的大渡河流域和直门达至石鼓段土壤肥力保持量较大，西北诸河流域的土壤肥力保持量都很小。

8 三江源区生态固碳功能估算

三江源区生态系统的碳收支研究主要集中于总初级生产力（gross primary production，GPP）、净初级生产力（net primary production，NPP）和产草量等的估算（Wang et al.，2010；王军邦等，2012；He et al.，2014；Zhang et al.，2014；李惠梅和张安录，2014）。王军邦等（2009）利用遥感-过程耦合模型，分析了1988～2004年三江源区植被NPP，其变化表现为西部呈增加趋势，东部和中部呈降低趋势。樊江文等（2010）利用GLO-PEM遥感模型模拟了三江源区草地产草量，发现1988～2005年产草量总体呈增加趋势，特别是西部地区草地的产草量增幅较大。但是目前很少有研究关注三江源区的净生态系统生产力（net ecosystem production，NEP）的估算及其变化趋势（张继平等，2015）。

草地生态系统是三江源区的主体生态系统类型，草地生产力的变化不仅反映出草地生态系统的功能状况，更进一步影响到三江源区的农牧业生产和生态经济发展水平（樊江文等，2010），三江源区草地生态系统碳收支的估算研究工作显得尤为重要。因此，本研究依托卫星遥感影像数据、气象数据及地面实测生态数据资料，开展三江源区草地生物量和土壤有机碳储量定量评价；然后，结合光能利用率模型和生态系统呼吸模型，开展三江源区陆地生态系统尤其是草地生态系统的碳汇功能定量评价及时空格局特征研究。

8.1 三江源区生态固碳功能估算总体思路与方法

8.1.1 草地生物量估算方法

遥感技术作为一种可以提供大范围空间数据的手段，由于其具有覆盖范围广、时效性强和易获取等特点，越来越多的研究尝试借助遥感数据来估算大范围的草地生物量（Kogan et al.，2004）。闫瑞瑞等（2010）采用改进后的CASA模型估算了2009年呼伦贝尔谢尔塔拉草甸草原生长季的牧草产草量，研究表明，模型估算的产草量与地面实测值无显著差异，并且其季节性变化与地面样方实测值的变化趋势基本一致。遥感参数模型一般以光能利用率理论为基础，通过计算生态系统生产力来间接估算其生物量。另外，也有研究利用遥感影像与地面实测数据通过构建经验模型来直接估算植被生物量。例如，李素英等（2007）基于TM数据计算了5种植被指数与同期内蒙古典型草原地上生物量的相关性，建立了5种植被指数与草地地上生物量的回归模型。然而，回归拟合模型往往结构较为简单，容易出现“伪回归”，并且存在假设检验不过关等问题（Weisberg et al. , 2005）。

神经网络模型能学习和存储大量的输入输出模式映射关系，且无需事前揭示这种映射关系的数学方程，在机器学习、模式识别和智能控制等多领域有广泛应用（Sadeghi, 2000; Chen et al. , 2008）。Xie 等（2009）利用内蒙古锡林郭勒568 个草地地上生物量样本点的实测数据，对比了多元线性回归（multiple linear regression，MLR）模型与人工神经网络（artificial neural network，ANN）模型对该区域草地地上生物量的估算精度，结果表明，ANN 模型的模拟值相比 MLR 模型更接近实测值。琚存勇和蔡体久（2008）以鄂尔多斯地区草地地面调查样地为例，基于 ETM+和 DEM 数据，建立了广义回归神经网络（general regression neural network，GRNN）模型并估测了植被地上生物量，结果表明，GRNN 模型估算植被地上生物量精度高且稳定性强。

准确评估三江源区生物量及其动态变化，有助于预测全球气候变化与草地生态系统之间的反馈关系及草地资源的可持续利用。本研究首先基于地面站点调查数据，结合遥感植被指数、海拔、气象观测数据，利用神经网络算法构建草地地上生物量估算模型；其次，通过遥感数据的升尺度得到三江源区的草地地上生物量空间数据（图 8-1）；再次，根据参考资料（Yang et al. , 2009）中草地地上-地下生物量比值，计算草地地下生物量空间数据；最后，汇总草地地上和地下生物量，得到研究区域内的草地生物量估值。

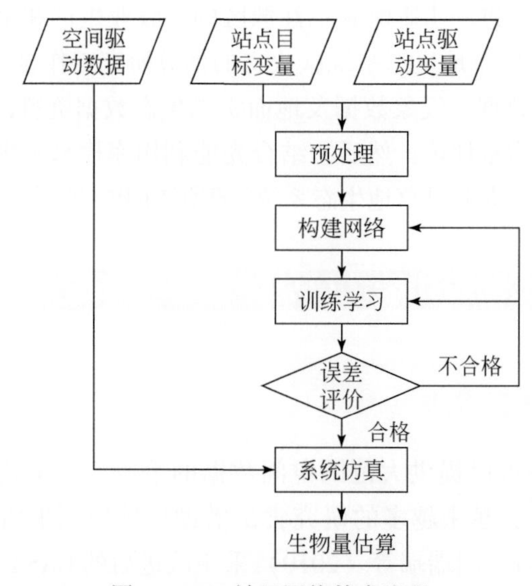

图 8-1　BP 神经网络技术流程

8.1.1.1　站点数据准备

草地地上生物量站点数据来自 2005 ~2007 年每年草地生长最为旺盛的时段的样地实测。样地大小设置为 30m×30m，在每处样地内选择 3 个小样方（1m×1m）。采样时将小样方内草地地上部分用剪刀齐地刈割，去除黏附的土壤砾石等杂物，带回实验室在 85℃烘箱中烘干至恒质量后称量，最后取每个样地内 3 个小样方数据的平均值作为该样地的地上生物量实测值。考虑到野外实测数据存在一定误差，故对采样数据进行预处理，最终选择的三江源区草地地上生物量采样点共计164个，其中包括105个高寒草甸采样点，59个高寒草原采样点。

8.1.1.2 空间参数选择

草地生物量的增加是在生长期不断进行光合作用、累积光合产物的过程。因此，考虑到光、温、水作为植被生长的基本要素，对植被生长状况的重要作用，本研究认为这三个要素是草地生物量估算模型的重要驱动因子。其中，光合有效辐射（photosynthetically active radiation，PAR）是植物光合作用的主要能量来源。同时，有研究认为，北半球高纬度地区植被生物量或生产力主要受气候变暖的驱动而增加（Schimel et al.，1997；Tucker et al.，2001）；也有研究认为水分是三江源区天然牧草气候生产力的重要制约因素之一（李惠梅，2010）。

根据现有研究资料（王军邦等，2009）对三江源区草地地上生物量及生产力空间分布状况的描述，该区域草地生产力呈现东南向西北递减的分布特征，与该区域高程走向趋势相反。同时，李惠梅（2010）对三江源区气候生产力的研究结果表明，该区域植被生产力与海拔呈反比关系，海拔每上升100m时生产力降低120.0～142.5g/m^2。因此，本研究考虑将高程作为草地生物量估算模型的输入变量。

增强型植被指数（enhanced vegetation index，EVI）作为遥感植被指数，对地表植被生长状况有很好的指示作用。有研究（韩波，2015）表明，EVI与草地地上生物量有很好的相关性。

因此，本研究最终选择PAR、气温、年降水量、EVI和海拔作为输入变量来估算三江源区的草地地上生物量。海拔数据由中国科学院地理科学与资源研究所提供。PAR、年均气温、年降水量空间数据则是以中国气象局提供的全国站点观测数据为基础，同时结合DEM数据，利用ANUSPLIN软件进行气象要素空间化得到。EVI则是由MODIS的MOD09A1产品进行波段运算获得。计算公式如下：

$$EVI=G\times(\rho_{nir}-\rho_{red})/[\rho_{nir}+(C_1\times\rho_{red}-C_2\times\rho_{blue})+L] \quad (8\text{-}1)$$

式中，ρ_{nir}、ρ_{red}、ρ_{blue}分别为近红外波段（841～874nm）、红波段（620～670nm）、蓝波段（459～478nm）的地表反射率；G、C_1、C_2和L为经验系数，取值分别为2.5、6、7.5和1。

8.1.1.3 神经网络模型构建

神经网络作为一种以计算机模拟人脑神经和应激行为的计算系统，特别适用于有丰富解决问题的经验知识和数据但缺乏精确计算公式的领域。BP（反向传播）神经网络作为一种典型的前馈型神经网络模型，具有简单、易行和计算量较小等优点，是目前神经网络训练应用的最多也是最为成熟的算法之一。基于MATLAB软件平台，分别对高寒草甸和高寒草原构建了BP神经网络模型。根据野外调查所获取的草地样本点地理坐标，提取相应的PAR、年均气温、年降水量、EVI和海拔数据，用于BP神经网络草地地上生物量估算模型的训练。通过多次反复的训练与测验，选取其中最优的神经网络结构模型，将其用于草地地上生物量的空间尺度估算。

8.1.1.4 计算总生物量

首先，基于2001~2010年空间驱动数据，利用通过站点验证的神经网络模型，得到2001~2010年草地地上生物量空间数据；其次，利用2001~2010年草地地上生物量空间数据，根据参考资料中草地地上-地下生物量比值（Yang et al., 2009），计算草地地下生物量空间数据；最后，汇总草地地上和地下生物量，得到研究区域内的草地生物量估值。

8.1.2 土壤有机碳储量估算方法

目前，区域尺度上陆地生态系统土壤有机碳储量估算的方法大致可以归纳为两种：直接估算法和间接估算法。直接估算法是指利用土层厚度、土壤容重、剖面有机碳含量、各类土壤面积和转换系数计算区域内土壤有机碳储量，按照数据类型的不同可以分为土壤类型法及土壤剖面有机碳统计法；间接估算法是指利用陆地生态系统碳循环过程的各项驱动因素，模拟区域内碳循环过程，通过建立模型或者回归方程的方法来估算区域内土壤有机碳储量，可以分为模型法、相关关系统计法、生命带类型法及一级动力学方程拟合法。

本研究利用土壤类型法估算三江源区表层土壤（0~30cm）和深层土壤（30~100cm）的有机碳储量，开展三江源区2001~2010年土壤有机碳储量的定量评价及时空格局特征研究。采用的土壤分类系统为FAO-90，具体计算方法如下所示：

$$C_j = 0.58 S_j H_j O_j W_j \tag{8-2}$$

式中，j为土壤类型；C_j为第j种土壤类型的有机碳储量；S_j为第j种土壤类型分布面积（hm^2）；H_j为第j种土壤类型的平均厚度（cm）；O_j为第j种土壤类型的平均有机质含量（%）；W_j为j种土壤类型的平均容重（g/cm^3）。

土壤属性数据来源于联合国粮食及农业组织（Food and Agriculture Organization of the United Nations, FAO）和维也纳国际应用系统分析研究所（International Institute for Applied Systems Analysis, IIASA）构建的世界土壤数据库（harmonized world soil database, HWSD）。基于HWSD，获取中国境内土壤有机碳含量、土壤容重、土层深度信息，以土层深度作为权重系数，最终确定我国境内表层土壤（0~100cm）1km空间分辨率的土壤有机碳储量的空间分布及总量。

8.1.3 碳汇功能估算方法

陆地生态系统碳汇功能通过净生态系统生产力（net ecosystem producitivity, NEP）来表征，NEP的时空格局变化反映了陆地生态系统的碳收支状况。本研究通过NEP模型的构建和模拟来估算三江源区植被的碳汇功能。NEP为GPP与RE的差值，因此，NEP估算模型由GPP估算模型和RE估算模型组成。

8.1.3.1 GPP 估算模型

光能利用率（light use efficiency，LUE）模型也叫产量效率模型（productivity efficiecy model，PEM），一般认为植被生产力等于吸收的光合有效辐射（absorbed photosynthetically active radiation，APAR）与植物 LUE 的乘积。LUE 模型有两个基本假设：①假定生态系统生产力通过 LUE 与 APAR 直接相关，这里 LUE 定义为每单位 APAR 的碳累积量；②假定“实际 LUE”可以通过环境胁迫因子（如温度和水分等）来修正“潜在 LUE”而得到（Running et al.，2004）。近年来，随着遥感技术的飞速发展，大量 LUE 模型不断涌现并应用在生态系统生产力的估算中，如 CASA 模型（Potter et al.，1993）、GLO-PEM 模型（Prince and Goward，1995）和 VPM 模型（Xiao et al.，2004）等。

VPM（vegetation photosynthesis model）模型是 Xiao 等（2004）提出的一个以 EC 通量观测数据为基础，以遥感观测数据为驱动变量，模拟生态系统 GPP 的光能利用率模型。该模型引入了光合植被（photosynthetically active vegetation，PAV）和非光合植被（non-photosynthetically vegetation，NPV）的概念，将植被的光合有效辐射吸收比率（fraction of absorbed photosynthetically active radiation，FPAR）区分为光合植被吸收部分（$FPAR_{PAV}$）和非光合植被吸收部分（$FPAR_{NPV}$），光合植被所吸收的 PAR 与植被光能利用率的乘积即为 GPP（式 8-3 ~ 式 8-5）。

$$GPP=\varepsilon_g \times FPAR_{PAV} \times PAR \tag{8-3}$$

$$\varepsilon_g=\varepsilon_0 \times T_s \times W_s \times P_s \tag{8-4}$$

$$FPAR_{PAV}=a \times EVI \tag{8-5}$$

式（8-3）中，ε_g 为光能利用率（g/mol，以每 mol PAR 固定 C 的质量计）；式（8-4）中，ε_0 为最大光能利用率（g/mol）；T_s、W_s和 P_s分别为气温、水分和物候环境变量对 ε_0 的限制因子；式（8-5）中，a 为经验系数，取值为 1。

LUE 的温度限制因子 T_s表示温度对植被光合作用的影响，在最适温度时达到最大值 1.0，随温度的升高和降低而减小。如果温度低于光合作用最低温度，则将 T_s设为 0；利用式（8-6）来计算：

$$T_s=\frac{(T-T_{min})(T-T_{max})}{(T-T_{min})(T-T_{max})-(T-T_{opt})^2} \tag{8-6}$$

式中，T_{min}为光合作用最低温度；T_{max}为光合作用最高温度；T_{opt}为光合作用最适温度。

P_s表示冠层水平物候对光合作用的影响，其计算分两个阶段：从发芽到叶子全部展开表示为（1+LSWI[①]）/2；在叶子全部扩展后取 1。

VPM 模型的水分限制因子表达形式［式（8-7）］在湿润和半湿润地区对 GPP 的模拟效果较好（Xiao et al.，2004；Yan et al.，2009）；在干旱和半干旱地区，光合作用对短期水分可利用性更加敏感，为模拟这一快速响应，He 等（2014）对水分限制因子进

① LSWI（land surface water index），为陆地表面水分指数。

行了修正［式（8-8）］，进一步改进了对青藏高原高寒草地 GPP 的模拟效果。因此，本研究中 GPP 模拟采用 He 等（2014）修正的 VPM 模型。

$$W_{s\_old}=\frac{1+LSWI}{1+LSWI_{max}} \tag{8-7}$$

$$W_s=0.5+LSWI \tag{8-8}$$

式（8-7）中，W_{s_old}为水分限制因子；W_s 为 He 等修正后的水分限制因子；$LSWI_{max}$为 LSWI 的最大值。

最大光能利用率 ε_0 是模型的关键参数，基于 Michaelis-Menten 模型［式（8-9）］描述的光响应函数曲线对站点生长旺季（7～8 月）数据进行曲线拟合，获取低光条件下曲线斜率作为最大光能利用率。

$$NEE=-\frac{\alpha\times PAR\times P_{max}}{\alpha\times PAR+P_{max}}+R_{eco} \tag{8-9}$$

式中，α 为生态系统光合作用的表观量子效率（μmol CO_2/μmol PAR），可用来表示生态系统最大光能利用率；PAR 是光合有效辐射，即入射到冠层上的光合有效光量子通量密度［μmol/（m^2·s^1）］；P_{max}为生态系统最大光合速率［μmol·CO_2/（m^2·s^1）］；R_{eco}为白天生态系统暗呼吸［μmol·CO_2/（m^2·s^1）］。NEE 正值表示生态系统释放 CO_2进入大气，负值表示生态系统从大气中吸收 CO_2。

8.1.3.2 RE 估算模型

Jägermeyr 等（2014）提出了一种以通量观测数据为基础，以遥感观测数据为驱动的生态系统呼吸估算模型。该模型将 RE 拆分为 RE_{ref}（参考呼吸）和 RE_{std}（标准化呼吸）两部分。其中，RE_{ref}是指在参考温度下的呼吸速率，描述生态系统呼吸的空间差异；RE_{std}是 RE 与 RE_{ref}的比值，反映生态系统呼吸的时间变异。本研究在此基础上，结合青藏高原通量站点的观测数据，在对比多种呼吸模型模拟效果的基础上，构建了如式（8-10）～式（8-12）所示的呼吸模型：

$$RE=RE_{ref}\times RE_{std} \tag{8-10}$$

$$RE_{ref}=p_1+p_2\times EVI_m+p_3\times T_m \tag{8-11}$$

$$RE_{std}=\frac{p_4}{p_5+p_6^{-\frac{T-10}{10}}}+p_7\times EVI_s+p_8 \tag{8-12}$$

式（8-11）中，EVI_m为春季 EVI 均值；T_m为气温年均值（℃）；式（8-12）中，EVI_s为标准化 EVI，即 EVI 与 EVI_m的比值；p_1～p_8为待定参数，利用站点数据进行最小二乘拟合得到。

8.1.3.3 研究数据

站点尺度数据包括 ChinaFLUX、AsiaFLUX 和 FLUXNET 可获取的站点通量和气象观测数据，包括 8d 尺度的 GPP、RE、NEP 通量数据，气温和 PAR，以及 EVI 和 LSWI 数据。在涡度相关原始观测数据基础上，经过一系列质量控制和拆分插补处理，获得

30min 尺度的通量和气象数据，进一步处理成 8d 尺度数据（李春等，2008；Liu et al.，2009；Liu et al.，2012）；EVI 和 LSWI 是根据站点经纬度下载的 MODIS 产品（http://www.eomf.ou.edu/visualization/manual），为减小云层的影响，利用 TIMESAT 3.1 软件对 EVI 进行了平滑处理（Jönsson and Eklundh.，2004）。

区域尺度数据包括 2001～2010 年 8d 尺度 1km 分辨率的气温、降水量、PAR、EVI 和 LSWI，均是先获取全国尺度空间数据，然后裁切得到三江源区数据。气温、降水量、PAR 和 EVI 数据的获取与处理参见本章 8.1.1 节。LSWI 利用下载的 MODIS 地表反射率数据进行波段运算得到［式（8-13）］；为减小云层的影响，利用 TIMESAT 3.1 软件对 EVI 数据进行平滑处理。

$$LSWI=(\rho_n-\rho_s)/(\rho_n+\rho_s) \quad (8\text{-}13)$$

式中，ρ_n 和 ρ_s 分别代表近红外波段（841～875nm）和短波近红外波段（1628～1652nm）的地表反射率。

8.2 三江源区土壤有机碳储量估算

8.2.1 草地生物量分析

BP 神经网络模型估算表明，三江源区 2001～2010 年草地地上生物量多年均值为 172.34g/m^2，其中，高寒草甸、高寒草原分别为 214.81g/m^2、130.07g/m^2。这与已有相关研究结果存在一定差异。例如，韩波（2015）基于三江源区 54 个采样点，通过遥感反演模型获取的该区草地地上生物量多年均值为 172.7g/m^2；朱宝文等（2008）对青海湖高寒草甸、高寒草原地上生物量的研究表明，其草地地上生物量为 91.5～223.0g/m^2。究其原因，可能是研究区域和时间范围不同，或者各研究所采用的样本点数据来源不同。根据所参考（Yang et al.，2009）的高寒草地地下-地上生物量比值（R/S=5.8），最终估算得到三江源区 2001～2010 年草地生物量多年均值为 1171.91g/m^2(曾纳等，2017)。

2001～2010 年三江源区草地生物量空间分布格局基本一致，存在较明显的异质性，主要表现为从西北部向东南部逐渐递增的趋势。三江源区草地生物量多年平均值的空间分布格局及其与海拔、PAR、年均气温、年降水量空间分布的关系如图 8-2 所示。相对而言，草地生物量空间分布特征与降水的变化趋势最为一致，均表现为自东南向西北递减。总体来看，三江源区东部和南部地区降水较为充沛且温度较高，多年平均年降水量在 500mm 以上，草地生物量也较高，西部和北部地区降水偏少、温度较低，草地生物量也相对较低。

三江源区西北部的草地生物量多年平均值基本都小于 816g/m^2，中南部处于 1224～2108g/m^2，而东南部则普遍在 2108g/m^{2}以上。由表 8-1 可见，位于三江源区北部的曲麻莱县草地生物量平均值最低（469.472g/m^2），治多县、唐古拉山镇和尖扎县草地生物量平均值相对较低，分别为 641.64g/m^2、672.52g/m^2 和 677.14g/m^2。位于三江源区东部的河南县草地生物量平均值最高（2811.52g/m^2），久治县、泽库县、同德县的草地生物量平均值相对较高，分别为 2287.92g/m^2、2026.06g/m^2、1747.12g/m^2。

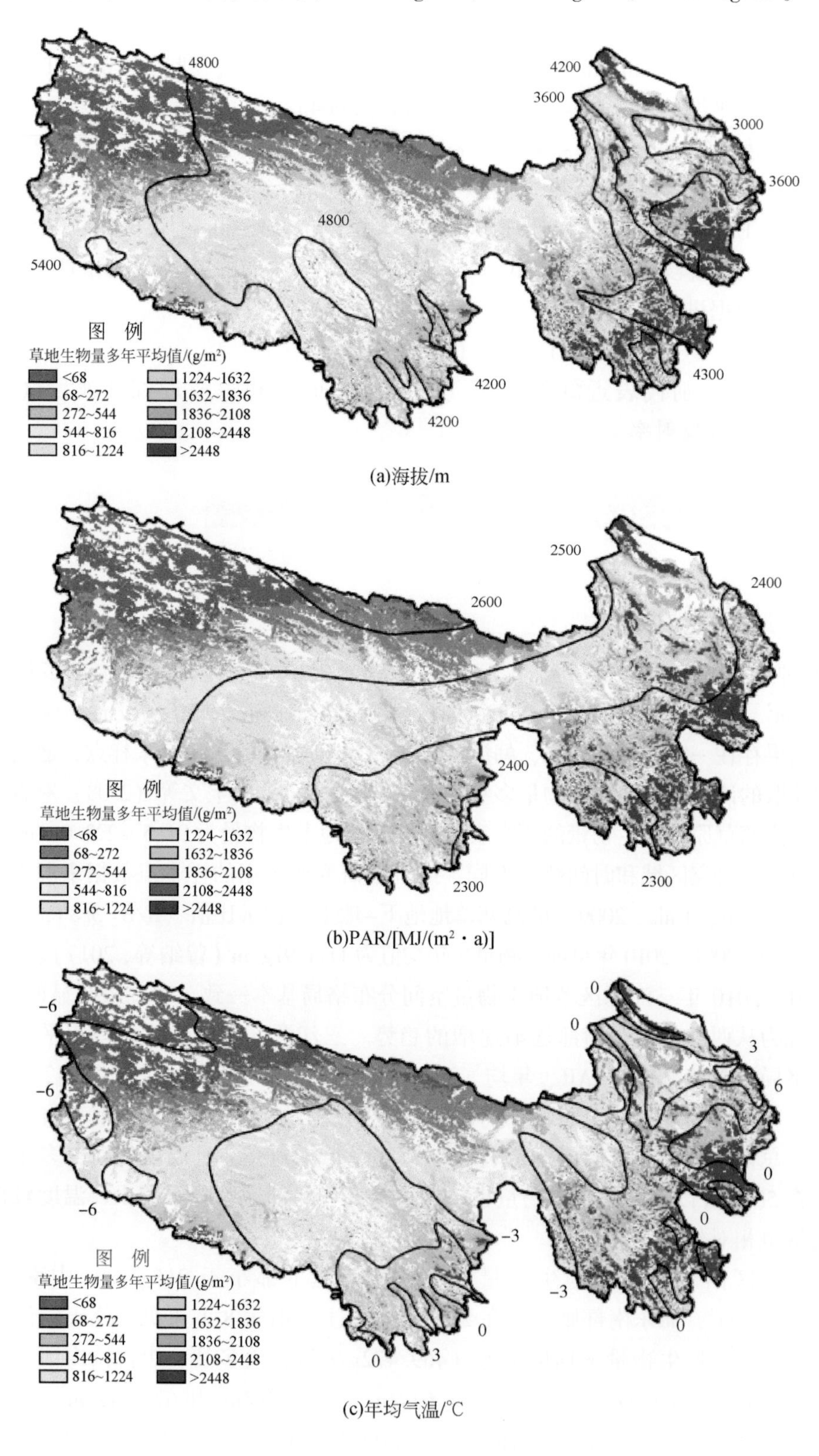

(a)海拔/m

(b)PAR/[MJ/(m^2·a)]

(c)年均气温/℃

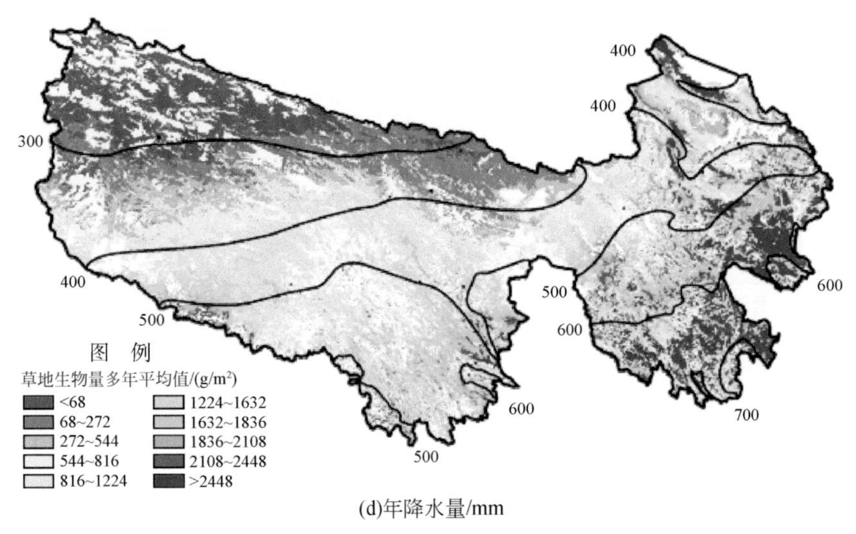

(d)年降水量/mm

图 8-2　三江源区草地生物量多年平均值与海拔 PAR、年均气温、年降水量空间分布的关系

表 8-1　2001～2010 年三江源区草地地上生物量平均值的县域统计结果

州	县	2001 年		2010 年		2001～2010 年均值	
		均值/(g/m²)	总量/Tg	均值/(g/m²)	总量/Tg	均值/(g/m²)	总量/Tg
黄南州	同仁县	273.06	0.68	249.63	0.62	220.16	0.55
	尖扎县	175.58	0.21	155.42	0.18	99.58	0.12
	泽库县	356.65	1.93	361.78	1.96	297.95	1.61
	河南县	468.89	2.68	501.34	2.86	413.46	2.36
	小计	371.40	5.49	380.26	5.62	313.54	4.63
海南州	共和县	275.19	2.01	268.69	1.96	234.77	1.72
	同德县	299.35	0.97	303.25	0.99	256.93	0.84
	贵德县	216.69	0.46	207.24	0.44	136.99	0.29
	兴海县	201.58	1.72	211.03	1.80	196.04	1.67
	贵南县	268.71	1.20	252.24	1.13	183.19	0.82
	小计	247.81	6.37	245.96	6.32	207.67	5.33
果洛州	玛沁县	217.59	1.80	236.88	1.95	221.13	1.82
	班玛县	291.86	1.38	272.91	1.29	237.14	1.12
	甘德县	277.26	1.60	290.23	1.68	250.11	1.45
	达日县	261.35	2.84	250.85	2.73	214.66	2.34
	久治县	363.64	2.49	370.95	2.54	336.46	2.30
	玛多县	60.91	0.69	109.45	1.25	128.50	1.46
	小计	225.71	10.81	238.93	11.44	219.20	10.50

续表

州	县	2001 年		2010 年		2001 ~ 2010 年均值	
		均值/(g/m²)	总量/Tg	均值/(g/m²)	总量/Tg	均值/(g/m²)	总量/Tg
玉树州	玉树县	273.61	3.23	220.96	2.61	225.95	2.67
	杂多县	197.14	4.11	147.48	3.08	174.09	3.63
	称多县	190.59	1.34	186.23	1.31	195.04	1.37
	治多县	82.89	2.51	115.65	3.51	94.36	2.86
	囊谦县	258.96	2.23	182.95	1.57	186.67	1.60
	曲麻莱县	47.34	1.06	89.97	2.01	69.04	1.54
	小计	143.45	14.48	139.52	14.09	135.51	13.68
唐古拉山镇		57.40	1.19	153.09	3.17	98.90	2.05

在 ArcGIS 中对 2001 ~2010 年三江源区草地生物量空间估值进行地图代数运算，得到草地生物量的逐年均值，并用线性回归法分析其变化趋势（图 8-3）。总体来看，2001 ~2010 年三江源区草地生物量呈微弱的波动上升趋势，平均升幅为 6.34g/（m² · a）。这与 2001 ~2010 年间全国乃至全球植被生产力、生物量均有所提高的趋势相一致（朱文泉等，2007；Cao et al.，2010）。三江源区多年气候变化分析结果显示，该区呈较明显的暖湿化变化趋势，从而引起草地生物量有所增长。

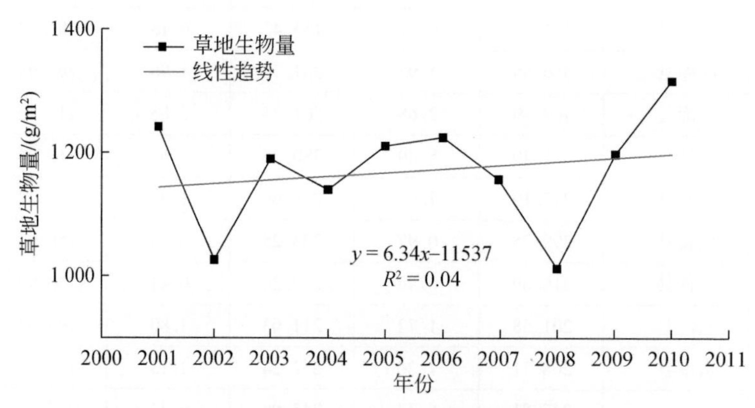

图 8-3　2001 ~2010 年三江源区草地生物量的年际变化

研究表明，草地生物量的年际变化容易受到降水的影响（Wu et al.，2005）；同时也有研究认为，北半球高纬度地区植被生物量或生产力主要受气候变暖的驱动而增加（Schmel et al.，1997；Tucker et al.，2001）。三江源区整体温度呈现升高趋势，降水也有所增加，草地生物量表现出微弱的波动上升趋势。从草地生物量年际变化对温度和降水量的响应来看（图 8-4），草地生物量的增长与降水量的关系并不显著（$R^2=0.009$，$P>0.05$），但与温度呈较显著正相关（$R^2=0.42$，$P<0.05$）。这说明三江源区高寒草甸、高寒草原生物量在各环境因素中受温度的影响较降水量而言更为明显。

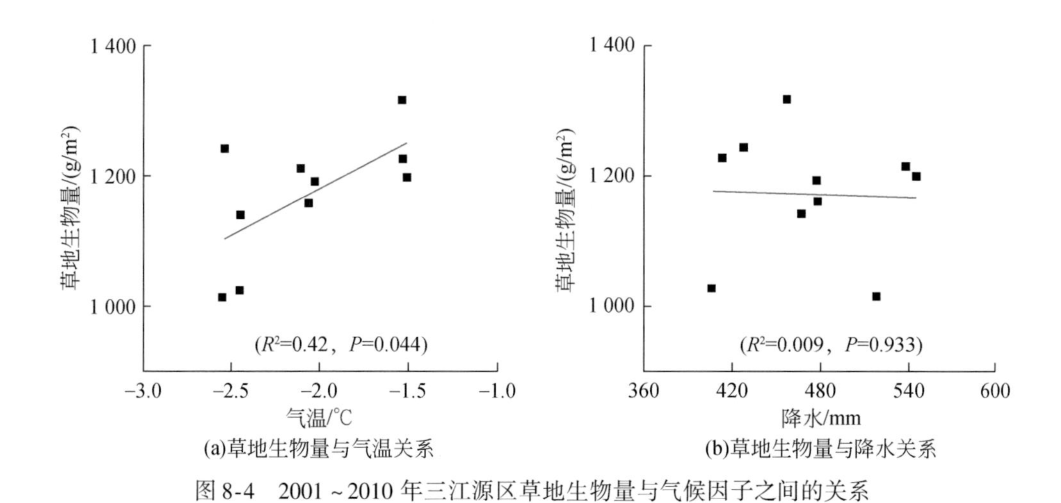

图 8-4　2001～2010 年三江源区草地生物量与气候因子之间的关系

8.2.2　土壤有机碳储量分析

研究结果显示，三江源区陆地生态系统土壤平均有机碳碳密度为 8.78kg/m^2，高于全国平均水平（8.12kg/m^2），陆地生态系统土壤总有机碳储量约为 3.41pg（1pg = 10^{15}g）。三江源区大部分地区陆地生态系统土壤有机碳密度为 3～8kg/m^2，有机碳密度在 0～3kg/m^{2}的区域主要为湖泊所在地，占总面积的 2.07%。

从三江源区土壤有机碳密度和有机碳储量县域统计表（表 8-2）来看，黄南州土壤有机碳密度最高，达 10.53kg/m^2；其次是玉树州（8.93kg/m^2），果洛州、海南州、唐古拉山镇偏低，分别为 8.49kg/m^2、8.43kg/m^{2}和 8.43kg/m^2；黄南州面积较小，因此，虽然土壤有机碳密度较高但土壤有机碳储量最低；玉树州土壤有机碳储量最高，果洛州、唐古拉山镇和海南州居中。

表 8-2　三江源区土壤有机碳密度和有机碳储量县域统计表

州（县）		面积/km^2	土壤有机碳密度均值/(kg/m^2)	土壤有机碳密度标准差/(kg/m^2)	土壤有机碳储量/Tg
黄南州	同仁县	3 219.81	10.83	4.55	34.86
	尖扎县	1 567.69	11.02	3.13	17.28
	泽库县	6 576.50	11.01	4.29	72.41
	河南县	6 711.37	9.80	3.78	65.74
	小计	18 075.38	10.53	4.11	190.29
海南州	共和县	16 759.43	6.68	4.34	111.91
	同德县	4 590.00	10.89	4.50	49.99
	贵德县	3 567.26	10.95	3.09	39.05
	兴海县	12 106.21	8.63	3.42	104.44
	贵南县	6 675.09	8.83	3.72	58.95
	小计	43 697.99	8.34	4.22	364.34

续表

州（县）		面积/km²	土壤有机碳密度均值/(kg/m²)	土壤有机碳密度标准差/(kg/m²)	土壤有机碳储量/Tg
果洛州	玛沁县	13 476.32	8.34	3.85	112.41
	班玛县	6 375.48	9.11	4.19	58.05
	甘德县	7 108.52	8.42	3.60	59.86
	达日县	14 512.34	8.19	3.46	118.88
	久治县	8 280.89	11.12	5.57	92.10
	玛多县	24 477.30	7.71	3.94	188.72
	小计	74 230.84	8.49	4.17	630.02
玉树州	玉树县	15 407.84	9.50	4.33	146.40
	杂多县	35 471.61	9.52	4.60	337.60
	称多县	14 645.15	9.19	3.99	134.57
	治多县	80 710.69	8.23	3.80	664.56
	囊谦县	12 078.96	10.33	4.24	124.77
	曲麻莱县	46 670.46	9.06	3.95	422.83
	小计	204 984.70	8.93	4.11	1 830.73
唐古拉山镇		47 747.83	8.34	4.03	398.02

从三江源区分县陆地生态系统土壤有机碳密度的空间分布可以看出（表8-2），东部的共和县土壤有机碳密度最低，仅为6.68kg/m²；囊谦县、同仁县、同德县、贵德县、泽库县、尖扎县及久治县的土壤有机碳密度较高，均超过10kg/m²，分别为10.33kg/m²、10.83kg/m²、10.89kg/m²、10.95kg/m²、11.01kg/m²、11.02kg/m²和11.12kg/m²，这七个县除了囊谦县之外均位于三江源区东部。

8.3 三江源区碳汇功能估算

8.3.1 三江源区碳汇估算

利用构建的NEP估算模型估算得到三江源区NEP之后，结合三江源区载畜量数据，得到考虑动物啃食之后的NEP数据。另外，根据三江源区最差和最优生态系统状态，估算了三江源区最差和最优的NEP空间分布，从而估算了NEP的评估值和保有率；评估值为实际估算值与最差估算值之差，保有率为实际估算值占最优估算值的比例。

三江源区陆地生态系统总体表现为碳汇（NEP正值代表碳汇，负值代表碳源），呈现东部高于西部、南部高于北部的空间格局。2001年NEP均值为73.13g C/(m²·a)，总量为 26.85 Tg C/a；2010 年 NEP 均值为 84.41g C/(m^2 · a)，总量为 31.31Tg C/a，相比 2001 年碳汇有所增加，增幅为 4.46 Tg C/a。

从行政区划来看，除了唐古拉山镇之外，其他行政单元 NEP 均大于 0；NEP 最大的县均位于三江源区东部和南部，其中，久治县、班玛县、泽库县、河南县的 NEP 最大，达 200g C/(m^2 · a) 以上；NEP 最小的县位于北部和西部，其中，唐古拉山镇、治多县、玛多县、共和县和曲麻莱县的 NEP 最小，在 50g C/(m^2 · a) 以下。

从表 8-3 可以看出，各州县的碳汇量、碳汇评估值、碳汇保有率变化趋势虽然存在差异，但总体均呈现上升趋势，只有杂多县和唐古拉山镇略有下降。2001 年三江源区陆地生态系统总碳汇量为 26.9 Tg C/a，2010 年上升至 31.3 Tg C/a；碳汇评估值从 2001 年的 13.3 Tg C/a 增加至 2010 年的 17.8 Tg C/a；碳汇保有率从 2001 年的 43% 提升至 2010 年的 50%。

从行政区划各州县来看，2001 年和 2010 年黄南州碳汇保有率均为最高，分别达 59% 和 62%；玉树州碳汇评估值最高，2001 年和 2010 年分别达 8.5 Tg C/a 和 10.4 Tg C/a。

表 8-3　三江源区陆地生态系统 2001 年和 2010 年 NEP 县域统计表

州(县)	2001 年				2010 年				2001~2010 年变化量			
	均值/[g C/(m^2 · a)]	总量/(Tg C/a)	保有率/%	评估值/(Tg C/a)	均值/[g C/(m^2 · a)]	总量/(Tg C/a)	保有率/%	评估值/(Tg C/a)	均值/[g C/(m^2 · a)]	总量/(Tg C/a)	保有率/%	评估值/(Tg C/a)
同仁县	170.03	0.54	54.81	0.07	185.32	0.59	59.72	0.12	15.29	0.05	4.91	0.05
尖扎县	99.38	0.15	34.59	0.04	130.14	0.20	44.89	0.09	30.76	0.05	10.30	0.05
泽库县	220.22	1.44	59.25	0.56	226.17	1.48	60.87	0.60	5.95	0.04	1.62	0.04
河南县	267.29	1.77	64.54	0.28	276.31	1.83	66.69	0.34	9.02	0.06	2.16	0.06
黄南州小计	218.26	3.91	59.12	0.96	229.22	4.10	62.04	1.15	10.96	0.19	2.92	0.19
共和县	4.18	0.06	4.58	0.08	46.32	0.65	51.44	0.67	42.14	0.59	46.86	0.59
同德县	128.64	0.59	40.46	0.21	165.65	0.76	52.09	0.37	37.01	0.17	11.63	0.17
贵德县	58.10	0.20	22.97	0.12	93.05	0.33	36.77	0.24	34.95	0.12	13.80	0.12
兴海县	90.12	1.08	33.92	0.62	116.94	1.41	44.01	0.95	26.82	0.32	10.10	0.32
贵南县	73.74	0.48	29.05	0.29	107.27	0.69	41.91	0.50	33.53	0.21	12.86	0.21
海南州小计	59.70	2.42	28.57	1.32	94.46	3.84	45.34	2.74	34.76	1.42	16.77	1.42
玛沁县	142.35	1.89	51.11	0.75	145.26	1.94	52.46	0.80	2.91	0.05	1.35	0.05
班玛县	150.49	0.94	37.13	0.03	210.88	1.31	52.03	0.41	60.38	0.38	14.90	0.38
甘德县	172.76	1.22	49.58	0.36	190.80	1.35	54.73	0.49	18.05	0.13	5.15	0.13

续表

州(县)	2001年				2010年				2001~2010年变化量			
	均值/[g C/(m^2·a)]	总量/(Tg C/a)	保有率/%	评估值/(Tg C/a)	均值/[g C/(m^2·a)]	总量/(Tg C/a)	保有率/%	评估值/(Tg C/a)	均值/[g C/(m^2·a)]	总量/(Tg C/a)	保有率/%	评估值/(Tg C/a)
达日县	120.99	1.73	40.20	0.45	138.30	1.98	45.94	0.70	17.31	0.25	5.74	0.25
久治县	183.05	1.49	49.57	0.38	205.92	1.68	55.78	0.56	22.87	0.19	6.21	0.19
玛多县	34.46	0.76	36.44	0.50	36.55	0.82	38.99	0.56	2.09	0.05	2.55	0.05
果洛州小计	112.87	8.03	44.40	2.48	127.00	9.07	50.15	3.52	14.14	1.04	5.75	1.04
玉树县	152.94	2.33	48.85	1.25	165.27	2.52	52.90	1.44	12.34	0.19	4.05	0.19
杂多县	109.26	3.78	53.36	2.64	100.37	3.50	49.47	2.37	-8.89	-0.28	0.00	-0.28
称多县	129.07	1.87	47.28	1.02	139.96	2.03	51.30	1.18	10.89	0.16	4.02	0.16
治多县	25.39	1.87	36.61	1.60	35.43	2.66	52.19	2.39	10.04	0.80	15.58	0.80
囊谦县	116.54	1.37	42.06	0.76	136.38	1.62	49.57	1.00	19.84	0.24	7.51	0.24
曲麻莱县	30.12	1.38	28.39	1.22	48.15	2.20	45.41	2.05	18.02	0.83	17.02	0.83
玉树州小计	64.45	12.59	43.40	8.49	73.62	14.54	50.09	10.43	9.17	1.94	6.70	1.94
唐古拉山镇	-2.33	-0.10	0.00	0.06	-5.44	-0.24	0.00	0.00	-3.11	-0.14	0.00	-0.06
总计	90.59	26.85	43.14	13.31	103.77	31.31	50.30	17.76	13.18	4.46	7.16	4.46

8.3.2 草地生态系统碳汇估算

草地生态系统是三江源区生态系统的主体，因此，本研究进一步详细分析了草地生态系统 NEP 的空间分布和年际变异及其控制机制和影响因子（任小丽等，2017）。

8.3.2.1 三江源区草地生态系统 NEP 空间分布

2001~2010 年三江源区草地生态系统 NEP 多年平均值分布有较大的空间异质性，基本呈现中部较高、东部稍低、西部最低的空间格局，大部分地区表现为碳汇（图 8-5）。2001~2010 年三江源区草地生态系统 GPP 和 RE 多年平均值的空间分布如图8-6所示，两者均呈明显的东南部高、西北部低的空间格局，GPP 的空间格局与王军邦等（2012）模拟的 NPP 结果较为一致；另外，三江源区大部分区域 GPP 均高于 RE，并以中部区域最为明显，因此，NEP 表现为中部较高。

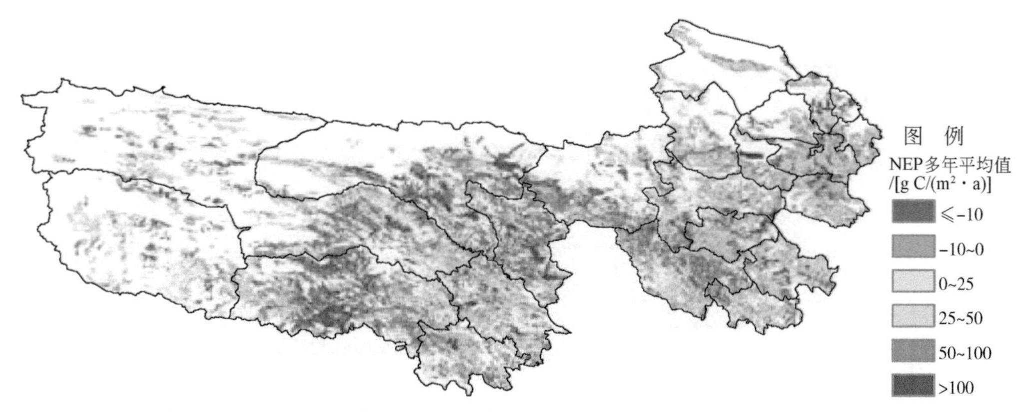

图 8-5　2001 ~ 2010 年三江源区草地生态系统 NEP 多年平均值空间分布

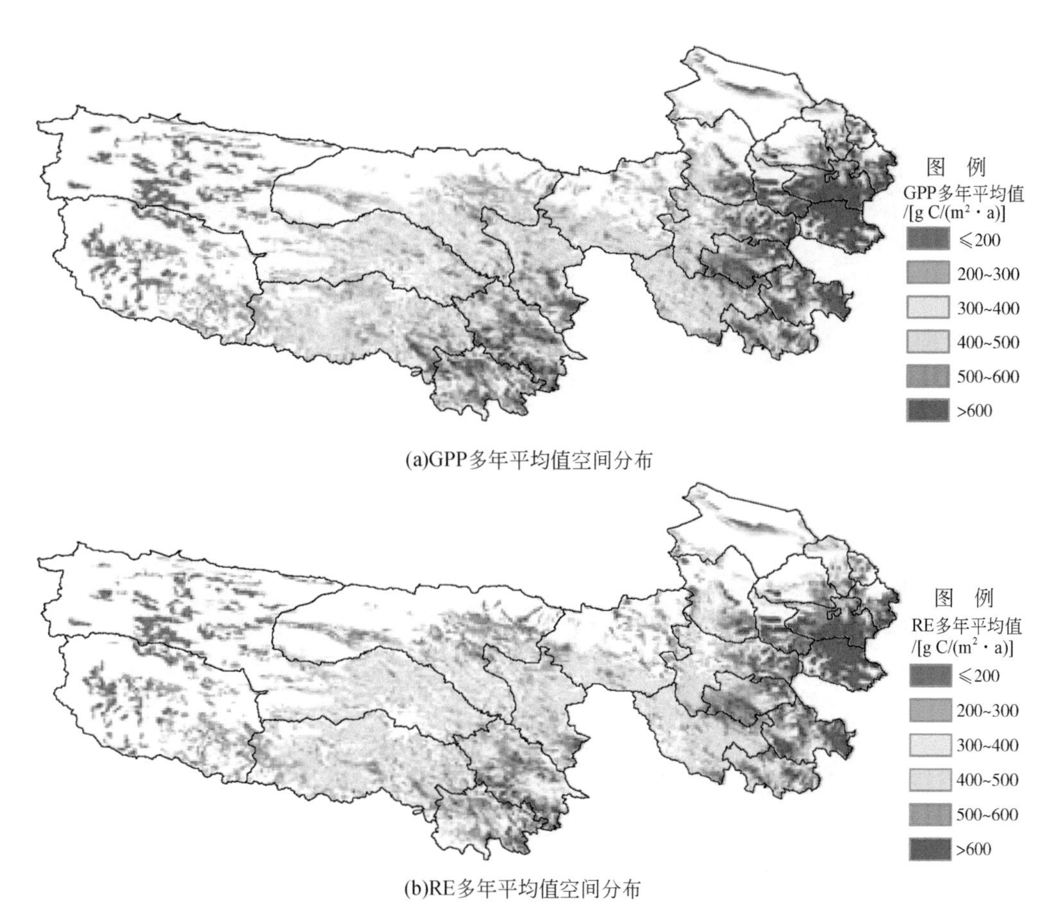

(a)GPP多年平均值空间分布

(b)RE多年平均值空间分布

图 8-6　2001 ~ 2010 年三江源区草地生态系统 GPP 和 RE 多年平均值空间分布

2001 ~ 2010 年三江源区草地生态系统 NEP、GPP、RE 平均值分别为 41.8g C/(m^2 · a)、420.5g C/(m^2 · a) 和 378.7g C/(m^2 · a)，整体表现为碳汇；碳汇强度与张继平等（2015）的估算结果在数量级上相一致，但小于其估计值［86.8g C/(m^2 · a)］，这是由所用模型和数据不同所致。张继平等（2015）研究中的 GPP 直接采用 MODIS GPP 数据，RE 模型是基于中国和美国通量网的草地站点数据进行的参数化，位于青藏区的站点较少；而本研究的草地生态系统 GPP 和 RE 均是充分利用青藏高原通量站点数据参数化后的模型估算得到，对三江源区而言更具代表性。另外，GPP 模拟值大于 He 等（2014）模拟的青藏高原草地 GPP［312.3g C/（m^2·a）］，是因为三江源区的水热条件整体优于青藏高原平均水平。

8.3.2.2 三江源区草地生态系统 NEP 年际变异

2001～2010 年三江源区草地生态系统 NEP 呈波动增加趋势，与张继平等（2015）的研究结果相一致，NEP 从 2001 年的 20.0 g C/(m^2·a) 增加至 2010 年的 82.5 g C/(m^2·a)，增加了近 3 倍，这可能与青藏高原近年来气候总体趋于暖湿化有关（李惠梅和张安录，2014）；其中，只有 2002 年该区表现为弱碳源［-5.0 gC/(m^2·a)］，其余年份均表现为碳汇，并以 2010 年碳汇能力为最强。

2009 年三江源区草地生态系统 NEP 出现明显下降，为分析其原因，本研究统计了 2001～2010 年三江源区草地生态系统 GPP 和 RE 的变化情况，发现 2009 年 RE 略有上升，但 GPP 出现明显下降（图 8-7），导致 2009 年碳汇能力降低。影响草地生态系统 GPP 的主要环境因子包括光照、温度和水分，而影响 RE 的主要环境因子为温度和水分（于贵瑞和孙晓敏，2006）。本研究进一步分析了 2001～2010 年三江源区草地生态系统的 PAR、气温和降水量的变化情况，结果如图 8-8 所示。2001～2010 年三江源区草地生态系统的气温和降水量均呈波动增加趋势，气候整体表现为暖湿化趋势；2009 年三江源区草地生态系统整体气温升高，降水量增加，由此导致 RE 增强；虽然该水热变化也有利于光合作用，但由于同时伴随 PAR 的大幅减少，而光照是光合作用的主控因子，因此，GPP 显著减少，这就从环境影响因子的角度解释了 2009 年三江源区草地生态系统 NEP 下降的原因。

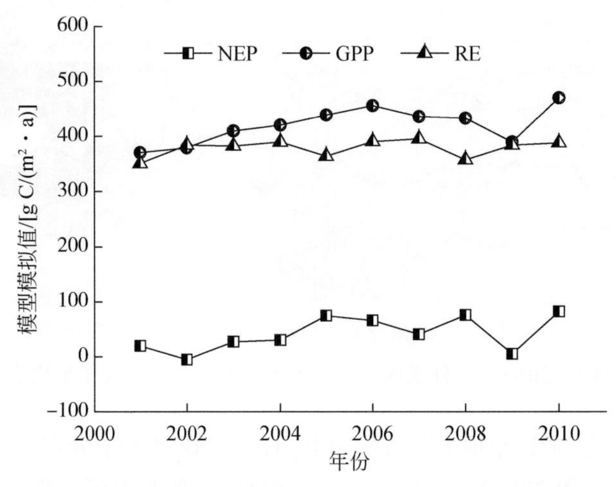

图 8-7　2001～2010 年三江源区草地生态系统 NEP、GPP 和 RE 的年际变异

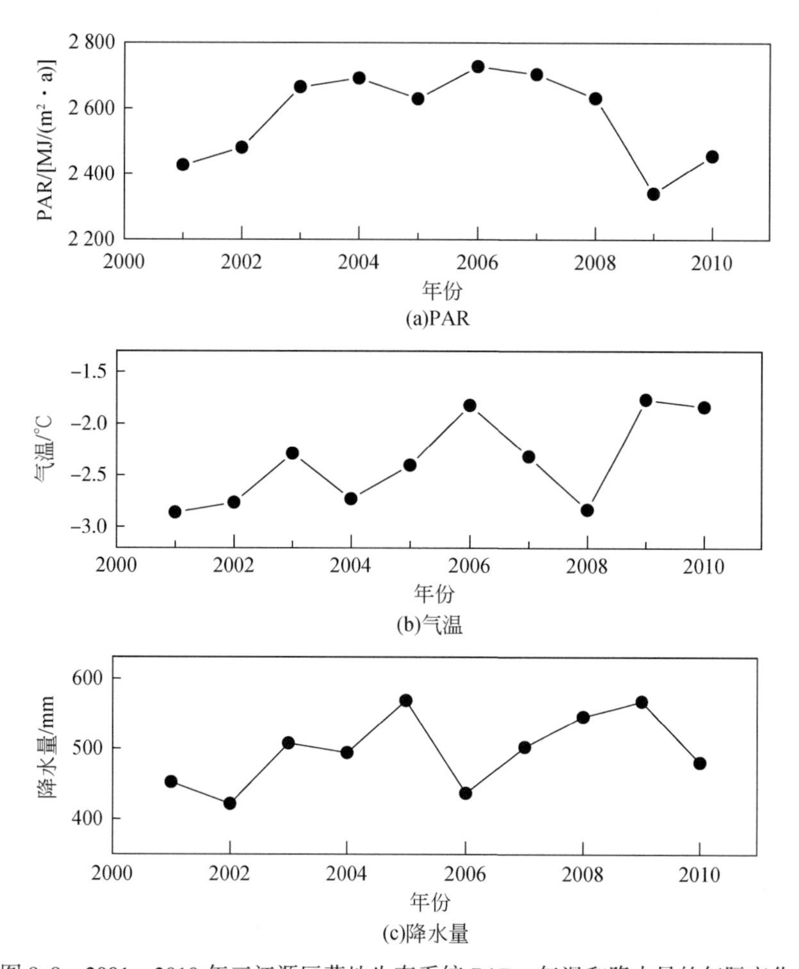

图 8-8 2001 ~ 2010 年三江源区草地生态系统 PAR、气温和降水量的年际变化

8.3.2.3 三江源区草地生态系统 NEP 年际变化率空间分布

2001 ~ 2010 年三江源区草地生态系统 NEP 年际变化率的空间分布具有明显的空间异质性（图 8-9）：大部分地区 NEP 年际变化率为正值，即呈上升趋势；只有东南部和中部部分区域 NEP 年际变化率为负值，即呈下降趋势；所有栅格 NEP 年际变化率平均值为 5.4g C/(m^2 · a)，表明三江源区草地生态系统 NEP 整体呈上升趋势，平均年增长率为 5.4g C/(m^2 · a)，部分地区的年增长率可达 10g C/(m^2 · a) 以上。

为了分析 2001 ~ 2010 年三江源区草地生态系统 NEP 年际变化的环境影响因子，计算逐像元 NEP 与 PAR、气温和降水量之间的相关系数，并且将每个像元内与 NEP 相关性最大的环境因子作为该像元 NEP 年际变异的主控因子，结果如图 8-13 所示。整体而言，NEP 年际变异与气温年际变异相关性最高，其次是 PAR，与降水量相关性最低，这与李惠梅和张安录（2014）的研究结论相近。其研究表明，三江源区草地生态系统 NPP 主要受气温的影响，水分的限制作用较为微弱。由图 8-13 可见，三江源区草地生态系统约85%区域的NEP年际变异由气温和PAR控制，其中，44%区域的NEP年际变异由气温控制，主要分布在西部地区，可能是西部地区海拔相对较高，因此气温相对较低，导致气温成为NEP年际变异的主控因子；41%区域的NEP年际变异由PAR控制，主要分布在东部地区，可能是东部地区海拔相对较低，因此光照相对较少，致使PAR成为NEP年际变异的主控因子；只有约15%区域的NEP年际变异由降水量控制。

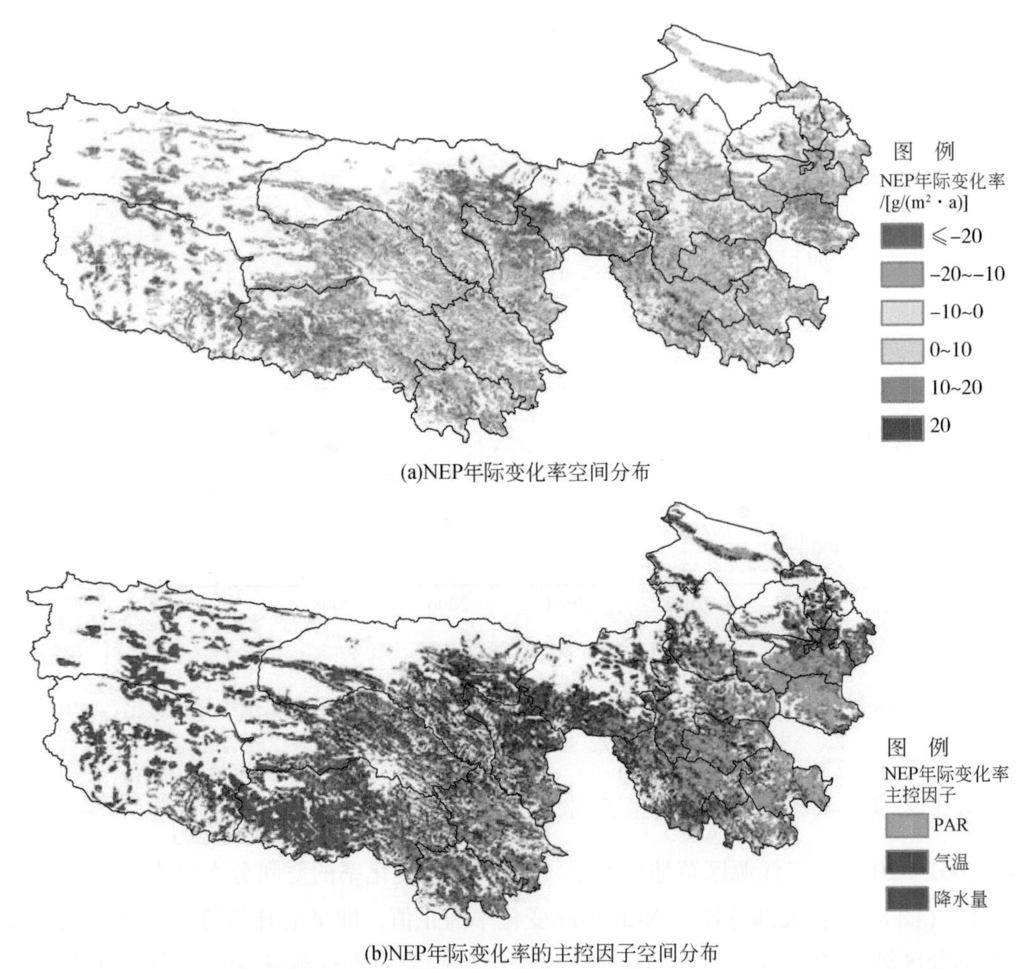

(a)NEP年际变化率空间分布

(b)NEP年际变化率的主控因子空间分布

图8-9　2001～2010年三江源区草地生态系统NEP年际变化率及其主控因子空间分布

8.4　本章小结

本研究对我国三江源区陆地生态系统草地生物量、土壤有机碳储量及陆地生态系统尤其是草地生态系统的碳汇功能进行了定量评价及时空格局特征分析。结果表明：①三江源区2001～2010年草地生物量多年均值为1171.91g/m^2，呈微弱的波动缓慢上升趋势，平均升幅为6.34g/(m^2·a)。②三江源区陆地生态系统土壤平均有机碳密度为 8.78kg/m^2，土壤有机碳储量约为 3.41pg。③三江源区陆地生态系统在 2001～2010 年总体表现为碳汇，呈现东部高于西部、南部高于北部的空间格局；2001～2010 年草地生态系统总体表现为碳汇，NEP 平均值为 41.8g C/(m^2·a)，且由于气候的暖湿化趋势，碳汇强度总体表现为增强。

9

三江源区物种保育功能估算

9.1 三江源区物种保育估算总体思路与方法

本研究采用资料调研和模型评估的方法对三江源区的生物多样性和栖息地生境质量进行评估。栖息地生境质量评估采用由美国斯坦福大学、世界自然基金会和大自然保护协会联合开发的 InVEST 模型（integrated valuation of ecosystem services and trade-offs，InVEST），该模型采用土地利用/土地覆盖信息，结合各种对生物多样性构成威胁的生态威胁因子，在区域景观格局上对其生境质量、生境退化状况及生境多样性情况进行总体评价。

9.1.1 典型野生动物物种丰度调查方法

物种丰度即物种丰富度，指的是生态系统中物种的数目。这个指数无法表示相对丰度。实际上，除了一些非常贫瘠的系统之外，记录一个生态系统真实物种的总丰富度是不可能的。系统中物种的观察值是其真实物种丰富度的有偏估计值，并且观察值会随着取样的增加呈非线性的增长。因此在表示从生态系统中观察到的物种丰富度时，物种丰度常被称作种密度。

根据资料显示，青海三江源自然保护区内有兽类 8 目 20 科 85 种；鸟类 16 目 41 科 238 种（包括亚种 264 种）；两栖爬行类初步调查 10 科 15 种。保护区内有国家重点保护动物 69 种，其中国家Ⅰ级保护野生动物有藏羚、野牦牛、雪豹等 16 种，国家Ⅱ级保护野生动物有岩羊、藏原羚等 53 种。另外，还有省级保护野生动物艾鼬、沙狐、斑头雁、赤麻鸭等 32 种。

9.1.2 栖息地生境质量评估方法

9.1.2.1 InVEST 模型的生物多样性评价模块简介

InVEST 模型由水模型和非水模型两大部分构成，通过模拟不同土地利用状态下生态系统物质量和价值量的变化情况来对生态系统服务功能进行评估；通过模拟预测不同情景下生态系统自然资源的内在变化，为人们准确掌握生态系统服务功能价值状况，以及对自然资源的科学评估和生态环境的保护提供决策依据。其中生物多样性评价模块（biodiversity model）的原理是基于人为影响威胁因子来评价，通过威胁因子的影响距离、空间权重、法律保护的准入性等因素，来考量生境退化（habitat degration）、生境质量（habitat quality），从而揭示土地利用变化可能带来的生态环境功能和质量的相应变化规律。该模块与四大因素紧密相关，它们分别是生态威胁因子的影响范围、生态威胁因子源头距离生境的远近、生境对生态威胁因子的敏感程度以及法律保护情况与保护区的设立。相应地，该模型需要的空间分析数据有生态威胁因子的影响范围、土地利用类型图、各土地利用类型对生态威胁因子的敏感程度以及自然保护区法律、法规制定情况和实施难易的准入度。

本研究对保护区的考虑主要是从生态价值及环境保护的角度出发，把森林、红树林、天然河流视为应该予以保护的区域。生物多样性评价模块运算以栅格数据作为评价单元，需要5类数据，包括当前土地覆盖图（current land cover map）、威胁因子（threat datas）、威胁因子图层（threat layers）、土地利用类型对于生态威胁因子的敏感度（sensitivity of land cover types to each threat）以及保护程度（accessibility to sources of degradation）。

同时，其运算分析过程需要考虑生态环境自身的相关属性，具体来说：①由于自然生态系统与人工生态系统对相同生态威胁因子的敏感程度存在明显的差异，因此，在生物多样性评价模块中，我们将各种土地利用类型分为自然环境与人工环境两大类。②研究区域本身的属性差异也将影响生态威胁因子的威胁程度和范围，如对城市和农村这两种区域属性而言，相同生态威胁因子对前者的影响要比对后者大很多。③生态威胁因子源头的远近位置关系对各土地利用类型的威胁程度存在必然的差异，土地利用类型斑块距离生态威胁因子源头越近，其受到威胁的程度就越大，反之亦然。

9.1.2.2 模型运行参数的数据采集与参数设置

生物多样性评价模块的数据采集过程具体如下：

（1）基准土地覆盖图及当前土地覆盖图

前者选取三江源地区2000年土地利用类型图，后者选取三江源地区2005年、2010年的土地利用类型图，栅格大小设置为30m。

（2）威胁因子

在InVEST模型中，生态威胁因子的指数相关性和线性相关性表明威胁因子与网格土地利用类型间的空间关系，其对生态系统中各土地利用类型斑块的影响程度通过空间距离来计算。威胁因子的影响大小可由以下公式表示：

$$i_{rxy} = 1 - \left(\frac{d_{xy}}{d_{r\max}}\right) \text{ if linear}$$

$$\text{或 } i_{rxy} = \exp\left[-\left(\frac{2.99}{d_{r\max}}\right)d_{xy}\right] \text{ if exponential}$$

式中，i_{rxy}为威胁因子的影响程度；d_{xy}为土地利用类型x和土地利用类型y之间的距离；$d_{r\max}$为威胁因子r在空间上的最大影响距离。

具体到本研究区域，参考其他地区研究，考虑该区域内城镇交通工具限制和经济发展水平，并参照Heather Tallis，Erik Nelson，2009等在2008~2010年对夏威夷、墨西哥、坦桑尼亚等国家和地区的生物多样性研究成果，威胁因子的最大影响距离、权重及相关性指数设置见表 9-1。

表 9-1　生态威胁因子属性

威胁因子	最大影响距离/km	权重	衰退线性相关性
town	10	0.7	0
road	2	0.4	1
bare	6	0.5	0
ag_d	5	1	0
mine	4	0.8	0

（3）威胁因子敏感度

生态系统中每一个土地利用类型对受威胁的敏感度各不相同，其受生态威胁因子影响的敏感度大小主要是依据生态学和景观生态学的基本理论及保护生物多样性的基本原则来确定的。在生物多样性模型中将各土地利用类型划分为自然环境和人工环境，同时威胁因子敏感度的取值范围为 0 ~ 1，并且依照生态学和景观生态学中生物多样性保护的一般性要求，把自然土地利用类型到人工土地利用类型对生态威胁因子的敏感度按照由高到低的原则来划分。具体见表 9-2。

表 9-2　生境类型对生态威胁因子敏感度

LULC	NAME	HABITAT	L_ag_d	L_road	L_town	L_bare	L_mine
1	forest	1	0.6	0.3	0.2	0.2	1
2	bush	0.8	0.5	0.4	0.2	0.5	1
3	grass	0.6	0.8	0.4	0.4	0.4	1
4	river	1	0	0.5	0.8	0.8	1
5	ag_w	0	1	0.4	0.6	0.4	1
6	ag_d	0.2	0	0.6	0.4	0.4	1
7	town	0	0	1	0	1	0
8	road	0	0	0	1	1	0.5
9	bare	0.7	0.5	0	0.4	0	0
10	baref	0.8	0.5	0.4	0.3	0.4	1
11	bareb	0.8	0.5	0.4	0.4	0.4	1
12	mine	0.3	0	1	0.6	1	0
13	mash	1	0.6	0.3	0.2	0.8	1

（4）威胁因子图层

通过前文对威胁因子的分析，在 ArcGIS 的 feature to raster 里分别提取各威胁因子，提取目标赋值为斑块面积，非提取目标赋值为 0，采用格式大小为 30m 的栅格数据。

9.1.2.3 模型输出结果及其运算过程

（1）生境退化程度

生境退化程度与生境中各土地利用类型距离生态威胁因子的远近空间位置关系、土地利用类型对生态威胁因子的敏感程度以及威胁因子的数量等因素紧密相关。这主要是基于InVEST模型中的假设，即认为在一个生态系统中土地利用类型对生态威胁因子的敏感性程度越高，则该威胁因子对土地利用类型退化程度的影响也就越大。生境退化程度的计算公式如下：

$$D_{xj} = \sum_{r=1}^{R} \cdot \sum_{y=1}^{Y_r} \left(\frac{W_r}{\sum_{r=1}^{R} W_r} \right) r_y i_{rxy} S_{jr}$$

式中，D_{xj}为生境退化程度；R为威胁因子个数；W_r为威胁因子的权重；Y_r为威胁层在地类图层上的栅格个数；r_y为地类图层每个栅格上威胁因子的个数；S_{jr}为敏感度大小。

（2）生境质量

在生境退化程度计算结果的基础上，利用以下公式可以计算生态质量：

$$Q_{ij} = H_j \left[1 - \left(\frac{D_{xj}^z}{D_{xj}^z + k^z} \right) \right]$$

式中，Q_{ij}为生境质量；k为栅格单元大小尺度值的一半；H_j为生态适宜性指数；D_{xj}为生境退化程度。生境质量是指栖息地提供满足个体及群体生存需要的环境水平，在模型中被认为是一个从低到高的连续变量，基于资源可供生存、繁殖及人口的永续发展。生境质量状况与区域生态结构及生态功能存在相互影响、相互制约的关系，其高低水平直接决定提供区域生境内的人们居住和正常生活的各项条件的好坏。一般来说，生境质量的变化是由区域的土地利用状况决定的，生境内各种土地利用程度越高则生境质量变化越剧烈。

（3）生境稀缺性

生境退化程度和生境质量这两个指标能够揭示区域生境受威胁因子影响的程度，以及该区域生态环境整体质量的好坏。然而，为了进一步分析区域生境资源的变化程度，尤其是在保护生物多样性及划定自然保护区的决策中，更需要对生境稀缺性有一个清楚的认识。InVEST模型中定义生境稀缺性是以土地利用/土地覆盖为基础，揭示土地利用类型变化对区域生境所产生的影响大小。一般而言土地利用类型变化较为剧烈的区域生态结构较脆弱，生态系统稳定性较差，并且对该区域的保护措施和手段较少；反之，土地利用类型变化较为缓和的区域生态系统内物质循环和能量流动较均衡，生态系统稳定性较好。生境稀缺性计算的第一步是对各土地利用类型的变化指数计算，其公式为

$$R_j = 1 - \frac{N_j}{N_{j,baseline}}$$

式中，R_j为当前土地覆盖类型j的变化指数；N_j为当前土地覆盖类型j的栅格数量；*baseline*为基期土地覆盖类型j的栅格数量。$N_j = 0$，表示当前土地覆盖类型没有j时，

系统给 R_j 赋值为0。第二步在得到每个土地覆盖类型的变化指数基础上对每个栅格的稀缺性指数进行计算，其计算公式为

$$R_x = \sum_{x=1}^{x} \sigma_{xj} R_j$$

式中，R_x 表示稀缺性指数；Q_{xj} 表示栅格 x 的覆盖类型是否为当前地类 j，是则赋值为1，反之，则赋值为0。

9.2 三江源区典型动物物种丰度调查

1997～2009年三江源区野生动物种群数量呈普遍增加趋势。高地森林草原动物群（如马麝、白唇鹿、马鹿）的分布范围及种群数量均有较明显的增加，20世纪末马麝仅在玛沁、班玛、兴海、同德、曲麻莱以及囊谦6个县有分布，而2009年调查结果显示，在三江源区，除唐古接乡以外的其余16个县均有分布，其数量也已经达到7000只左右，较20世纪末增加了4000只左右。高地草原及草甸动物群（如藏野驴、白唇鹿、藏原羚）的分布范围及种群数量也有较明显的增加，藏原羚数量已达50 000只以上，增加了25 000只左右；藏野驴数量达41 000只以上，增加了10 000只左右。高地寒漠动物群（如野牦牛、岩羊）的分布范围及种群数量也增加明显，以岩羊为例，数量超过50 000只，增加了20 000只以上。

9.3 三江源区栖息地生境质量评价

三江源自然保护区是在三江源区范围内由相对完整的6个区域组成的高原湿地生态系统为主体的自然保护区网络。主要保护对象是高原湿地生态系统，国家和省级重点保护的珍稀、濒危和有经济价值的野生动植物物种及栖息地，具有典型的高寒草甸与高山草原植被，以及青海云杉林、祁连圆柏林、山地圆柏疏林高原森林生态系统和高寒灌丛、冰缘植被、流石坡植被等特有植被。目前，三江源区的自然保护区共有18个，保护区总面积15.23万 km^2。本研究对整个三江源区栖息地进行了质量评价。

9.3.1 生境退化程度评价

生境退化指数的高低反映了威胁源对地区生境所造成的潜在破坏及生境质量下降的可能性大小。研究结果表明，三江源草原草甸湿地生态功能区总体生境退化指数较低，大部分区域生境质量下降趋势不明显。退化指数较高的区域在区域内零散分布，主要分布在三江源区西部的唐古拉山镇、治多县和曲麻莱县的西部、玛沁县东北部，以及三江源区东北部的共和县、贵德县和贵南县。2000～2010年，三江源区生境退化指数变化很小，在唐古拉山镇、治多县、曲麻莱县的西部和共和县的南部生境退化较明显，其余区域退化不明显。值得注意的是，位于唐古拉山镇的格拉丹东自然保护区、治多县和曲麻莱县的索加–曲麻河自然保护区、玛沁县的中铁–军功自然保护区所在区

域表现出一定程度的退化。

将生境退化程度分为5个等级，各得分段生境面积占区域面积的比例见表9-3。结果显示，2000～2010年三江源区大部分生境退化程度处于0～50得分区间，10年间退化水平处于0～50和100～150得分区间的生境面积略有减少。总体来看，三江源区生境退化程度栅格均值为0.355～0.373，2010年的生境退化程度栅格均值虽然比2005年高，但低于2000年的值，生物栖息地的生境退化程度总体表现为有所改善。

表9-3 生境退化指数统计表 单位:%

退化程度得分	面积所占比例			变化率
	2000年	2005年	2010年	2000～2010年
1（0～50）	99.918	99.927	99.916	0
2（50～100）	0.077	0.07	0.079	0.027
3（100～150）	0.005	0.003	0.005	0
4（150～200）	0	0	0	0
5（>200）	0	0	0	0
栅格均值	0.373	0.355	0.366	-1.877

9.3.2 生境质量评价

栖息地生境质量评估结果（表9-4）显示，2000～2010年三江源区野生动植物栖息地的生境质量在多数区域处于较好水平，整体质量变化不明显，区域质量指数均值为0.6左右，2010年比2000年升高了0.27%，有微量上升。其中贵德县和贵南县生境质量指数最低，在0.6以下；称多县和班玛县最高，在0.67以上；但生境质量在0.5以下的所占比例也很大，主要分布西部的杂多县、曲麻莱县、治多县、唐古拉山镇和东北部的共和县、贵德县和贵南县区域。在唐古拉山镇、治多县、杂多县、贵德县、共和县生境质量有转好趋势，而久治县、玛沁县、称多县、河南县、班玛县、玉树县的生境质量指数略有下降，但下降范围在0.15%以内。自然保护区所涉及的治多县、杂多县、唐古拉山镇的生境质量改善的结果，也反映了近年来三江源区自然保护区生态恢复与建设的成效。

表9-4 生境质量指数统计表

州（县）		栅格均值			变化率（%）
		2000年	2005年	2010年	2000～2010年
黄南州	同仁县	0.64	0.642	0.642	0.34
	尖扎县	0.621	0.627	0.627	0.94
	泽库县	0.644	0.644	0.644	0.1
	河南县	0.645	0.645	0.645	-0.02

续表

州（县）		栅格均值		变化率（%）	
		2000 年	2005 年	2010 年	2000～2010 年
海南州	共和县	0.637	0.64	0.641	0.57
	同德县	0.615	0.616	0.617	0.25
	贵德县	0.536	0.54	0.54	0.79
	兴海县	0.607	0.608	0.608	0.18
	贵南县	0.539	0.554	0.554	2.92
果洛州	玛沁县	0.629	0.629	0.629	-0.02
	班玛县	0.671	0.671	0.671	-0.01
	甘德县	0.634	0.634	0.634	0.01
	达日县	0.656	0.656	0.656	0.01
	久治县	0.634	0.634	0.634	-0.03
	玛多县	0.668	0.67	0.67	0.33
玉树州	玉树县	0.614	0.613	0.613	-0.11
	杂多县	0.637	0.637	0.637	0
	称多县	0.692	0.691	0.691	-0.02
	治多县	0.602	0.605	0.606	0.64
	囊谦县	0.623	0.623	0.623	0
	曲麻莱县	0.618	0.619	0.619	0.22
唐古拉山镇		0.609	0.609	0.609	0.02

9.4 三江源区栖息地稀缺性评价

生境稀缺性得分是通过与背景年份（2000 年）间的栖息地质量变化情况比较，以及空间位置和影响程度的计算，找出破碎化程度较高，且土地利用类型变化较为频繁的土地利用类型斑块或者部分栅格，得分值的大小表示应受重视和保护的不同程度。得分较高的斑块不仅生态系统的结构、组成、物质循环及能量流动处于不稳定的状态，而且生态群落中微妙的平衡处于紧张状态，随时可能被打破，使斑块的物种维持和生物多样性将受到极大的影响。

三江源区在 2005 年生境稀缺性栅格均值为 0.015，2010 年生的栅格均值为 0.022，生境稀缺性指数较高的地方主要是三江源区东北部的共和县、贵德县、贵南县和同德县，说明这些地区的生态群落的平衡较为脆弱，容易受胁迫影响，使斑块的物种维持和生物多样性将受到极大的影响。总体上，三江源区生境稀缺性低，表明生境质量良好，2010 年比 2005 年增长了 45.4%，生境稀缺性受人类活动等影响加重。

9.5 本章小结

三江源区野生动植物资源丰富、特有种较多、生态系统类型多，局部地区生物多样性高度丰富，其中玉树县、囊谦县、泽库县、玛沁县、同仁县、兴海县、共和县属于区域生物多样性热点地区。野生动植物栖息地生境质量评估的结果也显示，2010～2010年，三江源区的大部分区域生境质量变化趋势不明显，退化程度相对较高的是在西部的唐古拉山镇、治多县和曲麻莱县的西部、玛沁县东北部，以及东北部的共和县、贵德县和贵南县。自然保护区所涉及的治多县、杂多县、唐古拉山镇等区域生境质量有改善的趋势，也反映了近年来三江源区自然保护区生态恢复与建设的成效。

10

三江源区生态产品估算

10.1 三江源区生态产品估算总体思路与方法

生态产品指维系生态安全、保障生态调节功能、提供良好人居环境的自然要素，是生态系统生产出的可以供人类直接利用的物质。三江源自然保护区是我国面积最大的自然保护区，是我国生态的“处女地”，可以为人类提供丰富的生态产品。本研究主要围绕三江源区生态系统所产生的能够提供直接使用价值的部分，包括农畜产品、清洁水源和清新空气。

10.2 三江源区农畜产品估算

1）三江源区农畜产品价值包括粮食作物、经济作物、其他作物、肉产量、奶产量、水产品等的经济价值，此外，还包括冬虫夏草等珍稀野生药材等的价值。考虑到农畜产品中大部分可以在市场上直接交易，具有明确的市场价格，因此这里仅给出农畜产品的总价值。根据《青海统计年鉴 2010》，三江源区的主要粮食作物包括稻谷、小麦、玉米、大豆等，2010 年三江源区 22 县（市）（由于数据缺失，唐古拉山镇数据由其所属的格尔木市数据替代）粮食产量总计 175 886.4 t，人均粮食产量为 104.66kg，约等于全国人均产量的 26%；油料产量总计 53 222.4 t，人均油料作物产量为 31.67kg，约等于全国人均产量的 1.31 倍；蔬菜产量总计 85 236.8 t，人均蔬菜产量为 50.72kg，约等于全国人均产量的 10.4%。与 2000 年相比，2010 年粮食产量增加了 48 896.4 t，油料作物产量增加了 24 638.4 t，蔬菜产量增加了 32 317.8 t。三江源区的粮食产区主要集中在三江源区东北部的共和县、贵德县、贵南县、尖扎县等地。各县粮食生产情况见表 10-1 和表 10-2 所示。

表 10-1　2000 年三江源区各县农产品产出表　　单位：t

分县数据	粮食产量	油料产量	蔬菜产量
同仁县	15 515	738	906
尖扎县	11 870	703	9 682
泽库县	112	2 868	0
河南县	0	0	0

续表

分县数据	粮食产量	油料产量	蔬菜产量
共和县	19 127	5 510	1 150
同德县	8 014	4 816	240
贵德县	27 888	4 277	7 035
兴海县	7 412	787	3 950
贵南县	4 674	3 840	0
玛沁县	103	34	0
班玛县	2 570	81	0
甘德县	0	0	0
达日县	0	0	0
久治县	0	0	0
玛多县	0	0	0
玉树县	6 524	799	68
杂多县	0	0	0
称多县	4 946	87	510
治多县	0	0	3 402
囊谦县	9 915	909	274
曲麻莱县	0	0	0
唐古拉山镇	8 320	3 135	25 702

表 10-2　2010 年三江源区各县农产品产出表　　单位：t

分县数据	粮食产量	油料产量	蔬菜产量
同仁县	14 332	4 443	3 384
尖扎县	14 798	794	6 591
泽库县	0	1 920	0
河南县	0	0	0
共和县	35 104	12 650	3 045
同德县	9 336	3 611	783
贵德县	29 998	7 765	31 329
兴海县	11 961	5 459	238
贵南县	26 644	15 436	170
玛沁县	145	79	65
班玛县	1 320	65	0
甘德县	0	0	0
达日县	0	0	0
久治县	0	0	0

续表

分县数据	粮食产量	油料产量	蔬菜产量
玛多县	0	0	0
玉树县	4 291	55	282
杂多县	0	0	0
称多县	3 180	100	385
治多县	0	0	0
囊谦县	9 782. 4	326. 4	1 059. 8
曲麻莱县	0	0	0
唐古拉山镇	14 995	519	37 905

2）水产品作为河流生态系统重要的生物资源，鱼类早已被人类开发利用。除了为人类提供肉质食品，作为人类丰富的蛋白质来源外，鱼类还是补充维生素、不饱和脂肪酸、微量元素的重要来源。除了鱼类、虾、贝、蟹等动物资源产品外，河流生态系统还为人类提供了大量的植物资源产品，如河岸生长的芦苇等。因此，河流生态系统中丰富的动植物资源，为人类生活生产提供了必要的物质保障。

根据《中国统计年鉴 2011》，2010 年全国水产品产量为 5373 万 t，人均水产品产量为 40. 07kg。根据《青海统计年鉴 2010》，三江源区 22 县（市）（由于数据缺失，唐古拉山镇数据由其所属的格尔木市数据替代）2010 年水产品产量总计 372 t，人均水产品产量为 0. 22kg，约等于全国人均产量的 0. 6%。根据《青海统计年鉴 2000》，三江源区 2000 年水产品产量总计 482 t。与 2000 年相比，三江源区水产品产量减少了 110 t。

三江源区的水产品数量很少，产区主要集中在三江源区东北部的共和县、贵德县、格尔木市等地，见表 10-3。

表 10-3　三江源区各县水产品产出表　　单位：t

年份 / 分县数据	2010	2000	变化量
	水产品产量	水产品产量	水产品产量变化
尖扎县	0	38	-38
共和县	245	392	-147
贵德县	69	8	61
玛多县	0	10	-10
格尔木市	58	34	24
合计	372	482	-110

3）三江源区是一个以牧业生产为主的地区，是青海省主要的畜产品生产和供应基地，畜产品产量达到青海省畜产品总产量的 1/3 以上。

根据《青海统计年鉴 2010》，2010 年三江源区 22 县（市）（由于数据缺失，唐古拉山镇数据由其所属的格尔木市数据替代）肉类产量总计 149 108. 15 t，人均肉类产量为 88.73kg，约等于全国人均产量的 1.5 倍；奶类产量总计 174 727 t，人均奶类产量为 103.97kg，约等于全国人均产量的 3.9 倍；禽蛋产量总计 305 t，人均禽蛋产量为 0.18kg，约等于全国人均产量的 0.9%。与 2000 年相比，肉类产量增加了45 001.15 t，奶类产量增加了 52 969 t。

畜产品产区主要集中在三江源东北部的河南县、泽库县、共和县等地。各县畜产品生产情况见表 10-4 和表 10-5 所示。

表 10-4　2000 年三江源区各县畜产品产出表　　单位：t

分县数据	肉类总产量	奶类产量	禽蛋产量
同仁县	808	1 978	0
尖扎县	2 561	1 060	0
泽库县	10 526	9 484	0
河南县	10 853	13 875	0
共和县	9 067	5 041	0
同德县	5 624	6 600	0
贵德县	2 884	1 521	0
兴海县	6 288	9 057	0
贵南县	6 975	6 266	0
玛沁县	4 831	9 195	0
班玛县	4 822	9 960	0
甘德县	4 697	4 839	0
达日县	4 033	5 142	0
久治县	4 078	6 028	0
玛多县	1 818	2 407	0
玉树县	5 120	5 390	0
杂多县	4 817	5 200	0
称多县	2 993	3 976	0
治多县	—	5 445	0
囊谦县	4 931	4 554	0
曲麻莱县	4 351	3 988	0
唐古拉山镇	2 030	749	0

表 10-5　2010 年三江源区各县畜产品产出表　　单位：t

分县数据	肉类总产量	奶类产量	禽蛋产量
同仁县	3 199	5 674	0
尖扎县	3 010	3 213	0
泽库县	14 627	10 505	0

续表

分县数据	肉类总产量	奶类产量	禽蛋产量
河南县	12 814	20 059	0
共和县	16 924	10 030	10
同德县	9 332	1 400	0
贵德县	4 066	2 153	204
兴海县	12 272	10 600	6
贵南县	10 156	6 247	27
玛沁县	5 497	8 120	0
班玛县	5 220	8 193	0
甘德县	4 500	4 220	0
达日县	3 586	4 767	0
久治县	4 535	5 657	0
玛多县	1 502	4 111	0
玉树县	8 117	16 278	0
杂多县	4 548. 15	17 891	0
称多县	3 675	9 487	0
治多县	6 240	10 547	0
囊谦县	7 437	4 772	0
曲麻莱县	4 884	9 150	0
唐古拉山镇	2 967	1 653	58

10. 3　三江源区清洁水源估算

10. 3. 1　水环境产品的价值核算公式

水体中的主要污染物选取化学需氧量（COD）、氨氮（NH_3-N）、总磷（TP）三种，考虑到三江源区水体中 COD 和氨氮的实际监测值基本上都处于Ⅱ类，而 TP 是三江源区水体的主要污染物。假设三江源区水体为Ⅲ类水体，以Ⅲ类水体 COD 浓度为基准，将Ⅲ类水体中 COD 浓度处理为Ⅰ类水体中 COD 浓度时所需要的处理费用为三江源区水环境产品的价值，计算公式如下：

$$\begin{aligned} \mathrm{WEP} &= \mathrm{WS} \times (P_{\mathrm{WS}} + P_{\mathrm{We}}) \\ &= \sum_{i=1}^{6} \mathrm{WS}_i \times \left(P_{\mathrm{WS}} + \frac{C_0 - C_i}{C_r} \times (\mathrm{IC} + \mathrm{OC})\right) \end{aligned}$$

式中，WEP 为水环境产品价值（元）；WS 为各类水体中的总水资源量；WS_i 为第 i 类水体中的水资源量（m^3），三江源区提供的干净水源量为525.43亿m^3；P_{WS}为单位水资源的价格（元/m^3），以北京市发展和改革委员会公布的水资源费1.57元/m^3作为资源水价；P_{We}为单位水环境的价格（元/m^3）；C_0为水体中TP的基准浓度（mg/L），来源于《地表水环境质量标准》；C_i为第i类水体中TP的实际浓度（mg/L）；C_r为污水处理厂TP去除量（mg/L）；IC为污水处理厂吨水投资费用（元/m^3）；OC为污水处理厂吨水运行成本（元/m^3），污水处理厂运行年限一般按30年计，每吨水能力投资为1500元，吨水的运行成本大约为0.8元，则平均每吨水的运行和投资费用为50.8元；i为水质类别。

10.3.2　水环境产品的价值核算参数确定

10.3.2.1　水资源量的确定

应用SWAT模型模拟得到长江流域、黄河流域、澜沧江流域3个流域逐年平均流量，利用水文频率分析法对逐年平均流量进行流量频率分析，得到不同保证率条件下年平均流量。长江流域、黄河流域、澜沧江流域多年平均流量见表10-6。

表10-6　大流域不同水平年平均流量　　单位：m^3/s

水平年	流量		
	5%	50%	95%
长江流域	1 185.0	503.6	287.0
黄河流域	1 734.7	1 034.4	673.4
澜沧江流域	404.5	230.2	126.5

10.3.2.2　单位水资源价格的确定

以北京市发展和改革委员会公布的水资源价格作为资源水价，为1.57元/m^3。

10.3.2.3　单位水环境质量价格的确定

水体中的污染物有化学需氧量（COD）、生化需氧量（BOD）、悬浮物（SS）、氨氮（NH_3-N）、总氮（TN）、总磷（TP）等，考虑污染物处理时的协同效应，本研究只选取TP作为水体污染物的表征指标。

《地表水环境质量标准》（GB 3838−2002）中TP的浓度标准限值如下：Ⅰ类标准为0.02 mg/L，Ⅱ类标准为0.1 mg/L，Ⅲ类标准为0.2 mg/L，Ⅳ类标准为0.3 mg/L，Ⅴ类标准为0.4 mg/L。本研究以Ⅲ类水体中TP的浓度作为基准浓度。

污水处理厂设计的进水和出水浓度标准因城市而异。本研究按《城镇污水处理厂污染物排放标准》（DB 11890−2012）一级A标准计量，设定污水处理厂设计进水的TP浓度为400mg/L，污水处理厂出水的TP浓度为50mg/L，即污水处理厂可去除TP为350 mg/L。

本研究根据已有的经验数据：污水处理厂运行年限一般大于30年，按30年计，每吨水能力投资为1500元，吨水的运行成本大约为0.8元，则平均每吨水的运行和投资费用为50.8元，单位COD的去除价格为0.53元/t。

10.3.3 水环境产品的价值核算

三江源区污水总排放量以水资源总量计量，根据上述公式计算可得出三江源区及各州县水环境产品的价值（表10-7）。由此可知，三江源区水环境产品的总价值为1206亿元，平均每吨水的水资源价格为1.57元，平均每吨水的水环境质量价格为0.73元。

以Ⅲ类水体为基准，将各类水体处理为Ⅰ类水体所需要的单位水环境的价格，结合单位水资源价格，得出各类水体的水价，见表10-8。

表10-7 三江源区各行政区水资源供给量和水环境产品价值

州（县）		水资源量/亿 m^3	水环境产品价值/亿元
黄南州	同仁县	4.63	11
	尖扎县	2.52	6
	泽库县	8.10	19
	河南县	25.03	57
	小计	40.28	93
海南州	共和县	21.48	49
	同德县	5.65	13
	贵德县	5.74	13
	兴海县	9.99	23
	贵南县	8.21	19
	小计	51.07	117
果洛州	玛沁县	16.30	37
	班玛县	15.39	35
	甘德县	8.62	20
	达日县	34.42	79
	久治县	28.84	66
	玛多县	26.77	61
	小计	130.34	298
玉树州	玉树县	12.21	28
	杂多县	56.30	129
	称多县	60.01	138
	治多县	95.70	220
	囊谦县	18.73	43
	曲麻莱县	60.79	140
	小计	303.74	198
三江源区合计		525.43	1 206

表 10-8　水环境产品价格表水价

水环境质量分类	COD 浓度标准/(mg/L)	资源水价/(元/m^3)	环境水价/(元/m^3)	水价/(元/m^3)
Ⅰ类	15	1.57	0.73	2.3
Ⅱ类	15	1.57	0.73	2.3
Ⅲ类	20	1.57	0	1.57
Ⅳ类	30	1.57	-1.45	0.12
Ⅴ类	40	1.57	-2.9	-1.33
劣Ⅴ类	50	1.57	-4.35	-2.78

10.4　三江源区清洁空气估算

10.4.1　大气环境产品的价值核算公式

大气中影响人体健康的主要空气污染因子包括可吸入颗粒物（PM）、SO_2、NO_x、臭氧、CO 等。目前我国城市空气污染的主要污染物是可吸入颗粒物、SO_2、NO_2。综合考虑学术界对这一问题的观点、剂量（暴露)-反应关系的研究以及我国连续监测数据的可获得性，本研究只选取 $PM_{2.5}$ 作为大气污染因子的表征指标，采用疾病成本法和修正的人力资本法评估大气污染对人体健康危害的健康终端价值（图 10-1)。

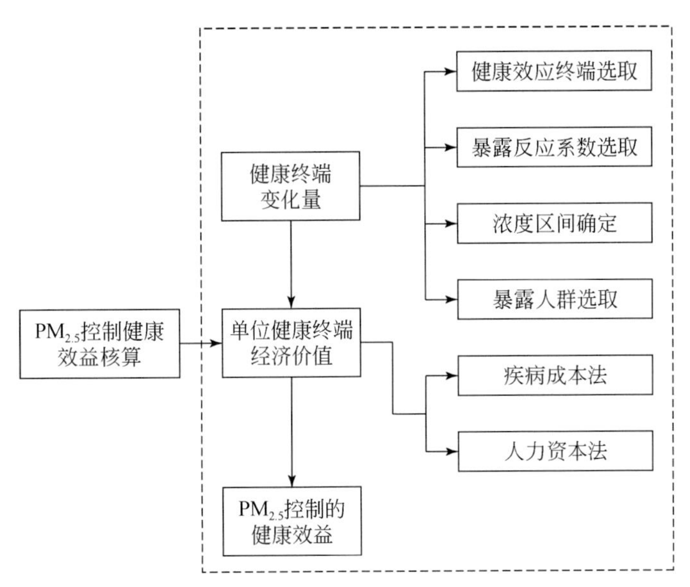

图 10-1　$PM_{2.5}$ 控制的环境健康效益评估思路图

控制 $PM_{2.5}$ 浓度改善的健康效益等于 $PM_{2.5}$ 浓度降低后各健康终端变化带来的健康效应价值总和，具体技术路线如图 10-1 所示。计算公式如下：

$$CV = \sum V_k \times \Delta E_k$$

式中，CV 为 $PM_{2.5}$浓度改变产生的健康效应价值总和；V_k为第 k 种健康效应终端对应的价值；ΔE_k为 $PM_{2.5}$浓度改变导致第 k 种健康效应终端的变化量；k 为 1，2，3，4。其中，k_1为全因死亡率；k_2为呼吸系统疾病；k_3为循环系统疾病；k_4为慢性气管、支气管、恶性肿瘤疾病。

10.4.2 参数确定

10.4.2.1 健康终端的选取

本研究以评价 $PM_{2.5}$引起的健康效应的经济损失为主要目的。健康终端选取遵循以下的原则：①优先选择根据国际疾病分类（ICD-9 或 ICD-10）进行统计和分析的疾病终端，且我国常规的卫生监测数据、医院登记卫生调查数据登记的疾病终端。②选择国内外研究文献（表 10-9）中已知与大气污染物存在定量的剂量（暴露）-反应关系的健康效应终端。③选择可与国外类似研究进行比较的健康效应终端。④优先选择具有代表性、影响大的终端，且尽可能保证终端间相互独立。⑤考虑获得可靠数据的可能性。

表 10-9 国内现有研究选择的健康终端

	选择终端
阚海东等（2004）	长期死亡率、慢性支气管炎、急性死亡率、呼吸系统疾病住院、心血管疾病住院、内科门诊、儿科门诊、哮喘、活动受限
陈仁杰等（2010）	早逝、慢性支气管炎、内科门诊、心血管疾病住院、呼吸系统疾病住院
刘晓云等（2010）	呼吸系统疾病住院、心血管疾病住院、急性支气管炎、哮喘、内科门诊、儿科门诊
殷永文等（2011）	呼吸系统疾病住院、心血管疾病住院、呼吸系统疾病住院人数、活动受限日
潘小川（2012）	非意外死亡、循环系统疾病死亡、呼吸系统疾病死亡
黄德生和张世秋（2013）	全因死亡率、慢性疾病死亡率、急性疾病死亡率、呼吸系统疾病住院率、心血管疾病住院、内科门诊、儿科门诊、慢性支气管炎、急性支气管炎、哮喘
谢元博等（2014）	总死亡率、呼吸系统死亡率、呼吸系统疾病住院率、心血管疾病住院、内科门诊、儿科门诊、急性支气管炎、哮喘

目前国内研究中常见健康终端选择如表 10-9。遵循以上原则，结合已有研究，本研究选取全因死亡率，呼吸系统疾病，慢性气管、支气管、恶性肿瘤，循环系统疾病 4 类作为健康效应终端。

10.4.2.2 剂量（暴露）-反应关系系数的选取

（1）剂量（暴露）-反应关系

在某一大气污染物浓度下人群健康效应值 E_i 为

$$E_i = \exp[\beta \times (C - C_0)] \times E_0$$

式中，β 为暴露-反应关系系数；C 为污染物的实际浓度；C_0 为污染物的基准浓度；E_0 为污染物基准浓度下的人群健康效应。

大气颗粒物控制带来的健康效应改善为 E_i 和 E_0 的差值（$E_i - E_0$），可用下式表示：

$$\Delta E = E_i - E_0 = P \times M_0 \times \{\exp[\beta \times (C - C_0)] - 1\}$$

式中，P 为暴露人口数；M_0 为健康效应终端基准情形死亡率或患病率。

为方便计算，进行如下转换：

$$\Delta E = P \times M_i \times \left(1 - \frac{1}{\exp[\beta \times (C - C_0)]}\right)$$

式中，M_i 为健康效应终端实际死亡率或患病率。

2012 年，中国人口密度为 141 人/km^2，三江源区面积为 39.53 万 km^2，因此，暴露人口数 P 为 55 737 300 人。全因死亡率、各疾病终端的发生率及医疗成本等数据来自于 2013 年《中国统计年鉴》《中国卫生统计年鉴》和已有相关研究。

（2）剂量（暴露）-反应关系建立及参数选择

采用 Meta 分析法综合国内外多项研究可给出我国 $PM_{2.5}$ 污染的暴露反应系数，结合谢鹏等（2009）、阚海东和陈秉衡（2002）、黄德生和张世秋（2013）等分析结果，本研究中各疾病终端的暴露反应系数见表 10-10。

表 10-10 各健康终端的暴露反应系数和基准发生率表

健康终端	暴露反应系数（β）(95% 置信区间)	基准发生率/‰
全因死亡率	0.0004（0.00019，0.00062）	7.15
呼吸系统疾病	0.00109（0，0.00221）	10.22
循环系统疾病	0.00068（0.00043，0.00093）	5.46
慢性气管、支气管、恶性肿瘤	0.01009（0.00366，0.01559）	6.94

注：β 表示当 $PM_{2.5}$ 每提高 1μg/m^3 时疾病发生率变化的比例。

10.4.2.3 浓度区间的设定

在浓度区间设定的过程中，首先应获取所要评估的实际浓度值 C，再确定评估的基准浓度值（C_0）作为参考系，将两者相比较得到评估的浓度区间。

待评估地区的实际浓度值发达国家较早就开始监测 $PM_{2.5}$，如美国在 1997 年 $PM_{2.5}$、PM_{10} 已经逐渐代替了总悬浮微粒（TSP）成为空气污染指示物。我国则起步较晚，2012 年修订的《环境空气质量标准》（GB 3095—2012）首次将 $PM_{2.5}$ 纳入监测范围，2013 年我国开始发布 $PM_{2.5}$ 的监测信息，且仅部分城市有完整的全年监测值。在计算过程中，考虑到三江源区 $PM_{2.5}$ 监测数据的不足，采用青海省门源回族自治县 2013 年 $PM_{2.5}$ 的年均实际浓度 19.3μg/m^3 作为待评估地区的实际浓度值。

基准浓度值选取两个污染控制情景，评估控制 $PM_{2.5}$ 浓度达到相应的空气质量标准时各健康终端疾病的减少量所带来的经济效益。

情景 1：假设将《环境空气质量标准》（GB 3095—2012）规定的 $PM_{2.5}$ 年均二级浓

度限值35μg/m³降低到三江源区的$PM_{2.5}$实际浓度时的健康效益。

情景2：假设将中国74个城市2013年的$PM_{2.5}$年均浓度72μg/m³下降到三江源区的$PM_{2.5}$实际浓度时的健康效益。该标准来源于环境保护部发布的《2013年中国环境状况公报》，第一批实施环境空气质量新标准的74个城市，2013年$PM_{2.5}$年均浓度范围为26~160μg/m³，平均浓度为72μg/m³。

由此，本研究的基准浓度取值和浓度区间设定如表10-11所示。

表10-11　浓度区间设定

情景	目标年均浓度值C_0/(μg/m³)	C_0-C/(μg/m³)	参照标准
1	35	15.7	《环境空气质量标准》二级标准
2	72	52.7	2013年中国74个城市年均浓度

注：C为2013年$PM_{2.5}$实际浓度值。C_0为各情景下的控制目标值。

10.4.2.4　暴露人群的识别

实际分析过程中，考虑到各项数据的可得性，将研究区常住人口作为大气污染的暴露人群。该研究以全国平均人口密度为标准，以三江源区面积计量。

10.4.2.5　空气质量改善带来的健康影响

通过暴露-反应关系进行计算，不同疾病终端评估结果表明，若将$PM_{2.5}$浓度有效控制达到设定的目标情况，可以大大降低呼吸系统疾病，循环系统疾病，慢性气管、支气管、恶性肿瘤疾病住院人数。全因死亡率人数及不同情景下具体健康效应结果见表10-12。

表10-12　不同情景下健康效应结果　　单位：人

健康终端	情景1	情景2
全因死亡率	2 495	8 313
呼吸系统疾病	9 665	31 799
循环系统疾病	3 232	10 713
慢性气管、支气管、恶性肿瘤	56 670	159 531

10.4.2.6　单位健康终端价值

评估大气污染对人体健康危害的经济损失，西方发达国家倾向于使用支付意愿法(WTP)，而在非完全市场经济的发展中国家，研究方法通常采用疾病成本法和修正的人力资本法。它是基于收入的损失成本和直接的医疗成本进行估算的，对因污染造成的过早死亡损失采用修正的人力资本法，患病成本采用疾病成本法。它所得的计算结果应是大气污染造成的健康损失的最低限值。

（1）人力资本法

在经济学中，人力资本是指体现在劳动者身上的资本，主要包括劳动者的文化知识和技术水平以及健康状况。环境经济学在运用人力资本法时，主要注重污染导致环境生命支持能力降低，对生命健康造成损害，表现为生病或过早死亡造成的损失。

在估算因大气污染引起早死亡的经济损失时，往往采用人均 GDP 减去人均消费后把它作为一个统计生命年对社会的贡献的方法，即作为一个统计生命年对 GDP 贡献的价值，人们把此法称为修正的人力资本法。这种方法与人力资本法的区别在于从整个社会而不是从个体角度来考察人力生产要素对社会经济增长的贡献。

（2）疾病成本法

疾病成本法是指大气污染对人体健康的危害通过治疗疾病时花费的费用来计算的方法。疾病成本主要指患者患病期间支付的与患病有关的直接费用和间接费用，包括门诊、急诊、住院的直接诊疗费和药费，未就诊患者的自我诊疗费和药费，患者休工引起的收入损失（按日人均 GDP 折算）以及交通和陪护费用等间接费用。这种方法估算的损失没有包括病人因病痛带来的痛苦，所以对健康损失是一种低估。

就诊费用=就诊人次×（人均就诊直接费用+人均就诊间接费用）

住院费用=住院人次×（人均住院直接费用+人均住院间接费用）

未就诊费用=未就诊人次×人均自我治疗费用

10.4.3 大气环境产品的价值核算

大气环境产品的价值为各疾病终端的疾病成本与人力资本之和，计算公式如下：

$$\text{CV}=\text{THCL}+\text{EC}$$

式中，THCL 为各疾病终端的人力资本之和；EC 为各疾病终端的疾病成本之和。

10.4.3.1 人力资本价值

大气污染造成的修正的人均人力资本损失，计算公式如下：

$$\text{HCL} = \sum_{i=1}^{t} \text{GDP}_i = \text{GDP}_0 \times \sum_{i=1}^{t} \frac{(1+a)^i}{(1+r)^i}$$

式中，HCL 为修正的人力资本损失（元）；t 为大气污染引起早死平均损失寿命年数（年）。本研究采用於方等（2009）在《中国环境经济核算技术指南》中所用的总平均损失寿命年为 18 年，其中，呼吸系统疾病，循环系统疾病，慢性气管、支气管、恶性肿瘤疾病平均损失寿命年分别为：18 年、18 年和 23 年。GDP_i 为未来第 i 年人均 GDP 贴现值；GDP_0 为基准年人均 GDP，2012 年中国人均 GDP 为 38 354 元；a 为人均 GDP 增长率，2012 年中国人均 GDP 年增长率为 7.28%；r 为社会贴现率，取值 8%。

由以上公式可以推导出大气污染造成的修正的总人力资本损失，具体计算公式如下：

$$\text{THCL} = (\Delta E_{k2} + \Delta E_{k3} + \Delta E_{k4}) \times \text{HCL}$$

式中，ΔE_{k2}、ΔE_{k3}、ΔE_{k4} 分别为呼吸道疾病、循环系统疾病及慢性气管（支气管）等疾病的健康效应终端变化量。

由上述公式得出的三江源区大气污染造成的不同情景下的总人力资本损失见表10-13。

表 10-13　不同情景下人力资本健康损失结果　　单位：亿元

健康终端	情景 1	情景 2
呼吸系统疾病	62.7	206
循环系统疾病	20.9	69.4
慢性气管、支气管、恶性肿瘤	367	1 030
小计	451	1 305

10.4.3.2　疾病成本价值

大气污染造成的疾病成本损失计算公式如下：

$$EC = EC_1 + EC_2 + EC_3$$

式中，EC_1 为大气污染造成的相关疾病住院和休工经济损失；EC_2 为大气污染造成的全死因过早死亡经济损失；EC_3 为大气污染造成的慢性支气管炎发病失能经济损失。

（1）呼吸系统和循环系统疾病成本

大气污染造成的疾病成本为相关疾病住院成本和休工成本之和：

$$\begin{aligned} EC_1 &= \sum \Delta E_k \times (C_k + WD \times C_{wd}) \\ &= \Delta E_{k2} \times (C_{k2} + WD \times C_{wd}) + \Delta E_{k3} \times (C_{k3} + WD \times C_{wd}) \end{aligned}$$

式中，EC_1为大气污染造成的相关疾病住院和休工经济损失（元）；ΔE_k为住院人数；C_k 为疾病住院成本（元/人）；WD 为疾病休工天数（天），由卫生部第三次国家卫生服务调查主要结果得知，呼吸系统疾病、循环系统疾病人均休工 3 天；C_{wd}为疾病休工成本（元/d），中国 2012 年疾病休工成本为 105（元/d）。

由上述公式得出的三江源区不同情景下呼吸系统和循环系统疾病成本见表 10-14。

表 10-14　不同情景下呼吸系统和循环系统疾病成本　　单位：亿元

健康终端	情景 1	情景 2
呼吸系统疾病	0.43	1.41
循环系统疾病	0.26	0.85
小计	0.68	2.26

（2）大气污染造成的全死因过早死亡经济损失

$$EC_2 = \Delta E_{k1} \times HCL$$

式中，EC_2 为大气污染造成的全死因过早死亡经济损失（元）；ΔE_{k1} 为现状大气污染水平下造成的全死因过早死亡人数（万人）；HCL 为修正的人均人力资本损失（元/人）。

由上述公式得出的三江源区不同情景下全死因过早死亡经济损失见表 10-15。

表 10-15　不同情景下全死因过早死亡经济损失　　单位：亿元

全死因过早死亡经济损失	情景 1	情景 2
	16.2	53.9

（3）大气污染造成的慢性支气管炎发病失能经济损失

在评价慢性支气管炎的经济损失时通常以患病失能法来取代一般疾病采用的疾病成本法。相关研究表明，患上慢性支气管炎的失能（DALY）权重为 40%，即以平均人力资本的 40% 作为患病失能损失，经济损失的计算模型见下式：

$$EC_3 = \lambda \times \Delta E_{k4} \times HCL_2$$

式中，EC_3 为大气污染造成的慢性支气管炎发病失能经济损失；λ 为慢性支气管炎失能损失系数，取值 0.4；HCL_2 为平均损失寿命年数为 23 年的修正的人均人力资本损失。

由上述公式得出的三江源区不同情景下慢性支气管炎发病失能经济损失见表 10-16。

表 10-16　不同情景下慢性支气管炎发病失能经济损失　　单位：亿元

慢性支气管炎发病失能经济损失	情景 1	情景 2
	185	520

10.4.3.3　大气环境产品总价值

根据以上结果，本研究的不同情景下的大气环境产品总价值结果如表 10-17 和表 10-18 所示。

表 10-17　健康效益经济价值计算结果　　单位：亿元

合计	情景 1	情景 2
	652.55	1 885.92

表 10-18　大气环境质量价值核算结果及其各参数确定表

项目		情景 1	情景 2	数据来源
健康终端变化量	健康终端	全因死亡率；呼吸系统疾病；慢性气管、支气管、恶性肿瘤；循环系统疾病		阚海东等，2004；陈仁杰等，2010；刘晓云等，2010；殷永文等，2011；黄德生和张世秋，2013；谢元博等，2014
	平均人口密度	全国 141 人/km^2		《中国统计年鉴 2013》
	土地面积	39.53 万 km^2		《青海统计年鉴 2013》
	年均浓度基准	《环境空气质量标准》二级标准；35μg/m^3	2013 年中国 74 个城市年均浓度 72μg/m^3	《环境空气质量标准》（GB 3095-2012）；世界卫生组织过渡时期目标-1（IT1）；2013 年中国环境状况公报

续表

项目		情景1	情景2	数据来源
健康终端变化量	年均实际浓度	2013年青海省门源回族自治县19.3μg/m^3		实际监测值
	各健康终端基准发病率	呼吸系统疾病10.22‰； 循环系统疾病5.46‰； 慢性气管、支气管、恶性肿瘤6.94‰		《中国卫生统计年鉴2013》； 各城市卫生统计年鉴； 黄德生和张世秋，2013
		全因死亡率7.15‰		《中国统计年鉴2013》
	各健康终端暴露反映关系系数	全因死亡率0.4‰（0.19‰，0.62‰）； 呼吸系统疾病1.09‰（0，2.21‰）； 循环系统疾病0.68‰（0.43‰，0.93‰）； 慢性气管、支气管、恶性肿瘤10.09‰（3.66‰，15.59‰）		阚海东和陈秉衡，2002； 谢鹏等，2009； 黄德生和张世秋，2013
单位健康终端经济价值	各健康终端平均损失寿命年	全死因早死的平均损失寿命年数18年； 慢性支气管炎平均损失寿命年数23年		卫生部第三次国家卫生服务调查；於方，2009； 《中国环境经济核算技术指南》
	人均GDP	全国38 354元		《中国统计年鉴2013》
	人均GDP增长率	全国7.28%		《中国统计年鉴2013》
	社会贴现率	8%		於方，2009；《中国环境经济核算技术指南》
	各疾病终端住院成本	呼吸系统疾病4109.6元；循环系统疾病7626.3元；		《中国卫生统计年鉴2013》
	各健康终端休工天数	3天		卫生部第三次国家卫生服务调查
	慢性支气管炎失能损失系数	0.4		卫生部第三次国家卫生服务调查；於方，2009； 《中国环境经济核算技术指南》
合计		652.55	1885.92	—

10.5 本章小结

本研究在明确生态系统所提供生态产品功能定义的基础上，界定了三江源区主要的生态产品及其表征指标，在此基础上，确定了这些生态产品功能评估的研究方法，收集处理了相关基础数据，从而对我国三江源地区生态系统农畜产品、清洁水源及清新空气三项生态产品功能进行了定量评估及时空格局特征分析。

得到如下结论：

1）本研究通过对三江源区不同部门及全国相关的统计数据，确定三江源区主要农畜产品的产量。三江源区2000～2010年农畜产品除水产品外，产量均有所增加。三江源区的粮食产区及畜产品均主要集中在三江源东北部。

2）本研究假设三江源区水体为Ⅲ类水体，以Ⅲ类水体 TP 浓度为基准，将Ⅲ类水体中 TP 浓度处理为Ⅰ类水体中 TP 浓度时所需要的处理费用为三江源区水环境产品的价值，计算得到三江源区水环境产品的总价值为 1099 亿元，平均每吨水的水资源价格为 1.57 元，平均每吨水的水环境质量价格为 0.53 元。

3）本研究选取不同的健康终端，通过不同情景的设置，计算得出三江源区大气环境产品总价值。三江源区大气污染造成的大气环境产品价值的低估值为 652.55 亿元，高估值为 1885.92 亿元。

11 三江源区生态资源资产价值评估

11.1 三江源区生态资源存量资产价值评估

生态资源存量资产是指生态系统长期累积所形成的生态用地及其附着的水分、土壤和生物等的积累。由于目前关于生态用地普遍没有合理的定价机制，本研究通过分析其所附着的各类要素的价值来核算生态资源存量资产价值。

11.1.1 水分要素物质量核算

11.1.1.1 核算方法

（1）土壤水储量

根据2000～2010年三江源区13个农业气象站的天然牧草地土壤湿度监测数据，采取空间插值的方法将站点土壤水分计算结果插值到区域上，进而计算三江源区土壤水储量。具体计算公式如下：

$$V = 0.01 \times R \times p \times h \times S$$

式中，R 为土壤相对湿度（%）；p 为土壤容重（g/cm^3）；h 为土层厚度（50 cm）；S 为土地面积（km^2）。

（2）地下水储量

根据2000～2010年《青海省水资源公报》提取数据资料。本研究以多年平均值计算稳定地下水储量。

（3）冰川水储量

采用刘时银等（2002）提出的冰川面积-体积经验模型进行冰川水储量估算，分别计算每条冰川水的储量，在此基础上统计冰川水储总量。模型公式如下：

$$V = 0.0336S^{1.43}$$

式中，V 为冰川体积（km^3）；S 为冰川分布范围（km^2）。

11.1.1.2 核算结果

三江源区土壤水、地下水和冰川水的储量分别为70.9亿 m^3、194.5亿 m^3 和2.03万亿 m^3。其中，土壤水储量和地下水储量最高的均为治多县（分别为9.3亿 m^3 和43.8亿 m^3），尖扎县和贵德县的储量较少。冰川水储量主要位于曲麻莱县（约1.35万亿 m^3），约占本地区冰川水总储量的66.65%。

11.1.2 土壤要素物质量核算

11.1.2.1 核算模型

采用土壤类型法估算三江源区土壤碳储量、氮储量、磷储量、钾储量。数据来源于三江源区1∶100万土壤类型数据（《1∶100万中华人民共和国土壤图》），具体计算方法如下：

$$C_i = \sum_j S_j \times H_j \times W_j \times Q_{ij}$$

式中，C_i为土壤中第i元素的储量（t）；S_j为第j土壤类型的面积（km^2）；H_j为第j土壤类型的厚度（cm）；W_j为第j土壤类型的容重（g/cm^3）；Q_{ij}为第j土壤类型第i元素的含量（%）；i为碳、氮、磷、钾；j为土壤类型。

11.1.2.2 核算结果

三江源区土壤碳储量为34.1亿t，氮储量为1.6亿t，磷储量为0.7亿t，钾储量为18.1亿t。单位面积碳、氮、磷和钾储量最高的县分别为同仁县、久治县、曲麻莱县和贵南县；最低的县分别为共和县、甘德县、甘德县和甘德县。

11.1.3 生物要素物质量核算

三江源区的野生维管束植物有87科、471属、2238种，约占全国植物种数的8%。其中以草本植物最多，包括422属，占全国总数的89%。乔木植物11属，约占全国总数的2.3%；灌木植物41属，约占全国总数的8.7%。此外，该区域种子植物种数占全国相应种数的8.5%。三江源区有兽类8目20科85种，鸟类16目41科237种（含亚种为263种），两栖爬行类7目13科48种。该区域的国家重点保护动物有69种，其中，国家一级重点保护动物有16种，国家二级重点保护动物有53种。此外，还有省级保护动物32种。

11.1.4 生态资源存量资产价值量核算

生态资源存量资产各组分的价值量核算方法分别为：水分要素（1.57元/m^3）采用水资源价格（北京市发展和改革委员会公布的水资源费），土壤要素中的碳储量（1152.8元/t）采用造林成本法（仲伟周和邢治斌，2012），氮储量（750元/t）、磷储量（398元/t）和钾储量（1054元/t）分别采用相应的化肥价格［2000年农业部土肥处统计资料；中国农业信息网（http：//www.agri.cn）］，生物要素采用能值货币比例（1.45×10^{11} sej①/元，2010年生态服务能值量与价值量之比）进行价值量估

① 能值分析中常用太阳能焦耳（solar emjoules，sej）为单位来表示。

算。研究结果表明，2010 年三江源区生态存量价值量为 14.0 万亿元，其中，土壤要素占比最高，为 9.62 万亿元；其次是水分要素，为 3.24 万亿元；生物要素占比最低，为 1.14 万亿元。

11.2 三江源区生态服务价值评估

11.2.1 径流调节

三江源区径流调节价值采用影子工程法，即储存相同水量水库工程建设成本，利用水的影子价格乘以蓄水总量计算径流调节价值量。其中，修建 $1m^3$ 库容的水库的费用按 6.11 元计算，水库的平均使用年限按 20～30 年计算（国家林业局《森林生态系统服务功能评估规范》；《中国水利年鉴》）。结果表明，2010 年三江源区生态系统地表径流调节总价值为 1096.3 亿元。其中，治多县、杂多县、唐古拉山镇径流调节价值较高；尖扎县、同仁县、贵德县径流价值较低（表 11-1）。

表 11-1 三江源区生态系统地表径流调节的经济价值 单位：亿元

县（镇）	径流调节价值量	县（镇）	径流调节价值量	县（镇）	径流调节价值量
同仁县	8.72	贵南县	18.57	杂多县	140.48
尖扎县	4.25	玛沁县	36.43	称多县	34.30
泽库县	17.86	班玛县	20.34	治多县	183.57
河南县	18.29	甘德县	19.21	囊谦县	68.75
共和县	45.57	达日县	36.22	曲麻莱县	110.92
同德县	12.47	久治县	16.51	唐古拉山镇	137.29
贵德县	9.64	玛多县	66.55	合计	1096.31
兴海县	32.89	玉树县	57.48		

11.2.2 土壤保持

三江源区土壤保持功能价值包括土壤养分保持价值和减少泥沙淤积价值。土壤养分保持价值主要是指生态系统保持土壤中有机碳、氮、磷、钾营养元素的经济价值。其中，有机碳（1152.8 元/t）采用造林成本法（仲伟周等，2012），氮储量（750 元/t）、磷储量（398 元/t）和钾储量（1054 元/t）分别采用相应的化肥价格（2000 年农业部土肥处统计资料；中国农业信息网）。结果表明，2010 年三江源区土壤保持有机碳、氮、磷、钾元素的价值分别为 64.47 亿元、10.33 亿元、1.5 亿元、50.86 亿元。就不同县域来看，久治县、囊谦县土壤养分保持价值较高；甘德县、玛多县、尖扎县土壤养分保持价值较低（表 11-2）。

表 11-2　三江源区生态系统土壤养分保持的价值　　单位：亿元

县（镇）	有机碳	全氮	全磷	全钾	养分保持
同仁县	3.08	0.47	0.07	2.58	6.2
尖扎县	1.24	0.21	0.03	1.14	2.62
泽库县	2.25	0.39	0.06	2.31	5.01
河南县	3.02	0.55	0.08	2.63	6.28
共和县	1.46	0.25	0.05	1.89	3.65
同德县	2.43	0.33	0.04	2.02	4.82
贵德县	1.49	0.29	0.05	1.54	3.37
兴海县	2.21	0.34	0.05	2.12	4.72
贵南县	1.08	0.2	0.04	1.74	3.06
玛沁县	4.46	0.66	0.07	2.62	7.81
班玛县	5.14	0.72	0.09	2.39	8.34
甘德县	0.77	0.14	0.02	0.75	1.68
达日县	1.45	0.22	0.02	0.77	2.46
久治县	11.50	1.54	0.15	2.73	15.92
玛多县	0.62	0.13	0.04	1.35	2.14
玉树县	4.08	0.7	0.11	4.06	8.95
杂多县	3.99	0.65	0.07	2.69	7.4
称多县	1.43	0.26	0.04	1.71	3.44
治多县	3.2	0.54	0.1	3.28	7.12
囊谦县	5.71	1.04	0.17	5.35	12.27
曲麻莱县	2.51	0.45	0.09	3.32	6.37
唐古拉山镇	1.35	0.25	0.06	1.87	3.53
合计	64.47	10.33	1.5	50.86	127.16

减少泥沙淤积的经济价值采用影子工程法计算。其中，拦截 $1m^3$ 泥沙的水库工程建设费用按 6.11 元计算，水库的平均使用年限按 20～30 年计算（国家林业局《森林生态系统服务功能评估规范》；《中国水利年鉴》）。核算结果表明，2010 年三江源区生态系统减少泥沙淤积的价值量为 2.85 亿元，相比 2000 年增加了 0.25 亿元。其中，河南县、玛沁县增加较多，尖扎县、同仁县、贵德县增加较少。2010 年，久治县、玉树县减少泥沙淤积价值量较高，尖扎县、贵德县减少泥沙淤积价值量较低（表 11-3）。

表 11-3　三江源区生态系统减少泥沙淤积的经济价值

县（镇）	物质量/万 t		价值量/万元		价值量变化/万元
	2000 年	2010 年	2000 年	2010 年	
同仁县	637.07	664.5	747.35	779.54	32.18
尖扎县	242.39	258.3	284.35	303.02	18.67

续表

县（镇）	物质量/万 t		价值量/万元		价值量变化/万元
	2000 年	2010 年	2000 年	2010 年	
泽库县	878.98	913.5	1 031.15	1 071.65	40.50
河南县	771.11	1 352.4	904.60	1 586.53	681.92
共和县	413.15	462.6	484.68	542.69	58.01
同德县	679.92	725.8	797.63	851.45	53.82
贵德县	296.51	327.5	347.84	384.20	36.36
兴海县	871.04	932.8	1 021.84	1 094.29	72.45
贵南县	417.10	458.5	489.31	537.88	48.57
玛沁县	1 239.81	1 783.4	1 454.44	2 092.14	637.70
班玛县	1 625.72	1 670	1 907.17	1 959.11	51.94
甘德县	1 277.08	1 321.2	1 498.17	1 549.93	51.76
达日县	1 592.07	1 671.7	1 867.69	1 961.10	93.41
久治县	2 187.39	2 241.4	2 566.07	2 629.43	63.36
玛多县	462.08	498.7	542.07	585.03	42.97
玉树县	1 836.39	1 896	2 154.30	2 224.24	69.93
杂多县	1 699.45	1 777.4	1 993.66	2 085.10	91.45
称多县	873.46	914.3	1 024.68	1 072.58	47.91
治多县	1 203.84	1 317.6	1 412.25	1 545.70	133.45
囊谦县	1 724.66	1 772.8	2 023.24	2 079.71	56.47
曲麻莱县	790.39	858.1	927.22	1 006.65	79.43
唐古拉山镇	439.24	498.5	515.28	584.80	69.52
合计	22 176.11	24 335.1	26 015.24	28 547.99	2 532.75

11.2.3 生态固碳

三江源区生态固碳价值采用造林成本法（1152.8 元/t）进行核算（仲伟周和邢治斌，2012）。结果表明，2010 年三江源区生态固碳价值为 360.93 亿元，相比 2000 年增加了 66.37 亿元。其中，杂多县、治多县、玉树县固碳价值较高，唐古拉山镇、尖扎县、贵德县固碳价值较低（表 11-4）。

表 11-4　三江源区生态系统碳汇功能的经济价值

县（镇）	碳汇量/TgC		价值量/亿元		变化/亿元
	2000 年	2010 年	2000 年	2010 年	
同仁县	0.54	0.59	5.92	6.47	0.55
尖扎县	0.15	0.2	1.65	2.19	0.55
泽库县	1.44	1.48	15.80	16.24	0.44
河南县	1.77	1.83	19.42	20.08	0.66
共和县	0.06	0.75	0.66	8.23	7.57
同德县	0.59	0.86	6.47	9.43	2.96

续表

县（镇）	碳汇量/TgC		价值量/亿元		变化/亿元
	2000 年	2010 年	2000 年	2010 年	
贵德县	0. 2	0. 43	2. 19	4. 72	2. 52
兴海县	1. 08	1. 51	11. 85	16. 57	4. 72
贵南县	0. 48	0. 79	5. 27	8. 67	3. 40
玛沁县	1. 89	2. 04	20. 73	22. 38	1. 65
班玛县	0. 94	1. 41	10. 31	15. 47	5. 16
甘德县	1. 22	1. 45	13. 38	15. 91	2. 52
达日县	1. 73	2. 08	18. 98	22. 82	3. 84
久治县	1. 49	1. 78	16. 35	19. 53	3. 18
玛多县	0. 76	0. 92	8. 34	10. 09	1. 76
玉树县	2. 33	2. 62	25. 56	28. 74	3. 18
杂多县	3. 78	3. 6	41. 47	39. 49	-1. 97
称多县	1. 87	2. 13	20. 51	23. 37	2. 85
治多县	1. 87	2. 76	20. 51	30. 28	9. 76
囊谦县	1. 37	1. 71	15. 03	18. 76	3. 73
曲麻莱县	1. 38	2. 2	15. 14	24. 14	9. 00
唐古拉山镇	-0. 1	-0. 24	-1. 10	-2. 63	-1. 54
合计	26. 85	32. 90	294. 56	360. 93	66. 37

11. 2. 4 物种保育

动物物种保育功能的价值采用狩猎成本法进行核算。结果表明，2010 年三江源区动物物种保育价值大约为 518. 7 亿元，各县的动物物种保育价值差异较大（表 11-5），其中治多县、曲麻莱县、唐古拉山镇的动物物种保育价值较高，均在 60 亿元以上，而排在后三位的尖扎县、同仁县、贵德县的动物物种保育价值在 5 亿元以下。

表 11-5 三江源区动物物种保育价值核算 单位：亿元

县（镇）	物种保育价值	县（镇）	物种保育价值
班玛县	8. 0	玛沁县	17. 5
称多县	19. 3	囊谦县	16. 7
达日县	18. 9	曲麻莱县	62. 4
甘德县	9. 2	唐古拉山镇	67. 9
共和县	22. 6	同德县	6. 5
贵德县	4. 6	同仁县	4. 1
贵南县	8. 6	兴海县	15. 9
河南县	8. 9	玉树县	20. 2
尖扎县	2. 7	杂多县	46. 6
久治县	11. 4	泽库县	8. 9
玛多县	32. 0	治多县	105. 8

11.3 三江源区生态产品价值评估

三江源区生态产品主要是指生态系统所提供的农畜产品、清洁水源和清新空气。

11.3.1 农畜产品

三江源区农畜产品包括粮食作物、经济作物、其他作物、肉产品、奶产品、水产品等，此外，还包括冬虫夏草等珍稀野生药材。考虑到农畜产品中的大部分可以在市场上直接交易，具有明确的市场价格，因此这里仅给出农畜产品的总价值。研究结果表明，2010 年三江源区农畜产品总价值为 155.2 亿元，单位面积价值量为 3.9 万元/km^2。

11.3.2 清洁水源

清洁水源价值包括水资源价值和水环境价值两部分。其中，水资源价值以北京市发展和改革委员会公布的水资源费作为资源水价，为 1.57 元/m^3。考虑到 TP 为三江源区水体主要污染物，因此，本研究以Ⅲ类水体 TP 浓度为基准，将Ⅲ类水体中 TP 浓度处理为三江源区水体 TP 实际浓度时所需要的处理费用为三江源区水环境价值。研究结果表明，三江源区清洁水源价值量为 1099 亿元。

11.3.3 清新空气

以 $PM_{2.5}$作为大气污染因子的表征指标，控制 $PM_{2.5}$浓度改善的健康效益等于 $PM_{2.5}$浓度降低后各健康终端变化带来的健康效应价值总和，即为大气环境产品的价值。选取全因死亡率（k_1）；呼吸系统疾病（k_2）；循环系统疾病（k_3）；慢性气管、支气管、恶性肿瘤疾病（k_4）四类作为健康效应终端；采用 Meta 分析法综合国内外研究得出我国 $PM_{2.5}$污染的暴露反应系数；考虑到三江源区 $PM_{2.5}$监测数据的不足，采用青海省门源回族自治县 2013 年 $PM_{2.5}$的年均实际浓度 19.3μg/m^3作为该区的实际浓度值，分两个污染控制情景设定浓度区间（假设将《环境空气质量标准》(GB 3095—2012）规定的 $PM_{2.5}$年均二级浓度限值 35μg/m^3或中国 74 个城市 2013 年的 $PM_{2.5}$年均浓度 72μg/m^3降低到三江源区的实际浓度)；暴露人群通过 2013 年全国平均人口密度和三江源区面积进行计量；用疾病成本法和修正的人力资本法评估大气污染对人体健康危害的健康终端价值。结果表明，三江源区大气污染造成的大气环境产品价值的低估值为 652.55 亿元，高估值为 1885.92 亿元，本研究最后选取低估值为三江源区清新空气的价值量。

11.4 三江源区生态资源资产评估结果

三江源区生态存量价值量为 14.00 万亿元，生态流量价值量为 4920.39 亿元，其中，生态服务为 3013.64 亿元，生态产品为 1906.75 亿元。生态存量中水分要素、土壤要素和生物要素价值量分别占生态存量总价值量的 23%、69% 和 8%；生态服务中径流调节、土壤保持、生态固碳和物种保育价值量分别占生态服务总价值量的 37%、4%、12% 和 47%；生态产品中农畜产品、清新空气和干净水源价值量分别占生态产品总价值量的 8%、34% 和 58%（表 11-6）。

表 11-6　三江源区生态资源资产价值量

生态存量	价值/万亿元	生态服务	价值/亿元	生态产品	价值/亿元
水分因素	3.24	径流调节	1 096.30	农畜产品	155.20
土壤因素	9.62	土壤保持	130.01	清新空气	652.55
生物因素	1.14	生态固碳	360.93	干净水源	1 099.00
合计	14.00	物种保育	1426.40	合计	1906.75
		合计	3013.64		

12 三江源区生态资源资产物质当量评估

生态资源资产是自然资源资产中生态系统通过生物生产而带给人类有用的产品，由生态用地及其生态产品构成。生态用地是一切具有生物生产能力的土地，是生态资源资产的存量资产。生态产品是生态系统为人类提供的生态系统服务，包括水源涵养、土壤保持、物种保育、生态固碳、防风固沙和干净水源、清新空气等，是生态资源资产的流量资产。从生态存量和生态流量的角度进行区分，生物生产性土地属于生态存量，生态系统服务和生态产品属于生态流量。在市场经济体制不断发展和完善过程中，生态产品大多具有较成熟的市场定价机制，而生态存量和生态系统服务则由于其大多数组分具有非竞争性和非排他性特征，无法在市场经济中有效表征其价值，导致其难于纳入到地方政绩考核，也由此无法得到合理性利用和保护。因此，本章主要针对生态资产中的生态存量和生态系统服务两部分进行研究。

受气候、土壤、地形、海拔等多种自然因素和人为因素的影响，陆地上形成了包括森林、灌丛、草地、湿地等在内的多种生态系统类型。受生长年龄、气象等因素的影响，相同的生态系统类型也表现出不同的生长状况和生产力水平。生态系统之间和生态系统内部的差异使得生态存量和提供的生态系统服务具有不同的质和量。生态系统服务又由不同组分组成，以三江源区为例，其主导生态系统服务包括水源涵养、土壤保持、生态固碳和物种保育四个组分。因此，生态资源资产物质当量评估是一个非常复杂的过程，涉及生态学、地理学、土壤学、水文学、大气学、社会学等众多学科，不仅需要各学科科研人员的广泛合作，还需要包括气象、土壤、水文、生物、遥感等大量的数据支持。这在很大程度上限制了生态资源资产物质当量的估算及其在生态补偿、环境-经济综合核算、地方政绩考核、区域可持续发展政策的制定等方面的应用。

为了寻找一条快速评估生态系统服务的途径，科研人员进行了积极的探索，先后应用价值评估法（Costanza et al.，1997）、专家打分法（谢高地等，2008）和绿量法（赵丹等，2011）给出了不同土地利用类型的生态价值当量或生态绿当量，简化了生态系统服务的估算方法及其在不同领域的应用，通过获取研究区域各生态系统类型的面积对生态系统服务进行快速核算。生态系统服务当量的提出可简化生态系统服务的评估过程，并增强评估方法的应用性和评估结果的可比性。但是，以上研究方法均存在着评估结果易受人为因素影响的共性问题。价值评估法假设生态系统服务定价机制是完全合理的，显然这一问题目前还没有得到很好解决。专家打分法假设每个问卷受访者均对生态系统服务具有充分的理解。正如前面所述，生态系统服务评估涉及众多学科，因此评估结果很大程度上取决于调查样本的组成。绿量法的假设条件类似专家打分法，因为其生态绿当量的计算是基于专家调查获取的评分分值。

基于以上研究，本研究提出了生态资源资产当量的概念，旨在通过确定一种客观合理的当量单位来构建生态资产的快速评估方法，以实现生态资产的可计算、可比较、可重复。当量单位要求其应具有生态资产的共同属性和自身的内在稳定性，不易随时间、地点的变化而变化，也不易受自然因素和人为因素的影响。由于一切生态系统的形成和发展均依赖于物质循环和能量循环，物质和能量均具有成为生态资产当量单位的可能。但是，从物质量的角度出发，不同生态存量和生态系统服务间具有质的差异，如水源涵养量和土壤保持量之间由于量纲的不统一无法进行直接折算。从能量的角度出发，如果单纯将物质量转换为能量进行累加则忽略了能级的差异，如植物能和动物能之间的差别。能值是指一种流动或储存的能量所包含的另一种能量的数量，它可以实现不同类别的物质和能量的统一（Odum，1987；蓝盛芳，2002）。在实际应用中通常使用太阳能值。因此，本研究选用太阳能值作为生态资源资产当量单位，对三江源区生态资源资产进行太阳能值折算，最终获得三江源区各生态系统类型的生态资源资产当量和区域总当量。这一研究有利于实现三江源区生态资源资产的总量可比、类型可比、时间可比和空间可比。

12.1 三江源区生态资源资产物质当量评估方法

开展生态系统服务物质当量估算首先需要确定标准物质当量。本研究将生态系统服务标准物质当量定义为研究区典型生态系统顶级群落单位面积主导生态系统服务所具有的能值量。野外调查研究表明，三江源区典型地带性植被类型为高寒草甸。因此，本研究以该区域的高寒草甸为参照生态系统，以其顶级群落为参照点，以其单位面积主导生态系统服务的能值量为三江源区生态系统服务标准物质当量的能值基准值，进而对三江源区生态系统服务的物质当量进行核算。

各生态系统类型提供的生态系统服务不同，即使是相同生态系统类型，由于其生产能力的不同，其在不同区域提供的生态系统服务也存在差异。因此，本研究借鉴生态足迹的方法，提出了用于均衡不同生态系统类型之间生态系统服务差异的均衡因子，以及用于调整相同生态系统类型内部差异的调整因子，进而确定了三江源区生态系统服务快速评估方法。

12.1.1 参照生态系统的选取

12.1.1.1 数据准备

本研究使用的遥感数据为2000～2010年的草地生长季内（129～273天）三江源区的MODIS NDVI的16天合成产品，分辨率为250 m。研究使用的数据还包括三江源区1：100万植被类型图，1：100万土壤类型图，草地生长季内多年的降水分布数据和由气象站点获取的大于0℃的气温数据经过累加、插值得到（图12-1～图12-3）。

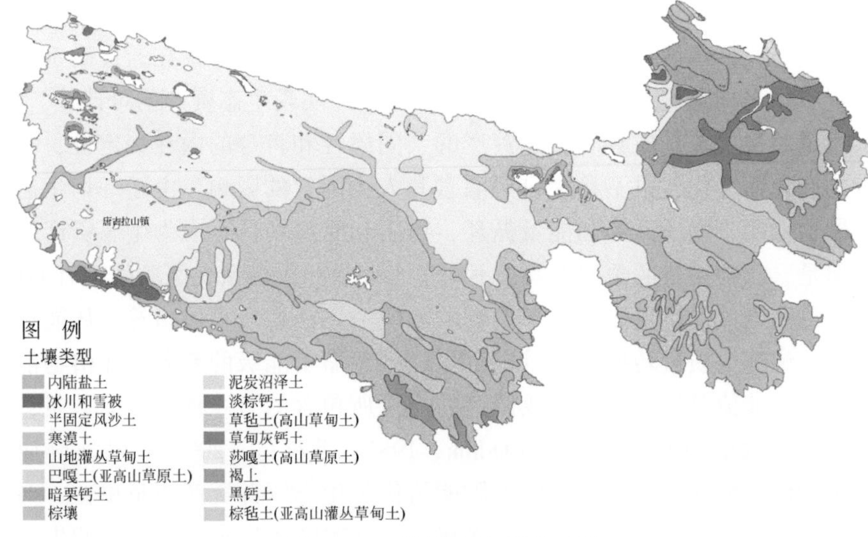

图 12-1　三江源区土壤类型图

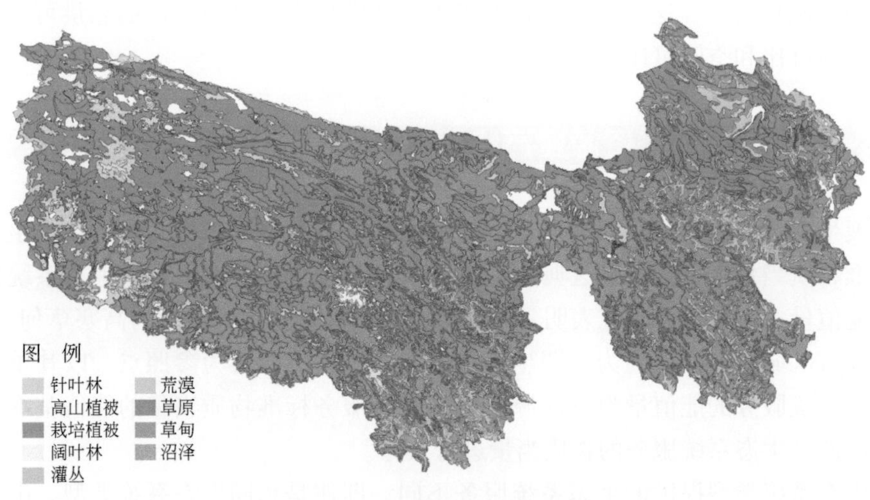

图 12-2　三江源区植被类型图

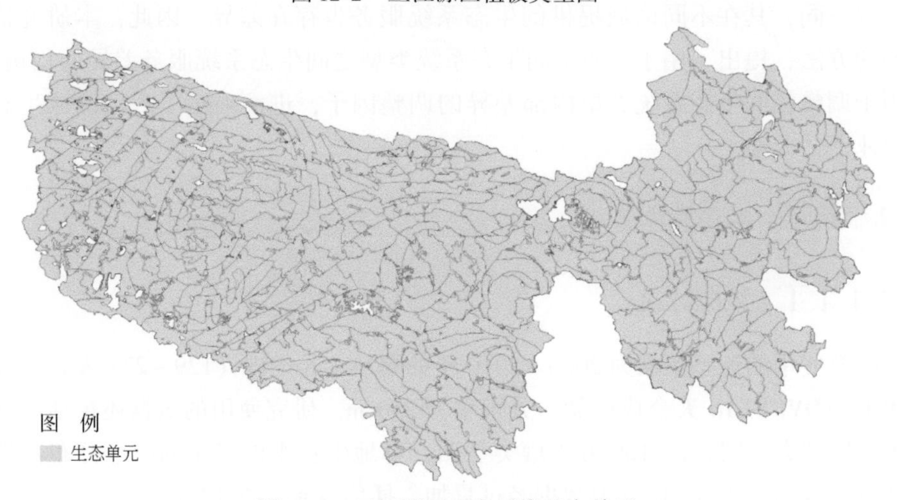

图 12-3　三江源区生态系统基本单元

12.1.1.2 生态单元划分

（1）基本生态单元划分

三江源区具有多种植被类型，其中以高寒草甸和高寒草原为主，两者约占三江源植被覆盖地区总面积的81.7%，分布于三江源大部分地区。由于土壤、降水、气温等自然条件的差异，不同区域内同类型植被覆盖度也会出现较大差异。因此本研究综合考虑植被、土壤、降水和积温等条件影响，将三江源区草地生态系统划分为不同类型的生态单元，使划分出的每一个生态单元具有尽量相同的植被生长条件，为该单元草地参照覆盖度的提取提供基础。依据1∶100万植被类型图，将三江源区植被类型按照植被型分为9类；依据1∶100万土壤类型图，土壤类型被划分为12类；另外选取草地生长季大于0℃积温、累积降水量的平均值，按照各分类区域所在范围尽量相等的原则将积温和累积降水分别划分为13类和15类。详细分类结果见表12-1。

表12-1　三江源区草地生态系统生态单元划分

划分依据（分类数量）	植被型（9类）	土类（12类）	生长季累积降水（15类）/mm	生长季大于0℃积温（13类）/℃
划分类型	栽培植被	寒冻土	<150	<750
	亚高山落叶阔叶灌丛	寒钙土	150～175	750～800
	垫状矮半灌木高寒荒漠	栗钙土	175～200	800～850
	寒温带和温带山地针叶林	沼泽土	200～225	850～900
	蒿草、杂类草高寒草甸	灰褐土	225～250	900～950
	温带落叶阔叶林	石质土	250～275	950～1000
	禾草、薹草高寒草原	粗骨土	275～300	1000～1050
	高寒沼泽	草毡土	300～325	1050～1100
	高山稀疏植被	草甸土	325～350	1100～1150
		风沙土	350～375	1150～1200
		黑毡土	375～400	1200～1300
		黑钙土	400～425	1300～1400
			425～450	>1400
			450～475	
			>475	

将植被、土壤、累积降水和大于0℃积温数据经详细分类后的结果进行叠加计算，得到综合分类图层，并将综合分类图层中面积小于4km^{2}的斑块融合到相邻斑块内，经过融合剩余植被类型5类，以蒿草、杂类草高寒草甸和禾草、薹草高寒草原为主，土壤类型11类。最终生成的395个斑块（图12-3），其余植被或土壤类型由于面积较小融合进入其他类型之中。分类后每个生态单元具有相似植被类型、土壤类型及气象条件。

（2）草甸生态单元提取

在划分的三江源区生态系统基本单元的基础上选取植被覆盖条件为草甸的生态单

元作为三江源区参照生态系统的研究对象，包含 232 个生态单元，1 种植被亚类和 11 种土壤类型。

12.1.1.3 草甸生态单元参照点选取

首先利用 NDVI 与植被覆盖度的紧密联系和非线性关系，在 MODIS 16 天 NDVI 合成产品的基础上依据像元二分法理论建立 NDVI 与植被覆盖度的关系模型。

$$VF = \frac{VDVI - NDVI_{soil}}{NDVI_v - NDVI_{soil}}$$

式中，VF 为草地植被覆盖度；$NDVI_{soil}$为研究区内裸土 NDVI 值；$NDVI_v$为草地理想植被状况下的 NDVI 值。在本研究中，依据前人研究经验和研究区域内 NDVI 多年最大合成值影像的统计结果，最终确定选取经验值 0.05。

基于上式及 2000～2010 年三江源区草地生长季内 MODIS 的 NDVI 16 天最大合成值产品分别计算得到每年生长季内（129～273 天）每 16 天的植被覆盖度，并重采样为分辨率 1 km^2的覆盖度数据，以获取三江源区 2000～2010 年每年的最大覆盖度。

以 2000～2010 年每年的最大覆盖度均方根误差（root-mean-square error，RMSE）作为植被覆盖稳定状况指标进行筛选。

$$RMSE = \sqrt{\frac{\sum_{i=1}^{n}(X_i - \overline{X})^2}{n}}$$

式中，X_i为 2000～2010 年每年的最大植被覆盖度；$\overline{X}$为 2000～2010 年每年的最大植被覆盖度的平均值；n 为样本统计年数。RMSE 越大，则认为对应像元的植被生长状况越不稳定，根据计算选取 2000～2010 年三江源区每个草甸生态单元内植被覆盖度的 RMSE 小于 5%，且植被覆盖度为最大的像元所对应的地面区域（1km×1km）作为三江源区草甸生态单元参照点。

12.1.2 标准物质当量的确定

本研究以 2000 年为基准年进行生态资源资产标准物质当量的确定。利用筛选的高寒草甸参照点对 2000 年各生态系统服务进行提取，并分别计算其平均值；再利用各种服务的能值转换率进行能值估算，最终对各能值量进行汇总。本研究将参照点每平方千米生态系统服务能值作为生态资源资产标准物质当量。

$$SE = \sum_{i} ES_{ri} \times T_{ri}$$

式中，SE 为生态资源资产标准物质当量；ES_{ri}为参照点第 i 种生态系统服务的物质量平均值；T_{ri}为参照点第 i 种生态系统服务的能值转换率；i 为生态系统服务。

12.1.3 物质当量估算

利用能值转换率，将三江源区生态资源资产的各种生态存量和生态系统服务转换为能值，汇总后获得不同区域的生态资产能值量。计算公式类似于上式。

本研究借鉴生态足迹的方法，提出了生态资产均衡因子和调整因子。为了均衡不同生态系统类型之间生态系统服务的差异，本研究构建了用于生态系统服务快速评估的均衡因子，并采用研究区各生态系统类型主导生态系统服务的平均单位面积能值量与标准物质当量能值基准值的比值来表征，其计算公式为

$$EF_i = E_i / SE$$

式中，EF_i为三江源区第 i 种生态系统类型的均衡因子；E_i为三江源区第 i 种生态系统类型的生态存量或生态系统服务的能值量；i 为生态系统类型。

净初级生产力（NPP）可表征某一生态系统的生产能力，NPP 形成和累积的过程在很大程度上可体现其提供的生态系统服务的差异，因此，本研究为了解决相同生态系统类型不同生产力条件下生态资产的对比表征生态流量的特征，选取 NPP 作为调整因子，并应用以下公式来估算用于生态系统服务快速评估的调整因子：

$$AF_{ij} = NPP_{ij} / \overline{NPP_i}$$

式中，AF_{ij}为第 i 种生态系统类型第 j 县的调整因子；i 为生态系统类型；j 为县。

基于以上估算的标准物质当量、调整因子和均衡因子，三江源区生态资产物质当量的计算公式为

$$E_{资产} = S_i \times EF_j \times AF_{ij}$$

式中，$E_{资产}$为三江源区生态资源资产物质当量；S_i为第 i 县面积；EF_i为三江源区第 i 种生态系统类型的均衡因子；AF_{ij}为第 i 种生态系统类型第 j 县的调整因子。

12.2 三江源区生态资源资产物质当量估算

12.2.1 三江源区标准物质当量

本研究基于 12.1 节中的评估方法对三江源区各主导生态系统服务的物质量进行评估，进而通过能值转换率对其能值量进行估算。能值转换率是估算各种生态系统服务能值量的关键，由于不同文献发表的能值转换率存在差异，本研究选取能值转换率的原则是尽量选取与三江源区地理位置、气候、生物等因素相近的研究地点计算的数值，如果不存在则采用国际权威文献发表的数据。在生态系统服务能值量估算的基础上，利用参照生态系统参照点的地理坐标提取各生态系统服务的能值量，并分别取平均值后加和，由此得到三江源区主导生态系统服务标准物质当量的能值基准值。基于标准物质当量的计算方法，三江源区生态资源资产标准物质当量为 2.13×10^{17} sej/(km^2 · a)（表 12-2）。

表 12-2 三江源区生态资产标准物质当量

生态服务	能值/[sej/(km^2 · a)]
径流调节	6.89×10^{16}
土壤保持	5.60×10^{16}

续表

生态服务	能值/[sej/(km² · a)]
生态固碳	2.79×10^{16}
物种保育	6.00×10^{16}
标准物质当量	2.13×10^{17}

12.2.2 三江源区生态资源资产均衡因子

为了实现三江源区主导生态系统服务物质当量的快速核算，本研究分别构建了均衡因子和调整因子，其中均衡因子是为了权衡不同生态系统类型之间生态系统服务的差异，调整因子是为了调节相同生态系统类型不同生产力条件下的生态系统服务的差异。根据均衡因子的计算公式，三江源区各生态系统类型生态存量和生态服务的均衡因子见表 12-3。从生态存量看，三江源区冰川/永久积雪的均衡因子最大，其次是森林，荒漠数值最小。从生态服务看，森林的均衡因子最大，其次是灌丛，草地和湿地数值相当，荒漠最小。

表 12-3 三江源区生态资产均衡因子

均衡因子	生态存量	生态服务
森林	1 345.01	2.19
灌丛	536.00	1.69
草地	224.52	0.72
农田	243.37	0.39
荒漠	194.62	0.13
冰川/永久积雪	37 389.08	0.42
湿地	272.42	0.83
水体	212.45	0.72

12.2.3 三江源区生态资源资产调整因子

基于调整因子的计算公式，我们可以分别计算出 2000 年和 2010 年三江源区生态资产的调整因子，结果如图 12-4 和图 12-5 所示。从两期结果可以看出，三江源区生态资产调整因子的空间格局均表现为从东到西逐渐减小的变化趋势。其中，调整因子的最大值主要位于黄南州及果洛州的东南部，此外，海南州的东部也有少量分布。调整因子的最小值主要位于玉树州的西北部和唐古拉山镇，以及水体和冰川/永久积雪分布的地区，这是因为这两种生态系统类型的 NPP 几乎为 0，因此调整因子也近似于 0。为了便于计算，本研究在实际计算过程中将这两种生态系统类型的调整因子均设为 1。三江源区其他区域的调整因子介于最大值和最小值之间。对比 2000 年和 2010 年两期调整因子可以发现，数值介于 0～0.4 和>2 的面积均明显减小，介于 0.4～0.8 的面积则明显增大，但数值介于0.8～2.0的面积则变化不大。从总体上来说，相对于2000年，2010年三江源区的NPP更接近于平均水平，大多数地区的调整因子位于1附近。

图12-4　2000年三江源区生态资源资产调整因子

图12-5　2010年三江源区生态资源资产调整因子

本研究又进一步计算了三江源区各县不同生态系统类型的调整因子（表12-4和表12-5）。由于水体和冰川/永久积雪的NPP几乎为0，为了计算的方便，本研究将这两种生态系统类型的调整因子均设为1。由于生态系统类型在各县间并不是均匀分布，因此，本研究将某县未分布的生态系统类型的调整因子取值为1。从表12-4和表12-5中可以看出，由于各县（乡）气象、土壤、地形、海拔等自然因素的不同，其各生态系统类型的调整因子具有较大差异。三江源区各县荒漠的调整因子相对最大，这表明不同地区分布的荒漠的植被NPP变化很大；其次是湿地和草地；农田、森林和灌丛的调整因子相差较小，几乎是在1附近波动，这表明这三种生态系统类型在不同地区的植被NPP相差较小。森林、灌丛、草地、湿地、农田和荒漠六种生态系统类型的调整因子最大值分别位于班玛县、河南县、河南县、河南县、班玛县和河南县，最小值分别位于曲麻莱县、治多县和杂多县、唐古拉山镇、唐古拉山镇、杂多县和唐古拉山镇。

表12-4　2000年三江源区各县生态资源资产调整因子

县（镇）	森林	灌丛	草地	湿地	水体	农田	荒漠	冰川/永久积雪
同仁县	1.20	1.41	2.92	2.62	1	1.25	3.81	1
尖扎县	1.22	1.38	2.39	3.16	1	1.14	3.61	1
泽库县	1.19	1.30	2.74	3.06	1	1.19	4.08	1
河南县	1	1.45	3.34	3.56	1	1	6.55	1
共和县	0.89	0.86	1.34	1.90	1	0.91	1.59	1
同德县	0.75	1.03	2.16	2.82	1	1.11	3.74	1
贵德县	0.91	1.03	1.87	2.45	1	1.16	2.64	1
兴海县	0.88	0.83	1.40	1.48	1	0.79	2.34	1
贵南县	0.84	1.02	1.75	2.42	1	0.93	2.00	1
玛沁县	0.92	1.04	1.89	1.61	1	1.38	2.31	1
班玛县	1.34	1.14	2.36	1.84	1	1.49	5.08	1
甘德县	0.99	1.06	2.19	1.82	1	1.21	3.91	1
达日县	1	0.91	1.54	1.45	1	1.20	3.01	1
久治县	1	1.25	2.82	3.11	1	1	4.34	1
玛多县	0.53	0.53	0.89	1.14	1	1	1.86	1
玉树县	0.66	0.61	1.23	1.10	1	0.75	1.89	1
杂多县	1	0.48	0.64	0.69	1	0.60	1.16	1
称多县	1	0.55	1.07	1.02	1	0.65	2.07	1
治多县	1	0.44	0.35	0.74	1		0.37	1
囊谦县	0.71	0.66	1.35	1.38	1	1.27	1.88	1
曲麻莱县	0.13	0.45	0.57	0.84	1	1	1.00	1
唐古拉山镇	1	1	0.18	0.29	1	1	0.24	1

表12-5　2010年三江源区各县生态资源资产调整因子

县（镇）	森林	灌丛	草地	湿地	水体	农田	荒漠	冰川/永久积雪
同仁县	1.48	1.69	3.64	2.93	1	1.79	5.64	1
尖扎县	1.52	1.64	3.29	4.11	1	1.68	5.83	1
泽库县	1.45	1.57	3.46	3.69	1	1.86	5.16	1
河南县	0.00	1.70	3.86	4.12	1	0.00	7.57	1
共和县	1.05	1.06	1.99	2.30	1	1.38	2.44	1

续表

县（镇）	森林	灌丛	草地	湿地	水体	农田	荒漠	冰川/永久积雪
同德县	1.01	1.27	2.79	3.18	1	1.68	4.99	1
贵德县	1.18	1.25	2.68	2.84	1	1.53	3.88	1
兴海县	1.10	1.03	2.00	1.86	1	1.38	3.01	1
贵南县	1.11	1.26	2.66	2.89	1	1.58	3.30	1
玛沁县	1.15	1.26	2.33	2.08	1	1.73	3.05	1
班玛县	1.75	1.51	3.12	2.52	1	2.11	6.88	1
甘德县	1.31	1.32	2.76	2.38	1	1.62	5.26	1
达日县	1	1.19	2.11	2.02	1	1.59	4.43	1
久治县	1	1.55	3.46	3.78	1	1	5.89	1
玛多县	0.64	0.67	1.21	1.54	1	1	2.58	1
玉树县	0.87	0.79	1.54	1.39	1	0.84	2.48	1
杂多县	1	0.57	0.88	0.97	1	0.73	1.59	1
称多县	1	0.72	1.40	1.39	1	0.83	2.86	1
治多县	1	0.60	0.52	1.05	1	1	0.57	1
囊谦县	0.91	0.85	1.70	1.70	1	1.63	2.51	1
曲麻莱县	0.19	0.62	0.79	1.14	1	1	1.40	1
唐古拉山镇	1	1	0.37	0.55	1	1	0.49	1

12.2.4 三江源区生态资源资产物质当量分析

基于三江源区主导生态系统服务物质量评估结果及其能值转换率，估算该区域主导生态系统服务所具有的能值量，进而估算主导生态系统服务物质当量。三江源区生态资源资产物质当量估算结果见表12-6和表12-7。从表中可以看出，2010年三江源区生态存量总当量为2971.83万标准当量，其中，水分因素、土壤因素、生物因素各部分当量分别占生态存量总当量的7.64%、89.73%和2.63%。生态系统服务总当量为15.03万标准当量，其中，径流调节、土壤保持、生态固碳、物种保育各部分当量分别占生态服务总当量的9.71%、44.05%、9.38%和36.86%。

表12-6 三江源区生态存量物质当量

生态存量	2010年能值/sej	标准物质当量	2010年当量/万标准当量
水分因素	4.84×10^{23}	2.13×10^{17}	227.23
土壤因素	5.68×10^{24}		2666.67
生物因素	1.66×10^{23}		77.93
合计	6.33×10^{24}		2971.83

表 12-7　三江源区生态系统服务物质当量

生态服务	2010 年能值/sej	标准物质当量	2010 年当量/万标准当量
径流调节	3.11×10^{21}	2.13×10^{17}	1.46
土壤保持	1.41×10^{22}		6.62
生态固碳	3.01×10^{21}		1.41
物种保育	1.18×10^{22}		5.54
合计	3.20×10^{22}		15.03

13 三江源区生态保护成本收益分析

13.1 三江源区生态保护与恢复成本估算

三江源区生态保护与恢复成本包括该区域为保护与恢复生态环境而付出的经济代价。本研究遵循“以草定畜、以畜定人”的原则，以提升三江源区生态系统服务功能、改善农牧民生产生活水平、提高基本公共服务能力为目标，核算三江源区的生态保护与恢复成本。

本研究从生态保护与建设、农牧民生产生活水平改善和基本公共服务能力提升三个方面分析三江源区生态保护与恢复成本。

13.1.1 生态保护与恢复成本标准的制定

以国家相关生态保护与恢复标准及《青海三江源自然保护区生态保护和建设总体规划》等规划方案，青海省生态补偿政策、调研信息，以及相关同类标准的顺序确定优先依据次序，以此确定三江源生态保护与恢复标准。具体标准详见表 13-1 ~ 表 13-3。本研究共设定生态保护与恢复标准 44 项，其中，依据国家标准制定 10 项，依据三江源规划 8 项，依据青海政策 8 项，根据实地调研和同类标准对原有标准调整或添加 18 项。

1）生态保护与建设成本估算。生态保护与建设成本估算主要从生态治理、生态维护、禁牧补偿、草畜平衡四方面进行分析。

2）农牧民基本生产生活水平改善成本估算。农牧民基本生产生活水平改善成本估算主要从移民、牧民两方面进行分析。

3）基本公共服务能力成本估算。基本公共服务能力成本估算主要从基础设施、社会事业、产业扶持等方面进行分析。

表 13-1　三江源区生态保护与建设补偿资金标准

方面	补偿项目	单位	补偿标准	治理保护面积（人数）	标准来源
生态治理	沙漠化土地防治	元/亩	300	938.80 万亩	实地调研
	黑土滩综合治理	元/亩	100	1557.00 万亩	《青海三江源自然保护区生态保护和建设总体规划》

续表

方面	补偿项目	单位	补偿标准	治理保护面积（人数）	标准来源
生态治理	鼠害防治	元/亩	5	8531.80 万亩	《青海三江源自然保护区生态保护和建设总体规划》
	水土保持	元/亩	200	/	《青海三江源自然保护区生态保护和建设总体规划》
	人工造林	元/亩	300	63.80 万亩	国家标准
	封山育林	元/亩	70	108.80 万亩	国家标准
	中幼林抚育	元/亩	120	17.80 万亩	国家标准
生态维护	重点湿地保护	元/亩	70	2526.00 万亩	《青海三江源自然保护区生态保护和建设总体规划》
	保护区管理维护费用	万元/a	200	—	同类对比
	生态监测	万元/a	500	—	同类对比
	生物多样性保护	万元/a	500	—	实地调研
	科研课题及应用推广	万元/a	500	—	实地调研
	生态管护公益性岗位	元/人	4600	1.96 万人	青人社厅［2010］110 号
	国有林管护	元/(亩·a)	5	622.60 万亩	国家标准
禁牧补偿		元/(亩·a)	6	3992.60 万亩	国家标准
草畜平衡		元/(亩·a)	1.5	3920.00 万亩	国家标准

注：“/”表示无法提供数据；“—”表示此处可省略。

表 13-2　三江源区农牧民基本生产生活水平改善补偿资金标准

方面	补偿项目	单位	补偿标准	涉及范围	标准来源
移民	移民基础设施建设	万元/户	10	2 147 户	实地调研
	移民搬迁补助	元/人	400	10 784 人	《青海三江源自然保护区生态保护和建设总体规划》
	移民燃料补助	元/(户·a)	3 000	2 147 户	实地调研
	移民生活困难补助	元/(人·a)	3 000	10 784 人	实地调研
	移民饲料补助	元/(户·a)	5 500 (3 000 ~ 8 000)	0.22 万户	青海政策
牧民	牧民生产资料综合补贴	元/户	500	4.46 万户	国家标准
	建设舍饲棚圈	元/户	3 000	4.46 万户	国家标准
	围栏建设	元/亩	20	/	国家标准
	补播草种费	元/亩	20	3 992.60 万亩	国家标准

注：“/”表示无法提供数据；“—”表示此处可省略。

表 13-3　三江源区基本公共服务能力提高补偿资金标准

方面	补偿项目	单位	补偿标准	涉及范围	标准来源
基础设施	能源建设	元/户	5 000	0.21 万户	《青海三江源自然保护区生态保护和建设总体规划》
	人畜饮水	元/人	1 200	19.40 万人	《青海三江源自然保护区生态保护和建设总体规划》
	小城镇建设	万元/城镇	340	28 个	《青海三江源自然保护区生态保护和建设总体规划》
	乡村公路	万元/km	40	7 908.00km	实地调研
	文化娱乐设施	亿元/a	0.2	—	实地调研
社会事业	生态补偿政府执行资金	万元/(县·a)	50	21 县 1 乡	实地调研
	“1+9+3” 义务教育	元/(人·a)	3900（学前教育）4400（高中和职业教育）	学前教育学生数 24 905 人，高中教育学生数 37 361 人，职业教育学生数 37 361 人	青海政策
	教育配套设施	元/(人·a)	2 000	5 680 人	同类标准
	学校危房维修	元/m²	2 000	87 360 人	同类标准
	师资培训	元/人	10 000	803 人	同类标准
	提高教师补助	元/人	3 000	2 007 人	同类标准
	异地办学奖补	元（生·a)	6000（高中生）7000（中职生）	高中生 284 人，本专科 122 人	青海政策
产业扶持	农牧民职业技能培训	元/(人·次)	2 500	44 528 人	青海政策
	农牧民转移就业	元/人	850	23 838 人	青海政策
	农牧民自主创业	元/(人·次)	5 300	2 104 人	青海政策
	生态移民创业扶持项目总投入	万元/a	100（县）25（乡）	21 县 1 乡	实地调研
社会保障	新型农牧区合作医疗	元/(人·a)	280	189 941 人	青海政策
	新型农牧区社会养老保险	元/(人·a)	400	98 083 人	同类标准
	农牧区最低生活保障	元/(人·a)	2 000	28 390 人	同类标准

注：“/”表示无法提供数据；“—”表示此处可省略。

13.1.2 生态保护与恢复成本标准解释

对于分级形式的标准以及调整或添加补偿标准，具体标准解释如下。

1）沙漠化土地防治标准。依据《青海三江源自然保护区生态保护和建设总体规划》该项补偿标准为 70 元/亩，实地调研了解到补偿标准偏低，难以实现治理目标。参照内蒙古自治区林业科学研究院的测算，当前每亩沙地造林需 300 ~ 500 元，结合咨询青海省环境科学研究设计院提供草方格一平方米造价 0. 8 元，同时参照三江源实地调研信息，确定沙漠化土地防治补偿标准为 300 元/亩。

2）生态监测标准。依据《青海三江源自然保护区生态保护和建设总体规划》和《青海湖流域生态环境保护与综合治理工程生态监测体系建设项目总体实施方案》的监测标准，确定三江源生态监测标准为每年投入 500 万元。

3）生物多样性保护标准。依据《青海三江源自然保护区生态保护和建设总体规划》内容，不涉及生物多样性保护资金，考虑三江源区是高寒生物自然种质资源库，根据地方调研情况，建议确定三江源生物多样性保护标准为每年投入 500 万元。

4）保护区管理维护费用标准。依据《国家级自然保护区规范化建设和管理导则》（试行），有关日常巡护、执法检查、宣传、监测等需要资金支持，参照《林业国家级自然保护区补助资金管理暂行办法》同类自然保护区运行费用标准，建议设定三江源自然保护区管理维护费用为每年 200 万元。

5）移民基础设施建设补偿标准。依据《青海三江源自然保护区生态保护和建设总体规划》，该项补偿标准为面积为 $60m^2$ 的房屋补偿资金约为每户 3 万元。随着建材成本的增长，结合实地调研，最终将补偿标准确定为同样规格房屋每户补偿资金 10 万元，其中 8 万元用于房屋建设，2 万元用于配套基础设施建设。

6）移民燃料补助标准。依据《青海省生态移民燃料补助费发放管理办法》，玉树州、果洛州和格尔木市唐古拉山镇每户每年的移民燃料补助标准为 2000 元；海南州、黄南州和果洛州玛多县每户每年 800 元。根据实地调研，由于主要燃料（牛粪）价格不断上涨，黄南州每户每年需 2000 元取暖费用，据此确定三江源区燃料补助为玉树州、果洛州和格尔木市唐古拉山镇每户每年 3000 元，海南州、黄南州每户每年 2000 元。

7）移民生活困难补助标准。依据《青海省人民政府办公厅关于对三江源生态移民困难群众发放生活困难补助的通知》，对生态移民家庭当中，人均饲料粮补助额达不到上年全省农牧民人均纯收入水平的 55 周岁以上、16 周岁以下（除超生子女）的成员按不足部分发给生活困难补助。根据实际调研，泽库县该项补助标准约合每人每年 1600 元，由于移民家庭消费中食品（主要指肉、酥油、奶等）消费资金比例最高（约占 60%），约合 2 万元，而原有这部分花费为自产，故应在上述青海政策补助标准基础上提高 55 周岁以上、16 周岁以下（除超生子女）的成员补偿标准，保证移民最基本的温饱需求，因此设定补助为每人每年 3000 元。

8）移民饲料补助标准。该项补偿标准依据《青海省天然草原退牧还草示范工程实施方案》《青海省牧民聚居半舍饲建设示范项目实施方案》分为 3 个等级，详见表 13-4。

表 13-4　三江源区退牧减畜移民饲料补助标准　单位：元/(户·a)

补偿对象	饲料补助费	保障措施
交回草地承包权移民	8 000	解决城镇户籍，享受城镇低保
不交回草地承包权移民	6 000	可在承包草场上适度采集草药，10 年后愿成为城镇居民者享受城镇低保；愿回草场从事畜牧业者，继续享有草场使用权
没有草地承包权移民	3 000	—

9）学校危房维修标准。根据财政部、教育部《农村中小学校舍维修改造专项资金管理暂行办法》要求，校舍维修改造资金重点用于 D 级危房维修改造，资金标准按每平方米平均 400 元计算。由于受自然、交通等条件制约，青海省维修改造 D 级危房每平方米单位造价平均达到 1000 元。同类项目的《三江源国家生态保护综合实验区生态补偿方案研究》根据实际调研将危房维修改造标准定为 1800 元。根据调研和同类标准分析中将中小学校舍新、扩建校舍每平方米造价定为 3000 元。根据实际调研，由于物价上涨，目前的造价远不能满足实际需要，将三江源中小学危房维修改造每平方米造价定为 2000 元。

10）异地办学奖补标准。2011 年青海省政府关于《三江源区异地办学奖补机制实施办法》中规定了初中生 4500 元、高中生 5500 元、中职生 6500 元、本科生 1 万元、专科生 6000 元的标准。本研究在青海省规定标准的基础上，参照内地西藏学校学生的标准，额外再增加每人每年 500 元的交通补贴，因此将异地办学奖补标准定为：初中生 5000 元/(生·a)，高中生 6000 元/(生·a)，中职生 7000 元/(生·a)，本科生 10 500元/(生·a)，专科生 6500 元/(生·a)。

11）农牧民职业技能培训补偿标准。《三江源国家生态保护综合实验区生态补偿方案研究》中将农牧民职业技能培训标准定为 2500 元/人。青海省政府办公厅关于《三江源地区农牧民技能培训和转移就业补偿机制实施办法》中，按实际培训天数计算，每人每天补助 20 元，交通、住宿费补贴州外省内每年 300 元，省外培训每年 800 元。根据一般培训三个月左右，按 100 天算，共 2000 元；另外一次性交通和住宿费取中值 500 元。合计 2500 元，与同类项目标准一致，故采用 2500 元。

12）农牧民转移就业补偿标准。青海省政府办公厅关于《三江源地区农牧民技能培训和转移就业补偿机制实施办法》中规定的补偿标准是：对职介机构按实际转移就业人数省内每人 300 元，省外 400 元；劳务经纪人，按实际转移就业人数每人 200 元；对外出务工的农牧民，每人每年给予一次性交通补贴，省外 600 元，省内 200 元。本研究中依据青海省的标准，将职介机构补贴取中间值 350 元，劳务经纪人 200 元，交通补贴取中值 300 元，合计每人共补贴 850 元。

13）农牧民自主创业补偿标准。青海省政府关于《三江源区农牧民技能培训和转移就业补偿机制实施办法》中，给予 5000 元的一次性开业补助，同时每人给予一次性交通费补贴，省外创业 600 元，省内创业 200 元。本研究在青海省政府标准的基础上，将省外和省内创业的交通费合并定为 300 元每人，因此自主创业每人共补贴 5300 元。

14）新型农牧区合作医疗补助标准。青海省新型农牧区合作医疗现行人均筹资标准为300元，高于全国平均水平，其中财政补贴260元，个人筹资40元。项目实施过程中，在维持现有的财政补贴标准的前提下，对生态移民实行全部补贴。结合移民数量估算结果，新型农牧区合作医疗人均财政补贴约为280元/a。

15）新型农牧区社会养老保险补助标准。青海省新型农牧区社会养老保险人均筹资标准为100～500元，财政补贴30～50元，低于全国平均水平。项目实施过程中，对生态移民实行全部补贴，使人均筹资标准达到500元；其他农牧民财政补贴比例达到全国平均水平（约60%），人均财政补贴约为400元/a。

16）农牧区最低生活保障补助标准。由现有的125元/月提高至全国平均水平164元/月，即约2000元/a。

13.1.3　生态保护与恢复成本的计算方法

通过分析国家和青海省相关生态保护与建设标准、生态补偿政策并结合实地调研信息和财务数据的统计分析计算三江源区生态保护与恢复的总成本，计算公式为

$$\mathrm{EPR} = \sum_{x=1}^{m} E_x + \sum_{y=1}^{n} P_y + \sum_{z=1}^{q} S_z$$

式中，EPR为生态保护与恢复总成本；E_x为生态保护与建设成本；P_y为农牧民基本生产生活改善成本；S_z为基本公共服务能力提高成本；x、y、z分别为各项指标的成本；m、n、q分别为上述各项指标的数量。

13.1.4　生态保护与恢复成本结果及分析

13.1.4.1　三江源区生态保护与恢复成本计算结果

根据生态保护与建设、农牧民基本生产生活水平改善、基本公共服务能力补偿内容计算2005～2010年三江源区生态保护与恢复总成本为629.64亿元，分项情况见表13-5。

表13-5　三江源区生态保护与恢复各项目资金估算表　　单位：亿元

内容	项目	2005～2010年成本	2010年成本	至2020年成本	2020～2030年成本	至2030年合计
生态保护与建设	生态治理	254.45	50.89	268	340	
	生态维护	94.64	19.06	56.8	71	
	禁牧补偿	11.98	2.40	160	200	
	草畜平衡	2.94	0.59	18	30	
	小计	364.01	72.94	502.8	641	1 143.8
农牧民基本生产生活水平改善	移民生产生活补偿	13.49	2.70	184	75	
	牧民生产生活补偿	47.73	9.55	400	250	
	小计	61.22	12.24	584	325	909

续表

内容	项目	2005～2010年成本	2010年成本	至2020年成本	2020～2030年成本	至2030年合计
基本公共服务能力	基础设施	176.10	35.22	104.5	0	
	公共事业	14.50	6.39	100.4	207.4	
	产业扶持	6.35	1.44	99.3	0	
	社会保障	7.46	1.49	41.4	166	
	小计	204.41	44.54	345.6	373.4	719
合计	—	629.64	129.72	1 432.4	1 339.4	2 771.8

2005～2010年生态保护与建设资金投入共364.01亿元；2005～2010年农牧民基本生产生活水平改善投入共61.22亿元；2005～2010年基本公共服务能力投入共204.41亿元。单位面积生态保护与恢复成本为3.28万元/km^2，人均生态保护与恢复成本为1.04万元。至2020年生态保护与恢复总成本总成本约1432.4亿元，至2030年总成本约2771.8亿元。

13.1.4.2 三江源区生态保护与恢复成本计算结果

根据人口分布差别和退化生态环境面积等差异，分区域估算资金投入情况。

2005～2010年生态保护与建设资金投入主要集中在西南部环境退化较为严重地区，治多县、曲麻莱县和杂多县等总投入资金为175.66亿元，占全区总投入的48.3%。其中，2010年生态保护与建设资金投入主要集中在西南部地区，治多县、曲麻莱县等总投入资金为27.03亿元，占全区总投入的37.05%。

2005～2010年三江源区农牧民基本生产生活水平改善和基本公共服务能力的资金优先投入到人口相对集中的区域，即三江源区的东部、南部5县。其中，杂多县、治多县、曲麻莱县、玛多县和共和县的总投入资金为112.9亿元，占全区总投入的42.7%。2010年三江源区农牧民基本生产生活水平改善和基本公共服务能力的资金优先投入到三江源区的西部3县，杂多县、治多县、曲麻莱县的总投入资金为16亿元，占全区总投入的28.18%。具体各州县分项补偿资金投入情况详见表13-6。

表13-6　三江源区2005～2010年生态补偿资金估算表　　单位：亿元

县（镇）	生态保护与建设		农牧民基本生产生活水平改善		基本公共服务能力		合计	
	2005～2010年	2010年	2005～2010年	2010年	2005～2010年	2010年	2005～2010年	2010年
玉树县	16.87	3.38	3.44	0.69	8.96	2.10	32.26	6.17
杂多县	31.60	6.33	7.28	1.46	13.88	2.96	55.76	10.74
称多县	16.07	3.22	4.12	0.82	7.29	1.64	30.48	5.68

续表

县（镇）	生态保护与建设		农牧民基本生产生活水平改善		基本公共服务能力		合计	
	2005～2010年	2010年	2005～2010年	2010年	2005～2010年	2010年	2005～2010年	2010年
治多县	80.63	16.13	8.12	1.62	28.17	5.74	119.92	23.50
囊谦县	11.31	2.27	3.49	0.70	7.35	1.78	25.16	4.75
曲麻莱县	54.44	10.89	6.08	1.21	14.52	3.01	78.05	15.11
玛沁县	23.41	4.69	2.38	0.48	7.76	1.69	36.55	6.86
班玛县	7.21	1.45	1.43	0.29	4.01	0.89	15.65	2.62
甘德县	7.64	1.53	1.50	0.30	4.58	1.02	16.72	2.85
达日县	14.55	2.92	3.30	0.66	7.75	1.65	28.60	5.22
久治县	9.06	1.82	1.57	0.31	5.10	1.10	18.73	3.23
玛多县	26.87	5.38	5.00	1.00	12.73	2.60	47.61	8.98
共和县	12.81	2.57	1.74	0.35	15.62	3.44	33.18	6.36
同德县	2.67	0.54	1.60	0.32	5.61	1.27	12.87	2.13
贵德县	3.84	0.77	0.92	0.18	5.80	1.43	13.56	2.39
兴海县	5.79	1.17	2.31	0.46	11.67	2.52	22.77	4.14
贵南县	9.46	1.90	0.69	0.14	7.22	1.63	20.37	3.67
同仁县	2.24	0.46	0.77	0.15	7.49	1.78	13.52	2.39
尖扎县	1.35	0.28	0.47	0.09	4.34	1.04	9.16	1.41
泽库县	2.76	0.56	2.32	0.46	12.05	2.62	20.13	3.64
河南县	1.83	0.37	1.54	0.31	11.22	2.37	17.59	3.05
唐古拉山镇	21.60	4.32	1.14	0.23	1.28	0.27	24.84	4.81
总计	364.03	72.94	61.20	12.24	204.39	44.54	629.64	129.72

13.1.4.3 三江源区生态保护与恢复成本结果合理性分析

1）三江源区生态环境保护与建设方面。2000～2010年每亩土地投入生态环境保护与建设的资金每年约为0.8元，草地退化趋势得到初步遏制，草地严重退化区生态恢复明显，自然保护区与重点工程区的好转趋势明显好于面上。将三江源区生态环境保护与建设每亩土地投入提高到每年61.4元，可实现三江源区全部退化草地治理，并结合退牧减畜工程和草畜平衡工程开展，生物多样性及60%的湿地面积得到保护，全面开展生态监测、生态巡护，大力支持相关科研项目及技术推广，更好地实现三江源区生态环境保护与建设。

2）三江源区农牧民生产生活水平改善方面。三江源区开展的近十年生态补偿在农牧民基本生产生活水平改善上投入人均约折合6312元，2010年三江源区农牧民人均收入3100元，较2004年的1807元有所增加，但依然低于青海省同期3863元的农村居民人均收入水平。

13.2 三江源区发展机会成本估算

三江源区是我国重要的生态屏障，在涵养水源、保护生物多样性等方面发挥重要的生态服务功能。为保护并提升三江源区生态系统服务功能，需要限制三江源区的经济发展，本研究分别针对三江源区限制畜牧业发展、水电开发、矿产资源开发、工业发展的机会成本进行初步分析。

三江源区限制发展的影响主要体现在以下两方面：一方面，三江源区限制发展会带来经济损失（数量上等价于发展的经济收益）；另一方面，由于经济活动的减少，对生态环境的影响也相应减少，从而获得生态环境效益（数量上等价于发展的生态环境破坏）。本研究采用机会成本法，通过设定不同发展情景，估算三江源区限制畜牧业发展、水电开发、矿产资源开发、工业发展的收益损失，进而核算三江源区限制发展带来的机会成本，同时结合经济发展对生态环境、资源、能源等方面的需求，分析限制发展的生态环境效益。三江源区限制发展的影响分析框架如图13-1所示。

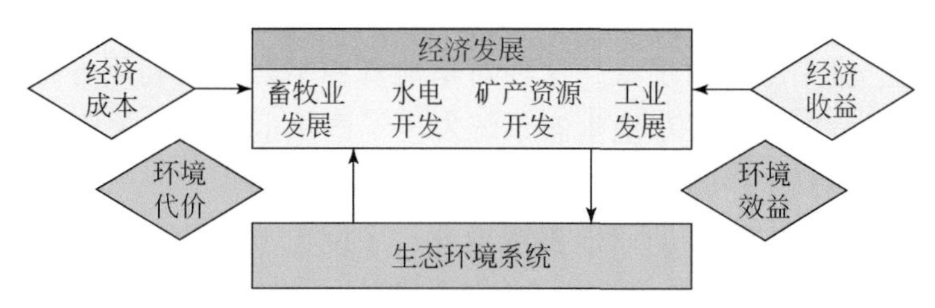

图13-1 三江源区限制发展的影响分析框架

机会成本又称为替代性成本，是指在面临多方案决策选择时，被舍弃决策中的价值最高者，即放弃的抉择中的最大损失。对三江源区而言，其限制发展的机会成本相当于放弃的畜牧业发展、水电开发、矿产资源能开发、工业发展部分可能带来的最大净收益。

13.2.1 三江源区畜牧业发展机会成本核算

首先对三江源区畜牧业的发展现状进行分析，并基于畜牧业发展的经济收益与环境影响分析，采用机会成本法，探讨并估算三江源区由生态保护带来的畜牧业发展受限的经济损失。

13.2.1.1 三江源区畜牧业发展情况

青海省是我国的五大牧区之一，天然草地辽阔。现有天然草地3636.97万hm^2，约占全国的9.53%，居全国第4位。主要由高寒草甸类、高寒草原类和高寒荒漠类三大类草地构成，高寒草地总面积共 2955.46 万 hm^2，约占青海省天然草地的 81.26%。

三江源区是青海省天然草地主要集中地。由于地理环境的特殊性，其草原面积大而人口相对稀少。三江源区草地资源主要分布在黄河、长江、澜沧江等水系的源头区，具有涵养水源、控制水土流失等作用，也是下游地区的生态屏障。

三江源区的自然生态禀赋决定了其具有畜牧业发展的良好基础。三江源区不仅拥有利于畜牧业发展的空间优势与草场资源，也拥有白藏羊、欧拉羊、黑牦牛、河曲马等 10 余种适应高寒牧区、青藏高原独特的优良畜种资源。目前，当地形成了以第一产业为主，第二产业、第三产业为辅的产业结构，其中第一产业以草地畜牧业为主。在人口结构方面，三江源区牧业人口占总人口的绝大部分。资料显示，2010 年三江源区总人口为 72.3 万人，其中牧业人口占该区总人口的 81.03%，牧业户达 150 009 户。在畜牧物种方面，三江源区以养羊为主，2008 年三江源区总体上牛、羊、马的比例分别为 17.58%、80.38%、1.04%。

三江源区以草地畜牧业为主的经济结构，决定了其生产力水平较低，发展较为落后。2010 年，占据青海省 50.4% 土地面积的三江源区地区生产总值（77 亿元）仅占青海省 GDP 的 5.7%。同年，三江源区的农牧民人均纯收入为 3132.17 元，远低于全国农民家庭人均纯收入的平均水平（5919 元），也低于青海省的平均水平（3863 元）。

近年来，三江源区畜牧业发展迅速，对生态系统造成了较大的压力。20 世纪 50 年代以来，区内各州县家畜数量快速增长。由于天然草场载畜能力有限，区内普遍出现超载过牧，频繁、集中放牧的现象。这种对草地资源不合理的利用方式严重破坏了原生优良牧草的生长发育规律，草地生态系统发生了严重退化。相关资料显示，1979 年三江源区放牧总量达到 1300 万头，超出正常放牧量的 50% ~60%，加上干旱作用，三江源草原生态日趋恶化：90% 的草地出现退化，中度以上退化草场面积达 1.87 亿亩；单位面积草产量较 50 年前下降近一半。据相关研究，目前三江源区退化草场面积已占到可利用草场面积的 26%~46%，而超载过牧是该地区草地退化贡献率最高的因素。同时，草场的退化也导致了土壤结构变化，给鼠害的泛滥提供了条件，这又反过来进一步加剧了草地的退化。

这种不考虑草场承受能力，长期超载过牧的不合理利用方式，严重影响了三江源区的生态环境和草地畜牧业的可持续发展。为从根本上扭转三江源区生态恶化的趋势，国家和青海省开展了一系列工作。三江源区已经开展和正在开展的生态工程主要包括：退牧还草工程、退耕还林（草）工程、封山育林工程、沙漠化防治工程、天然林资源保护工程等 11 项生态保护工程。其中，针对超载过牧问题，实施了禁牧、减畜等多项措施，尤其是在三江源核心区。据青海省农牧厅数据，2011 年 9 月开始对 2.45 亿亩中度以上退化天然草原实施禁牧，对 2.29 亿亩可利用草原实施草畜平衡。截至 2013 年，已完成禁牧减畜任务 456 万羊单位，其中三江源核心区共转移牧民 7.07 万人，核减牲畜 334.6 万羊单位。2014 年，青海省为进一步促进草畜平衡、保护草原生态环境，继续加大禁牧减畜力度，完成减畜 114 万羊单位的任务。

工程的实施取得了一定的成效，据青海省农牧部门测算，自禁牧减畜政策落实以来，青海省禁牧区平均植被盖度提高了10%，目前达到50%以上，局部地区草原生态环境呈现好转迹象。

13.2.1.2 三江源区放弃畜牧业发展的机会成本理论分析

三江源区放弃畜牧业发展的主要做法为采取了禁牧、减畜措施，则三江源区放弃畜牧业发展的机会成本，等价于未采取禁牧、减畜措施相对采取措施时的净收益增量。主要包括两个方面：首先，经济方面，放弃畜牧业发展意味着无法获取畜牧业发展产生的净效益；其次，生态环境方面，由于过度放牧会影响草地生态系统，导致草场退化、草地生态系统服务价值降低，则此部分收益即等价于未采取禁牧、减畜措施相对采取措施时的草地生态系统服务价值变化量。

本研究分别从经济和生态环境两个方面，分析三江源区放弃畜牧业发展对经济效益与草地生态系统的影响。

(1) 限制畜牧业发展的经济影响

限制畜牧业发展对经济的影响可以分宏观和微观两个角度进行研究。

宏观上，限制畜牧业发展的经济影响直接呈现为影响到牧民的收入。因此，可以采用类比方法，通过对比三江源区与相类似地区的农牧民平均收入水平的差距，来反映限制畜牧业发展的经济影响。核算公式如下：

$$C = S_f(R_0 - R)$$

式中，S_f为三江源区农牧业人口；R_0为参照区农牧民人均纯收入；R为三江源区农牧民人均纯收入。

微观上，限制畜牧业发展的经济影响呈现为影响畜牧业本身在生产过程中的成本与效益，以及由此带来的附加成本（如搬迁成本等）与效益。

1）畜牧业发展的经济成本分析。一般而言，发展畜牧业的经济成本主要包括固定成本、生产成本和人工费用。固定成本包括畜牧业发展中相关建筑物和机器的投资与折旧成本，如棚圈的建设、饲料加工机械的购买等；生产成本主要包括牲畜饲料成本、医疗保健费、保险费、相关机械工具的燃料及维修费等；人工费用是指雇佣生产人员的工资、工资性津贴、奖金、福利费等。

2）畜牧业发展的经济效益分析。发展畜牧业的效益包括牲畜及其副产品带来的经济效益。以羊的饲养为例，其经济收益主要包括整只羊出售获取的收益以及羊毛、羊奶等副产品出售带来的经济收益。

3）不同的限制畜牧业发展措施产生不同的经济影响。考虑三江源区的具体情况，根据草场退化严重程度分别采取了不同的生态恢复措施：第一，对草场退化严重的地区，如保护区核心区，主要通过生态移民、长期禁牧封育来恢复生态，称为禁牧。第二，对目前退化程度尚不严重但未来可能恶化的草场地区，主要通过以草定畜、划区轮牧的方式来减轻草原放牧压力，称为限牧。对于前者而言，当地牧民需要整体进行搬迁，这部分牧民完全放弃畜牧业发展；而对于后者而言，当地牧民不进行搬迁，依据草地承载力减少牲畜数量、限制放牧范围和放牧强度，其畜牧业发展受到了一定程度上的限制。相对于限牧而言，禁牧除影响到畜牧业本身在生产过程中的成本与效益以外，还包括牧民搬迁以及搬迁后增加的生活成本等。牧民从牧区迁移到城镇地区，生活成本增加，且很可能由于文化技能的制约不能在移民区通过就业来增加收入。研究表明，三江源牧民移民前的食物支出费用为1860元，移民后提高为3590元。而限牧措施的成本主要包括增设围栏的成本等。

此外，由于禁牧等措施，牧民在放弃畜牧业发展的同时迁移到其他区域，则除上述提到的易于价值化衡量的成本与效益外，还存在着一些难以定量衡量、评估的潜在成本与效益。一方面，迁移打破了牧民可以依靠的血缘和地缘关系编织的互助互济社会网络，往往产生情感和心理上的挫折、失落和孤独感。另一方面，迁移的过程实际上也是一个文化变迁的过程。移民对于迁移地文化、风俗礼仪的适应成本也会增加，移民的宗教活动和娱乐活动也很可能会受到一定的冲击和影响。例如，有研究表明，游牧文化是以游牧为物质载体的，没有游牧，游牧文化也就失去了存在的基础，其消亡将是不可避免的，这种文化的消亡将造成不可估量的损失。

具体核算过程中，本研究主要计算每年限制畜牧业发展带来的成本和收益的变动。而搬迁牧民运用社会资源能力的削弱和心理预期上的成本增加难以具体衡量，本研究不考虑对其量化研究。构建如下机会成本的核算公式：

$$\pi = R + C_t - C_0$$

式中，π 为畜牧业发展产生的净效益；R 为理论上每年出售牲畜获取的效益；C_t为未采取生态恢复措施的生活成本；C_0为采取生态恢复措施的生活成本。

具体对理论上每年出售牲畜获取效益的核算，主要参考李屹峰等（2013）的方法。理论上每年出售牲畜获取的效益应等于理论上每年出售牲畜的数量与牲畜市场价格的乘积，对理论上每年出售牲畜的数量进行母畜比例和繁殖成活率上的修正，核算公式如下：

$$R = N_p \times A = \frac{N \times e \times n_1}{1 + c \times e \times n_1} \times A$$

式中，N_p 为理论上每年出售牲畜的数量；A 为牲畜的单位市场价格；N 为每年牲畜总数；c 为母畜比例；e 为繁殖成活率；n_1为每年母畜繁殖数量。在研究中，一般统一为羊单位进行核算。假定每年牲畜数量维持恒定，母畜比例恒定，第一年出生的牲畜第二年即具备生育能力，在种群数量恒定的条件下每年的宰杀量最大。其中，机会成本核算中，对于公式中每年的牲畜总数，即当地牧民每年放弃饲养牲畜的数量，本研究将从两个角度进行考虑。一方面，青海省、三江源地区实行了相应的禁牧减畜政策，如13.2.1.1所述，三江源核心区2011～2013年核减牲畜334.6万羊单位，2014年预计完成减畜任务114万羊单位。采取因政策每年牧民的实际减畜数量作为机会成本核算中每年的牲畜总数，即表征实际已发生的、放弃畜牧业发展的机会成本。另一方面，一些研究表明，当前牧民为满足其生活需要的牲畜饲养量仍大于草场理论载畜量，则采取当前每年的牲畜超载量作为机会成本核算中每年的牲畜总数，即表征未来放弃畜牧业发展的机会成本。

（2）限制畜牧业发展的生态环境影响

本研究进一步从理论上分析限制畜牧业发展的生态环境效益。过度放牧会导致草场退化，进而降低草地生态系统服务价值。草地生态系统服务价值是指草地生态系统与草地生态过程所形成及所维持的人类赖以生存的自然环境条件和效用，它不仅包括草地生态系统为畜牧业所提供的基础原材料，更重要的是支撑与维持了生命支持系统，具有如调节气候、维持大气化学平衡、维持生物多样性、减缓干旱和洪涝灾害、保持土壤、防治水土流失、净化环境等一系列功能。

对草地生态系统服务价值变化量的衡量，首先要确定草地生态系统服务价值影响评价的指标体系。当前有关生态系统服务价值指标确定主要是基于 Costanza 等的研究结果。Costanza 等（1997）对全球各个生态系统的价值进行评估，分别针对森林、草地、农田、湿地、水体、荒漠六大类生态系统确立了一套评价指标体系，并给出了各类生态系统各项生态服务的价值。对不同地区生态系统价值进行评估时，一般需要对评价指标体系进行校正。谢高地等（2008）在对中国 200 位生态学者进行问卷调查的基础上，制定出了中国不同陆地生态系统单位面积生态服务价值当量因子（表 13-7）。对中国生态系统的平均生物量进行校正之后，可以得到中国不同陆地生态系统单位面积生态服务价值（表 13-8）。

表 13-7　中国不同陆地生态系统单位面积生态服务价值当量表

项目	森林	草地	农田	湿地	水体	荒漠
气体调节	3. 5	0. 8	0. 5	1. 8	0	0
气候调节	2. 7	0. 9	0. 89	17. 1	0. 46	0
水源涵养	3. 2	0. 8	0. 6	15. 5	20. 38	0. 03
土壤形成与保护	3. 9	1. 95	1. 46	1. 71	0. 01	0. 02
废物处理	1. 31	1. 31	1. 64	18. 18	18. 18	0. 01
生物多样性保护	3. 26	1. 09	0. 71	2. 5	2. 49	0. 34
食物生产	0. 1	0. 3	1	0. 3	0. 1	0. 01
原材料	2. 6	0. 05	0. 1	0. 07	0. 01	0
娱乐文化	1. 28	0. 04	0. 01	5. 55	4. 34	0. 01

表 13-8　中国不同陆地生态系统单位面积生态服务价值　　单位：元/hm^2

项目	森林	草地	农田	湿地	水体	荒漠
气体调节	3 097	707. 9	442. 4	1 592. 7	0	0
气候调节	2 389. 1	796. 4	787. 5	15 130. 9	407	0
水源涵养	2 831. 5	707. 9	530. 9	13 715. 2	18 033. 2	26. 5
土壤形成与保护	3 450. 9	1 725. 5	1 291. 9	1 513. 1	8. 8	17. 7
废物处理	1 159. 2	1 159. 2	1 451. 2	16 086. 6	16 086. 6	8. 8
生物多样性保护	2 884. 6	964. 5	628. 2	2 212. 2	2 203. 3	300. 8

续表

项目	森林	草地	农田	湿地	水体	荒漠
食物生产	88.5	265.5	884.9	265.5	88.5	8.8
原材料	2 300.6	44.2	88.5	61.9	8.8	0
娱乐文化	1 132.6	35.4	8.8	4 910.9	3 840.2	8.8
生态价值小计	19 334	6 406.5	6 114.3	55 489	40 676.4	371.4

具体到草地生态系统服务价值变化量的核算，本研究主要参考王静等（2006）进行的甘肃省玛曲县过牧对草地生态系统服务价值的影响研究。具体选取的草地生态系统服务价值影响评价指标见表 13-9。草地生态系统服务价值变化量即为各服务价值变化量之和。

表 13-9　过牧对草地生态系统服务价值影响评价指标体系

指标	生态系统功能
有机质生产	为畜牧业提供原材料以获得畜牧业产品，用来维持人类的生活生产活动
调节大气	吸收 CO_2、释放 O_2，调节大气成分，维持人类生存的环境条件
营养物质循环与储存	氮磷钾等营养元素的固定储存，并通过食物网循环，间接提供人类生存所需的营养物质
控制侵蚀	地上部分阻缓径流，防风固沙，地下部分固持土壤，防止侵蚀
涵养水源	拦截降水，就地入渗，存储和保持水分
环境污染净化	吸收有害气体，滞纳灰尘，净化空气，改善环境质量

草地生态系统的诸多服务类型中，除食物生产可以通过直接的畜牧业产品反映其经济价值外，其他服务类型均无法产生直接的经济效益，常为人类所忽视，但恰恰是这些服务类型为人类生存提供了基本的环境保证，对人类社会的可持续发展起着至关重要的作用。因此，针对这类特殊的服务，评价其产生的经济效益需要采用特殊的生态经济学方法来处理，目前常用的方法有：市场价值法、替代市场技术、防护费用法等。

以下分别对每个评价指标进行讨论。

1）有机质生产。草地生态系统通过光合作用合成有机物质，为畜牧业发展提供基础生产资料，属于草地生态系统的最主要的服务类型。采用能量替代法，通过将草地生态系统固定的碳转化为相等能量的标煤重量，由标煤价格间接估算有机物质生产的价值［$g \cdot C/(m^2 \cdot a)$］来核算。

$$V_c = \text{NPP} \times \left(\frac{H_c}{H_{标煤}}\right) \times P_{标煤}$$

式中，V_c 为有机质生产价值；NPP 为草地初级净生产力；$P_{标煤}$ 为标煤价格；H_c 为碳的热值；$H_{标煤}$ 为标煤的热值。

2）调节大气。草地生态系统通过光合作用吸收 CO_2，呼吸作用释放 O_2，对保持大气平衡、人类正常生活起着基本的支持作用。首先计算三江源区草地生态系统净初级生产力的变化，继而计算年吸收 CO_2 及释放 O_2 变化量，最后运用造林成本法估算经济效益变化。

$$V_t = Q_t \times P_t = \mathrm{NPP} \times R_t \times P_t$$

式中，V_t为草地的经济效益；Q_t为草地年吸收 CO_2或释放 O_2总量；P_t为造林成本价格；NPP 为草地净初级生产力；R_t为形成单位干物质吸收的 CO_2或释放 O_2量。据植物光合作用和呼吸作用估算，牧草每形成 1g 干物质，吸收 1.62gCO_2，释放 1.2gO_2。

3）营养物质循环与储存。生态系统中的营养物质既是储存化学能的载体，又是维持生命活动的物质基础，对生态系统有着极为重要的作用。因此，本研究中借助草地生态系统吸收的营养物质来估算其在生态系统中的循环与储存作用。首先根据各草地型优势种的营养成分含量及净初级生产力估算每种草地型吸收营养物质量，再依据替代价格法估算草地在营养物质循环与储存中产生的经济效益。

$$V_y = Q_y \times P_y = \left(\sum_{j=1}^{n} \sum_{i=1}^{n} \mathrm{NPP}_i \times R_j\right) \times P_y$$

式中，V_y为草地营养物质循环与储存功能经济价值；Q_y为草地营养物质总量；P_y为当前化肥价格；NPP_i为第 i 种草地型净初级生产力；R_j为第 j 种营养物质百分含量。

4）控制侵蚀。同裸地相比，草地具有紧密根网，可以固持土壤，提高土壤抗冲能力，对控制土壤侵蚀有较好的作用，但近年来因过度放牧造成植被根系破坏，水土流失严重，土壤侵蚀模数逐年增加。据统计，目前土壤侵蚀模数为 60t/(km^2 · a)。因此，可根据土壤侵蚀量及单位面积草地收益估算土地损失价值。

$$V_{kt} = -(A_{kt} \times P_{kt}) = -\frac{Q_{kt}}{W \times H} \times P_{kt}$$

式中，V_{kt}为侵蚀造成的土地损失价值；A_{kt}为土地损失面积；P_{kt}为单位面积草地收益；Q_{kt}为土壤侵蚀总量；W 为土壤容重；H 为土层厚度。

5）涵养水源。天然草地具有较强的截留降水及蓄水功能。草地生态系统涵养水源的价值，指草地通过截留雨水，储蓄水分后，提供的水资源的附加经济价值。目前，国内外有关草地涵养水源价值研究较少，因此，这里借鉴有关森林涵养水源价值的研究方法进行估算。相对于林地来说，草地涵养水源作用主要体现在土壤蓄水作用上。土壤蓄水作用与土壤类型、植被覆盖状况、土壤物理性质有关。因此，首先估算草地涵养水源总量变化情况，然后再依据影子工程法估算由于过牧造成水源涵养能力下降所带来的经济损失。

$$\Delta V_h = \Delta Q_h \times P_h = (E_h - E'_h) \times H \times A_h \times P_h$$

式中，ΔV_h为过牧使草地涵养水源能力下降造成的经济损失；ΔQ_h为草地涵养水源变化量；E_h、E'_h分别为过牧前后草地孔隙度变化；H 为草地土层厚度；A_h为草地面积；P_h为水资源价格。

6）环境污染净化。吸收 SO_2价值：绿色植物被称之为“生物过滤器”，在一定浓度范围内，植物对有害气体有一定的吸收和净化作用。在当前日益严重的环境污染状况下，较大面积的草地对空气净化起到了较强的作用。草地生产力高，则吸收有害气体能力强，否则，会减弱草地生态系统这种空气净化能力。研究有关过牧对草地生态系统吸收 SO_2的影响，首先根据草地的地上部分净初级生产力估算其吸收 SO_2总量，再估算其产生的经济效益，然后比较不同时期经济效益差异。

$$V_{jx} = \text{NPP} \times S_{jx} \times d \times P_{jx}$$

式中，V_{jx}为草地吸收SO_2功能经济价值；NPP为草地的地上部净初级生产力；S_{jx}为单位重量单位时间吸收SO_2的量；d为牧草生长期；P_{jx}为削减SO_2的治理成本。

13.2.1.3　三江源区放弃畜牧业发展的机会成本初步估算

（1）畜牧业发展净效益

宏观层面，通过三江源区与其他地区的农牧民平均收入水平的对比来表征限制畜牧业发展的收益损失。

以2000年为评价年，2000年青海省与全国农民家庭人均纯收入平均水平分别为1490元和2253.4元。由于缺少三江源区整体数据，对三江源区海南州、黄南州、果洛州、玉树州进行分析（黄南州与玉树州缺少县级数据），其宏观层面放弃畜牧业发展的机会成本见表13-10。可以看出，2000年，四个州相对于青海省、相对于全国宏观层面放弃畜牧业发展的机会成本均为正。相对于青海省，玉树州宏观层面放弃畜牧业发展的机会成本最高，为0.63亿元；相对于全国，海南州宏观层面放弃畜牧业发展的机会成本最高，为2.55亿元。四个州合计宏观层面放弃畜牧业发展的机会成本相对于青海省为1.47亿元，相对于全国为7.44亿元。

表13-10　2000年海南州、黄南州、果洛州、玉树州宏观层面放弃畜牧业发展的机会成本

州	县	农牧民人均纯收入/元	乡村人口/人	机会成本（相对青海省）/亿元	机会成本（相对全国）/亿元
海南州	共和	1 375.98	71 611	0.08	0.63
	同德	1 380	39 496	0.04	0.34
	贵德	1 179.37	78 696	0.24	0.85
	兴海	1 661	49 047	-0.08	0.29
	贵南	1 352.38	50 001	0.07	0.45
	小计	1 371.43	289 635	0.34	2.55
果洛州	玛沁	2 478.19	19 095	-0.19	-0.04
	班玛	1 295.7	18 123	0.04	0.17
	甘德	1 053.91	19 568	0.09	0.23
	达日	938.74	19 671	0.11	0.26
	久治	1 250.99	15 383	0.04	0.15
	玛多	1 385.6	7 640	0.01	0.07
	小计	1 404.52	99 480	0.09	0.84
黄南州		1 253.31	172 055	0.41	1.72
玉树州		1 203.65	221 245	0.63	2.32
合计		—	—	1.47	7.44

以 2005 年为评价年，2005 年青海省与全国农民家庭人均纯收入平均水平分别为 2165. 11 元和 3254. 9 元。由于缺少三江源区整体数据，因此只对三江源区海南州、黄南州、果洛州、玉树州进行分析（黄南州与玉树州缺少县级数据），其宏观层面放弃畜牧业发展的机会成本见表 13-11。可以看出，2005 年，海南州相对青海省宏观层面放弃畜牧业发展的机会成本为负，其余三个州相对于青海省宏观层面放弃畜牧业发展的机会成本均为正，即海南州农牧民人均纯收入高于全省平均值，其州内又以兴海县宏观层面放弃畜牧业发展的机会成本最小，同德县宏观层面放弃畜牧业发展的机会成本最高。无论是相对于青海省，还是相对于全国，玉树州宏观层面放弃畜牧业发展的机会成本最高，分别为 0. 93 亿元与 3. 68 亿元。四个州合计宏观层面放弃畜牧业发展的机会成本相对于青海省为 1. 02 亿元，相对于全国为 10. 37 亿元。

表 13-11　2005 年海南州、黄南州、果洛州、玉树州宏观层面放弃畜牧业发展的机会成本

州	县	农牧民人均纯收入/元	乡村人口/人	机会成本（相对青海省）/亿元	机会成本（相对全国）/亿元
海南州	共和	2 202. 33	74 601	-0. 03	0. 79
	同德	2 039. 33	44 184	0. 06	0. 54
	贵德	2 235. 5	81 701	-0. 06	0. 83
	兴海	2 480. 75	53 975	-0. 17	0. 42
	贵南	2 103. 33	53 617	0. 03	0. 62
	小计	2 442	308 078	-0. 85	2. 50
果洛州	玛沁	3 125. 07	23 828	-0. 23	0. 03
	班玛	1 769. 89	19 340	0. 08	0. 29
	甘德	1 484. 71	23 246	0. 16	0. 41
	达日	1 359. 42	21 097	0. 17	0. 40
	久治	1 696. 1	17 968	0. 08	0. 28
	玛多	1 899. 92	10 266	0. 03	0. 14
	小计	1 916. 86	115 745	0. 29	1. 55
黄南州		1 807	182 235	0. 65	2. 64
玉树州		1 794	251 708	0. 93	3. 68
合计		—	—	1. 02	10. 37

以 2010 年为评价年，2010 年三江源区的农牧民人均纯收入平均水平为 3132. 17 元，青海省与全国农民家庭人均纯收入平均水平分别为 3863 元和 5919 元。三江源区总人口为 72. 3 万人，其中牧业人口占总人口的 81. 03%。根据理论分析部分的核算公式得到计算结果如表 13-12 所示。相对于青海省而言，2010 年三江源区宏观层面放弃畜牧业发展的机会成本约为 4. 28 亿元；相对于全国约为 16. 33 亿元。

表 13-12　2010 年三江源区宏观层面放弃畜牧业发展的机会成本

项目	三江源区	青海省	全国
农民家庭人均纯收入/元	3 132	3 863	5 919
牧业人口/万人	58. 58	—	—
三江源区的机会成本/万元	—	42 815	163 266

进一步细化到海南州、黄南州、果洛州、玉树州（黄南州与玉树州缺少县级数据），如表 13-13 所示，可以看出，2010 年海南州相对青海省宏观层面放弃畜牧业发展的机会成本为负，其余三个州相对于青海省宏观层面放弃畜牧业发展的机会成本均为正，即海南州农牧民人均纯收入高于全省平均值，其州内又以兴海县宏观层面放弃畜牧业发展的机会成本最小，共和县宏观层面放弃畜牧业发展的机会成本最高。相对于青海省，黄南州的机会成本最高，为 1. 69 亿元，相对于全国，玉树州宏观层面放弃畜牧业发展的机会成本最高，为 7. 27 亿元。四个州合计宏观层面放弃畜牧业发展的机会成本相对于青海省为 1. 96 亿元，相对于全国为 21. 95 亿元。

表 13-13　2010 年海南州、黄南州、果洛州、玉树州宏观层面放弃畜牧业发展的机会成本

州	县	农牧民人均纯收入/元	乡村人口/人	机会成本（相对青海）/亿元	机会成本（相对全国）/亿元
海南州	共和	3 270. 86	77 447	0. 46	2. 05
	同德	3 217. 8	48 723	0. 31	1. 32
	贵德	4 071. 57	74 561	-0. 16	1. 38
	兴海	3 570. 3	56 251	0. 16	1. 32
	贵南	3 940. 71	58 965	-0. 05	1. 17
	小计	4 490	315 947	-1. 98	4. 51
果洛州	玛沁	4 200. 84	29 427	-0. 10	0. 51
	班玛	2 424. 71	21 046	0. 30	0. 74
	甘德	2 027. 5	26 478	0. 49	1. 03
	达日	1 860. 51	23 360	0. 47	0. 95
	久治	2 363. 6	19 217	0. 29	0. 68
	玛多	2 560. 88	10 632	0. 14	0. 36
	小计	2 629. 41	130 160	1. 61	4. 28
黄南州		3 032	203 631	1. 69	5. 88
玉树州		3 663	322 299	0. 64	7. 27
合计		—	—	1. 96	21. 95

综合上述分析，四个州 2000 年、2005 年、2010 年宏观层面放弃畜牧业发展的机会成本相对于青海省、全国结果分别如图 13-2 与图 13-3 所示。相对于全国，各州 2000 年、2005 年、2010 年宏观层面放弃畜牧业的机会成本基本呈上升趋势。相对于青海

省，海南州宏观层面放弃畜牧业的机会成本呈下降趋势，玉树州略有波动，黄南与果洛两个州呈上升趋势。

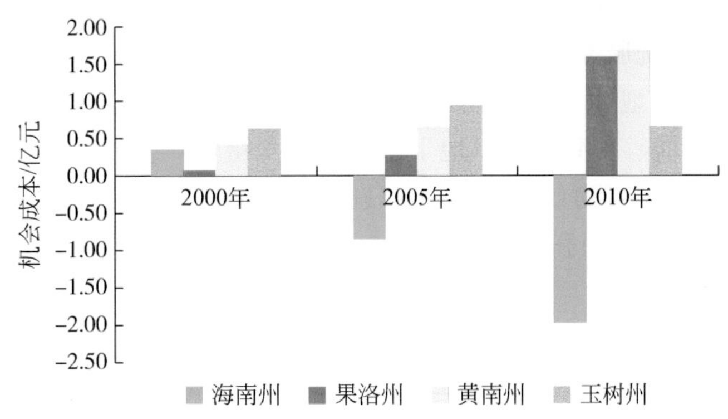

图 13-2　2000 年、2005 年、2010 年海南州、果洛州、黄南州、玉树州宏观层面放弃畜牧业发展的机会成本（相对于青海省）

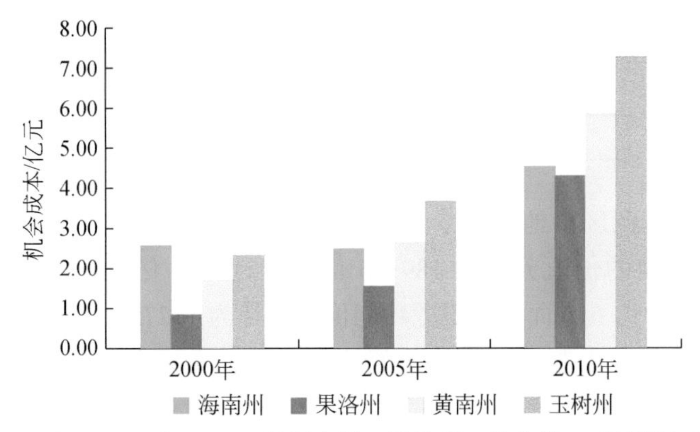

图 13-3　2000 年、2005 年、2010 年海南州、果洛州、黄南州、玉树州宏观层面放弃畜牧业发展的机会成本（相对于全国）

微观层面，依据理论分析部分的核算公式，同时考虑数据的可得性，暂时不考虑生活成本，仅估算理论上每年出售牲畜获取的效益。其中参数选取参考相关研究：单位市场价格按 2012 年市场平均价格 1000 元/羊计算，母畜比例=0.5，繁殖成活率=0.57，每年母畜繁殖数量=1。根据上述假设，可得出放弃养殖一羊单位的机会成本为 221.8 元。

对于实际已发生的、放弃畜牧业发展的机会成本，放弃畜牧业发展带来的牲畜数量减少采取青海省禁牧数据表征。按照 2011～2013 年三江源核心区共减牲畜 334.6 万羊单位计算，则三江源区 2011～2013 年微观层面放弃畜牧业发展的机会成本为 $1000\times0.5\times0.57\times1\times334.6\times10\,000\div(1+0.5\times0.57\times1)=74\,211$ 万元，即年平均机会成本为 24 737 万元。

对于未来放弃畜牧业发展的机会成本，放弃畜牧业发展带来的牲畜数量减少采取每年的牲畜超载量来表征。对于三江源区年牲畜超载量，2010 年三江源区理论载畜量为 1452 万羊单位，实际载畜量为 2742 万头羊单位数，则超载量为 1290 万羊单位。若一年内减至理论载畜量，则可得年机会成本约为 28.6 亿元。

（2）草地生态系统服务价值变化量

关于三江源区草地生态系统服务价值，根据 Costanza 等（1997）、谢高地等（2003）相关研究，能够得到中国草地生态系统在食物生产、气候调节、水源涵养等方面的服务价值。根据《青海统计年鉴》，只能得到 2008 年三江源区玉树州、果洛州、海南州和黄南州的牧草地面积，因此，2008 年三江源区草地生态系统生态服务价值计算结果见表 13-14。

表 13-14　三江源区 2008 年草地生态系统服务价值　　单位：亿元

项目	服务价值
气体调节	189.86
气候调节	213.60
水源涵养	189.86
土壤形成与保护	462.78
食物生产	71.21
总计	1 127.31

由此可见，三江源区草地生态系统气体调节、水源涵养、气候调节、土壤形成与保护及食物生产方面的价值分别为 189.86 亿元、213.60 亿元、189.86 亿元、462.78 亿元和 71.21 亿元，这五方面生态服务功能价值总计为 1127.31 亿元。

关于三江源区草地生态系统服务价值的变化量，本研究主要参考李惠梅（2013）等相关研究中的参数选取与估算。研究中将影响三江源区草地生态系统价值变化归结为有机质生产、空气质量调节、气候调节、涵养水源、营养物质循环与储存、土壤侵蚀控制六个指标，分析了 2002～2010 年三江源区草地生态系统服务价值的变化。

李惠梅（2013）研究中相关参数与模型选取如下：

首先，对净初级生产力（NPP）进行计算。其中，分别采用了气候因子模型与 Thamthwaite Memorial 模型。

气候因子模型：利用王军邦等（2009）的研究成果得到的三江源草地 NPP 模型进行计算。

$$NPP_{草地} = 146.243 + 0.138 \times R + 14.536 \times T$$

式中，R 为平均降水量；T 为平均气温。

Thamthwaite Memorial 模型：参考徐兴奎等（2008）相关研究，选取气温和降水两个主要因素来表达气候环境。

$$NPP(E) = 3000[-e^{-0.0009695(E-20)}]$$

式中，NPP(E) 为实际蒸发散量计算得到的植物净初级生产力 [g/(m^2 · a)]；e 为自然对数；3000 是 Lieth 经统计得到的地球自然植物在每年每平方米上的最高干物质产量

(g)；E 是年平均实际蒸发散量（mm）。根据赵同谦等（2004）的研究结果，草地地下生产力和地上生产力之比为 2. 31，换算得到研究中采用的 NPP。

结合两种模型的计算均值，同时考虑三江源区实际草地退化情况，对模型计算的 NPP 均值进行修正之后，得到 2002 年、2010 年三江源草地 NPP 平均值分别为 141. 4456 [$g/(m^2 \cdot a)$]、146. 2767 [$g/(m^2 \cdot a)$]。

其次，利用三江源草地 NPP 平均值，从以下 6 个方面选取相应参数与方法计算三江源区草地生态系统服务价值的变化量。

1）有机质生产。参考姜立鹏等（2007）、姜永华和江洪（2009）相关研究，根据 1991 年不变价格计算，碳的热值为 0. 036MJ/g，标煤的热值为 0. 029 27MJ/g，标煤价格为 354 元/t，则有机物质生产功能的单位面积服务价值 [单位为元/($m^2 \cdot a$)] 为 $NPP\times\left(\frac{0.036}{0.02927}\right)\times354\times10^{-6}$。

2）空气质量调节。吸收 SO_2 价值：$V_{jx}=NPP\times S_{jx}\times d\times P_{jx}$。参考姜立鹏等（2007）、马新辉等（2002）、王静等（2006）与欧阳志云等（1999）的相关参数，草地一个生长期内（180 天）生态系统的空气质量调节服务价值 [单位为元/($m^2 \cdot a$)] 为

$$V_{jx} = \int_0^{180} 0.7778NPP/[1+\exp(2.194930-0.02926t)]\times0.001\times0.6\times10^{-3}dt = 48.2374$$

3）气候调节。参考陈润政和黄上志（1998）的研究，按照造林成本法和 1990 年不变价格计算，固定 CO_2 和释放 O_2 的价值分别为 71. 15 元/t 和 352. 93 元/t。因此，草地生态系统的气候调节（维持 CO_2 和 O_2 循环）的服务价值 [单位为元/($m^2 \cdot a$)] 为

$$\left(\frac{NPP}{45}\%\right)\times(1.62\times71.15+1.20\times352.93)\times10^{-6}=1197.303NPP$$

4）涵养水源。根据 Costanza 等（1997）、陈春阳等（2012）的研究，草原植被的净初级生产力降低，导致载畜量降低约 10%，采用有机质生产价值的 10% 来代替草地涵养水源价值。

5）营养物质循环与储存。根据姜立鹏等（2007）相关研究，单位面积的草地生态系统营养物质循环与储存的服务价值 [单位为元/($m^2 \cdot a$)] 为

$$NPP\times(0.035834+0.002934+0.010135)\times2549\times10^{-6}=124.6658\ NPP$$

6）土壤控制侵蚀。基于 Costanza 等（1997）的研究结果和陈春阳等（2012）的方法，将土壤控制侵蚀的价值按照有机质生产价值的 50% 计算。

依据上述参数与方法选取，李惠梅（2013）计算得到三江源区草地生态系统单位面积生态服务价值（表 13-15）。

表 13-15　三江源区草地生态系统单位面积生态服务价值

单位：元/($m^2 \cdot a$)

项目	2002 年	2010 年
有机质生产	61 584. 65	63 688. 09
空气质量调节	6 822. 97	7 056. 01

续表

项目	2002 年	2010 年
气候调节	169 353.24	175 137.50
水源涵养	6 158.47	6 368.81
营养物质循环与储存	17 633.43	18 235.70
土壤控制侵蚀	30 792.33	31 844.04
总计	292 345.08	302 330.20

关于三江源区草地面积，与宏观角度计算时情况相同，根据《青海统计年鉴》，只能得到2008年玉树州、果洛州、海南州和黄南州的牧草地面积，因此，2002年、2010年三江源区草地生态系统生态服务价值及其变化量计算结果见表13-16。

表13-16　三江源区草地生态系统各种生态服务价值变化量　　单位：亿元

项目	2002 年	2010 年	价值变化量
有机质生产	165.2	170.8	5.6
空气质量调节	18.3	18.9	0.6
气候调节	454.2	469.7	15.5
水源涵养	16.5	17.1	0.6
营养物质循环与储存	47.3	48.9	1.6
土壤控制侵蚀	82.6	85.4	2.8
总计	784.1	810.9	26.8

综合上述计算，2002～2010年，三江源草地生态服务价值由784.1亿元变化为810.9亿元，呈现出增加的趋势，价值变化量为26.8亿元，即三江源区2002～2010年限制畜牧业发展带来的生态环境效益为26.8亿元，平均每年约为3.0亿元。

值得注意的是，微观层面计算的结果略小于宏观层面。从宏观、微观两个层面计算的结果之所以不同，分析其原因可能在于两者对草地生态系统生态服务功能的划分不同，考虑的方面不一样。因此在计算草地生态系统各生态功能价值时，两者计算包含的生态功能不能够完全重合，所以计算结果出现差异。

13.2.1.4　结论

1）宏观层面。通过三江源区与其他地区的农牧民平均纯收入水平的对比来表征限制畜牧业发展的收益损失。

2000年，四个州相对于青海省、全国的机会成本均为正。相对于青海省，玉树州的机会成本最高，为0.63亿元；相对于全国，海南州的机会成本最高，为2.55亿元。四个州合计机会成本相对于青海省为1.47亿元，相对于全国为7.44亿元。2005年，海南州相对青海省的机会成本为负，其余三个州相对于青海省的机会成本均为正。无论是相对于青海省，还是相对于全国，玉树州的机会成本最高，分别为0.93亿元与

3.68 亿元。四个州合计机会成本相对于青海省为 1.02 亿元，相对于全国为 10.37 亿元。2010 年，相对于青海省，三江源区宏观层面放弃畜牧业发展的机会成本约为 4.28 亿元；相对于全国约为 16.33 亿元。进一步细化到海南州、黄南州、果洛州、玉树州，相对于青海省，黄南州的机会成本最高，为 1.69 亿元，相对于全国，玉树州的机会成本最高，为 7.27 亿元。四个州合计机会成本相对于青海为 1.96 亿元，相对于全国为 21.95 亿元。相对于全国，各州 2000 年、2005 年、2010 年的机会成本基本呈上升趋势。相对于青海省，海南州机会成本呈下降趋势，玉树州略有波动，黄南州与果洛州呈上升趋势。

2）微观层面。放弃养殖一羊单位的机会成本为 221.8 元。对于实际已发生的、放弃畜牧业发展的机会成本，放弃畜牧业发展带来的牲畜数量减少采取青海省禁牧数据（2011～2013 年）表征，得到年平均机会成本为 24 737 万元。对于未来放弃畜牧业发展的机会成本，放弃畜牧业发展带来的牲畜数量减少采取每年的牲畜超载量来表征，2010 年三江源区理论载畜量 1452 万羊单位，实际载畜量为 2742 万头羊单位数，则超载量为 1290 万羊单位。若一年内减至理论载畜量，则机会成本约为 28.6 亿元。

参考李惠梅（2013）相关研究计算结果，可知 2002～2010 年，三江源区草地生态服务价值由 784.1 亿元增至 810.9 亿元，即三江源区 2002～2010 年限制畜牧业发展带来的生态环境效益为 26.8 亿元，平均每年约为 3.0 亿元。

13.2.2 三江源区水电资源开发机会成本核算

本研究基于水电资源开发的成本和收益分析，结合三江源区水电资源的现状情况，类比相似地区水电开发经济效益，采用机会成本法估算三江源区限制水电资源开发损失的机会成本。

13.2.2.1 三江源区水电资源现状

三江源区地势高耸、地形复杂、幅员辽阔、水系发达、河流密集、水力资源丰富，因此，开发条件较好。特别是黄河干支流水量稳定、落差集中、距离负荷中心近，开发条件优越，目前开发较为充分，且前景看好。长江流域和澜沧江流域各河流也蕴藏着丰富的水力资源，但由于其地处高原腹地，人口稀少、距离负荷中心远，加之山大沟深、交通不便、经济落后，虽然有很多自然条件优越的站址位置，也不便于开发利用。故本地区只修建了一些小型水电站，以满足当地部分工农业生产及人民生活的用电需要。下面将对三江源区黄河流域、长江流域和澜沧江流域的水电资源状况进行详细介绍。

（1）黄河流域水电资源

黄河源远流长，支流众多，其中一级支流 24 条，二级支流 1 条。按从上游到下游的顺序，左岸一级支流有优尔曲、西科河、东科河、得柯河、尕柯河、西哈垄、切木曲、中铁沟、曲什安河、大河坝河等，右岸一级支流有多曲、热曲、柯曲、达日河、吉迈河、章额河、沙柯河、泽曲、巴沟、茫拉河、西沟河（莫曲沟河）、东沟河（高红崖河）、隆务河等。二级支流是格曲河。

理论蕴藏量：区内黄河流域理论蕴藏量为 12469. 3 MW，其中干流 11310. 3 MW（省境以外的沙柯河至外斯段未计入，界河计入一半），约占全流域的 90. 7% 。

技术可开发量：区内黄河流域0. 5 MW 以上技术可开发的水电站（包括查勘、规划、已建、在建）共计40 座，装机容量18 841. 35 MW，年发电量693. 968 8 亿 kW · h。

经济可开发量：区内 0. 5 MW 以上经济可开发电站 57 座，装机容量 14 387. 35 MW，年发电量498. 56 亿 kW · h。

已、正开发量：区内黄河流域已建和在建电站 31 座，装机容量 4776. 95 MW，年发电量 189. 287 06 亿 kW · h。

（2）长江流域水电资源

长江是中国第一大河，其上段分布在青海省南部玉树州、果洛州境内。除长江干流（青海省境内称通天河，源头称沱沱河、江源区，巴塘河入口以下称金沙江）外，还有一级支流雅砻江（青海省境内称扎曲）及其支流曲科河（下游称泥曲河、鲜水河），二级支流大渡河（青海省境内称玛柯河）及支流多柯河（又称杜柯河、下游称绰斯甲河）与克克河（下游称阿柯河），均分别单独流出省境，其后在四川省境内汇入金沙江。

理论蕴藏量：区内长江流域理论蕴藏量为 4444. 1 MW，其中干流理论蕴藏量为 3118. 6 MW，约占流域蕴藏量的 70. 17% 。

技术可开发量：区内 0. 5 MW 以上技术可开发的水电站（包括查勘、规划、已建、在建）共计 41 座，装机容量 2191. 23 MW，年发电量 113. 17 亿 kW · h。

经济可开发量：区内 0. 5 MW 以上经济可开发电站 9 座，装机容量 17. 92 MW，年发电量 1. 07 亿 kW · h。

已、正开发量：区内 0. 5 MW 以上已建、在建电站 9 座（其中 2 座为共界段电站），装机容量 17. 92 MW，年发电量 1. 07 亿 kW · h。

（3）澜沧江流域

澜沧江为国际河流，干流在青海省境内称为扎曲。源头段位于青海省西南部和西藏自治区东北部，属青藏高原唐古拉高山区的一部分。区内流域位于杂多、囊谦、玉树等县境内，是青南牧业区之一。流域内河流水系发达，支流密布，流域面积大于 300 km^2的支流共 33 条，理论蕴藏量大于 10 MW 的支流有 17 条。干流上游沿河谷地有大片沼泽，北部有冰川分布，面积约 124. 75 km^2。

理论蕴藏量：区内澜沧江流域理论蕴藏量为 1948. 91 MW，其中干流理论蕴藏量为 785. 5 MW，约占流域蕴藏量的 40. 3% 。

技术可开发量：区内 0. 5 MW 以上技术可开发的水电站（包括查勘、规划、已建、在建）共计 21 座，装机容量 988. 42 MW，年发电量 49. 25 亿 kW · h。

经济可开发量：区内0. 5 MW 以上经济可开发电站3 座，装机容量4. 32 MW，年发电量 0. 30 亿 kW · h。

已、正开发量：区内 0. 5 MW 以上已建、在建电站 2 座（其中 2 座为共界段电站)，装机容量 1.80 MW，年发电量 0.10 亿 kW·h。

综上所述，三江源区水电资源理论蕴藏量 18 862.31 MW，其中，黄河流域理论蕴藏量约占全流域的 66%，长江流域约占 23.56%，澜沧江流域约占 10.33%。区内技术可开发电站数 102 座，总装机量 22 021.00 MW，总发电量 856.39 亿 kW·h。经济可开发电站数 69 座，总装机量 14 409.59 MW，总发电量 499.92 亿 kW·h。已、正开发电站数为 42 座，总装机量 4796.67 MW，总发电量 190.46 亿 kW·h（表 13-17）。

表 13-17　三江源区水电资源状况

区域	理论蕴藏量/MW	技术可开发量			经济可开发量			已、正开发量		
		电站数/座	总装机/MW	总发电量/亿 kW·h	电站数/座	总装机/MW	总发电量/亿 kW·h	电站数/座	总装机/MW	总发电量/亿 kW·h
黄河	12 469.30	40	18 841.35	693.97	57	14 387.35	498.56	31	4 776.95	189.29
长江	4 444.10	41	2 191.23	113.17	9	17.92	1.07	9	17.92	1.07
澜沧江	1 948.91	21	988.42	49.25	3	4.32	0.30	2	1.80	0.10
合计	18 862.31	102	22 021.00	856.39	69	14 409.59	499.92	42	4 796.67	190.46

13.2.2.2　三江源区限制水电开发的机会成本理论分析

为评估三江源区限制水电开发的机会成本，需要对水电开发的各项成本与收益进行理论分析。水电项目开发过程除直接的经济成本和收益外，还会影响当地的生态环境，即需要对水电项目经济和环境两方面的成本收益进行梳理。

（1）水电开发的经济成本与收益分析

水电开发的经济成本主要包括建设成本与运营成本，经济效益主要为发电所带来的收入，以及由此带来的就业机会和财政收入。

水电开发的经济成本主要包含建设成本和运营成本两部分。其中，建设成本一般由两部分构成：一是施工成本，指从施工项目开始到项目完工前所发生的全部生产费用的总和。包括直接成本和间接成本，其中直接成本有人工费（约占工程总造价的 10%）、材料费（占工程总造价的 55% ~65%）、机械使用费（占工程总造价的 7% ~12%）和其他直接费（占工程总造价的 1% ~3%）；间接成本包括项目管理费（占工程总造价的 2% ~3%）、临时设施费、办公费和税金等。施工成本一般占合同总价的 70% 以上。二是招投标成本，指的是水电项目招投标阶段发生的成本费用。水电项目的运营成本则包括设备维修费、材料费、水费、工资和福利费等费用。参考福建省永定县 2005 ~2007 年小水电站的发电成本，单位发电成本为 0.2 ~0.4 元/(kW·h)。一般而言，发电规模越大，单位发电成本越低。

水电开发的直接经济收益主要为发电收益。发电收益主要由发电量和上网电价两个因素决定。除水电销售带来的直观经济收益外，水电项目还能给当地居民创造就业机会，并为政府带来一定的财政收入。

本研究采用费用–效益分析方法来分析水电开发的净收益。费用–效益分析是一种通过对项目的成本和收益进行比较的决策工具，此处采用净现值（NPV）指标进行分析：

$$NPV = B - C$$

式中，NPV 为净现值；B 为效益现值；C 为费用现值。

在计算中，需要将经济成本与经济效益通过折现换算为成本与效益的现值。通过分析水电开发项目的净现值，可以得出限制水电开发的机会成本。

（2）水电开发的生态环境成本和收益

除了经济影响以外，水电开发还会对生态环境产生影响。一方面，水电开发可能会付出一定的生态环境代价，包括水体富营养化等；另一方面，水电项目也会带来一定的环境收益，包括增加区域水环境容量等。以下进行详细分析。

水电开发的环境成本主要体现在以下几个方面：

1）占用土地面积。部分水电工程的建设，使河流、水库及湖泊的水环境容量增加，水位抬高，大量生产用地与生活用地被淹，周边地区的居民将被迫进行迁移。

2）施工期间污染水域。水电工程建设施工均在水系河道附近，场地平整、截流、围堰填筑、隧洞排水、砂石骨料加工冲洗、生产企业生产废水、施工营地生活污水等都会对当地水域造成影响。

3）影响水质和水生生物。水电工程的建设，将使部分陆地变成水域，浅水变成深水，流动的水变成相对静止的水。由于水域的改变，使水生生物的组成发生变化，许多洄游鱼类由于各种原因将迫迁。对水生植物的影响表现为浮游植物区系组成、生物量、初级生产力等都将发生变化，可能引起藻类的大量繁殖而出现水体富营养化，进一步影响水质。

4）影响河流水文环境。有些水电开发项目可能使河流、水库和湖泊的水温分层，泄水形成冷害，影响灌溉；兴建拦河节制闸控制了河道径流，使非汛期闸上成为静水，闸下断流，影响了河道污水的稀释。

5）淤积增多，增加清淤费用。部分水电工程建设后，由于水域沿岸的改变、岛屿冲毁、岸坡上不同的重力作用等产生的入库泥沙，以及水中悬移质沉降、淤积，库底淤积增多。随着水电工程运行年限的增加，库底淤积也会逐渐加重，淤积的面积也会逐渐增加，每年的清淤费用也随之增加。

6）对地质环境产生负面影响。部分水电工程会使水位提高，水位抬高后会诱发地震，增加地震的发生概率，产生潜在的威胁。

7）减少当地雨洪自排机会。由于水电工程建设后，水位抬高，排水闸自排水量较以前减少，排水泵站强排历时加长，区内水体自排受到影响，可能导致内涝，降低农作物产量，因此有必要采取一定的工程措施，最大限度地减少浸没及内涝的不利影响，这需要增加一定的排涝工程费用。

8）影响森林及陆生生物。水环境容量的增加，在减少土地利用面积的同时，可能会淹没大量的森林与植被，在一定程度上破坏陆地的生态环境。

9）其他影响。水电开发项目还可能造成一些其他影响，包括淹没当地的文物古迹、改变当地的区域景观格局等。

水电开发的环境收益主要体现在以下几个方面：

1）增加区域水环境容量，节省治污投资。水坝等水电工程的建设，将使坝址上游河段以及水库湖泊的水环境容量大大增加，特别是在枯水年和枯水季节。这对于定量的水体污染物而言，有利于提高水体的纳污能力与水体自净能力，有利于节省原来为达到同类水质标准而可能进行的治污工程建设部分投资，由此产生水电工程的水环境效益。

2）与火电相比，水电可以节约煤炭等资源消费并减少污染物排放。例如，建设一个装机容量为2000MW的水电站代替同等规模的燃煤火电厂，每年可节约原煤500万t，减少二氧化硫排放24万t、氮氧化物4.4万t、一氧化碳1万kg，少产生废渣140万t。同时，还节省了火电厂所需要的冷却水，既节约水资源又避免对水资源造成热污染。因此，从替代效应来看，水电站相对其他类型电站可以减少生态环境影响。

3）提供或改善航运环境。水电工程建设有时可以结合通航，提高航道通航等级。例如，本不能通航或只能短期通航的河道或河段，通过渠化，可以提供或改善航运条件。又如，兴建位于河道上、中游分界处的水坝，通过蓄水，可以淹没库区滩险，增加航程、运量和提高库区航行的安全性及通航保证率。

4）地下水位抬高，保障地区用水。水电工程建设，使地下水水量增加，水位抬高，对某些以开采地下水为主要用水的地区来说，地下水位的抬高，可以保障地区用水。

5）创造和改善自然景观，增加旅游效益。大型水电工程的建设往往会形成人工湖泊，在功能上增加了美学和旅游价值。在水电工程建设的基础上，通过优化水工建筑物的布置和造型，并适当加以装饰设计，使其在景观上起到美化环境的作用。可根据具体要求和地势环境条件，修建人工港湾、池塘、放缓岸坡，建造森林公园、草坪、花圃及景观建筑，修建水上娱乐设施，组成新的水环境景观系统。惠州东江水利枢纽即是典型案例。

此外，水电开发还具有提高农业灌溉用水水质，改善居住环境，提高绿化面积等生态环境效益。

13.2.2.3 三江源区限制水电资源开发的机会成本初步估算

本研究通过类比分析其他地区水电开发成本收益，进行三江源区限制水电资源开发的机会成本估算。

（1）怒江水电项目成本收益分析

本研究考虑类比云南省怒江水电项目，对三江源流域限制水电资源开发的机会成本进行分析。

怒江中下游水电规划梯级总装机容量为21 320MW，保证出力7789MW，年发电量为1029.6亿kW·h，按照云南省大型水电0.27元/(kW·h)的上网电价，年发电收入为278亿元。若怒江水电按照13个梯级电站的开发，则总投资为896.5亿元，如果

2030年前全部建成，平均每年投入30多亿元，国税年收入增加51.99亿元，地税年收入增加27.18亿元。

（2）三江源流域水电开发成本收益的估算

首先，对三江源流域水电开发的经济成本与效益进行估算，得出三江源区放弃水电开发的直接机会成本。

三江源流域水电开发成本采用以下公式进行计算：

$$C=C_1+C_2$$

式中，C_1为水电站的开发建设成本；C_2为水电站的运营成本。

本研究拟采取怒江水电工程进行类比，计算三江源流域水电开发的经济成本与收益。其中总装机容量和总发电量采用目前三江源区可供开发、但因保护未进行开发的量，即经济可开发量与已、正在开发量之差。三江源流域经济可开发电站数69座，总装机量为14 409.59MW，总发电量为499.92亿kW·h，已、正开发电站数为42座，总装机量为4796.67MW，总发电量为190.46亿kW·h，则可供开发但未开发的水电总装机容量为9612.92MW，总发电量为309.46亿kW·h。

怒江水电工程总投资为896.5亿元，总装机容量21 320MW，则每兆瓦装机容量的成本为420.5万元。假设单位装机容量的投资相同，按照9612.83MW的总装机容量进行计算，则三江源水电开发的建设成本为404.22亿元。

据中国电力企业联合会测算，目前国内水电公司运行成本一般为0.04～0.09元/(kW·h)，本研究选取其平均值0.065元/(kW·h)作为三江源流域水电开发运营成本。

三江源流域水力发电价值可以用下式来计算：

$$V=P\cdot Q$$

式中，V为三江源流域水电经济收益；P为单位水电的价格；Q为水力发电量。

三江源流域年发电量为309.46亿kW·h。关于上网电价，目前由国家发展和改革委员会价格司管理，在关于调整西北电网电价的通知中（发改价格［2011］2621号），国家发展和改革委员会价格司对全国6家电网公司下发通知，青海省积石峡水电站临时结算上网电价为每千瓦时0.25元。由此计算得到年发电收入为57.25亿元，运营成本为20.11亿元。

三江源流域的水电站多为中小型水电站，一般而言中小型水电站的使用寿命为50年。因此本研究按照50年的寿命估算三江源流域水电开发全生命周期过程的机会成本，为2458.29亿元，每年的机会成本为49.16亿元，单位发电量的机会成本为0.159元/(kW·h)，具体结果见表13-18。

表13-18　三江源流域水电开发的经济成本与收益

项目	成本与收益
经济开发总装机容量/MW	14 409.59
已、正开发总装机容量/MW	4 796.67
未开发总装机容量/MW	9 612.83

续表

项目	成本与收益
建设成本/亿元	404.22
年运营成本/亿元	20.11
发电量/kW·h	309.46
年发电收益/亿元	57.25
全生命周期机会成本/亿元	2 458.29
每年机会成本/亿元	49.16
单位发电量的机会成本/［元/(kW·h)］	0.159

另外，还要考虑水电开发带来的间接价值，本研究主要以就业来表征。类比武志刚等（2013）的推算，当三江源流域按照9612.83MW的总装机容量测算，可带来86.92万个长期就业机会，电站建设期间可为地方政府带来约年均20.49亿元的税收，运行期间每年可为地方政府贡献约25.07亿元的财政收入，建设期间可以为当地居民提供78.28亿元的绝对收入，运营期间每年至少可以为当地居民提供35.73亿元的绝对收入，上述数据即为三江源区放弃水电开发带来的间接机会成本，结果见表13-19。

表13-19　三江源流域水电开发的间接价值

项目	间接价值
总装机容量/MW	9 612.83
长期就业机会/万个	86.92
建设期年均税收/亿元	20.49
运营期年财政收入/亿元	25.07
建设期居民绝对收入/亿元	78.28
运营期居民绝对收入/亿元	35.73

接下来，考虑三江源流域水电开发带来的生态环境影响。

1）环境成本方面。农业部与世界自然基金会曾经联合组织过一次科考行动，其范围覆盖金沙江流域和通天河、赤水河流域部分地区，重点考察了水电站对鱼类资源的影响。科考报告显示：目前金沙江段密集的水电开发对鱼类资源的影响已然凸显。金沙江流域历史监测到鱼类有143种，而此次科考三次鱼类资源采样仅仅发现17种鱼类样本。由于本地水生生物都是经历长时期的演化形成的，已经适应了流速、流向、水温、水质等当地河流的水文特征。但是一些水电项目往往会将河流裁弯取直或拦河建坝，这类水电项目肯定会改变河流的流速、流向、水温和水质。这些改变会导致本地鱼类数量的减少和外来水生生物的入侵。

2）环境效益方面。水电开发的环境收益主要体现在，与火电相比减少的各类污染物排放。类比武志刚等（2013）的测算，三江源流域水电站建成后相当于每年减少煤炭消耗1034万t，减少二氧化硫排放量46万t，减少一氧化碳排放量3330t，减少氮氧化物排放量 13 万 t，减少二氧化碳排放量 2452 万 t。同时，还可以改善当地生态环境。通天河流域地处三江源保护区的长江片区，梯级水库形成后，水面将大幅度增大，水深加深，气候温和，光热充沛，水质良好，外源性有机质来源丰富。这些可为发展水库渔业提供十分良好的条件。另外可以将当地居民从不适宜耕种放牧的地方搬迁到生产、生活条件较好的地方集中安置，使当地居民放弃对土地、草场等资源的粗放式开发，有效消除人为破坏对当地生态环境的影响；通过流域治理和开发，可以大大增加当地财政收入，可以直接或间接地用于当地生态环境保护工程的建设；以电代草、以电代粪，有效解决当地农牧民的燃料能源，逐步改变当地牧民以草及畜粪采暖炊事的生活习惯，减少对植被的破坏，增加土壤肥力，涵养草场，减少水土流失；增加湿地面积，利于生物生长、动物繁衍。此外，还可以促进当地旅游业发展。

13.2.2.4 结论

按三江源流域 9612.83 MW 的总装机容量和 309.46 亿 kW · h 的年发电量测算，估算三江源区放弃水电开发的直接机会成本为 49.16 亿元/a，单位发电量的机会成本为 0.159 元/(kW · h)。间接机会成本带来长期就业机会为 86.92 万个，税收约为 20.49 亿元/a（建设期间），财政收入约为 25.07 亿元/a（运营期间），居民绝对收入为 78.28 亿元（建设期间）、35.73 亿元（运营期间）。

同时，与火电相比，三江源流域水电站建成后带来的环境效益相当于每年减少煤炭消耗 1034 万 t，减少二氧化硫排放量 46 万 t，减少一氧化碳排放量 3330t，减少氮氧化物排放量 13 万 t，减少二氧化碳排放量 2452 万 t。

13.2.3 三江源区矿产资源开发机会成本核算

三江源区的矿产资源丰富，是该区域经济发展的重要生产资料，对提高当地人民生活水平意义重大，但目前三江源区的矿产资源基本没有利用。对三江源区已查明的矿产资源储量进行调查，用市场价值法评估三江源区已查明的矿产资源储量的潜在价值。类比相似地区矿产资源开发模式与强度，用机会成本法估算三江源区限制矿产资源开发损失的机会成本。

13.2.3.1 三江源区矿产资源价值和开发机会成本核算

矿产资源开发对提高三江源区地方政府财政收入，发展地方经济，解决农牧民就业，提升当地牧民生活水平成效十分明显。丰富的矿产资源是三江源区经济发展的重要基础。三江源区矿产资源中，海南州、黄南州矿产资源面积分别占青海省的 5.81% 和 2.50%，两州处于秦岭成矿区，海南州还跨巴颜喀拉成矿区西端，已知有铜、铅、锌、钨、锡、汞、砷、金等矿产，储量在青海省内占有优势。玉树州、果洛州地处青海南部，矿产资源面积分别占青海省的 27.6% 和 8.81%，地质工作程度很低，已知矿产有砂金、岩金、铁、铜、铅、锌、煤、水晶、泥炭等。玉树州成矿区主要包括巴颜喀拉成矿区中西段和唐古拉成矿区，有色金属、贵金属、煤、钠盐有较好的成矿远景，远景储量在青海省占有重要地位。果洛州主要处于巴颜喀拉成矿区东段，已知矿产有铜、钴、砂金等。

（1）截至2001年底三江源区已查明矿产资源储量价值和开发机会成本

截至2001年底，青海省纳入固体矿产资源储量统计的矿区为317个，与2000年度相比新增10个矿区。新增10个矿区中有煤炭3处，铅矿1处，岩金5处，砂金1处。在317个上表矿区中，有174个矿区有矿山开采或曾经开采，开采矿种达65种，尚有143个矿区未开采利用。其中，三江源区纳入固体矿产资源储量统计的矿区分布为：黄南州12处，海南州17处，果洛州13处，玉树州26处。

据2001年资料，三江源区已发现的矿产资源有煤、铜、铅、锌、金等26种，主要矿种为煤、铜、铅、锌、金、钴、钼等。

2001年，三江源区开发利用的矿产种类不多，各种规模矿山57家。从业人员2486人，工业总产值3731万元，其中果洛州只有66万元。

根据《青海省矿产资源年报》提供数据核算，2001年三江源区有色金属、贵金属和稀有金属等固体矿产资源价值约为1100亿元，加上没有参与计算的其他资源，已查明矿产资源的价值约为1500亿元。主要矿产地和矿产资源价值最高的地区是果洛州的玛沁县和海南州的兴海县，玉树州的玉树县、杂多县和囊谦县次之。

需要说明的是，至2001年底，三江源区地质工作程度很低，矿产资源开发和利用水平同样很低。以上矿产资源核算价值是根据2001年《青海省矿产资源储量简表》粗略计算的结果。这反映了21世纪初，三江源区地质工作的投入严重不足、地质工作条件的艰难及当地经济社会发展的严重滞后的现实状况。

（2）截至2005年底三江源区已查明矿产资源储量价值和开发机会成本

截至2005年底，青海省共发现矿种127种，其中编入《青海省矿产资源储量简表》的矿产91种。三江源区纳入《青海省矿产资源储量简表》的固体矿产地共58处，其中，黄南州9处，海南州15处，果洛州11处，玉树州23处。

据2005年资料，三江源区已发现的矿产资源有煤、铜、铅、锌、金等24种，主要矿种为铜、铅、锌、钴、金、钼、锡等。

2005年，三江源区开发利用矿产资源的各种规模矿山112家，没有大型矿山，中型矿山2处，其余均为小型矿山和小矿；从业人员2849人，总产值12 062万元。其中，海南州为10 692万元，且以海南州青海赛什塘铜业有限责任公司赛什塘铜矿为主要收入来源，其矿产品销售收入9203.7万元，约占该区矿产资源总产值的76.3%。

2005年三江源区矿产资源价值核算采用的矿产品价格，以2005年11月16日上海长江有色金属现货行情价格和其他市场相近资料计算而得。经测算，三江源区已查明矿产价值约为2275亿元（参与计算的矿种为22种）。若加上其他由于没有取得参数而未参加计算的矿产（如水晶、灰岩、矿泉水、地下热水等），三江源区已查明矿产的价值在2005年底约为2800亿元。

（3）截至2010年底三江源区已查明矿产资源储量价值和开发机会成本

截至2010年底，青海省共发现矿种133种，其中编入《青海省矿产资源储量简表》的矿产87种。三江源区纳入《青海省矿产资源储量简表》的固体矿产地共82处，其中，黄南州13处，海南州24处，果洛州14处，玉树州31处。

据2010年《青海省矿产资源年报》资料，三江源区已发现的矿产资源有煤、铜、铅、锌、金等24种。

2010年，三江源区开发利用矿产资源的各种规模矿山109家，大型矿山只有1家，中小型矿山占绝大多数。涉及三江源区的矿业总产值超亿元的开采矿种为煤炭、铜矿、铅矿、金矿等。矿业总产值约为15.57亿元，其中，果洛州为122 524万元，海南州为30 293万元，玉树州为1868万元，黄南州为1047万元。

2010年三江源区矿产资源价值核算使用的矿产品价格，以2010年11月19日上海长江有色金属现货行情价格和其他市场相近资料计算而得。经测算，三江源区已查明矿产价值约为4680亿元（参与计算矿种为24种）。若加上其他由于没有取得参数而未参加计算的矿产（如水晶，灰岩，矿泉水，地下热水以及有毒有害矿产汞、砷等），三江源区已查明矿产价值在2010年超过5000亿元。

（4）截至2012年底三江源区已查明矿产资源储量价值和开发机会成本

截至2012年底，青海省共发现矿种134种，其中编入《青海省矿产资源储量简表》的矿产87种。三江源区纳入《青海省矿产资源储量简表》的固体矿产地共82处，其中，黄南州10处，海南州22处，果洛州12处，玉树州29处。

据2012年《青海省矿产资源年报》资料，三江源区已发现的矿产资源有煤、铁、铜、铅、锌、金、银等32种。

2012年，涉及三江源区的矿业总产值超亿元的开采矿种为煤炭、铜矿、铅矿、金矿等。三江源区矿业总产值约为17.85亿元，其中，果洛州为139 112万元，海南州为36 088万元，玉树州为916万元，黄南州为2424万元。

2012年三江源区矿产资源价值核算采用的矿产品价格，以2012年11月20日上海长江有色金属现货行情价格和其他市场相近资料计算而得。经测算，三江源区已查明矿产价值约为3825亿元（参与计算的矿种为26种）。若加上其他由于没有取得参数而未参加计算的矿产（如水晶，灰岩，矿泉水，地下热水以及有毒有害矿产汞、砷等），三江源区已查明矿产价值，在2012年接近5000亿元。

（5）三江源区已查明矿产资源储量价值和开发机会成本变化

从上述统计和价值核算可得到如下结论：一是三江源区矿产资源储量总体变化不大，仅有少部分矿种资源储量有所增加。储量增加100%以上的有煤、锑、钼和镉；增加50%以上的有铁、镍、锡和钯。从总量增加看，铁、煤资源储量增加了1000万t以上，铜、铅、锌、锡、钼等矿产资源储量增加了1万t以上，金增加了1万kg以上。多数矿产的资源储量没有变化，个别矿种资源储量有所减少。二是矿产资源潜在价值，从2001年的1500亿元增加到了2012年的约5000亿元，约增长2.3倍；2005～2012年增长了1.8倍；2010～2012年基本没变。三是矿产资源价格变化先快速上涨，后趋于稳定，个别矿种还有不小的回落。

13.2.3.2 三江源区矿产资源远景及潜在价值预估

(1) 三江源区成矿地质背景

青藏高原的形成经历了很长的地质时期，从汪洋大海到崇山峻岭、再到高原，体现出宇宙的神秘和神奇。青藏高原在其形成过程中自然伴随着以地震为表象、以地面标高反复升降为结果的地壳运动。目前，青藏高原的形成的流行认识是，青藏高原经历了9个地质发展历史阶段。分别是：①震旦纪时期，现在的喜马拉雅山脉、冈底斯山脉和唐古拉山脉一带的古冈瓦纳大陆，与现在的昆仑山脉和祁连山山脉一带的祁连海两个主体，分庭抗礼。②寒武纪到奥陶纪时期，古冈瓦纳大陆下沉，祁连海向西扩展。③奥陶纪到志留纪时期，古冈瓦纳大陆进一步下沉，祁连海逐渐消失。④泥盆纪到二叠纪，青藏高原中部再次下沉为海洋。⑤二叠纪到三叠纪，古冈瓦纳大陆中部和东部一带再次上升为大陆，西部则下沉为深海。⑥侏罗纪，方冈瓦纳中特提斯海抬升为陆地，海洋向西部和北部扩张，形成新特提斯。⑦侏罗纪到白垩纪，新特提斯收缩，拉轨岗日隆起，南面形成小面积海域。⑧白垩纪到古近纪，新特提斯全部闭合，欧亚大陆基本成型。⑨第三纪，欧亚板块激烈碰撞，大规模的火山和地震不断，青藏高原急剧抬升。据一些地质学家考证，青藏高原和喜马拉雅山一带原来是一片大海，大陆板块碰撞抬升才变成今天的样子，并且这最高的高原和山脉在地质历史时代还处在婴儿期，还会继续增高。

(2) 三江源区矿产资源主要成矿带

三江源区地处特提斯构造域，在这一成矿区域内，分布着鄂拉山华力西期多金属成矿带，同德-泽库印支期多金属成矿带，西倾山印支期汞、锑（金）成矿带，布青山-积石山华力西期多金属成矿带，巴颜喀拉山金、锑、汞成矿带，西金乌兰-玉树印支-燕山期多金属成矿带，下拉秀印支期多金属成矿带，沱沱河-杂多华力西期多金属成矿带，雁石坪燕山期多金属成矿带和唐古拉山南坡燕山期铁、铜（金）多金属成矿带，这些成矿带具有良好的成矿地质构造背景（青海省第三轮成矿远景区划及找矿靶区预测）。在青海省5个含煤区中，三江源保护区有巴颜喀拉山北含煤区和唐古拉山含煤区2个。

(3) 三江源区矿产资源储量远景预测

三江源区绝大部分地区自然条件艰苦，尤其是海拔平均在4000m以上，道路、通信不通或不畅，加之当前青海找矿重点在祁连成矿带，造成三江源区内地质工作投入不足，或勘查程度很低，大部分地区还是地质工作的盲区，三江源区矿产资源家底非常不清楚。按照当前成矿理论，青海地质矿产从业人员克服困难、献身高原地质事业，在三江源保护区成矿带内，发现了规模和储量很可观的矿产地，并不断完善和充实成矿理论，印证三江源区是矿产富集带的预测。海南州及果洛州的玛多、玛沁等县，是铁、铜、钴、锡和伴生金、银储量最多的地区，铅、锌、钨、锑、金等矿产也发现有良好成矿条件，是最有希望的铜、金找矿远景区。占青海省辖区面积1/3的玉树州、果洛州大部和格尔木市管辖的唐古拉山镇，包括唐古拉成矿区及巴颜喀拉成矿区南部，砂金资源丰富，煤、有色金属、盐类矿产均具有良好的成矿条件和潜在远景。

近年来，通过找矿发现，可可西里、囊谦一带盐类矿产成矿条件良好；东昆仑与巴颜喀拉两大构造单元交接带及两侧、雅拉达泽-索乎日麻断裂带的金、铜、钨、锡、汞等矿产成矿条件良好。属于“西金乌兰-玉树印支-燕山期多金属成矿带”的赵卡隆铁多金属矿区、纳日贡玛铜钼矿区，随着地质勘查力度的增加，矿床的资源储量不断增长，2012 年两矿区仅铜就比 2005 年分别增加了 5. 4 万 t 和 33. 8 万 t；小唐古拉山已知 6 个含铁矿地段，同成矿带西藏境内发现有巨大的菱铁矿，说明小唐古拉山成矿带铁矿成矿远景良好；甘肃省、四川省在青南相邻三叠纪地层中发现了原生金矿，据此推断，三江源保护区砂金产地的上游发现原生金的概率很高。

（4）三江源区矿产资源潜在价值预估

据许长坤等（2011）的研究，唐古拉山含煤区资源总量有 52 亿 t，按现行煤炭价格计，资源价值达 3 万亿元以上。

据《青海省矿产资源总体规划（2000—2015 年）》，三江源保护区北段及东昆仑成矿带各类矿产远景储量为 500 亿 ~ 1000 亿 t，按 2010 年的各种矿产资源市场价格，三江源区黑色金属、有色金属、非金属、矿泉水等资源价值可达 6 万亿元。

可以预见的是随着世界各国对矿产资源的需求逐年增加，世界资源的不断消耗和枯竭，资源性产品将更加稀缺，价格将不断上涨，三江源区的矿产资源潜在价值还将进一步攀升。

13. 2. 3. 3　结论

（1）三江源区已查明储量的矿产资源储量及矿产价值巨大

目前，三江源区已查明的矿产主要有铁、煤、铜、铅、锌、钴、钨、锡、钼、汞、锑、金、银、镓、铟、铬、砷、硒、硫铁矿、泥炭、氯化钠、矿泉水等。经核算，三江源区已查明的参与计算的矿种资源储量总价值为 4680 亿元（2010 年核算值，下同），参与计算的矿产资源放弃开发的机会成本约为 187. 2 亿元/a；加上其他没有取得参数的全部矿产资源储量总价值为 5800 亿元。如果三江源区在矿产资源开发中利用高新技术对矿产品进行深加工、精加工，提高附加值，其价值量将更多。

（2）三江源区矿产资源远景储量和价值巨大

根据《青海省第三轮成矿远景区划研究及找矿靶区预测》，三江源区矿产资源主要由黑色金属铁，有色金属铜、铅、锌，贵金属金、钯，稀有金属钴、钼、镍，能源矿产煤，非金属矿产水晶、玉石、建材，以及矿泉水、地热资源等组成。从南到北分布有多个成矿带，成矿前景良好。按照 2010 年矿产资源价格估算，三江源区各类矿产资源的潜在价值约在 10 万亿元以上，是 2001 年 2. 5 万亿元的 3 倍以上。

（3）国家有责任补偿三江源区因限制和禁止开发矿产资源而造成的损失

三江源区是矿产资源的一个宝库，其矿产资源的开发利用将非常明显地带动三江源区地方经济持续增长和各族人民生活水平提高。由于特殊的生态功能，三江源区不可能大规模发展以矿产资源为依托的工业，农牧民和当地政府将失去矿产资源开发利用的收益，而且十分巨大，经济社会发展将依然处于发展比较缓慢的时代。因此，国家应该通过制定政策和建立机制，对三江源区进行相关长期补偿；在国家层面采用经济、政治手段，对三江源区给予大力支持，发展以特色农牧业为主的第一产业和以旅游业为主的第三产业，最终实现共同小康，实现人与自然和谐共处。

13.2.4 三江源区工业发展机会成本核算

三江源生态保护区是我国最为贫困的地区之一，也是我国最为重要的生态区之一。对三江源区的发展，青海省坚持保护第一，不考核 GDP 增长指标，不提工业化口号。自 2005 年开始，青海省确定三江源区的发展思路以保护生态为主，并决定地处三江源核心区的果洛州、玉树州不再考核 GDP，取而代之是对其生态保护建设及社会事业发展方面的具体指标进行考核。在三江源区，不发展可能破坏生态环境的工业，停止三江源保护区内所有的矿产资源开发，转而发展不破坏生态的生态旅游、民族工艺品制作、土特产加工等特色产业、绿色产业。

三江源区特殊的生态地位决定其生态价值高于一切，该地区开发和建设必须服从于生态保护，放弃牺牲生态效益追求物质效益的发展模式。当前和未来三江源区仍然会以第一产业为主，不会大力发展工业。

13.2.4.1 三江源区放弃工业发展机会成本理论分析

（1）放弃工业发展机会成本的理论分析

三江源区工业发展除了有直接的经济成本和收益，还会影响当地的生态环境。需要对放弃工业发展的经济与环境的成本收益进行梳理。

1）从经济角度考虑工业发展的成本与收益。三江源区如果进行工业发展，将会带来工业产出、就业增加等收益。与此同时，也需要资本投入、劳动力投入、土地投入等成本。具体而言，工业发展需要大量的资金投入，包括厂房、机器、原材料等；还需要大量的劳动力在生产过程中提供体力和脑力；此外，工业发展还需要占用土地，不仅指土地本身，还包括地上和地下的一切自然资源，如森林、江河湖泊和矿藏等。

2）从环境角度考虑工业发展的成本与收益。工业发展会带来资源短缺、环境污染、生态破坏等一系列问题。一些污染密集型产业会排放大量污染物进入河流，污染水质；工厂、汽车、发电厂等排放的 SO_2、NO_x 等大气污染物超标，污染大气环境；土壤重金属污染等问题也会日益严重。曹新（2001）指出建立在依靠大量消耗以化石燃料为主的不可再生资源基础之上的工业发展对大自然的开发和掠夺，以牺牲生态环境换取的经济增长，其后果是环境的迅速恶化，如空气污染、淡水资源枯竭、水土流失、酸沉降、有毒有害物质扩散等。金碚（2005）指出大量采用自然资源（作为工业原料）和开发能源（提供工业动力）是工业生产的一个重要特点，而在地球上，很多自然资源和矿物能源是不能自然再生的。

（2）放弃工业发展机会成本的核算方法构建

本研究将采用情景分析法，选取合适的参照地区作为三江源区工业发展的参考，估算三江源区放弃工业发展的机会成本。

2010 年，青海省各地区的生产总值及人均生产总值情况见表 13-20。综合考虑人均生产总值和人均第二产业增加值：第一，需要选取工业发展水平高于三江源区的地区，而海东市的工业发展水平低于三江源区，因此不宜选取海东地区作为参考地区；第二，西宁市为青海省的省会城市，其城市定位与三江源区差异较大，因此不宜选取西宁市作为参考地区。

表 13-20　2010 年青海省各地区生产总值及人均生产总值

地区	生产总值/亿元	第一产业/亿元	第二产业/亿元	第三产业/亿元	人均生产总值/元	人均第二产业增加值/元
黄南州	43.68	12.81	17.62	13.25	17 888	7 216
海南州	69.89	18.73	30.86	20.30	15 690	6 928
果洛州	20.43	4.40	8.52	7.51	11 243	4 689
玉树州	31.86	17.98	7.28	6.60	8 531	1 949
三江源地区（四州合计）	165.86	53.92	64.28	47.66	13 324	5 164
西宁市	628.28	24.47	320.76	283.05	28 428	14 514
海东市	173.31	35.83	67.37	70.11	10 790	4 194
海北州*	54.53	10.42	27.49	16.62	19 358	9 759
海西州**	365.49	10.28	288.97	66.24	78 180	61 812
青海省	1 350.43	134.92	744.63	470.88	24 115	13 233

*海北州即海北藏族自治州；**海西州即海西蒙古族藏族自治州。

海北州的人均生产总值和人均第二产业增加值分别为 19 358 元与 9759 元，略高于三江源区的 13 324 元与 5164 元，并且在地理位置上与三江源区相邻，其自然生态系统、资源禀赋等与三江源区差异不大，可以作为参考地区中的下限。海西州的人均生产总值和人均第二产业增加值分别为 78 180 元与 61 812 元，显著高于三江源区，并且在地理位置上也与三江源区相邻，其自然生态系统、资源禀赋等与三江源区差异不大，可以作为参考地区中的上限。青海省的人均生产总值和人均第二产业增加值分别为 24 115元与 13 233 元，也高于三江源区，并且介于海北州与海西州之间，因此青海省平均水平则作为参考地区中的中等水平。基于此，本研究将设计三种情景。

情景一：按照海北州发展模式进行工业发展（下限）。

情景二：按照海西州发展模式进行工业发展（上限）。

情景三：按照青海省平均水平发展模式进行工业发展（中等水平）。

根据情景设计，分别核算三江源区工业发展的机会成本。若直接采用规模总量指标核算忽视了地区间的差异，因此本研究采用人均值或者地均值来折算三江源区工业发展的机会成本。

首先，直接机会成本的估算考虑两个角度。从第二产业增加值的角度，三江源区放弃工业发展的机会成本核算公式如下：

$$直接机会成本=\frac{参考地区第二产业增加值}{参考地区人口（或面积）}\times 三江源区人口（或面积）-现实三江源区第二产业增加值$$

间接机会成本用增加第二产业就业人员表征，计算公式为

$$间接机会成本=\frac{参考地区第二产业就业人员}{参考地区第二产业增加值}\times 三江源区第二产业增加值-现实三江源区第二产业就业人员$$

本研究从工业对矿产资源利用的角度进行考虑，构建三江源区放弃工业发展的机会成本核算方法，此处主要考虑矿产工业。

$$直接机会成本=\frac{参考地区矿产工业总产值}{参考地区年产矿量}\times\frac{三江源区探明储量}{三江源区开采年限}\times 三江源区矿产工业增加值占工业总产值的比例$$

13.2.4.2 三江源区放弃工业发展的机会成本初步估算

（1）整体工业增加值视角

情景一：按照海北州发展模式放弃工业发展的机会成本（下限）。

从第二产业增加值角度估算直接机会成本。三江源区四个州及参考地区海北州的第二产业增加值和人口数据见表 13-21。

表 13-21 三江源区及海北州第二产业增加值与人口

地区	第二产业增加值/亿元			人口/人		
	2001 年	2005 年	2010 年	2001 年	2005 年	2010 年
黄南州	7.01	10.36	17.62	208 440	220 637	254 033
海南州	6.41	11.77	30.86	365 020	397 709	446 849
果洛州	0.5	1.19	8.52	125 470	149 412	173 541
玉树州	1.05	2.09	7.28	239 150	297 004	373 427
三江源区（四州合计）	14.97	25.41	64.28	938 080	1 064 762	1 247 850
海北州（参考地区）	3.79	7.6	27.49	250 080	271 790	283 230

以海北州作为参考地区，三江源区理论第二产业增加值及直接机会成本数据见表 13-22，可以发现，如果按照海北州的工业发展模式，三江源区四个州的理论第二产业增加值十年间均呈现上升趋势，其中海南州 2010 年理论第二产业增加值高达 43.37 亿元，三江源区高达 121.11 亿元。三江源区直接机会成本见表 13-22，可以发现，四个州的直接机会成本十年间基本呈现上升趋势。2001 年、2005 年、2010 年的直接机会成本大部分均为正值，2010 年的直接机会成本最高，其中，黄南州为 7.04 亿元、海南州为 12.51 亿元、果洛州为 8.32 亿元、玉树州为 28.96 亿元、三江源区整体为 56.83 亿元。

表 13-22　三江源区理论工业增加值及直接机会成本

地区	理论第二产业增加值/亿元			直接机会成本/亿元		
	2001 年	2005 年	2010 年	2001 年	2005 年	2010 年
黄南州	3.16	6.17	24.66	-3.85	-4.19	7.04
海南州	5.53	11.12	43.37	-0.88	-0.65	12.51
果洛州	1.90	4.18	16.84	1.40	2.99	8.32
玉树州	3.62	8.31	36.24	2.57	6.22	28.96
三江源区（四州合计）	14.22	29.77	121.11	-0.75	4.36	56.83

间接机会成本主要以增加第二产业就业人员表征。本研究分别计算了三江源区 2001 年、2005 年和 2010 年的间接机会成本，并分析其动态变化过程。三江源区四个州及参考地区海北州的第二产业增加值及第二产业就业人员数据见表 13-23。

表 13-23　三江源区及海北州第二产业增加值与第二产业就业人员

地区	第二产业增加值/亿元			第二产业就业人员/人		
	2001 年	2005 年	2010 年	2001 年	2005 年	2010 年
黄南州	7.01	10.36	17.62	3 700	2 329	4 218
海南州	6.41	11.77	30.86	4 703	3 325	5 108
果洛州	0.5	1.19	8.52	1 159	623	1 215
玉树州	1.05	2.09	7.28	1 497	1 071	706
三江源区（四州合计）	14.97	25.41	64.28	11 059	7 348	11 247
海北州（参考地区）	3.79	7.6	27.49	5 452	4 704	8 701

注：无法获得各州第二产业就业人员数据，这里用采矿业、制造业、电力燃气及水的生产和供应业、建筑业这四个行业的就业人员数作为替代。

以海北州作为参考地区，可得三江源区四个州理论第二产业就业人员及增加第二产业就业人员，具体见表 13-24。可以发现，2001 年和 2010 年三江源区理论第二产就业人员均在 2 万人以上。增加第二产业就业人员（间接机会成本），2001 年、2005 年及 2010 年三江源区四个州的间接机会成本绝大部分均为正值，这意味着若按照海北州的发展模式进行工业发展，三江源区将可以增加第二产业就业人员数，解决部分闲置人口的就业问题。黄南州、海南州的间接机会成本大于果洛州和玉树州，三江源区整体增加的第二产就业人员较多，2001 年可增加第二产就业人员为 10 476 人、2005 年为 8379 人、2010 年为 9099 人。

表 13-24　三江源区理论第二产业就业人员及增加第二产业就业人员（间接机会成本）

地区	理论第二产业就业人员/人			增加第二产业就业人员/人（间接机会成本）		
	2001 年	2005 年	2010 年	2001 年	2005 年	2010 年
黄南州	10 084	6 412	5 577	6 384	4 083	1 359
海南州	9 221	7 285	9 768	4 518	3 960	4 660

续表

地区	理论第二产业就业人员/人			增加第二产业就业人员/人（间接机会成本）		
	2001 年	2005 年	2010 年	2001 年	2005 年	2010 年
果洛州	719	737	2 697	-440	114	1 482
玉树州	1 510	1 294	2 304	13	223	1 598
三江源区（四州合计）	21 535	15 727	20 346	10 476	8 379	9 099

情景二：按照海西州发展模式放弃工业发展的机会成本（上限）。

从第二产业增加值角度，三江源区四个州及参考地区海西州的第二产业增加值和人口数据见表 13-25。

表 13-25　三江源区及海西州第二产业增加值与人口

地区	第二产业增加值/亿元			人口/人		
	2001 年	2005 年	2010 年	2001 年	2005 年	2010 年
黄南州	7.01	10.36	17.62	208 440	220 637	254 033
海南州	6.41	11.77	30.86	365 020	397 709	446 849
果洛州	0.5	1.19	8.52	125 470	149 412	173 541
玉树州	1.05	2.09	7.28	239 150	297 004	373 427
三江源区（四州合计）	14.97	25.41	64.28	938 080	1 064 762	1 247 850
海西州（参考地区）	41.1	100.12	288.97	318 650	362 491	390 743

以海西州作为参考地区，三江源区理论第二产业增加值及直接机会成本如表 13-26 所示。可以发现，如果按照海西州的工业发展模式，三江源区四个州的理论第二产业增加值十年间均呈现上升趋势，其中海南州 2010 年理论第二产业增加值高达 330.46 亿元，三江源区高达 922.83 亿元（表 13-27）。三江源区四个州的直接机会成本十年间全部呈现上升趋势。2001 年、2005 年、2010 年的直接机会成本全部为正值，2010 年的直接机会成本最高，其中，黄南州为 170.25 亿元、海南州为 299.60 亿元、果洛州为 119.82 亿元、玉树州为 268.88 亿元、三江源区整体为 858.55 亿元。

表 13-26　三江源区理论工业增加值及直接机会成本　　单位：亿元

地区	理论第二产业增加值			直接机会成本		
	2001 年	2005 年	2010 年	2001 年	2005 年	2010 年
黄南州	26.88	60.94	187.87	19.87	50.58	170.25
海南州	47.08	109.85	330.46	40.67	98.08	299.60
果洛州	16.18	41.27	128.34	15.68	40.08	119.82
玉树州	30.85	82.03	276.16	29.80	79.94	268.88
三江源区（四州合计）	121.00	294.09	922.83	106.03	268.68	858.55

表 13-27　三江源区及海西州第二产业增加值与第二产业就业人员

地区	第二产业增加值/亿元			第二产业就业人员/人		
	2001 年	2005 年	2010 年	2001 年	2005 年	2010 年
黄南州	7.01	10.36	17.62	3 700	2 329	4 218
海南州	6.41	11.77	30.86	4 703	3 325	5 108
果洛州	0.5	1.19	8.52	1 159	623	1 215
玉树州	1.05	2.09	7.28	1 497	1 071	706
三江源区（四州合计）	14.97	25.41	64.28	11 059	7 348	11 247
海西州（参考地区）	41.1	100.12	288.97	24 327	19 307	49 526

注：无法获得各州第二产业就业人员数据，这里用采矿业、制造业、电力燃气及水的生产和供应业、建筑业这四个行业的就业人员数作为替代。

以海西州作为参考地区，三江源区四个州理论第二产业就业人员见表 13-28，可以发现，在 2010 年三江源区理论第二产就业人员在 1 万人以上，而在 2001 年和 2005 年均在 1 万人以下。增加第二产业就业人员（间接机会成本）如表 13-28 所示，可以发现，在 2001 年、2005 年及 2010 年三江源区四个州的间接机会成本绝大部分均为负值，这意味着若按照海西州的发展模式进行工业发展，三江源区将不能增加第二产业就业人员数。这可能主要是由于海西州创造第二产业单位价值所需的就业人员低于三江源区，即海西州的工业生产技术水平高于三江源区。

表 13-28　三江源区理论第二产业就业人员及增加第二产业就业人员（间接机会成本）

单位：人

地区	理论第二产业就业人员			增加第二产业就业人员		
	2001 年	2005 年	2010 年	2001 年	2005 年	2010 年
黄南州	4 149	1 998	3 020	449	-331	-1 198
海南州	3 794	2 270	5 289	-909	-1 055	181
果洛州	296	229	1 460	-863	-394	245
玉树州	621	403	1 248	-876	-668	542
三江源区（四州合计）	8 861	4 900	11 017	-2 198	-2 448	-230

情景三：按照青海省平均水平发展模式放弃工业发展的机会成本（中等水平）。

从第二产业增加值角度，计算三江源区按照青海省平均水平的发展模式放弃工业发展的直接机会成本。三江源区四个州及参考地区青海省的第二产业增加值和人口数据见表 13-29。

表 13-29　三江源区及青海省第二产业增加值与人口

地区	第二产业增加值/亿元			人口/人		
	2001 年	2005 年	2010 年	2001 年	2005 年	2010 年
黄南州	7.01	10.36	17.62	208 440	220 637	254 033
海南州	6.41	11.77	30.86	365 020	397 709	446 849

续表

地区	第二产业增加值/亿元			人口/人		
	2001 年	2005 年	2010 年	2001 年	2005 年	2010 年
果洛州	0.5	1.19	8.52	125 470	149 412	173 541
玉树州	1.05	2.09	7.28	239 150	297 004	373 427
三江源区（四州合计）	14.97	25.41	64.28	938 080	1 064 762	1 247 850
青海省（参考地区）	132.18	264.61	744.63	4 730 640	5 039 065	5 499 718

以青海省作为参考地区，三江源区理论第二产业增加值及直接机会成本如表 13-30 所示。可以发现，如果按照青海省的工业发展模式，三江源区四个州的理论工业增加值十年间均呈现上升趋势，其中海南州 2010 年理论第二产业增加值高达 60.50 亿元，三江源区高达 168.95 亿元。三江源区四个州的直接机会成本十年间全部呈现上升趋势。2001 年、2005 年、2010 年的直接机会成本绝大部分为正值，2010 年的直接机会成本最高，其中，黄南州为 16.77 亿元、海南州为 29.64 亿元、果洛州为 14.98 亿元、玉树州为 43.28 亿元、三江源区整体为 104.67 亿元。

表 13-30　三江源区理论工业增加值及直接机会成本　　单位：亿元

地区	理论第二产业增加值			直接机会成本		
	2001 年	2005 年	2010 年	2001 年	2005 年	2010 年
黄南州	5.82	11.59	34.39	-1.19	1.23	16.77
海南州	10.20	20.88	60.50	3.79	9.11	29.64
果洛州	3.51	7.85	23.50	3.01	6.66	14.98
玉树州	6.68	15.60	50.56	5.63	13.51	43.28
三江源区（四州合计）	26.21	55.91	168.95	11.24	30.50	104.67

间接机会成本主要以增加第二产业就业人员表征。本研究将分别计算三江源区 2001 年、2005 年和 2010 年的间接机会成本，并分析其动态变化过程。

三江源区四个州及参考地区青海省的第二产业增加值及第二产业就业人员数据见表 13-31。

表 13-31　三江源区及青海省第二产业增加值与第二产业就业人员

地区	第二产业增加值/亿元			第二产业就业人员/人		
	2001 年	2005 年	2010 年	2001 年	2005 年	2010 年
黄南州	7.01	10.36	17.62	3 700	2 329	4 218
海南州	6.41	11.77	30.86	4 703	3 325	5 108
果洛州	0.5	1.19	8.52	1 159	623	1 215
玉树州	1.05	2.09	7.28	1 497	1 071	706
三江源区（四州合计）	14.97	25.41	64.28	11 059	7 348	11 247
青海省（参考地区）	132.18	264.61	744.63	381 400	518 200	746 100

注：无法获得各州第二产业就业人员数据，这里用采矿业、制造业、电力燃气及水的生产和供应业、建筑业这四个行业的就业人员数作为替代。

以青海省作为参考地区，三江源区四个州理论第二产业就业人员及增加第二产业就业人员如表13-32所示。可以发现，三江源区四个州理论第二产业就业人员十年间均呈现上升趋势，在2005年和2010年均在5万人以上。增加第二产业就业人员（间接机会成本）在四个州均呈上升趋势，并在2001年、2005年及2010年的间接机会成本均为正值，这意味着若按照青海省平均水平的发展模式进行工业发展，三江源区将可以增加第二产业就业人员数，解决部分闲置人口的就业。在2010年增加第二产业就业人员最多，其中，黄南州为35 350人、海南州为31 074人、果洛州为1607人、玉树州为5221人、三江源区整体为73 252人。

表13-32　三江源区理论第二产业就业人员及增加第二产业就业人员（间接机会成本）

单位：人

地区	理论第二产业就业人员			增加第二产业就业人员		
	2001年	2005年	2010年	2001年	2005年	2010年
黄南州	20 227	27 482	39 568	16 527	25 153	35 350
海南州	18 496	25 130	36 182	13 793	21 805	31 074
果洛州	1 443	1 960	2 822	284	1 337	1 607
玉树州	3 030	4 116	5 927	1 533	3 045	5 221
三江源区（四州合计）	43 195	58 689	84 499	32 136	51 341	73 252

（2）资源视角

从矿产资源利用角度，由于数据所限，本研究以2010年数据进行计算，与内蒙古自治区进行类比。

2010年，三江源区探明的煤、铜、铅、锌、金等几个主要矿种以及24个矿种总计的储量与理论年开采量数据见表13-33。

表13-33　2010年三江源区矿产资源储量与理论年产矿量

矿种	储量/t	理论年产矿量/(t/a)
煤	36 734 000	1 469 360
铜	656 952	26 278.08
铅	126 500	5 060
锌	194 679	7 787.16
金	7.101 8	0.284 072
总计（24种）	129 589 422.9	5 183 577

根据《中国矿业年鉴2010》，可知2010年内蒙古自治区进行矿产资源开发的年产矿量与矿产工业总产值，可进一步得出内蒙古自治区单位产矿量工业总产值，具体见表13-34。

表 13-34　2010 年内蒙古自治区矿产资源开发情况

矿种	年产矿量/万 t	矿产工业总产值/万元	单位产矿量工业总产值/(元/t)
煤	70 289.32	15 670 236.71	222.939 1
铜	3 106.11	446 999.44	143.909 7
铅	273.43	188 196.38	688.279 9
锌	515.48	240 151.9	465.880 2
金	891.47	210 362.47	235.972 6
总计（116 种）	86 212.38	18 590 010.99	215.630 4

根据前述理论分析，可估算三江源如按照内蒙古自治区的发展模式进行矿产资源开发带来的理论工业总产值与理论工业增加值。据 2010 年《青海统计年鉴》资料显示，三江源地区矿业工业增加值为工业总产值的 37.1%，进一步可得对应的矿产工业增加值，即其放弃发展的机会成本（表 13-35）。

表 13-35　2010 年三江源地区理论矿产工业总产值与理论工业增加值（类比内蒙古自治区）

单位：万元

矿种	理论工业总产值	理论工业增加值
煤	32 757.777 44	12 153.14
铜	378.167 130 1	140.3
铅	348.269 642 2	129.208
锌	362.788 327 3	134.594 5
金	0.006 703 32	0.002 487
总计（24 种）	111 773.682 4	41 468.04

2010 年，三江源区类比内蒙古自治区，如放弃工业发展，从资源的角度来看，矿产工业的机会成本约为 4.1 亿元。

13.2.4.3　结论

（1）整体工业增加值视角

按照海北州发展模式放弃工业发展的机会成本（下限）结果如表 13-36 所示。

表 13-36　三江源区直接机会成本及间接机会成本（下限）

地区	直接机会成本/亿元			增加第二产业就业人员/人（间接机会成本）		
	2001 年	2005 年	2010 年	2001 年	2005 年	2010 年
黄南州	-3.85	-4.19	7.04	6 384	4 083	1 359
海南州	-0.88	-0.65	12.51	4 518	3 960	4 660

续表

地区	直接机会成本/亿元			增加第二产业就业人员/人（间接机会成本）		
	2001 年	2005 年	2010 年	2001 年	2005 年	2010 年
果洛州	1.40	2.99	8.32	-440	114	1 482
玉树州	2.57	6.22	28.96	13	223	1 598
三江源区（四州合计）	-0.75	4.36	56.83	10 476	8 379	9 099

按照海西州发展模式放弃工业发展的机会成本（上限）结果如表 13-37 所示。

表 13-37　三江源区直接机会成本及间接机会成本（上限）

地区	直接机会成本/亿元			增加第二产业就业人员（间接机会成本）/人		
	2001 年	2005 年	2010 年	2001 年	2005 年	2010 年
黄南州	19.87	50.58	170.25	449	-331	-1 198
海南州	40.67	98.08	299.60	-909	-1 055	181
果洛州	15.68	40.08	119.82	-863	-394	245
玉树州	29.80	79.94	268.88	-876	-668	542
三江源区（四州合计）	106.03	268.68	858.55	-2 198	-2 448	-230

按照青海省平均水平发展模式放弃工业发展的机会成本（中等水平）结果如表 13-38 所示。

表 13-38　三江源区直接机会成本及间接机会成本（中等水平）

地区	直接机会成本/亿元			增加第二产业就业人员（间接机会成本）/人		
	2001 年	2005 年	2010 年	2001 年	2005 年	2010 年
黄南州	-1.19	1.23	16.77	16 527	25 153	35 350
海南州	3.79	9.11	29.64	13 793	21 805	31 074
果洛州	3.01	6.66	14.98	284	1 337	1 607
玉树州	5.63	13.51	43.28	1 533	3 045	5 221
三江源区（四州合计）	11.24	30.50	104.67	32 136	51 341	73 252

（2）资源视角

从资源的角度来看，参考内蒙古自治区的矿产工业发展模式，三江源地区放弃发展工业，矿产工业的机会成本约为 4.1 亿元（表 13-39）。

表 13-39　三江源区放弃工业发展资源角度机会成本

矿种	储量/t	理论年产矿量/(t/年)	理论工业总产值/万元	理论工业增加值(机会成本)/万元
煤	36 734 000	1 469 360	32 757. 777 44	12 153. 14
铜	656 952	26 278. 08	378. 167 130 1	140. 3
铅	126 500	5 060	348. 269 642 2	129. 208
锌	194 679	7 787. 16	362. 788 327 3	134. 594 5
金	7. 101 8	0. 284 072	0. 006 703 32	0. 002 487
总计（24 种）	129 589 422. 9	5 183 577	111 773. 682 4	41 468. 04

13. 3　三江源区生态保护收益贡献分析

13. 3. 1　三江源区对国家生态资源资产保护的贡献

三江源区不仅拥有丰富的生态资源资产，还拥有丰富的矿产资源、水电资源等其他非生态自然资源资产。通过类比其他具有相似资源禀赋地区的经济发展情况，测算出三江源区矿产资源、水电资源开发、工业发展以及减牧压畜每年可以带来的机会成本共计 369. 7 亿元。三江源区矿产资源丰富，矿种 24 种，主要矿种为煤、铜、铅、锌、金、钴、钼等。按矿产品市场价格并类比内蒙古自治区的矿产资源开发模式计算，三江源区每年放弃矿产资源开发的经济收益约 187. 2 亿元；三江源区水电资源可装机容量 9612. 83MW，按可装机容量和 309. 46 亿 kW · h 的年发电量，并类比怒江水电工程计算，三江源区每年放弃水电开发的经济收益约 49. 2 亿元；依托以上这些资源可以带来工业发展，与具有相似资源地区的工业发展类比，三江源区每年放弃工业发展的经济收益约为 104. 7 亿元；为保护生态资源资产三江源区减牧压畜力度非常大，据测算三江源区理论载畜量约 1452. 47 万个羊单位，实际载畜量为 2742 万个羊单位，假设进行减牧压畜，三江源区放弃畜牧发展的机会成本每年约为 28. 6 亿元。

三江源区生态退化的根本原因是“人–草–畜”关系失衡。三江源区草地退化面积比例达到 60% 以上，在高寒严酷条件下草地生态恢复绝非一朝一夕可以完成。三江源区载畜量超过承载能力 1290 万个羊单位，按近几年减牧压畜量来看，要使三江源区草畜平衡还需要 6 年时间。按照三江源区牧民达到全国农牧民平均生活水平计算，三江源区适宜牧业人口为 31. 8 万人，而现状牧业人口约为 65 万人，需转产牧业人口约 34 万人。为了实现生态资源资产的保质增值，三江源区需开展生态保护与建设、农牧民生产生活条件改善、基本公共服务能力提升三个方面的工作，具体包括生态治理与维护、禁牧补偿、草畜平衡奖励、移民和牧民生产生活水平改善、基础设施、社会事业等。依据国家和青海省相关生态保护与建设标准，结合实地调研信息确定各具体指标的标准、保护与治理的面积以及涉及的人数和户数，假设三江源区以一两代人教育成长的时间实现由国家“输血式”生态补偿向自身“造血式”发展，从实际需求角度采用费用分析法估算生态环境保护的直接投入成本，以 2010 年为基准年，争取利用 10 ~ 20 年时间使退化生态系统初步恢复并达到良性循环。2010 ~ 2030 年三江源区需要国家投入的生态保护恢复总成本约 2771.8 亿元，年均需投入 129.72 亿元。其中，生态保护与建设成本 72.94 亿元/a，农牧民生产生活水平改善成本 12.24 亿元/a，基本公共服务能力提升成本 44.54 亿元/a。通过以上生态保护与恢复的投入，将实现三江源区农牧民生活水平在 2020 年接近或达到青海省农牧民平均生活水平，2030 年接近或达到全国农牧民平均生活水平。

综上所述，三江源区为了保护国家重要的生态资源资产，每年放弃了约 369.7 亿元的发展机会成本。为实现生态资源资产的保质增值，三江源区每年约需投入 129.72 亿元进行生态保护恢复。

13.3.2 三江源区资产状况与我国其他地区的比较分析

根据国家统计局数据，2010 年我国 GDP 排名在前十位的省（直辖市）分别为广东、江苏、山东、浙江、河南、河北、辽宁、上海、四川和湖北，其中广东省以 GDP 总量 4.60 万亿元排在第一位。人均 GDP 最高的为江苏省，高达 5.31 万元/人。

鉴于 GDP 仅反映了直接的货币收益，并未考虑生态资产的作用，本研究对各省（自治区、直辖市）的生态资产状况进行了粗略分析。由于目前无法获取我国各类生态系统的实际生态服务，本研究利用 NPP 作为我国不同生态系统类型的均衡因子（表 13-40），并分析了 2010 年各省的生态资源资产情况（表 13-41 和图 13-4）。

表 13-40 我国不同生态系统类型的均衡因子表

类型	农田	森林	水体	湿地	灌丛	草地	荒漠
均衡因子	0.47	0.68	0.62	0.73	0.58	0.59	0.03

表 13-41 我国 GDP 前十省份资产状态与三江源区的比较

地区	GDP/亿元	生态资源资产/亿元	合计/万亿元	人均资产/万元
广东	45 963	9 446.75	5.54	5.31
江苏	40 516	4 594.99	4.51	5.73
山东	39 787	6 904.17	4.67	4.87
浙江	27 154	5 377.66	3.25	5.97
河南	22 619	7 319.71	2.99	3.18
河北	20 255	8 152.70	2.84	3.95
辽宁	18 263	7 233.95	2.55	5.83
上海	17 959	233.98	1.82	2.26
四川	16 745	20 006.64	3.68	15.96
湖北	15 638	9 562.02	2.52	3.84
三江源区	240.17	65 110.30	6.54	502.62

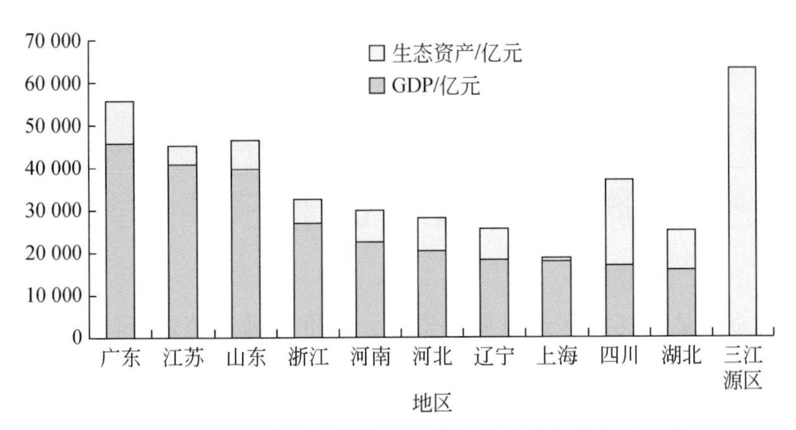

图 13-4　三江源区与我国 GDP 排名前十的省份资产比较

结果表明，虽然三江源区经济欠发达，2010 年的 GDP 总值仅为 240.17 亿元，但由于保护了巨大的生态资产，其生态资源资产与 GDP 之和高于当年名列第一的广东省，人均保障生态资源资产为 502.62 万元。

从县域水平来看，三江源区的玛多县、曲麻莱县等多个县为国家级贫困县，经济非常落后，但是如果考虑到这些县所保护的生态资产产出，即使是人均资产最低的尖扎县也达到了 54.25 万元，2010 年我国百强县之首的江苏省昆山市人均 GDP 才 15.43 万元，尖扎县的人均资产约为昆山市的 2.52 倍。

综上所述，三江源区保护并提供了巨额的生态资产，但人民生活并未得到相应的直接收益，表现出保护与收益之前的严重失衡状态。

14

三江源区生态文明相关制度建设建议

生态资源资产是三江源区最重要的资产，其价值远远超过经济生产价值，但是，三江源区生态资源资产保质增值仍需要长期投入。制度创新是推进生态文明建设的重要措施，是切实提高三江源区生态资源资产的重要途径。基于三江源区重要的生态功能定位、社会经济发展现状和特有的文化背景，以保护和提升三江源区生态资源资产为重点，本研究从以下五个方面提出有利于三江源区生态资源资产保质增值的生态文明制度建设建议。

1）创新西部发展模式，建设生态资源资产协调发展先行示范区。任何一种人类文明的发展都离不开标志性新兴产业的推动和支撑。作为第一产业，农业的发展带来了农业文明的兴盛。工业革命后第二产业的崛起使人类社会进入工业文明，第三产业的兴起造就了后工业时代。生态文明同样也离不开与之相对应的新兴产业，生态文明时代的标志性新兴产业就是生态产品生产。支撑人类社会发展的生产系统有两类，一类是人类的经济生产系统，另一类是生产生态产品的自然生态系统。生态产品生产没有纳入国民经济统计核算体系是造成生态环境问题的根本原因之一。

青海省人民政府已经在生态资源资产核算、生态补偿建设及生态文明机制体制改革方面开展了长期的工作，形成相对完备的工作基础，有利于各项政策措施及时落实与实施，能够在较短的时间使改革成果得以体现。建议中央在西部大开发战略中，选择三江源区作为西部地区经济社会建设与自然资源资产保护协调发展先行示范区，支持青海省政府在三江源区开展试点，将生态生产作为服务业后的“第四产业”加以培育发展。一是试点将生态产品生产作为“第四产业”列入国民经济统计核算体系，建立生态产品统计核算技术体系，形成县级行政区域生态产品生产的核算统计业务化能力；二是以县域为单位开展“第四产业”的业务统计核算，组织统计、国土、环保、林业、农业、水利等相关部门，按生态系统要素开展生态产品清查核算工作，摸清森林湿地、草地农田、水土资源等生态资源存量资产和生态服务、环境产品等生态流量资产的家底状况；三是将三江源区纳入国家自然资源资产负债表编制试点，在以上工作的基础上，形成三江源区生态资源资产构成清单，建立生态资源资产账户，编制相应的自然资源资产负债表，并将其纳入干部离任审计、区域发展绩效考核等生态文明制度改革的具体工作之中。

2）创新管理机制，建立三江源区生态补偿专项资金。三江源区现有生态补偿缺乏稳定常态化资金渠道，生态补偿没有明确的资金科目和预算，多采用生态保护规划、工程建设项目、居民补助补贴的形式，并且各相关国家部委多头实施和管理，不利于地方政府总体考虑三江源区生态保护需求统筹安排生态补偿经费使用，有些项目难以通过生态补偿资金实施，致使有些地方政府不得不采用变通的方法挤占或挪用生态补偿资金，使生态补偿资金没有能够集中力量办大事，分散使用使生态补偿的效果大打折扣。

建议国家改变原有生态补偿投入多头实施、分头管理的现状，推进一体化的补偿方式，提高生态补偿资金的使用效率。一是建立专门的三江源区生态补偿专项基金。整合国家各部委原有各项生态保护投入资金，把三江源区生态补偿纳入国家财政预算，形成统一集中的三江源区生态补偿专项基金，国家各部委不再单独以生态保护项目的方式对三江源区开展生态补偿。三江源区生态补偿资金根据生态保护工作的需要，由三江源区生态保护责任部门统筹规划分配使用，统一由专项基金按年度预算下拨补偿资金，逐步实现三江源区补偿资金以专项资金投入替代项目资金补偿，提高生态补偿资金的使用效率。二是完善资金使用管理。严格生态补偿资金使用范围，确保生态补偿资金主要用于生态保护与修复，以及保护区域居民的生计替代。建立生态补偿资金绩效考核机制。三是建立三江源区生态补偿绩效监管体系。建立专门机构对生态补偿绩效进行监管，强化三江源生态环境动态监测、加强生态建设监管、监督生态补偿资金使用，确保生态保护和恢复成效，提高执行效率。

3）创新生态补偿模式，建立政府购买生态产品机制。国家和青海省自 2000 年开始已经投入了大量的生态补偿资金用于改善三江源区牧民生活。但是这种生态补偿方式还不能充分调动起牧民主动开展生态保护的积极性，一是原有这种生态补偿方式是补贴性质的，牧民仅依靠生态补偿并不能解决生计问题；二是原有这种生态补偿是被动式的，生态补偿的科目标准均由政府确定，牧民只能被动地接受；三是原有这种生态补偿是义务式的，国家对牧民的生态保护责任要求不明确，生态补偿绩效监管没有正常开展。因此，这种生态补偿方式对三江源区牧民的身份定位仍然是经济生产，这就造成大部分牧民一方面接受国家的生态补偿，另一方面仍以原有不合理的方式开展牧业经营。这样就造成了一方面国家投入巨额生态补偿资金用于改善农牧民生活，而另一方面，生态补偿的绩效大打折扣。

因此建议根据三江源区生态资源资产核算结果，创新生态补偿机制，由原有补贴式、被动式和义务式的生态补偿方式，转变为政府主动购买生态产品的方式，将三江源区生态资源资产的生产经营变成牧民收入提高的另外一个来源，使牧民的身份定位由原来单纯的牧业生产转变为牧业和生态产品双生产，这样通过调整生态生产关系，将会极大地调动牧民主动开展生态保护的积极性。具体建议包括：一是建立与草地质量挂钩的生态产品价格标准，以三江源区生态资源资产价值核算结果作为依据，综合考虑牧民生活水平提高和原有生态补偿对牧民生活补贴情况，使牧民在合理放牧的情况下通过自主经营改善草场质量，可以使收入水平高于原有生活水平；二是建立政府购买生态产品的机制，制定具体的生态与产品的购买办法与相关制度，明确政府购买生态产品的业务程序、责任部门和具体操作方式，由牧民每年在规定时间内定期申报，政府部门上门勘察草场质量，金融机构按质拨付；三是开展政府购买生态产品的试点示范，结合三江源区国家公园建设，将原有发放给牧民的各种生态补偿经费统一使用，作为购买生态产品的资金，经 2 ~ 3 年试点试验成功后在三江源区推广。

4）创新激励约束机制，实施生态文明绩效考核和责任追究制度。绿水青山就是金山银山，摸清生态资源资产的家底就等于是在金山银山和绿水青山之间架起了相互衡量的桥梁，也为实施探索中央《生态文明体制改革总体方案》、生态文明绩效评价考核、生态环境损害责任追究制度、自然资源资产产权制度和用途管制制度、资源有偿使用制度和生态补偿制度奠定基础。

建议在三江源区积极推进与生态资源资产相关的生态文明制度建设。除以购买生态产品的方式探索新型生态补偿长效机制外，将生态资源资产作为三江源区资源占用的重要依据；建立以生态资源资产为核心的新型绩效考评机制，构建综合考虑区域经济发展和生态资源资产状况的区域发展衡量指数，作为表征区域生态文明发展水平的指标，替代原有单纯的 GDP 考核指标；以生态资源资产负债表为基础，开展县乡领导干部离任审计试点，将生态资源资产作为重要内容实施干部离任审计。

5）创新生态扶贫模式，以生态资源资产保护促进农牧民增收。解决三江源区生态问题的关键在于控制过多的牧业人口。从近年来的实践经验来看，单纯采用移民方式转移牧业人口存在后续产业发展艰难、移民生活水平下降、返牧现象普遍等问题，建议综合采用统筹区域发展、大力发展教育、引导劳务输出、培育后续产业等各种方式，引导牧业人口转移。一是统筹三江源区与区域协调发展，加快青海省工业化、城市化进程。以西宁市为中心，格尔木市为副中心，加快青海省工业化、城镇化、农业现代化的发展进程。组织三江源区劳务输出，推动三江源区劳务经济，解决三江源区搬迁牧民就业问题，统筹考虑三江源区与青海省其他区域之间协调发展。二是大力发展普及教育转移牧业人口。提高义务教育补助，用 10 ~ 15 年的时间普及“1+9+3”义务教育。在长江、黄河中下游经济发展较好的受益地区，开展教育补偿，建设三江源中学（三江源班），在高校设置三江源班独立招生，接收来自三江源区的学生，将三江源区学生输送到教学条件和教学质量相对较好的地区。三是继续培育三江源区生态畜牧业和民族手工业。三江源区具有发展生态畜牧业的优势条件和悠久的传统手工业历史，建议在各州县建立生态畜牧业示范村，引导牧民开展以股份合作经营为主的草地集约型、以分流劳动力为主的草地流转型、以种草养畜为主的以草补牧型生态畜牧业。加大资金、政策、技术支持，使民族手工业实现规模化、品牌化、精细化。在创业培训、项目推荐、创业指导、小额贷款等方面采取优惠政策扶持农牧民自主创业。建立三江源区生态移民创业扶持专项资金，并逐步扩大生态移民创业基金规模，引导和鼓励农牧民自主创业和转产创业。

参考文献

曹新 . 2001. 论经济增长的环境代价 . 社会科学辑刊，(2)：76-79.

柴雯 . 2008. 高寒草甸覆盖变化下土壤水分动态变化研究 . 兰州：兰州大学硕士学位论文 .

陈百明，黄兴文 . 2003. 中国生态资产评估与区划研究 . 中国农业资源与区划，24（6）：20-24.

陈春阳，陶泽兴，王焕炯，等 . 2012. 三江源地区草地生态系统服务价值评估 . 地理科学进展，31（7）：978-984.

陈龙，谢高地，裴厦，等 . 2012. 澜沧江流域生态系统土壤保持功能及其空间分布 . 应用生态学报，23（8）：2249-2256.

陈龙，谢高地，张昌顺，等 . 2012. 澜沧江流域土壤侵蚀的空间分布特征 . 资源科学，34（7）：1240-1247.

陈琼，周强，张海峰，等 . 2010. 三江源地区基于植被生长季的 NDVI 对气候因子响应的差异性研究 . 生态环境学报，26（6）：1284-1289.

陈仁杰，陈秉衡，阚海东 . 2010. 我国 113 个城市大气颗粒物污染的健康经济学评价 . 中国环境科学，30（3）：410-415.

陈润政，黄上志 . 1998. 植物生理学 . 广州：中山大学出版社 .

陈孝全，苟新京 . 2002. 三江源自然保护区生态环境 . 西宁：青海人民出版社 .

陈仲新，张新时 . 2000. 中国生态系统效益的价值 . 科学通报，45（1）：17-22.

丁生祥，郭连云 . 2016. 近 50 年三江源地区低云量变化特征及与其他气候因子的关系 . 中国农学通报，32（13）：141-146.

丁一汇，孙颖，刘芸芸，等 . 2013. 亚洲夏季风的年际和年代际变化及其未来预测 . 大气科学，37（2）：253-280.

樊江文，邵全琴，刘纪远，等 . 2010. 1988—2005 年三江源草地产草量变化动态分析 . 草地学报，18（1）：5-10.

范海兰，洪伟，吴承祯，等 . 2004. 福建省森林生态系统服务价值的变化 . 福建农业大学学报（自然科学版），33（3）：347-351.

高吉喜，范小杉 . 2007. 生态资产概念、特点与研究趋向 . 环境科学研究，20（5）：137-143.

高清竹，何立环，黄晓霞，等 . 2002. 海河上游农牧交错地区生态系统服务价值的变化 . 自然资源学报，17（6）：706-712.

高旺盛，董孝斌 . 2003. 黄土高原丘陵沟壑区脆弱农业生态系统服务评价——以安塞县为例 . 自然资源学报，18（2）：182-188.

高云峰，江文涛 . 2005. 北京市山区森林资源价值评价 . 中国农村经济，(7)：19-29.

国家环境保护总局，国家质量监督检验检疫总局 . 2002. 城镇污水处理厂污染物排放标准（GB 18918—2002）. 北京：中国环境科学出版社 .

国家环境保护总局，国家质量监督检验检疫总局 . 2002. 地表水环境质量标准（GB 3838—2002）. 北京：中国环境科学出版社.
国家林业局. 2008. 森林生态系统服务功能评估规范（LY/T 1721—2008）. 北京：中国标准出版社.
国家卫生和计划生育委员会. 2013. 中国卫生统计年鉴 2013. 北京：中国协和医科大学出版社.
国务院第一次全国水利普查领导小组办公室. 2010. 第一次全国水利普查培训教材之六：水土保持情况普查. 北京：中国水利水电出版社.
韩波. 2015. 三江源区高寒草地地上生物量遥感反演模型的建立. 淮南：安徽理工大学硕士学位论文.
韩维栋，高秀梅，卢昌义，等. 2000. 中国红树林生态系统生态价值评估. 生态科学，19（1）：40-45.
何春阳，史培军，陈晋，等. 2005. 基于系统动力学模型和元胞自动机模型的土地利用情景模型研究. 中国科学（D辑），35（5）：464-473.
何浩，潘耀忠，朱文泉，等. 2005. 中国陆地生态系统服务价值测量. 应用生态学报，16（6）：1122-1127.
侯元兆，王琦. 1995. 中国森林资源核算研究. 世界林业研究，(3)：51-56.
胡聃. 2004. 从生产资产到生态资产：资产—资本完备性. 地球科学进展，19（2）：289-295.
环境保护部，国家质量监督检验检疫总局. 2012. 环境空气质量标准（GB 3095—2012）. 北京：中国环境科学出版社.
黄德生，张世秋. 2013. 京津冀地区控制 $PM_{2.5}$ 污染的健康效益评估. 中国环境科学，33（1）：166-174.
黄兴文，陈百明. 1999. 中国生态资产区划的理论与应用. 生态学报，19（5）：602-606.
姜立鹏，覃志豪，谢雯，等. 2007. 中国草地生态系统服务功能价值遥感估算研究. 自然资源学报，22（2）：161-170.
姜文来. 2003. 森林涵养水源的价值核算研究. 水土保持学报，17（2）：34-36.
姜永华，江洪. 2009. 森林生态系统服务价值的遥感估算——以杭州市余杭区为例. 测绘科学，34（6）:155-158.
金碚. 2005. 资源与环境约束下的中国工业发展. 中国工业经济，(4)：5-14.
琚存勇，蔡体久. 2008. 鄂尔多斯草地生物量估测的 GRNN 模型实现. 北京林业大学学报，（S1）：296-299.
阚海东，陈秉衡. 2002. 我国大气颗粒物暴露与人群健康效应的关系. 环境与健康杂志，19（6）：422-424.
阚海东，陈秉衡，汪宏. 2004. 上海市城区大气颗粒物污染对居民健康危害的经济学评价. 中国卫生经济，23（2）：8-11.
蓝盛芳. 2002. 生态经济系统能值分析. 北京：化学工业出版社.
李春，何洪林，刘敏，等. 2008. ChinaFLUX CO_2 通量数据处理系统与应用. 地球信息科学，10（5）：557-565.
李迪强，李建文. 2002. 三江源生物多样性：三江源自然保护区科学考察报告. 北京：中国科学技术出版社.
李辉霞，刘国华，傅伯杰. 2011. 基于 NDVI 的三江源地区植被生长对气候变化和人类活动的响应研究. 生态学报，31（19）：5495-5504.
李惠梅. 2010. 三江源地区天然牧草气候生产力评估. 安徽农业科学，38（12）：6414-6416，6460.
李惠梅. 2013. 三江源草地生态保护中牧户的福利变化及补偿研究. 武汉：华中农业大学博士学位论文.

李惠梅，张安录. 2014. 三江源草地气候生产力对气候变化的响应. 华中农业大学学报（社会科学版），33（1）：124-130.
李京，陈云浩，潘耀忠，等. 2003. 生态资产定量遥感测量技术体系研究——生态资产定量遥感评估模型. 遥感信息，(3)：8-11.
李晶，孙根年，任志远，等. 2002. 植被对盛夏西安温度/湿度的调节作用及其生态价值实验研究. 干旱区资源与环境，16（2）：102-106.
李林，陈晓光，王振宇，等. 2010. 青藏高原区域气候变化及其差异性研究. 气候变化研究进展，6（3）：181-186.
李林，戴升，申红艳，等. 2012. 长江源区地表水资源对气候变化的响应及趋势预测. 地理学报，67（7）：941-950
李沛，辛金元，潘小川，等. 2012. 北京市大气颗粒物污染对人群死亡率的影响研究//中国气象学会. S7 气候环境变化与人体健康. 北京：中国气象学会.
李珊珊，张明军，汪宝龙，等. 2012. 近 51 年来三江源区降水变化的空间差异. 生态学杂志，31（10）：2635-2643.
李素英，李晓兵，莺歌，等. 2007. 基于植被指数的典型草原区生物量模型：以内蒙古锡林浩特市为例. 植物生态学报，31（1）：23-31.
李阳兵，王世杰，周德全. 2005. 茂兰岩溶森林的生态服务研究. 地球与环境，33（2）：39-44.
李屹峰，罗玉珠，郑华，等. 2013. 青海省三江源自然保护区生态移民补偿标准. 生态学报，33（3）：764-770.
梁川，侯小波，潘妮. 2011. 长江源高寒区域降水和径流时空变化规律分析. 南水北调与水利科技，9（1）：53-59.
刘宝元，毕小刚，符素华，等. 2010. 北京土壤流失方程. 北京：科学出版社.
刘波，肖子牛. 2010. 澜沧江流域 1951—2008 年气候变化和 2010—2099 年不同情景下模式预估结果分析. 气候变化研究进展，6（3）：170-174
刘光生，王根绪，胡宏昌，等. 2010. 长江黄河源区近 45 年气候变化特征分析. 资源科学，32（8）：1486-1492.
刘纪远，徐新良，邵全琴. 2008. 近 30 年来青海三江源地区草地退化的时空特征. 地理学报，63（4）：364-376.
刘敏超，李迪强，温琰茂，等. 2005. 三江源地区土壤保持功能空间分析及其价值评估. 中国环境科学，25（5）：627-631.
刘时银，沈永平，孙文新，等. 2002. 祁连山西段小冰期以来的冰川变化研究. 冰川冻土，24（3）：228-233.
刘晓云，谢鹏，刘兆荣，等. 2010. 珠江三角洲可吸入颗粒物污染急性健康效应的经济损失评价. 北京大学学报（自然科学版），46（5）：829-834.
鲁春霞，于格，谢高地，等. 2006. 高寒草地土壤保持功能的风洞模拟及其定量评估. 自然资源学报，21（2）：319-326.
马新辉，孙根年，任志远. 2002. 西安市植被净化大气物质量的测定及其价值评价. 干旱区资源与环境，16（4）：83-86.
毛飞，唐世浩，孙涵，等. 2008. 近 46 年青藏高原干湿气候区动态变化研究. 大气科学，32（3）：499-507.

南卓铜，李述训，程国栋. 2004. 未来 50 与 100a 青藏高原多年冻土变化情景预测. 中国科学（D 辑），34（6）：528-534

欧阳志云，王效科，苗鸿 . 1999. 中国陆地生态系统服务功能及其生态经济价值的初步研究 . 生态学报，19（5）：607-613.

欧阳志云，赵同谦，赵景柱，等 . 2004. 海南岛生态系统生态调节功能及其生态经济价值研究 . 应用生态学报，15（8）：1395-1402.

潘耀忠，史培军，朱文泉，等 . 2004. 中国陆地生态系统生态资产遥感定量测量 . 中国科学，34（4）：375-384.

裴超重，钱开铸，吕京京，等 . 2010. 长江源区蒸散量变化规律及其影响因素 . 现代地质，24（2）：362-368.

钱开铸 . 2013. 长江源区水文周期特征及其对气候变化的响应 . 北京：中国地质大学博士学位论文 .

青海省统计局，国家统计局青海调查总队 . 2001. 青海统计年鉴 2001. 北京：中国统计出版社 .

青海省统计局，国家统计局青海调查总队 . 2002. 青海统计年鉴 2002. 北京：中国统计出版社 .

青海省统计局，国家统计局青海调查总队 . 2003. 青海统计年鉴 2003. 北京：中国统计出版社 .

青海省统计局，国家统计局青海调查总队 . 2004. 青海统计年鉴 2004. 北京：中国统计出版社 .

青海省统计局，国家统计局青海调查总队 . 2005. 青海统计年鉴 2005. 北京：中国统计出版社 .

青海省统计局，国家统计局青海调查总队 . 2006. 青海统计年鉴 2006. 北京：中国统计出版社 .

青海省统计局，国家统计局青海调查总队 . 2007. 青海统计年鉴 2007. 北京：中国统计出版社 .

青海省统计局，国家统计局青海调查总队 . 2008. 青海统计年鉴 2008. 北京：中国统计出版社 .

青海省统计局，国家统计局青海调查总队 . 2009. 青海统计年鉴 2009. 北京：中国统计出版社 .

青海省统计局，国家统计局青海调查总队 . 2010. 青海统计年鉴 2010. 北京：中国统计出版社 .

青海省统计局，国家统计局青海调查总队 . 2011. 青海统计年鉴 2011. 北京：中国统计出版社 .

青海省统计局，国家统计局青海调查总队 . 2012. 青海统计年鉴 2012. 北京：中国统计出版社 .

青海省统计局，国家统计局青海调查总队 . 2013. 青海统计年鉴 2013. 北京：中国统计出版社 .

任小丽，何洪林，张黎，等 . 2017. 2001 ~ 2010 年三江源区草地净生态系统生产力估算 . 环境科学研究，30（1）：51-58.

任佐华，张于光，李迪强，等 . 2011. 三江源地区高寒草原土壤微生物活性和微生物量 . 生态学报，31（11）：3232-3238.

邵全琴，赵志平，刘纪远，等 . 2010. 近 30 年来三江源地区土地覆被与宏观生态变化特征 . 地理研究，29（8）：1439-1451.

沈永平，王根绪，吴青柏，等 . 2002. 长江黄河源区未来气候情景下的生态环境变化 . 冰川冻土，24（3）：308-314.

史培军，李晓兵，周武光 . 2000. 利用“3S”技术检测我国北方气候变化的植被响应 . 第四纪研究，20（3）：220-228.

汤懋仓，程国栋，林振耀 . 1998. 青藏高原近代气候变化及对环境的影响 . 广州：广东科技出版社 .

唐红玉，肖风劲，张强，等 . 2006. 三江源植被变化及其对气候变化的响应 . 气候变化研究进展，2（4）：177-180.

唐红玉，杨小丹，王希娟，等 . 2007. 三江源地区近 50 年降水变化分析 . 高原气象，26（1）：47-54.

汪青春，陆生，海玲，等 . 1998. 长江黄河源地气候变化诊断分析 . 青海环境，（2）：73-77.

王大千，张曦 . 2014. 高原“诺亚绿洲”100 年后的三江源区。青海科技，（2）：47.

王根绪，胡宏昌，王一博，等 . 2007. 青藏高原多年冻土区典型高寒草地生物量对气候变化的响应 . 冰川冻土，29（5）：671-679.
王建群，刘松平，郝阳玲，等. 2014. A1B 情景下黄河源区径流变化趋势. 河海大学学报（自然科学版）42（2）：95-100
王健民 . 2001. 中国生态资产概论 . 南京：江苏科学技术出版社 .
王静，尉元明，孙旭映 . 2006. 过牧对草地生态系统服务价值的影响——以甘肃省玛曲县为例 . 自然资源学报，21（1）：109-117.
王静爱，何春阳，董艳春，等 . 2002. 北京城乡过渡区土地利用变化驱动力分析 . 地球科学进展，17（2）：201-208.
王军邦，黄枚，林小惠 . 2012. 青藏高原草地生态系统碳收支研究进展 . 地理科学进展，31（1）：123-128.
王军邦，刘纪远，邵全琴，等 . 2009. 基于遥感-过程耦合模型的 1988 ~ 2004 年青海三江源区净初级生产力模拟 . 植物生态学报，33（2）：254-269.
王可丽，程国栋，丁永健，等 . 2006. 黄河、长江源区降水变化的水汽输送和环流特征 . 冰川冻土，28（1）：8-14.
王绍武 . 1994. 近百年气候变化与变率的诊断研究 . 气象学报，52（3）：261-273.
王欣，谢自楚，冯清华，等 . 2005. 长江源区冰川对气候变化的响应 . 冰川冻土，27（4）：498-502.
王一博，王根绪，程玉菲，等 . 2006. 青藏高原典型寒冻土壤对高寒生态系统变化的响应 . 冰川冻土，28（5）：633-641.
吴丹，邵全琴 . 2014. 近 30 年来长江源区土地覆被变化特征分析 . 地球信息科学学报，16（1）：61-69.
吴迪，赵勇，裴源生，等 . 2011. 澜沧江—湄公河流域温度和降水变化趋势分析 . 中国水利水电科学研究院学报，9（4）：304-312.
吴青柏，牛富俊 . 2013. 青藏高原多年冻土变化与工程稳定性 . 科学通报，58（2）：115-130.
吴万贞，周强，于斌，等 . 2009. 三江源地区土壤侵蚀特点 . 山地学报，27（6）：683-687.
武志刚，罗纨，贾忠华，等 . 2013. 黄河上游水电站渣场生态修复区植被恢复状况的初步研究 . 水力发电学报，32（4）：51-56.
肖寒，欧阳志云，赵景柱，等 . 2000. 海南岛生态系统土壤保持空间分布特征及生态经济价值评估 . 生态学报，20（4）：552-558.
谢昌卫，丁永建，刘时银 . 2004. 近 50 年来长江—黄河源区气候及水文环境变化趋势分析 . 生态环境，13（4）：520-523.
谢高地，鲁春霞，肖玉，等 . 2003. 青藏高原高寒草地生态系统服务价值评估 . 山地学报，21（1）：50-55.
谢高地，甄霖，鲁春霞，等 . 2008. 一个基于专家知识的生态系统服务价值化方法 . 自然资源学报，23（5）：911-919.
谢鹏，刘晓云，刘兆荣，等 . 2009. 我国人群大气颗粒物污染暴露-反应关系的研究 . 中国环境科学，29（10）：1034-1040.
谢元博，陈娟，李巍 . 2014. 雾霾重污染期间北京居民对高浓度 $PM_{2.5}$ 持续暴露的健康风险及其损害价值评估 . 环境科学，35（1）：1-8.
辛琨，肖笃宁 . 2002. 盘锦地区湿地生态系统服务功能价值估算 . 生态学报，22（8）：1345-1349.

徐俏，何孟常，杨志峰，等 . 2003. 广州市生态系统服务功能价值评估 . 北京师范大学学报（自然科学版），39（2）：268-272.
徐宪立，马克明，傅伯杰，等 . 2006. 植被与水土流失关系研究进展 . 生态学报，26（9）：3137-3143.
徐祥德，赵天良，Lu Chungu，等 . 2014. 青藏高原大气水分循环特征 . 气象学报，(6)：1079-1095.
徐祥德，赵天良，施晓晖，等 . 2015. 青藏高原热力强迫对中国东部降水和水汽输送的调制作用 . 气象学报，73（1）：20-35.
徐小玲，延军平，梁煦枫 . 2009. 三江源区径流量变化特征与人为影响程度 . 干旱区研究，26（1）：88-93.
徐兴奎，陈红，Jason K. 2008. 气候变暖背景下青藏高原植被覆盖特征的时空变化及其成因分析. 科学通报，53（4）：456-462.
徐中民，张志强，程国栋，等 . 2002. 额济纳旗生态系统恢复的总经济价值评估 . 地理学报，57（1）：107-116.
徐中民，张志强，苏志勇，等 . 2002. 恢复额济纳旗生态系统的总经济价值——条件估值非参数估计方法的应用 . 冰川冻土，24（2）：160-167.
许长坤，宋顺昌，文怀军 . 2011. 青海省煤炭资源概况及潜力分析 . 中国煤炭地质，23（5）：65-68.
许吟隆，张颖娴，林万涛，等 . 2007. 三江源地区未来气候变化的模拟分析 . 气候与环境研究，12（5）：667-675.
许中旗，李文华，闵庆文，等 . 2005. 锡林河流域生态系统服务价值变化研究 . 自然资源学报，20（1）：99-104.
薛达元 . 2000. 长白山自然保护区生物多样性非使用价值评估 . 中国环境科学，20（2）：141-145.
闫瑞瑞，杨桂霞，张宏斌，等 . 2010. 呼伦贝尔草甸草原牧草产量及载畜力估算 . 草业科学，27（12）：140-147.
杨志新，郑大玮，文化 . 2005. 北京郊区农田生态系统服务功能价值的评估研究 . 自然资源学报，20（4）：564-571.
姚檀栋，秦大河，沈永平，等 . 2013. 青藏高原冰冻圈变化及其对区域水循环和生态条件的影响 . 自然杂志，35（3）：179-186.
殷永文，程金平，段玉森，等 . 2011. 某市霾污染因子 $PM_{2.5}$ 引起居民健康危害的经济学评价 . 环境与健康杂志，28（3）：250-252.
于格，鲁春霞，谢高地 . 2006. 青藏高原北缘地区高寒草甸土壤保持功能及其价值的实验研究 . 北京林业大学学报，28（4）：57-61.
于贵瑞，孙晓敏 . 2006. 陆地生态系统通量观测的原理与方法 . 北京：高等教育出版社 .
余新晓，鲁绍伟，靳芳，等 . 2005. 中国森林生态系统服务功能价值评估 . 生态学报，25（8）：2096-2102.
於方 . 2009. 中国环境经济核算技术指南 . 北京：中国环境科学出版社 .
喻建华，高中贵，张露，等 . 2005. 昆山市生态系统服务价值变化研究 . 长江流域资源与环境，14（2）：213-217.
曾纳，任小丽，何洪林，等 . 2017. 基于神经网络的三江源区草地地上生物量估算 . 环境科学研究，30（1）：59-66.
张继平，刘春兰，郝海广，等 . 2015. 基于 MODIS GPP/NPP 数据的三江源地区草地生态系统碳储量及碳汇量时空变化研究．生态环境学报，24（1）：8-13.
张军连，李宪文．2003. 生态资产估价方法研究进展．中国土地科学，17（3）：52-55.
张雪峰，牛建明，张庆，等．2015. 内蒙古锡林河流域草地生态系统土壤保持功能及其空间分布．草业学报，24（1）：12-20.
张镱锂，丁明军，张玮，等．2007. 三江源地区植被指数下降趋势的空间特征及其地理背景．地理研究，26（3）：500-507.
张永勇，张士锋，翟晓燕，等. 2012. 三江源区径流演变及其对气候变化的响应. 地理学报，67（1）：71-82
张志强，徐中民，龙爱华，等．2004. 黑河流域张掖市生态系统服务恢复价值评估研究——连续型和离散型条件价值评估方法的比较应用．自然资源学报，19（2）：230-239.
张中琼，吴青柏．2012. 气候变化情景下青藏高原多年冻土活动层厚度变化预测．冰川冻土，34（3）：505-511.
赵串串，杨晓阳，张凤臣，等．2009. 三江源区森林植被对气候变化响应的研究分析．干旱区资源与环境，23（2）：49-52.
赵丹，李锋，王如松．2011. 基于生态绿当量的城市土地利用结构优化——以宁国市为例．生态学报，31（20）：6242-6250.
赵芳芳，徐宗学. 2009. 黄河源区未来气候变化的水文响应. 资源科学，31（5）：722-730
赵平，夏冬平，王天厚．2005. 上海市崇明东滩湿地生态恢复与重建工程中社会经济价值分析．生态学杂志，24（1）：75-78.
赵同谦，欧阳志云，贾良青，等．2004. 中国草地生态系统服务功能间接价值评价．生态学报，24（6）：1101-1110.
中华人民共和国国家统计局．2013. 中国统计年鉴 2013. 北京：中国统计出版社．
中华人民共和国国家质量监督检验检疫总局．2003. 天然草地退化、沙化、盐渍化的分级指标（GB 19377—2003）．北京：中国标准出版社．
中华人民共和国农业部．2002. NY/T635-2002 天然草地合理载畜量的计算．北京：中国标准出版社．
仲伟周，邢治斌．2012. 中国各省造林再造林工程的固碳成本收益分析．中国人口·资源与环境，22（9）：33-41.
朱宝文，周华坤，徐有绪，等．2008. 青海湖北岸草甸草原牧草生物量季节动态研究．草业科学，25（12）：62-66.
朱文泉，潘耀忠，阳小琼，等．2007. 气候变化对中国陆地植被净初级生产力的影响分析．科学通报，52（21）：2535-2541.
卓铜，李述训，程国栋．2004. 未来 50a 与 100a 青藏高原多年冻土变化情景预测．中国科学，34（6）：528-534.
《中国矿业年鉴》编辑部．2012. 中国矿业年鉴 2011. 北京：地震出版社．
BAUTISTA S，MAYORA G，BOURAKHOUADAR J，et al. 2007. Plant spatial pattern predicts hillslope runoff and erosion in a semiarid Mediterranean landscape. Ecosystems，10（6）：987-998.
BRAUN D P，BACH L B，CIRUNA K A，et al. 2000. Watershed-scale abatement of threats to freshwater biodiversity：the nature conservancy's freshwater initiative. Vancouver：Proceedings of the Water Environment Federation.
BURYLO M，REY F，BOCHET E，et al. 2011. Plant functional traits and species ability for sediment

retention during concentrated flow erosion. Plant and Soil, 353 (1-2): 135-144.

CAO M, PRINCE S D, TAO B, et al. 2010. Regional pattern and interannual variations in global terrestrial carbon uptake in response to changes in climate and atmospheric CO_2. Tellus, 57 (3): 210-217.

CHEN W C, TAI P H, WANG M W, et al. 2008. A neural network-based approach for dynamic quality prediction in a plastic injection molding process. Expert Systems with Applications, 35 (3): 843-849.

COSTANZA R, D'ARGE R, GROOT R D, et al. 1997. The value of the world's ecosystem services and natural capital. Nature, 387 (1): 3-15.

DAILY G C. 1997. Nature's Service: Societal Dependence on Natural Ecosystem. Washington, D. C.: Island Press.

FOSTER G R, WISCHMEIER W H. 1974. Evaluating irregular slopes for soil loss prediction. Transactions of the American Society of Agricultural Engineers, 17 (2): 305-309.

GAFFER R L, FLANAGAN D C, DENIGHT M L, et al. 2008. Geographical information system erosion assessment at a military training site. International Journal of Audiology, 2 (1): 34-37.

GYSSELS G, POESEN J. 2003. The importance of plant root characteristics in controlling concentrated flow erosion rates. Earth Surface Processes and Landforms, 28 (4): 371-384.

HE H L, LIU M, XIAO X M, et al. 2014. Large-scale estimation and uncertainty analysis of gross primary production in Tibetan alpine grasslands. Journal of Geophysical Research Biogeosciences, 119 (3): 466-486.

HOMER C G, ALDRIDGE C L, MEYER D K, et al. 2012. Multi-scale remote sensing sagebrush characterization with regression trees over Wyoming, USA: laying a foundation for monitoring. International Journal of Applied Earth Observation and Geoinformation, 14 (1): 233-244.

HOU J, FU B J, WANG S, et al. 2014. Comprehensive analysis of relationship between vegetation attributes and soil erosion on hill slopes in the Loess Plateau of China. Environmental Earth Science, 72 (5): 1721-1731.

JÄGERMEYR J, GERTEN D, LUCHT W, et al. 2014. A high-resolution approach to estimating ecosystem respiration at continental scales using operational satellite data. Global Change Biology, 20 (4): 1191-1210.

JÖNSSON P, EKLUNDH L. 2004. TIMESAT: a program for analyzing time-series of satellite sensor data. Computers and Geosciences, 30 (8): 833-845.

KOGAN F, STARK R, GITELSON A, et al. 2004. Derivation of pasture biomass in Mongolia from AVHRR-based vegetation health indices. International Journal of Remote Sensing, 25 (14): 2889-2896.

LI A N, WANG A S, LIANG S L, et al. 2006. Eco-environmental vulnerability evaluation in mountainous region using remote sensing and GIS: a case study in the upper reaches of Minjiang River, China. Ecological Modelling, 192 (1-2): 175-187.

LIN Y M, CUI P, GE Y G, et al. 2014. The succession characteristics of soil erosion during different vegetation succession stages in dry-hot river valley of Jinsha River, upper reaches of Yangtze River. Ecological Engineering, 62 (1): 13-26.

LIU M, HE H L, YU G R, et al. 2009. Uncertainty analysis of CO_2 flux components in subtropical evergreen coniferous plantation. Science in China Series D: Earth Sciences, 52 (2): 257-268.

LIU M, HE H L, YU G R, et al. 2012. Uncertainty analysis in data processing on the estimation of net carbon exchanges at different forest ecosystems in China. Journal of Forest Research, 17 (3): 312-322.

LIU X D, CHEN B D. 2015. Climatic warming in the Tibetanan plateau during recent years. International Journal of Climatology, 20 (14): 1729-1742.

LONDON J, PARK J. 1970. Man's Impact on the Global Environment: Assessment and Re commendations for Action Report of the Study of Critical Environmental Problems. Cambridge MA: MIT Press.

LUDWIG J A, BARTLEY R, HAWDON A A, et al. 2007. Patch configuration non-linearly affects sediment loss across scales in a grazed catchment in northeast Australia. Ecosystems, 10 (5): 839-845.

MARQUES M J, BIENES R, JIMÉNEZ L, et al. 2007. Effect of vegetal cover on runoff and soil erosion under light intensity events: rainfall simulation over USLE plots. Science of the Total Environment, 378 (1-2): 161-165.

MARTIN C, POHL M, ALEWELL C, et al. 2010. Interrill erosion at disturbed alpine sites: effects of plant functional diversity and vegetation cover. Basic and Applied Ecology, 11 (7): 619-626.

NELSON E. 2013. The economics of ecosystems and biodiversity: ecological and economic foundations, edited by Pushpam Kumar. Journal of Natural Resources Policy Research, 36 (6): e34-e35.

NUNES A N, ALMEIDA A C D, COELHO C O A. 2011. Impacts of land use and cover type on runoff and soil erosion in a marginal area of Portugal. Applied Geography, 31 (2): 687-699.

ODUM H T, ODUM E C, BLISSETT M. 1987. Ecology and Economy: Emergy Analysis and Public Policy in Texas. Austin: The University of Texas, Austin, USA.

PIAO S L, MOHAMMAT A, FANG J Y, et al. 2006. NDVI-based increase in growth of temperate grasslands and its responses to climate changes in China. Global Environmental Change, 16 (4): 340-348.

PODWOJEWSKI P, JANEAU J L, GRELLIER S, et al. 2011. Influence of grass soil cover on water runoff and soil detachment under rainfall simulation in a sub- humid South African degraded rangeland. Earth Surface Processes and Landforms, 36 (7): 911-922.

POTTER C S, RANDERSON J T, FIELD C B, et al. 1993. Terrestrial ecosystem production: a process model based on global satellite and surface data. Global Biogeochemical Cycles, 7 (4): 811-841.

PUIGDEFÁBREGAS J. 2005. The role of vegetation patterns in structuring runoff and sediment fluxes in dry lands. Earth Surface Processes and Landforms, 30 (2): 133-147.

QIAN S, FU Y, PAN F F. 2010. Climate change tendency and grassland vegetation response during the growth season in Three-River Source Region. Science China: Earth Sciences, 53 (10): 1506-1512.

ROERINK G J, MENENTI M, SOEPBOERET W, et al. 2003. Assessment of climate impact on vegetation dynamics by using remote sensing. Physics and Chemistry of the Earth, 28 (1): 103-109.

RUNNING S W, NEMANI R R, HEINSCH F A, et al. 2004. A continuous satellite-derived measure of global terrestrial primary production. Bioscience, 54 (6): 547-560.

SACO P M, WILLGOOSE G R, HANCOCK G R. 2007. Eco-geomorphology of banded vegetation patterns in arid and semi-arid regions. Hydrology and Earth System Sciences Discussions, 3 (4): 1717-1730.

SADEGHI B H M. 2000. A BP-neural network predictor model for plastic injection molding process. Journal of Materials Processing Technology, 103 (3): 411-416.

SCHIMEL D S, PARTICIPANTS V, BRASWELL B H. 1997. Continental scale variability in ecosystem processes: models, data, and the role of disturbance. Ecological Monographs, 67 (2): 251-271.

TUCKER C J, SLAYBACK D A, PINZON J E, et al. 2001. Higher northern latitude normalized difference vegetation index and growing season trends from 1982 to 1999. International Journal of Biometeorology, 45 (4): 184-190.

TURNBULL L, WAINWRIGHT J, BRAZIER R E. 2008. A conceptual framework for understanding semi-arid land degradation: ecohydrological interactions across multiple-space and time scales. Ecohydrology, 1 (1): 23-34.

VOGT W. 1948. Road to Survival. New York: William Sloan.

WANG H S, JIA G S, FU C B, et al. 2010. Deriving maximal light use efficiency from coordinated flux measurements and satellite data for regional gross primary production modeling. Remote Sensing of Environment, 114 (10): 2248-2258.

Weisberg S. 2005. Applied Linear Regression. New York: John Wiley & Sons.

WEISBERG S. 2014. Applied Linear Regression. New York: John Wiley & Sons.

WILLIAMS J R, JONES C A, DYKE P T. 1984. Amodeling approach to determining the relationship between erosion and soil productivity. Transactions of the American Society of Agricultural Engineers, 27 (1): 129-144.

WISCHMEIER W H, SMITH D D. 1965. Predicting rainfall-erosion losses from cropland east of the Rocky Mountains. Washington DC: The National Agricultural.

XIAO X M, HOLLINGER D, ABER J, et al. 2004. Satellite-based modeling of gross primary production in an evergreen needleleaf forest. Remote Sensing of Environment, 89 (4): 519-534.

XIE Y C, SHA Z Y, Yu M, et al. 2009. A comparison of two models with Landsat data for estimating above ground grassland biomass in Inner Mongolia, China. Ecological Modelling, 220 (15): 1810-1818.

XU X D, LU C G, DING Y H, et al. 2013. What is the relationship between China summer precipitation and the change of apparent heat source over the Tibetan Plateau? Atmospheric Science Letters, 14 (4): 227-234.

XU X D, SHI X H, LU C G. 2012a. Theory and application for warning and prediction of disastrous weather downstream from the Tibetan Plateau. https://libraryus. bitbucket. io/29- rebeca- nicolas/- theory- amp-application-for-warning-amp-predictio-1621004333. pdf [2015-5-26].

XU X D, ZHAO T, LU C, et al. 2014. An important mechanism sustaining the atmospheric "water tower" over the Tibetan Plateau. Atmospheric Chemistry and Physics, 14: 1-9.

XU X, GUO J, KOIKE T, et al. 2012b. "Downstream Effect" of winter snow cover over the Eastern Tibetan Plateau on climate anomalies in East Asia. Journal of the Meteorological Society of Japan, 90C: 113-130.

XU Y, GAO X, GIORGI F. 2010. Upgrades to the reliability ensemble averaging method for producing probabilistic climate-change projections. Climate Research, 41 (1): 61-81.

XU Y, XU C H. 2012. Preliminary Assessment of Simulations of Climate Changes over China by CMIP5 Multi-Models. Atmospheric and Oceanic Science Letters, 5 (6): 489-494.

YAN H M, FU Y L, XIAO X M, et al. 2009. Modeling gross primary productivity for winter wheat-maize double cropping system using MODIS time series and CO_2 eddy flux tower data. Agriculture Ecosystems and Environment, 129 (4): 391-400.

YANG Y H, FANG J Y, JI C J, et al. 2009. Above- and belowground biomass allocation in Tibetan grasslands. Journal of Vegetation Science, 20 (1): 177-184.

ZENG Z Y, CAO J Z, GU Z J, et al. 2013. Dynamic monitoring of plant cover and soil erosion using remote sensing, mathematical modeling, computer simulation and GIS techniques. American Journal of Plant Sciences, 4 (7): 1466-1493.

ZHANG J P, ZHANG L B, LIU W L, et al. 2014. Livestock-carrying capacity and overgrazing status of alpine grassland in the Three- River Headwaters region, China. Journal of Geographical Sciences, 24 (2): 303-312.

ZHANG J Y, DONG W J, FU C B, et al. 2003. The influence of vegetation cover on summer precipitation in China: a statistical analysis of NDVI and climate data. Advances in Atmospheric Sciences, 20 (6): 1002-1006.

ZHANG X B, ZHANG Y Y, WEN A B, et al. 2003. Assessment of soil losses on cultivated land by using the 137Cs technique in the Upper Yangtze River Basin of China. Soil and Tillage Research, 69 (1-2): 99-106.

ZUAZO D V H, PLEGUEZUELO C R R, PEINADO F J M, et al. 2011. Environmental impact of introducing plant covers in the taluses of terraces: implications for mitigating agricultural soil erosion and runoff. Catena, 84 (1-2): 79-88.